普通高等教育土建类系列教材

土木工程概论
第2版

主　编　任建喜
副主编　文艳芳　庄　宇
参　编　陈方方　韩佳明　董鹂宁　张　琨　孙杰龙

U0361223

机 械 工 业 出 版 社

本书针对应用型本科学校的学生编写，包含了土木工程专业及相关专业的主要内容。全书分 13 章，主要包括绪论、土木工程材料、基础工程与地基处理、建筑工程、道路工程、桥梁工程、隧道工程与城市轨道交通工程、建筑给水排水工程、建筑环境与能源应用工程、土木工程施工技术、土木工程项目管理、建设工程监理、土木工程灾害及防治等内容。

　　本书可作为土木工程、测绘工程、地质工程、工程管理、工程力学、城市地下工程及相关专业学生的教材，也可作为土木工程设计、施工、监理、监测等工程技术人员的参考书。

图书在版编目（CIP）数据

土木工程概论/任建喜主编. —2 版. —北京：机械工业出版社，2023. 12
普通高等教育土建类系列教材
ISBN 978-7-111-73934-0

Ⅰ. ①土… Ⅱ. ①任… Ⅲ. ①土木工程－高等学校－教材 Ⅳ. ①TU

中国国家版本馆 CIP 数据核字（2023）第 185034 号

机械工业出版社（北京市百万庄大街 22 号 邮政编码 100037）
策划编辑：马军平　　　　　　　　　　责任编辑：马军平　刘春晖
责任校对：薄萌钰　刘雅娜　陈立辉　　封面设计：张　静
责任印制：李　昂
北京捷迅佳彩印刷有限公司印刷
2024 年 1 月第 2 版第 1 次印刷
184mm×260mm · 20. 25 印张 · 498 千字
标准书号：ISBN 978-7-111-73934-0
定价：59. 80 元

电话服务　　　　　　　　　　网络服务
客服电话：010-88361066　　　机　工　官　网：www.cmpbook.com
　　　　　010-88379833　　　机　工　官　博：weibo.com/cmp1952
　　　　　010-68326294　　　金　书　网：www.golden-book.com
封底无防伪标均为盗版　　　机工教育服务网：www.cmpedu.com

第2版前言

2011 年，住房和城乡建设部主持制定了《土木工程专业规范》，该专业规范提出了建筑工程、道路与桥梁工程、地下工程和铁道工程四个建议的专业方向。

2010 年，在部分高校土木工程专业实施了"卓越工程师教育培养计划"。为适应新一轮科技革命和产业变革，紧紧围绕国家战略和区域发展需要，加快建设发展新工科，探索形成中国特色、世界水平的工程教育体系，促进我国从工程教育大国走向工程教育强国，教育部于 2018 年提出了"实施卓越工程师教育培养计划 2.0"。第 1 版于 2011 年 8 月出版，10 多年来，BIM、云计算、大数据、人工智能、5G、互联网＋、智能建造、智慧运维等热点技术蓬勃发展，现代信息技术与土木工程建设深度融合，本书在第 1 版的基础上，结合上述热点对有关内容进行了更新。

本书针对应用型本科学校的学生编写，以培养工程应用型土木工程专业卓越工程师为目标，包含了大土木工程专业及相关专业的主要内容，主要包括绪论、土木工程材料、基础工程与地基处理、建筑工程、道路工程、桥梁工程、隧道工程与城市轨道交通工程、建筑给水排水工程、暖通空调工程、土木工程施工技术、土木工程项目管理、建设工程监理、土木工程灾害及防治。

本书共 13 章，第 1、3、10 章由西安科技大学任建喜编写，第 2 章由延安大学孙杰龙编写，第 4、8 章由西安科技大学张琨编写，第 5、6 章由西安科技大学董鹏宁编写，第 7 章由西安科技大学陈方方编写，第 9、13 章由西安科技大学韩佳明编写，第 11 章由佳木斯大学庄宇编写，第 12 章由西安科技大学文艳芳编写。本书主编为任建喜，副主编为文艳芳、庄宇。

本书参考了大量的教材、论文、专著、网络信息等资料，每章都列出了参考文献，在此向所有文献的作者致以衷心的感谢。

由于编者水平有限，书中难免存在不足之处，敬请广大读者批评指正。

编　者

第1版前言

根据与国际接轨的需要，1998年教育部本科专业设置目录中的土木工程专业是由建筑工程、公路工程、铁路工程、桥梁工程、矿井建设工程、交通土建工程等多个专业合并组成的，又称大土木工程专业。大土木工程专业至少要开设两个特色方向进行教学。可见，土木工程已经成为一个内涵广泛的专业。土木工程概论是土木工程专业在大学一年级开设的专业总论性课程，该课程对于学生认识土木工程专业、热爱土木工程专业、选择特色专业方向、设计职业生涯与确定就业方向具有重要意义。

2010年住房和城乡建设部主持制定了《土木工程专业规范（讨论稿）》，该规范推荐了建筑工程、桥梁与隧道工程、地下工程三个方向的课程设置标准，根据国家对不同类型土木工程专业人才的需求，要求土木工程专业的各个方向办出特色，2010年在部分高校土木工程专业实施了"卓越工程师教育培养计划"。本书针对应用型本科高校编写，以培养工程应用型土木工程专业卓越工程师为目标，包含了大土木工程专业及相关专业的主要内容，主要包括绪论、土木工程材料、地基与基础工程、建筑工程、道路工程、桥梁工程、隧道工程与城市轨道交通工程、建筑给水排水工程、暖通空调工程、土木工程施工技术、土木工程项目管理、建设工程监理、土木工程灾害与防治。

本书可作为土木工程、测绘工程、地质工程、工程管理、工程力学、城市地下工程及相关专业学生的教材，也可供从事有关土木工程设计、施工、监理、监测等工程技术人员参考。

本书第1章、第3章、第7章7.5节、第10章由西安科技大学任建喜编写，第2章由西安科技大学陈新年编写，第4章由武警工程学院李庆园编写，第5章、第6章由西安科技大学董鹏宁编写，第7章7.1~7.4节由西安科技大学陈方方编写，第8章由西安科技大学万琼编写，第9章、第13章由西安科技大学韩佳明编写，第11章由佳木斯大学庄宇编写，第12章由西安科技大学文艳芳编写。本书主编为任建喜，副主编为李庆园，由西安科技大学刘怀恒教授主审。

在本书编写过程中参考了大量的教材、论文、专著、网络信息等资料，每一章都列出了参考文献，编者向所有参考文献的作者致以衷心的感谢。刘怀恒教授在百忙之中对本书的内容进行了严格细致的审查，提出了许多建设性意见和建议，使本书的质量得到了提高，作者对刘怀恒教授的辛勤工作致以诚挚的谢意！限于作者水平，书中疏漏在所难免，敬请广大读者批评指正。

编　者

目　录

1.1　土木工程的概念

1.1.1　定义

土木工程是建造各类工程设施的科学技术的总称，专业知识包括工程设施的勘测、设计、施工、保养、维修等科学技术知识。土木工程的主干学科是结构工程、岩土工程、桥梁与隧道工程；相关学科有市政工程，建筑环境与能源应用工程，防灾减灾及防护工程，水工结构工程，港口、海岸及近海工程等。土木工程的重要基础支撑学科有数学、物理学、化学、力学、材料科学、计算机科学与技术等。土木工程虽然是古老的学科，但是其领域随各学科的发展而不断发展扩大和更新。

1.1.2　土木工程的基本属性

1. 综合性

建造一项工程设施一般要经过勘察、设计和施工三个阶段，需要运用工程地质勘察、水文地质勘察、工程测量、土力学、工程力学、工程设计、建筑材料、建筑设备、工程机械、建筑经济等学科和施工技术、施工组织等领域的知识，以及计算机和力学测试等技术。因而土木工程是一门范围广阔的综合性学科。

2. 社会性

土木工程是伴随着人类社会的发展而发展起来的。它所建造的工程设施反映了各个历史时期社会、经济、文化、科学、技术发展的面貌，因而土木工程成为社会历史发展的见证之一。现代土木工程不断地为人类社会创造崭新的物质环境，是人类社会现代文明的重要组成部分。

3. 实践性

土木工程是实践性很强的学科。早期土木工程是通过工程实践，总结成功的经验，吸取失败的教训发展起来的。从17世纪开始，以伽利略和牛顿为先导的近代力学同土木工程实践结合起来，逐渐形成材料力学、结构力学、流体力学、岩石力学，作为土木工程的基础理论学科。这样，土木工程逐渐从经验发展成为科学。在土木工程的发展过程中，工程实践经验常先行于理论，工程事故常显示出未能预见的新因素，触发新理论的研究和发展。至今不少工程问题的处理，在很大程度上仍然依靠实践经验。

4. 技术、经济和建筑艺术的统一性

人们力求最经济地建造一项工程设施，用以在充分保障其安全可靠的前提下满足使用者的预定需求，其中包括审美要求。而一项工程的经济性又是和各项技术活动密切相关的。工程的经济性首先表现在工程选址、总体规划上，其次表现在设计和施工技术上。工程建设总投资、工程建成后的经济效益和使用期间的维修费用等，都是衡量工程经济性的重要方面。这些与技术问题联系密切，需要综合考虑。

1.2　土木工程的历史与发展

土木工程的发展贯通古今，它同社会、经济，特别是与科学、技术的发展有密切联系。土木工程内涵丰富，而就其本身而言，主要是围绕着材料、施工、理论三个方面的演变而不断发展的。土木工程发展史可以划分为古代土木工程、近代土木工程和现代土木工程三个时期。17 世纪工程结构开始有定量分析，可以作为近代土木工程的开端；第二次世界大战后科学技术的突飞猛进，可作为现代土木工程的起点。

1.2.1　古代土木工程

土木工程的古代时期是从新石器时代开始的。随着人类文明的进步和生产经验的积累，古代土木工程的发展大体上可分为萌芽时期、形成时期和发达时期。

1. 萌芽时期

大致在新石器时代，原始人为避风雨、防兽害，利用天然的掩蔽场所（如山洞和森林）作为住处。当人们学会播种收获、驯养动物以后，天然的山洞和森林已不能满足需要，于是使用简单的木、石、骨制工具，伐木采石，以黏土、木材和石头等模仿天然掩蔽物建造居住场所，开始了人类最早的土木工程活动。初期建造的住所因地理、气候等自然条件的差异，仅有"窟穴"和"橧巢"两种类型。新石器时代已有了基础工程的萌芽，柱洞里填有碎陶片或鹅卵石，即是柱基础的雏形。

在地势低洼的河流湖泊附近，从构木为巢发展为用树枝、树干搭成架空窝棚或地窝棚，以后又发展为栽桩架屋的干栏式建筑。浙江吴兴钱山漾遗址（约公元前 3000 年）是在密桩上架木梁，上铺悬空的地板。西欧一些地方也出现过相似的做法，今瑞士境内保存着湖居人在湖中木桩上构筑的房屋。浙江余姚河姆渡新石器时代遗址（约公元前 5000—公元前 3300 年）中，有跨距达 5 ~ 6m、联排 6 ~ 7 间的房屋，底层架空（属于干栏式建筑形式），构件结点主要是绑扎结合，但个别建筑已使用榫卯结合。在没有金属工具的条件下，用石制工具凿出各种榫卯是很困难的，这种榫卯结合的方法代代相传，延续到后世，为以木结构为主流的中国古建筑开创了先例。

随着氏族群体日益繁衍，人们聚居在一起，共同劳动和生活。从西安半坡村遗址（见图 1-1）可看到有条不紊的聚落布局，在浐河东岸的台地上遗存有密集排列的 40 ~ 50 座住房，在其中心部分有一座规模相当大的（平面约为 12.5m × 14m）房屋，可能是会堂。各房屋之间筑有夯土道路，居住区周围挖有深、宽各约 5m 的防范袭击的大壕沟，上面架有独木桥。

这时期的土木工程还只是使用石斧、石刀、石锛、石凿等简单的工具，所用的材料都是取自当地的天然材料，如茅草、竹、芦苇、树枝、树皮和树叶、砾石、泥土等。掌握了伐木技术以后，就使用较大的树干做骨架；有了煅烧加工技术，就使用红烧土、白灰粉、土坯等，并逐渐懂得使用草筋泥、混合土等复合材料。人们开始使用简单的工具和天然材料建房、筑路、挖渠、造桥，土木工程完成了从无到有的萌芽阶段。

图 1-1 西安半坡村遗址

2. 形成时期

随着生产力的发展，农业、手工业开始分工。大约自公元前 3000 年开始，在材料方面，开始出现经过烧制加工的瓦和砖；在构造方面，形成木构架、石梁柱、券拱等结构体系；在工程内容方面，有宫室、陵墓、庙堂，还有许多较大型的道路、桥梁、水利等工程；在工具方面，美索不达米亚（两河流域）和埃及在公元前 3000 年，我国在商代（公元前 16 世纪—公元前 11 世纪），开始使用青铜制的斧、凿、钻、锯、刀、铲等工具。后来铁制工具逐步推广，并有简单的施工机械，也有了经验总结及形象描述的土木工程著作。公元前 5 世纪成书的《考工记》记述了木工、金工等工艺，以及城市、宫殿、房屋建筑规范，对后世的宫殿、城池及祭祀建筑的布局有很大影响。在一些国家或地区已形成早期的土木工程。

公元前 21 世纪，传说中的夏代部落领袖禹用疏导方法治理洪水，挖掘沟渠，进行灌溉。公元前 5 世纪—公元前 4 世纪，在今河北临漳，西门豹主持修筑引漳灌邺工程，是我国最早的多首制灌溉工程。公元前 3 世纪中叶，在四川灌县（现在的都江堰市），李冰父子主持修建都江堰，解决围堰、防洪、灌溉及水陆交通问题，是当时世界上最早的综合性大型水利工程（见图 1-2）。

图 1-2 都江堰水利工程

在大规模的水利工程、城市防护建设和交通工程中，创造了形式多样的桥梁。公元前 12 世纪初，在渭河上架设浮桥，是我国最早在大河上架设的桥梁。再如在引漳灌邺工程中，在汾河上建成 30 个墩柱的密柱木梁桥；在都江堰工程中，为了提供行船的通道，架设了索桥。

利用黄土高原的黄土为材料创造的夯土技术，在我国土木工程技术发展史上占有很重要的地位。最早在甘肃大地湾新石器时期的大型建筑就用了夯土墙。河南偃师二里头有早商的夯筑筏形基础宫殿群遗址，以及郑州的商朝中期版筑城墙遗址、安阳殷墟（约公元前 1100 年）的夯土台基，都说明当时的夯土技术已成熟。

春秋战国时期，战争频繁，广泛用夯土筑城防敌。秦代在魏、燕、赵三国夯土长城基础上筑成万里长城，后经历代多次修筑，留存至今，成为举世闻名的中国长城（见图 1-3）。

我国的房屋建筑主要使用木结构。在商朝首都宫室遗址中，残存有一定间距和直线行列的石柱础，柱础上有铜锧，柱础旁有木柱的烬余，说明当时已有相当大的木构架建筑。《考工记·匠人》中有"殷人……四阿重屋"的记载，可知当时已有两层楼、四阿顶的建筑了。西周的青铜器上也铸有柱上置栌斗的木构架形象，说明当时在梁柱结合处已使用"斗"做过渡层，柱间联系构件"额枋"也已形成。这时的木构架已开始有我国传统使用的柱、额、梁、枋、斗拱等。

图1-3　中国长城

西周时代出现了陶制房屋版瓦、筒瓦、人字形断面的脊瓦和瓦钉，解决了屋面防水问题。春秋时期出现了陶制下水管、陶制井圈和青铜制杆件结合构件。在美索不达米亚（两河流域），制土坯和砌券拱的技术历史悠久。公元前8世纪建成的亚述国王萨尔贡二世宫，是用土坯砌墙，用石板、砖、琉璃贴面。

埃及人在公元前3000年进行了大规模的水利工程及神庙和金字塔的修建，积累和运用了几何学、测量学方面的知识，使用了起重运输工具，组织了大规模协作劳动。公元前27世纪—公元前26世纪，埃及建造了世界最大的帝王陵墓建筑群——吉萨金字塔群（见图1-4）。这些金字塔在建筑上计算准确，施工精细，规模宏大。埃及人也建造了大量的宫殿和神庙建筑群，如公元前16世纪—公元前4世纪在底比斯等地建造的凯尔奈克神庙建筑群。

图1-4　埃及的吉萨金字塔群

3. 发达时期

由于铁制工具的普遍使用提高了工效，因此工程材料中逐渐增添复合材料，工程内容则根据社会的发展，道路、桥梁、水利、排水等工程日益增加，大规模营建了宫殿、寺庙，因而专业分工日益细致，技术日益精湛，从设计到施工已有一套成熟的经验：①运用标准化的配件方法加速了设计进度，多数构件都可以按"材"或"斗口""柱径"的模数进行加工；②用预制构件，现场安装，以缩短工期；③统一筹划，提高效益，如我国北宋的汴京宫殿，施工时先挖河引水，为施工运料和供水提供方便，竣工时用渣土填河；④改进当时的吊装方法，用木材制成"戥"和绞磨等起重工具，可以吊起三百多吨重的巨材，如北京故宫的雕龙御路石及罗马圣彼得大教堂前的方尖碑等。

我国古代房屋建筑主要采用木结构体系，欧洲古代房屋建筑则以石拱结构为主。我国古建筑在这一时期出现了与木结构相适应的建筑风格，形成了独特的木结构体系。根据气候和木材产地的不同情况，在汉代即分为抬梁、穿斗、井干三种不同的结构方式，其中以抬梁式最为普遍。在平面上形成柱网，柱网之间可按需要砌墙和安门窗。房屋的墙壁不承担屋顶和楼面的荷载，使墙壁有极大的灵活性。在宫殿、庙宇等高级建筑的柱上和檐枋间安装斗拱。

佛教建筑是东汉以来建筑活动中的一个重要方面，南北朝和唐朝大量兴建佛寺。公元8世纪建的山西五台山南禅寺正殿和公元9世纪建的佛光寺大殿，是遗留至今较完整的木构架建筑。我国佛教建筑对于日本等国也有很大影响。

图1-5 山西应县木塔

佛塔的建造促进了高层木结构的发展，公元2世纪末，徐州浮屠寺塔的"上累金盘，下为重楼"是在吸收、融合和创造的过程中，把具有宗教意义的印度窣堵坡竖在楼阁之上（称为刹），形成楼阁式木塔。公元11世纪建成的山西应县佛宫寺释迦塔（应县木塔），塔高67.3m，八角形，底层直径30.27m，每层用梁、柱、斗、拱组合为自成体系的完整、稳定的构架，9层的结构中有8层是用3m左右的柱子支顶重叠而成，充分做到了小材大用。塔身采用内外两环柱网，各层柱子都向中心略倾（侧脚），各柱的上端均铺斗拱，用交圈的扶壁拱组成双层套筒式的结构。这座木塔不仅是世界上现存最高的木结构之一，在杆件和组合设计上也隐含着对结构力学的巧妙运用（见图1-5）。

约自公元1世纪东汉时起，砖石结构有所发展。在汉墓中已可见到从梁式空心砖逐渐发展为券拱和穹隆顶。根据荷载的情况，有单拱券、双层拱券和多层券。每层券上卧铺一层条砖，称为"伏"。这种券伏结合的方法在后来的发券结构中被普遍采用。自公元4世纪北魏中期起，砖石结构已用于地面上的砖塔、石塔建筑及石桥等方面。公元6世纪建于河南登封市的嵩岳寺塔（见图1-6），是我国现存最早的密檐砖塔。

图1-6 河南登封市的嵩岳寺塔

西安市的大雁塔（本名大慈恩寺塔，见图1-7），是唐高宗永徽三年（公元652年）玄奘法师为供奉从印度带回的佛像、舍利和梵文经典，在慈恩寺的西塔院建起一座高60m的五层砖塔，后改建为七层。大雁塔平面呈正方形，由塔基和塔身两个部分组成。公元1604年，明万历二十三年在维持了唐代塔体的基本造型上，在外表完整地砌上了60cm厚的包层。塔基边长48m，高4.2m，其上是塔身，边长25m，高59.9m，塔基和塔身通高64.1m。塔身各层壁面都用砖砌扁柱和阑额，柱的上部施有大斗，并在每层四面的正中开辟砖券的大门。塔内的平面也呈方形，各层均有楼板，设置扶梯，可盘旋而上至塔顶。大雁塔造型简洁，气势雄伟，是我国佛教建筑艺术中不可多得的杰作。

早在公元前4世纪，罗马就采用券拱技术砌筑下水道、隧道、渡槽等，在建筑工程方面继承和发展了古希腊的传统柱式。公元前2世纪，用石灰和火山灰的混合物作胶凝材料（后称为罗马水泥）制成的天然混凝土得到广泛应用，有力地推动了古罗马券拱结构的大发展。公元前1世纪，在券拱技术基础上又发展了十字拱和穹顶。公元2世纪时，在陵墓、城墙、水道、桥梁等工程上大量使用发券。券拱结构与天然混凝土并用，其跨越距离和覆盖空间比梁柱结构要大得多，如万神庙（120—124 年）的圆形正殿屋顶，直径为 43.43m，是古代最大的圆顶庙。卡拉卡拉浴室（211—217 年）采用十字拱和拱券平衡体系。古罗马的公共建筑类型多，结构设计、施工水平高，样式手法丰富，并初步建立了土木建筑科学理论，如维特鲁威著《建筑十书》（公元前 1 世纪）奠定了欧洲土木建筑科学的体系，系统地总结了古希腊、罗马的建筑实践经验。古罗马的技术成就对欧洲土木建筑的发展有深远影响。

图 1-7　西安市的大雁塔

　　进入中世纪以后，拜占庭建筑继承古希腊、罗马的土木建筑技术并吸收了波斯、小亚细亚一带的文化成就，形成了独特的体系，解决了在方形平面上使用穹顶的结构和建筑形式问题，把穹顶支承在独立的柱上，取得开敞的内部空间，如圣索菲亚教堂（532—537 年）为砖砌穹顶，外面覆盖铅皮，穹顶下的空间深 68.6m，宽 32.6m，中心高 55m。8 世纪在比利牛斯半岛上的阿拉伯建筑，运用马蹄形、火焰式、尖拱等拱券结构。科尔多瓦大礼拜寺（785—987 年）就采用了两层叠起的马蹄券（见图 1-8）。

图 1-8　科尔多瓦大礼拜寺

　　中世纪西欧各国的建筑，意大利仍继承罗马的风格，以比萨大教堂建筑群（11—13 世纪）为代表；其他各国则以法国为中心，发展了哥特式教堂建筑的新结构体系。哥特式建筑采用骨架券为拱顶的承重构件，飞券扶壁抵挡拱脚的侧推力，并使用二圆心尖券和尖拱。巴黎圣母院（1163—1271 年）的圣母教堂是早期哥特式教堂建筑的代表（见图 1-9）。

　　15—16 世纪，标志着意大利文艺复兴建筑开始的佛罗伦萨教堂穹顶（1420—1470 年）是世界上最大的穹顶，在结构和施工技术上均达到了很高的水平。集中了 16 世纪意大利建筑、结构和施工最高成就的则是罗马圣彼得大教堂（1506—1626 年）。

　　意大利文艺复兴时期的土木建筑工程内容广泛，除教堂建筑外，还有各种公共建筑、广场建筑群，如威尼斯的

图 1-9　巴黎圣母院的圣母教堂

圣马可广场等；人才辈出，理论活跃，如 L. B. 阿尔伯蒂著《论建筑》（1455 年）是意大利文艺复兴时期最重要的理论著作，体系完备，影响很大；施工技术和工具都有很大进步，工具除已有打桩机外，还有桅式和塔式起重设备及其他新的工具。

这一时期道路桥梁工程也有很多重大成就。秦朝在统一中国的过程中，运用各地不同的建设经验，开辟了连接咸阳各宫殿和苑囿的大道，以咸阳为中心修筑了通向全国的驰道，主要线路宽 50 步，统一了车轨，形成了全国规模的交通网。比中国的秦驰道早些，在欧洲，罗马建设了以罗马城为中心，包括有 29 条辐射主干道和 322 条联络干道的罗马大道网。汉代的道路约达 30 万里以上，为了越过高峻的山峦，修建了褒斜道、子午道，恢复了金牛道等许多著名栈道，所谓"栈道千里，通于蜀汉"。

随着道路的发展，在通过河流时需要架桥渡河，当时桥的构造已有许多种形式。秦始皇为了沟通渭河两岸的宫室，首先营建咸阳渭河桥，为 68 跨的木构梁式桥，是秦汉史籍记载中最大的一座木桥。此外，还有留存至今的世界上著名的隋代单孔圆弧弓形敞肩石拱桥——赵州桥（见图 1-10）。

图 1-10 赵州桥

这个时期水利工程也有新的成就。公元前 3 世纪，秦朝在今广西兴安开凿灵渠，总长 34km，落差 32m，沟通湘江、漓江，联系长江、珠江水系，后建成能使"湘漓分流"的水利工程。公元前 3—公元 2 世纪，古罗马采用券拱技术筑成隧道、石砌渡槽等城市输水道 11 条，总长 530km。如尼姆城的加尔河谷输水道桥（公元 1 世纪建），有 268.8m 长的一段是架在 3 层叠合的连续券上（见图 1-11）。公元 7 世纪初，隋朝开凿了世界历史上最长的大运河，共长 2500km。13 世纪元朝兴建大都（今北京），科学家郭守敬进行了元大都水系的规划，由北部山中引水，汇合西山泉水汇成湖泊，流入通惠河。这样可以截留大量水源，既解决了都城的用水，又接通了从都城向南直达杭州的南北大运河。

这个时期在土木工程工艺技术方面也有进步。分工日益细致，工种已分化出木作（大木作、小木作）、瓦作、泥作、土作、雕作、旋作、彩画作和窑作（烧砖、瓦）等。到 15 世纪，意大利的有些工程设计已由过去的行会师傅和手工业匠人逐渐转向由出身于工匠而知识化了的建筑师、工程师来承担。出现了多种仪器，如抄平水准设备、度量外圆和内圆及方角等几何形状的器具"规"和"矩"。计算方法也

图 1-11 尼姆城的加尔河谷输水道桥

有进步，已能绘制平面、立面、剖面和细部大样等详图，并且用模型设计的表现方法。

1.2.2 近代土木工程

从17世纪中叶到20世纪中叶的300年间，是土木工程迅猛发展的阶段。在材料方面，由木材、石料、砖瓦为主，到开始并日益广泛地使用铸铁、钢材、混凝土、钢筋混凝土，直至早期的预应力混凝土；在理论方面，材料力学、理论力学、结构力学、土力学、工程结构设计理论等学科逐步形成，设计理论的发展保证了工程结构的安全和人力物力的节约；在施工方面，由于不断出现新的工艺和新的机械，施工技术进步，建造规模扩大，建造速度加快了。在这种情况下，土木工程逐渐发展到包括房屋、道路、桥梁、铁路、隧道、港口、市政、卫生等工程建筑和工程设施，不仅能够在地面，有些工程还能在地下或水域内修建。

土木工程在这一时期的发展可分为奠基时期、进步时期和成熟时期三个阶段。

1. 奠基时期

17世纪到18世纪下半叶是近代科学的奠基时期，也是近代土木工程的奠基时期。伽利略、牛顿等所阐述的力学原理是近代土木工程发展的起点。意大利学者伽利略在1638年出版的著作《关于两门新科学的谈话和数学证明》中，论述了建筑材料的力学性质和梁的强度，首次用公式表达了梁的设计理论。这本书是材料力学领域中的第一本著作，也是弹性体力学史的开端。1687年牛顿总结的力学运动三大定律是自然科学发展史的一个里程碑，直到现在还是土木工程设计理论的基础。瑞士数学家 L. 欧拉在1744年出版的《曲线的变分法》中建立了柱的压屈公式，算出了柱的临界压屈荷载，这个公式在分析工程构筑物的弹性稳定方面得到了广泛的应用。

尽管同土木工程有关的基础理论已经出现，但就建筑物的材料和工艺看，仍属于古代范畴，如我国的雍和宫、法国的卢浮宫、印度的泰姬陵（见图1-12）、俄国的冬宫等。土木工程实践的近代化，还有待于产业革命的推动。

由于理论的发展，土木工程作为一门学科逐步建立起来，法国在这方面是先驱。1716年法国成立道桥部队，1720年法国政府成立交通工程队，1747年创立巴黎桥路学校，培养建造道路、河渠和桥梁的工程师。所有这些表明土木工程学科已经形成。

图 1-12 泰姬陵

2. 进步时期

18世纪下半叶，J. 瓦特对蒸汽机做了根本性的改进，蒸汽机的使用推进了产业革命。规模宏大的产业革命为土木工程提供了多种性能优良的建筑材料及施工机具，也对土木工程提出新的需求，从而促使土木工程以空前的速度向前迈进。

1824年，英国人 J. 阿斯普丁取得了一种新型水硬性胶结材料——波特兰水泥的专利权，1850年左右开始生产。1856年大规模炼钢方法——贝塞麦转炉炼钢法发明后，钢材越来越多地应用于土木工程。1851年，英国伦敦建成水晶宫，采用铸铁梁柱，玻璃覆盖。

1867 年，法国人 J. 莫尼埃用铁丝加固混凝土制成了花盆，并把这种方法推广到工程中，建造了一座贮水池，这是钢筋混凝土应用的开端。1875 年，他主持建造成第一座长 16m 的钢筋混凝土桥。1886 年，美国芝加哥建成家庭保险公司大厦，9 层，初次按独立框架设计，并采用钢梁，被认为是现代高层建筑的开端。1889 年，法国巴黎建成高 300m 的埃菲尔铁塔，使用熟铁近 8000t（见图 1-13）。

图 1-13 埃菲尔铁塔

这个时期土木工程的施工方法进入机械化和电气化阶段。蒸汽机逐步应用于抽水、打桩、挖土、轧石、压路、起重等作业。19 世纪 60 年代内燃机问世和 70 年代电动机出现后，很快就创制出各种各样的起重运输、材料加工、现场施工用的专用机械和配套机械，使一些难度较大的工程得以加速完工；1825 年，英国首次使用盾构开凿泰晤士河河底隧道。

近代工业的发展，人民生活水平的提高，人类需求的不断增长，还反映在房屋建筑及市政工程方面。电力的应用，电梯等附属设施的出现，使高层建筑实用化成为可能；电气照明、给水排水、供热通风、道路桥梁等市政设施与房屋建筑结合配套，开始了市政建设和居住条件的近代化；在结构上要求安全和经济，在建筑上要求美观和适用。科学技术发展和分工的需要，促使土木和建筑在 19 世纪中叶开始分成为各有侧重的两个单独学科分支。

工程实践经验的积累促进了理论的发展。19 世纪，土木工程逐渐需要有定量化的设计方法。一方面，对房屋和桥梁设计，要求实现规范化。另一方面，由于材料力学、结构力学逐步形成，各种静定和超静定桁架内力分析方法和图解法得到很大发展。19 世纪末，里特尔等人提出的钢筋混凝土理论应用了极限平衡的概念；1900 年前后钢筋混凝土弹性计算方法被普遍采用。各国还制定了各种类型的设计规范。1818 年英国不列颠土木工程师学会的成立，是工程师结社的创举，其他各国和国际性的学术团体也相继成立。理论上的突破，反过来极大地促进了工程实践的发展，这样就使近代土木工程学科日臻成熟。

3. 成熟时期

第一次世界大战以后，近代土木工程发展到成熟阶段。这个时期的一个标志是道路、桥梁、房屋大规模建设的出现。

在交通运输方面，由于汽车在陆路交通中具有快速和机动灵活的特点，道路工程的地位日益重要。沥青和混凝土开始用于铺筑高级路面。1931—1942 年，德国首先修筑了长达 3860km 的高速公路网，美国和欧洲其他一些国家相继效法。20 世纪初出现了飞机，机场工程迅速发展起来。钢铁质量的提高和产量的上升，使建造大跨桥梁成为现实。1918 年，加拿大建成魁北克悬臂桥，跨度 548.6m；1937 年，美国旧金山建成金门悬索桥，跨度 1280m，全长 2825m，是公路桥的代表性工程；1932 年，澳大利亚建成悉尼港桥，为双铰钢拱结构，跨度 503m（见图 1-14）。

工业的发达、城市人口的集中，使工业厂房向大跨度发展，民用建筑向高层发展。日益增多的电影院、摄影场、体育馆、飞机库等都要求采用大跨度结构。1925—1933 年，在法

图1-14 悉尼港桥

国、苏联和美国分别建成了跨度达60m的圆壳、扁壳和圆形悬索屋盖。中世纪的石砌拱终于被近代的壳体结构和悬索结构所取代。1931年，美国纽约的帝国大厦落成，共102层，高378m，有效面积16万 m^2，结构用钢5万多吨，内装电梯67部，还有各种复杂的管网系统，可谓集当时技术成就之大成，它保持世界房屋最高纪录达40年之久（见图1-15）。

1906年，美国旧金山发生大地震；1923年，日本关东发生大地震，生命财产遭受严重损失；1940年，美国塔科马悬索桥毁于风振。这些自然灾害推动了结构动力学和工程抗害技术的发展。另外，超静定结构计算方法不断得到完善，在弹性理论成熟的同时，塑性理论、极限平衡理论也得到发展。

近代土木工程发展到成熟阶段的另一个标志是预应力钢筋混凝土的广泛应用。1886年，美国的杰克逊首次应用预应力混凝土制作建筑构件，后又用于制作楼板。1930年

图1-15 帝国大厦

的弗雷西内把高强度钢丝用于预应力混凝土；比利时的马涅尔于1940年改进了张拉和锚固方法，预应力混凝土便广泛地进入工程领域，把土木工程技术推向现代化。

我国清朝实行闭关锁国政策，近代土木工程进展缓慢，直到清末出现洋务运动，才引进一些西方技术。1909年，著名工程师詹天佑主持的京张铁路建成，全长约200km，达到当时世界先进水平。全路有四条隧道，其中八达岭隧道长1091m。到1911年辛亥革命时，铁路总里程为9100km。1894年建成用气压沉箱法施工的滦河桥，1901年建成全长1027m的松花江桁架桥，1905年建成全长3015m的郑州黄河桥。我国近代市政工程始于19世纪下半叶，1865年上海开始供应煤气，1879年旅顺建成近代给水工程，相隔不久，上海也开始供应自来水和电力。1889年唐山设立水泥厂，1910年开始生产机制砖。我国近代土木工程教育事业开始于1895年创办的天津北洋西学学堂（后称为北洋大学，今天津大学）和1896年创办的北洋铁路官学堂（后称为唐山交通大学，今西南交通大学）。

我国近代建筑以1929年建成的中山陵（见图1-16）和1931年建成的广州中山纪念堂

（跨度30m）为代表。1934年在上海建成了钢结构的24层的国际饭店，21层的百老汇大厦（今上海大厦）和钢筋混凝土结构的12层的大新公司。到1936年，已有近代公路11万公里。我国工程师自己修建了浙赣铁路、粤汉铁路的株洲至韶关段及陇海铁路西段等。1937年建成了公路铁路两用钢桁架的钱塘江桥，长1453m，采用沉箱基础。1912年成立中华工程师会，詹天佑为首任会长，20世纪30年代成立中国土木工程师学会（现中国土木工程学会）。到1949年，我国土木工程高等教育基本形成了完整的体系，开始拥有一支庞大的近代土木工程技术力量。

图1-16 中山陵

1.2.3 现代土木工程

现代土木工程以社会生产力的现代发展为动力，现代科学技术为背景，现代工程材料为基础，现代工艺与机具为手段高速向前发展。

第二次世界大战结束后，社会生产力出现了新的飞跃。现代科学技术突飞猛进，土木工程进入一个新时代。在近50年中，前20年土木工程的特点是进一步大规模工业化，后30年的特点则是现代科学技术对土木工程的进一步渗透。

在1949年后，我国经历了国民经济恢复时期和规模空前的经济建设时期。例如，到1965年全国公路通车里程 80×10^4 km，是解放初期的10倍；铁路通车里程超过 5×10^4 km，是20世纪50年代初的两倍多。1979年后我国致力于现代化建设，发展加快，列入第六个五年计划（1981—1985年）的大中型建设项目达890个。1979—1982年间全国完成了 3.1×10^8 m^2 住宅建筑；城市给水普及率已达80%以上；北京等地高速度地进行城市现代化建设；京津塘（北京—天津—塘沽）高速公路和广深珠（广州—深圳、广州—珠海）高速公路开始兴建；铁路正在实现电气化；济南、天津等地跨度200多米的斜拉桥相继建成；全国各地建成大量10～50层的高层建筑。这些都说明我国土木工程已开始了现代化的进程。

从世界范围来看，现代土木工程为了适应社会经济发展的需求，具有以下一些主要特征：

1. 工程功能化

现代土木工程的特征之一，是工程设施同它的使用功能或生产工艺更紧密地结合。复杂的现代生产过程和日益上升的生活水平，对土木工程提出了各种专门要求。

现代土木工程为了适应不同工业的发展，有的工程规模极为宏大，如大型水坝混凝土用量达数千万立方米，大型高炉的基础也达数千立方米；有的则要求十分精密，如电子工业和精密仪器工业要求能防微振。现代公用建筑和住宅建筑不再仅仅是传统意义上徒具四壁的房屋，而要求同供暖、通风、给水、排水、供电、供燃气及信息化设施等种种现代技术设备结成一体。

对土木工程有特殊功能要求的各类特种工程结构也发展起来。如核工业的发展带来了新的工程类型。20世纪80年代初世界上就有23个国家拥有277座核电站。又如为研究微观世界，许多国家都建造了加速器。我国从20世纪50年代以来建成了多座加速器工程，2023年2月，中广核核技术发展股份有限公司自主研发的"120keV-520mA电子帘加速器"通过专家鉴定，标志着我国首台大功率电子帘加速器正式完成验收。这些工程的要求也非常严格。海洋工程发展很快，20世纪80年代初海底石油的产量已占世界石油总产量的23%，海上钻井已达3000多口，固定式钻井平台已有300多座。我国在渤海、南海等处已开采海底石油。海洋工程已成为土木工程的新分支。

现代土木工程的功能化问题日益突出，为了满足专门和更多样的功能需要，土木工程更多地需要与各种现代科学技术相互渗透。

2. 城市立体化

随着经济的发展，人口的增长，城市用地更加紧张，交通更加拥挤，这就迫使房屋建筑和道路交通向高空和地下发展。

高层建筑成为现代化城市的象征。1974年芝加哥建成高达433m的西尔斯大厦（见图1-17），超过1931年建造的纽约帝国大厦的高度。由于设计理论的进步和材料的改进，现代高层建筑出现了新的结构体系，如剪力墙、筒中筒结构等。美国在1968—1974年建造的三幢超过百层的高层建筑，自重比帝国大厦减轻20%，用钢量减少30%。高层建筑的设计和施工是对现代土木工程成就的一个总检阅。

城市道路和铁路很多已采用高架，同时又向地层深处发展。地下铁道在近几十年得到进一步发展，地铁早已电气化，并与建筑物地下室连接，形成地下商业街。目前，在上海、北京（见图1-18）、广州等大城市建成了颇具规模的城市地下铁路交通网，并成为城市交通的重要组成部分。城市地下空间的开发利用有着十分广泛的发展前景，地下停车库、地下油库日益增多。城市道

图1-17 西尔斯大厦

路下面密布着电缆、给水、排水、供热、供燃气的管道，构成城市的脉络。现代城市建设已经成为一个立体的、有机的系统，对土木工程各个分支及其协作提出了更高的要求。

3. 交通高速化

现代世界是开放的世界，人、物和信息的交流都要求更高的速度。高速公路虽然1934年就在德国出现了，但在世界各地较大规模的修建，是第二次世界大战以后。1983年，世界高速公路已达11×10^4km，很大程度上取代了铁路的功能。高速公路的里程数，已成为衡量一个国家现代化程度的标志之一。铁路也出现了电气化和高速化的趋势。

高速铁路是指通过改造原有线路（直线化、轨距标准化），使营运速率达到200km/h以上，或者专门修建新的"高速新线"，使营运速率达到250km/h以上的铁路系统。高速铁路

图 1-18　北京地铁车站站台

除了要求列车营运速度达到一定标准外，在车辆、路轨、操作等方面都需要配合提升。

日本的"新干线"铁路行车时速达 210km/h 以上，法国巴黎到里昂的高速铁路运行时速达 260km/h。从工程角度来看，高速公路、铁路在坡度、曲线半径、路基质量和精度方面都有严格的限制。交通高速化直接促进着桥梁、隧道技术的发展。不仅穿山越江的隧道日益增多，而且出现了长距离的海底隧道。日本的青函海底隧道长达 53.85km。

近年来，国内的高速铁路建设有了飞速发展，已经建成京津（见图 1-19）、京沪等城际高速铁路，其中京沪高速铁路最高运营时速达 486.1km，是目前世界上最快的高速铁路。

图 1-19　京津城际高速铁路

在现代土木工程出现上述特征的情况下，构成土木工程的三个要素（材料、施工和理论）也出现了新的趋势。

广义的高速铁路包含使用磁悬浮技术的高速轨道运输系统。磁悬浮列车是一种利用磁极吸引力和排斥力的高科技交通工具。上海磁悬浮示范运营线是世界上第一条投入商业化运营的磁悬浮列车示范线（见图 1-20），于 2002 年 12 月 31 日启用，属上海市交通发展的重大项目，具有交通、展示、旅游观光等多重功能。磁悬浮示范运营线西起上海轨道交通 2 号线龙

阳路站，东到上海浦东国际机场站，主要
解决连接浦东机场和市区的大运量高速交
通需求。线路正线全长33km，双线上下折
返运行，设计最高运行速度为430km/h，
单线运行时间约8min。

图1-20　上海磁悬浮示范运营线

4. 材料轻质高强化

现代土木工程的材料进一步轻质化和
高强化。工程用钢的发展趋势是采用低合
金钢。我国从20世纪60年代起普遍推广
了锰硅系列和其他系列的低合金钢，大大
节约了钢材用量，并改善了结构性能。高
强钢丝、钢绞线和粗钢筋的大量生产，使预应力混凝土结构在桥梁、房屋等工程中得以推广。

C50～C60的水泥已在工程中普遍应用，近年来轻集料混凝土和加气混凝土已用于高层
建筑。例如，美国休斯敦的贝壳广场大楼，用普通混凝土只能建35层，改用了陶粒混凝土，
自重大大减轻，用同样的造价建造了52层。而大跨、高层、结构复杂的工程又反过来要求
混凝土进一步轻质化、高强化。

高强钢材与高强混凝土的结合使预应力结构得到较大发展。在桥梁工程、房屋工程中广
泛采用预应力混凝土结构。铝合金、镀膜玻璃、石膏板、建筑塑料、玻璃钢等工程材料发展
迅速。新材料的出现与传统材料的改进是现代科学技术的进步所推动的。

5. 施工过程工业化

大规模现代化建设使建筑标准化达到了很高的程度。人们力求推行工业化生产方式，在
工厂中成批地生产房屋、桥梁的种种构配件、组合体等。预制装配化的潮流在20世纪50年
代后席卷了以建筑工程为代表的许多土木工程领域。这种标准化在我国社会主义建设中起了
积极作用。装配化不仅对房屋重要，还在桥梁建设中引出装配式轻型拱桥，从20世纪60年
代开始采用与推广，对解决农村交通起了一定作用。

在标准化向纵深发展的同时，种种现场机械化施工方法在20世纪70年代以后发展迅
速。采用了同步液压千斤顶的滑升模板广泛用于高耸结构。1975年建成的加拿大多伦多电
视塔高达553m，施工时就用了滑模，在安装天线时还使用了直升机。现场机械化的另一个
典型实例是用一群小提升机同步提升大面积平板的升板结构施工方法。此外，钢制大型模
板、大型吊装设备与混凝土自动化搅拌楼、混凝土搅拌输送车、输送泵等相结合，形成了一
套现场机械化施工工艺，使传统的现场浇筑混凝土方法获得了新生命，在高层、多层房屋和
桥梁中部分地取代了装配化，成为一种发展很快的方法。

现代技术使许多复杂的工程成为可能。例如，宝成铁路有80%的线路穿越山岭地带，
桥隧相连，成昆铁路桥隧总长占40%；日本山阳线新大阪至博多段的隧道占50%；苏联在
靠近北极圈的寒冷地带建造了第二条西伯利亚大铁路；川藏公路、青藏公路直通世界屋脊。
由于采用了现代化的盾构，隧道施工加快，精度也提高。土石方工程中广泛采用定向爆破，
解决了大量土石方的施工问题。

青藏铁路是实施西部大开发战略的标志性工程。该路东起青海西宁，西至拉萨，全长
1956km，是世界上海拔最高、线路最长的铁路。其中，西宁至格尔木段814km已于1979年

铺通，1984年投入运营。青藏铁路格尔木至拉萨段，北起青海省格尔木市，经纳赤台、五道梁、沱沱河、雁石坪，翻越唐古拉山，再经西藏自治区安多、那曲、当雄、羊八井，至拉萨，全长1118km，其中多年冻土区长度为632km，大片连续多年冻土区长度约为550km，岛状不连续多年冻土区，长度为82km，全线海拔4000m以上地段长度约为965km。为攻克多年冻土冬天冻胀夏天融沉的工程难题，建设者们广泛借鉴和吸收国内外冻土工程理论研究和工程实践的成功经验，通过不断的科学实验，掌握了铁路沿线多年冻土分布特征和变化规律，确立了"主动降温、冷却地基、保护冻土"的设计思想，创新了片石气冷路基、碎石（片石）护坡护道路基、通风管路基、热棒路基等一整套主动降温工程措施，有效保护了冻土。青藏铁路（见图1-21）已于2006年7月1日全线通车。

图1-21 青藏铁路

6. 理论研究精密化

现代科学信息传递速度大大加快，一些新理论与方法（如计算力学、结构动力学、动态规划法、网络理论、随机过程论、滤波理论等）随着计算机的普及而渗入土木工程领域。结构动力学已发展完备。荷载不再是静止的和确定性的，而是作为随时间变化的随机过程来处理。美国和日本使用由计算机控制的强震仪台网系统，提供了大量原始地震记录。日趋完备的反应谱方法和直接动力法在工程抗震中发挥很大作用，抗震理论、测震、震动台模拟试验及结构抗震技术等方面有了很大发展。

大跨度建筑的形式层出不穷，薄壳、悬索、网架和充气结构覆盖大片面积，满足种种大型社会公共活动的需要。1959年巴黎建成的多波双曲薄壳的跨度达210m；1976年美国新奥尔良建成的网壳穹顶直径为207.3m；1975年美国密歇根庞蒂亚克体育馆充气塑料薄膜覆盖面积超过35000m²，可容纳观众8万人。我国也建成了许多大空间结构，如上海体育馆圆形网架直径110m，北京工人体育馆悬索屋面净跨为94m。大跨度建筑的设计也是理论水平提高的一个标志。

"鸟巢"是2008年北京奥运会主体育场（见图1-22）。国家体育场建筑顶面呈鞍形，长轴为332.3m，短轴为296.4m，最高点高度为68.5m，最低点高度为42.8m。它是由2001年普利茨克奖获得者赫尔佐格、德梅隆与中国建筑师合作完成的巨型体育场设计，形态如同孕育生命的"巢"，它更像一个摇篮，寄托着人类对未来的希望。"鸟巢"外形结构主要由巨大的门式钢架组成，共有 24 根桁架柱，柱距为 37.96m。大跨度屋盖支撑在 24 根桁架柱之上，主桁架围绕屋盖中间的开口放射形布置，有 22 榀主桁架直通或接近直通。为了避免出现过于复杂的节点，少量主桁架在内环附近截断。钢结构大量采用由钢板焊接而成的箱形构件，交叉布置的主桁架与屋面及立面的次结构一起形成了"鸟巢"的特殊建筑造型。主看台部分采用钢筋混凝土框架-剪力墙结构体系，与大跨度钢结构完全脱开。整个体育场结构的组件相互支撑，形成网格状的构架，外观看上去就仿若树枝织成的鸟巢，其灰色矿质般的钢网以透明的膜材料覆盖，其中包含着一个土红色的碗状体育场看台。在这里，我国传统文化中镂空的手法、陶瓷的纹路、红色的灿烂与热烈，与现代最先进的钢结构设计完美地相融在一起。"鸟巢"结构设计奇特新颖，而搭建它的钢结构 Q460 也有很多独到之处：Q460 是一种低合金高强度钢，它在受力强度达到 460MPa 时才会发生塑性变形，这个强度要比一般钢材大，因此生产难度很大，400t 自主创新、具有知识产权的国产 Q460 钢材，撑起了"鸟巢"的铁骨钢筋。

图 1-22　北京奥运会主体育场——"鸟巢"

国家游泳中心又被称为"水立方"，位于北京奥林匹克公园内（见图 1-23），是 2008 年北京奥运会修建的主游泳馆，也是北京奥运会标志性建筑物之一。它由中国建筑工程总公

图 1-23　北京奥运会国家游泳中心——"水立方"

司、澳大利亚 PTW 建筑师事务所、ARUP 澳大利亚有限公司联合设计。设计者从水分子和水泡的微观结构，演绎出一种新型的刚性结构体系，表面覆盖的 ETFE 透明膜又赋予了建筑冰晶状的外貌。设计者发挥了我国传统的空间观、宇宙观和建筑观，将建筑形体设计为单纯的"方"，同我国的传统文化相呼应。"水立方"与国家体育场分列于北京城市中轴线北端的两侧，共同形成相对完整的北京历史文化名城形象。

建筑面积为 147 万 m^2 的上海国家会展中心（见图 1-24）采用优美而具有吉祥寓意的"四叶草"原型，以中央广场为花心，向 4 个方向伸展出 4 片脉络分明的叶片状主体，形成更具有标志性和视觉冲击力的集中式构图，充分体现出功能性、标志性、经济性和科技性的设计原则和造型理念。

图 1-24 采用"四叶草"作为建筑设计原型的上海国家会展中心

广州塔（见图 1-25）又称为广州新电视塔，距离珠江南岸 125m，塔身主体高 454m，天线桅杆高 146m，总高度 600m，是我国第一高塔。广州塔是广州市的地标工程，可抵御 8 级地震、12 级台风，设计使用年限超过 100 年。广州塔塔身 168 ~ 334.4m 处有"蜘蛛侠栈道"，是世界上最高最长的空中漫步云梯；塔身 422.8m 处设有旋转餐厅，是世界上最高的旋转餐厅；塔身顶部 450 ~ 454m 处设有摩天轮，是世界上最高的摩天轮；天线桅杆 455 ~ 485m 处设有"极速云霄"速降游乐项目，是世界上最高的垂直速降游乐项目。广州塔通过

图 1-25 我国第一高塔——广州塔

耐用和可持续性建筑技术的应用和实施，在节能、节地、节材、节水等方面取得了良好效果。地下空间的建筑面积与建筑占地面积之比为69%，节约了土地资源。光伏系统预计的年发电量为12660kW·h。风力发电机年发电量约为41472kW·h。回收用水每年可节水量约为1.2万t。可再循环建筑材料占比达到18%。

港珠澳大桥（见图1-26）是我国境内一座连接香港、广东珠海和澳门的桥隧工程，位于我国广东省珠江口伶仃洋海域内，为珠江三角洲地区环线高速公路南环段。港珠澳大桥于2009年12月15日动工建设，于2018年10月24日上午9时开通运营。港珠澳大桥东起香港国际机场附近的香港口岸人工岛，向西横跨南海伶仃洋水域连接珠海和澳门人工岛，止于珠海洪湾立交；桥隧全长55km，其中主桥29.6km、香港口岸至珠澳口岸41.6km；桥面为双向六车道高速

图1-26 港珠澳大桥

公路，设计速度100km/h；工程项目总投资额1269亿元。港珠澳大桥最美的风景是九洲航道桥、江海航道桥、青州航道桥三座通航孔桥。九洲桥又称为"风帆塔"，寓意"扬帆远航"；江海桥又称为"海豚塔"，寓意"人与自然和谐发展"；青州桥又称为"中国结"，寓意"三地同心"。在建设过程中，大桥共实现了海中人工岛快速成岛、沉管管节工厂化制造、海上长桥装配化施工、120年耐久性保障、环保型施工、新材料开发及应用和大型施工设备研发七大领域的关键技术突破。

2021年北京冬奥会场馆中的首钢滑雪大跳台（见图1-27）是世界上首个永久性的单板大跳台。在改造的过程中既满足了冬奥会的比赛要求，赋予首钢新的意义，又保留了工业遗址的完整性。首钢滑雪大跳台的设计使用了许多新技术，包括虚拟现实和人因测试技术。首钢滑雪大跳台赛道长164m、最宽处34m、最高点60m。首钢滑雪大跳台起跳点和落地区的两段弧线，形成了一条具有丰富变化的曲线，该曲线的形式赋予大跳台表达中国元素"敦

图1-27 2021年北京冬奥会场馆中的首钢滑雪大跳台

煌飞天"的契机。两段弧线飘带采用特殊的空间异形桁架结构,分段制作、管桁架胎架搭设,并采用数控技术以确保精度,减少耗材。首钢滑雪大跳台主体结构采用装配式钢结构体系和预制构件;中心主体结构、幕墙等均为金属预制基础构件,看台、泵房结构的预制构件率达到87%以上。同时,设计选用高强度钢、耐候钢以减少材料用量,最大可能地使用工厂化产品与再利用材料:大跳台主体结构用钢4100t,99.55%采用高强度钢,其中高建(GJD)钢637t,占比18.3%;赛道面板采用耐候钢360t,占比7.5%;裁判塔裁判层选用耐火耐候钢,占比2%。

从材料特性、结构分析、结构抗力计算到极限状态理论,在土木工程各个分支中都得到充分发展。20世纪50年代,美国、苏联开始将可靠性理论引入土木工程领域。工程地质、土力学和岩体力学的发展为研究地基、基础和开拓地下、水下工程创造了条件。计算机不仅用以辅助设计,更作为优化手段;不但运用于结构分析,而且扩展到建筑、规划领域。

理论研究的日益深入,使现代土木工程取得了许多质的进展,并使工程实践更离不开理论指导。

1.2.4 土木工程的发展趋势

地球上可以居住、生活和耕种的土地和资源是有限的,而人口是不断增长的。因此,人类为了争取生存,土木工程的未来至少向八个方向发展。

(1) 向高空延伸 现在人工建筑物最高的为646m的波兰Gabin227kHz长波台钢塔,由15根钢纤绳锚拉。日本拟在东京建造800.7m高的千年塔,它在距海岸约2km的大海中,将工作、休闲、娱乐、商业、购物等融于一体的抗震竖向城市中,居民可达5万人。中国拟在上海附近的1.6km宽、200m深的人工岛上建造一栋高1250m的仿生大厦,居民可达10万人。印度也提出将投资50亿元建造超级摩天大楼,其地上共202层,高达710m。

(2) 向地下发展 1991年,在东京召开的城市地下空间国际学术会议通过了《东方宣言》,提出了"21世纪是人类开发利用地下空间的世纪",建造地下建筑将有效改善城市拥挤、节能和减少噪声污染等优点。日本于20世纪50年代末至70年代大规模开发利用浅层地下空间,到20世纪80年代末已开始研究50~100m深层地下空间的开发利用问题。日本1993年开建的东京新丰州地下变电所,深达地下70m。目前世界上共修建水电站地下厂房约350座,最大的为加拿大的格朗德高级水电站。我国城市地下空间的开发处于大发展阶段,已有北京、上海、广州等城市建成了颇具规模的地下交通网络。

(3) 向海洋拓宽 为了防止机场噪声对城市居民的影响,也为了节约使用陆地,2000年8月4日,日本大阪围海建造的1000m长的关西国际机场试飞成功。阿拉伯联合酋长国首都迪拜的七星大酒店也建在海上,洪都拉斯将建海上城市型游船,该船预计长804.5m、宽228.6m,有28层楼高,船上设有小型喷气式飞机的跑道、医院、旅馆、超市、饭店、理发店和娱乐场等。近些年来,我国在这方面也已取得可喜的成绩,如上海南汇滩围垦和崇明东滩围垦成功。

(4) 向沙漠进军 全世界约有1/3陆地为沙漠,每年约有600万hm^2的耕地被侵蚀,这将影响上亿人口的生活。世界未来学会对下世纪初世界十大工程设想之一是将西亚和非洲的沙漠改造成绿洲。改造沙漠首先必须有水,然后才能绿化和改造沙土。现在利比亚沙漠地区已建成一条大型的输水管道,并在班加西建成了一座直径1km、深16km的蓄水池用以沙漠灌溉。在缺乏地下水的沙漠地区，国际上正在研究开发使用沙漠地区太阳能淡化海水的可行方案，该方案一旦实施，将会启动近海沙漠地区大规模的建设工程。我国沙漠输水工程试验成功，自行修建的第一条长途沙漠输水工程已全线建成试水，顺利地引黄河水入沙漠。我国首条沙漠高速公路——榆靖高速公路已全线动工，其全长116km。

（5）向太空迈进 由于近代天文学宇航事业的飞速发展和人类登月的成功实现，人们发现月球上拥有大量的钛铁矿，在800℃高温下，钛铁矿与氢化物合成铁、钛、氧和水蒸气，由此可以制造出人类生存必需的氧和水。美国政府已决定在月球上建造月球基地，并通过这个基地进行登陆火星的行动。美籍华裔林铜柱博士1985年发现建造混凝土所需的材料在月球上都有，因此可以在月球上制作钢筋混凝土配件装配空间站。预计21世纪50年代以后，空间工业化、空间商业化、空间旅游、外层空间的开发利用等可能会得到较大进展。

（6）土木工程需要可持续发展 世界环境与发展委员会在1987年为可持续发展（sustainable development）所做的定义如下："可持续发展是指投资的开发利用、投资的指导、技术发展的方向与制度变化相互协调，并使当前和未来满足人类需要与渴望的潜在能力得以改善的一种变化过程……""可持续发展……可在不牺牲后代满足其需要能力的条件下，满足当前的需要。"在三种广泛存在的、相互联系的关系——人口快速增加、城市化进程加快、对自然资源的需要日益上升超出了供应的能力——出现后，人们才认识到可持续发展的必要性。

1）实现碳达峰和碳中和目标。2021年3月15日，习近平总书记主持召开中央财经委员会第九次会议，其中一项重要议题就是研究实现碳达峰、碳中和的基本思路和主要举措，会议指明了"十四五"期间要重点做好的七方面工作，明确把碳达峰、碳中和纳入生态文明建设整体布局，这事关中华民族永续发展和构建人类命运共同体。发展低碳建筑是土木工程领域实现碳达峰和碳中和的重要途径。实现低碳建筑是指在建筑材料与设备制造、施工建造和建筑物使用的整个生命周期内，减少化石能源的使用，提高能效，降低二氧化碳排放量。低碳建筑已逐渐成为国际建筑界的主流趋势，在这种趋势下低碳建筑势必将成为我国建筑的主流之一。低碳建筑主要分为两方面，即低碳材料和低碳建筑技术。

2）大力发展智能建造技术。智能建造的特点有两个：一是产业的和谐发展，与大自然和谐可持续发展。我国建筑业规模约占全球50%，建筑用钢材水泥约占全世界50%，是资源能耗、能源消耗和污染产业最大的行业，实行精细化管理减少消耗和排放时不我待。二是让行业武装先进的数字神经系统。建筑信息模型（building information modeling，BIM）技术是一项应用于土木工程设施全寿命周期的3D数字化技术，BIM技术具有操作的可视化、信息的完备性、信息的协调性、信息的互用性等特点。

2020年7月3日，住房和城乡建设部等十三个部门联合印发《关于推动智能建造与建筑工业化协同发展的指导意见》，提出加大人才培育力度。各地要制定智能建造人才培育相关政策措施，明确目标任务，建立智能建造人才培养和发展的长效机制，打造多种形式的高层次人才培养平台。鼓励骨干企业和科研单位依托重大科研项目和示范应用工程，培养一批领军人才、专业技术人员、经营管理人员和产业工人队伍。加强后备人才培养，鼓励企业和高等院校深化合作，为智能建造发展提供人才后备保障。

（7）努力建设韧性城市 "韧性"和"韧性城市"是国际社会在防灾减灾领域使用频率很高的两个概念。当灾害发生时，韧性城市能承受冲击，快速应对、恢复，保持城市功能正常运行，并通过适应来更好地应对未来的灾害风险。韧性城市具有五大特性：鲁棒性，即城市抵抗灾害，减轻由灾害导致的城市在经济、社会、人员、物质等多方面的损失；可恢复性，即灾后快速恢复的能力，城市能在灾后较短的时间恢复到一定的功能水平；冗余性，即城市中关键的功能设施应具有一定的备用模块，当灾害突然发生造成部分设施功能受损时，备用的模块可以及时补充，整个系统仍能发挥一定水平的功能，而不至于彻底瘫痪；智慧性，即基本的救灾资源储备及能够合理调配资源的能力，能够在有限的资源下，优化决策，最大化资源效益；适应性，即城市能够从过往的灾害事故中学习，提升对灾害的适应能力。

（8）"互联网＋土木工程"蓬勃发展　随着"互联网＋土木工程"突飞猛进的发展，大数据、物联网与土木工程深度融合，未来土木工程规划、勘察、设计、施工、监理、监测、运维等工作已经逐步智慧化，智慧建筑越来越多，智慧土木工程一定会发展得越来越快。但由于智慧土木工程发展的许多瓶颈问题还没有得到解决，智慧土木工程的真正到来仍然有许多"卡脖子"问题需要解决。

1.3 土木工程专业概述

1.3.1 历史沿革

新中国成立前工科学科的设置基本上是学习英国与美国，实行学年学分制，读满四年，大致满 130～140 分可毕业，取得（工）学士学位。土木工程没有明确的专业，没有统一的教学计划和教学大纲，各校土木工程系开课很不一致，开设的课程很广泛。

1952 年，大规模院系调整后学习苏联，土木工程系科设置发生了较大的变化，所设立的工业与民用建筑专业专攻房屋建筑，道路专业专攻道路，采用学年学时制，即学习四年并满足一定的学时后即可毕业。

由于科学的发展，各学科内容不断更新、深化和扩大。由于历史和现实的各方面原因，专业划分过细，专业范围过窄，门类之间专业重复设置等问题十分突出。1998 年，国家进行了本科专业目录调整，将建筑工程、交通土建、矿井建设、公路工程等近十个专业合并成为目前的"土木工程专业"。

截至 2022 年，土木工程专业有了新的拓展，土木工程按照大类招生成为一种趋势，"土木、水利与交通工程""土木、水利与海洋工程""智能建造"等新工科专业开始出现。

1.3.2 特色专业方向教学

根据教育部的规定，1998 年后的土木工程专业教学至少要分为 2 个特色方向。各个高等学校根据自己的办学历史和特色自行划分专业方向。目前开设的特色专业方向有建筑工程、工程管理、岩土工程、地下工程、矿井建设、公路工程、道路与桥梁工程、桥梁工程、交通土建、机场工程、铁路工程、城市地下工程等。《高等学校土木工程本科指导性专业规范》推荐了土木工程专业四个方向是建筑工程、道路与桥梁工程、地下工程、铁道工程。

特色专业的划分主要有两种方法：一是按照土木工程（建筑工程）、土木工程（岩土工程）等进行招生，学生进学校后即确定了专业方向，第1学期开始就分特色专业方向进行教学；二是在第4学期末，根据学生志愿、爱好和自身特点确定专业方向，从第5学期开始进行分特色专业方向教学。

需要指出的是，无论是哪个特色专业方向，学生的毕业证书上的专业都是土木工程专业。

1.3.3 培养目标

培养适应社会主义现代化建设需要，德智体美全面发展，掌握土木工程学科的基本原理和基本知识，获得工程师基本训练，能胜任建筑、道路、桥梁、隧道等各类工程的技术与管理工作，具有扎实的基础理论、宽广的专业知识和良好的实践能力与创新能力，具有一定的国际视野，能面向未来的高级专门人才。

毕业生能够在有关土木工程的勘察、设计、施工、管理、教育、投资和开发、金融与保险等部门从事技术或管理工作。

1.3.4 培养规格

1. 政治思想

具有高尚的道德品质和良好的科学素质、工程素质和人文素养，能体现哲理、情趣、品味等方面的较高修养，具有求真务实的态度及实干创新的精神，有科学的世界观和正确的人生观，愿为国家富强、民族振兴服务。

2. 知识结构

具有基本的人文社会科学知识，熟悉哲学、政治学、经济学、法学等方面的基本知识，了解文学、艺术等方面的基础知识；掌握工程经济、项目管理的基本理论；掌握一门外国语；具有较扎实的自然科学基础，了解数学、现代物理、信息科学、环境科学、工程科学的基本知识，了解当代科学技术发展的主要趋势和应用前景；掌握力学的基本原理和分析方法，掌握工程材料的基本性能和选用原则，掌握工程测绘的基本原理和方法、工程制图的基本原理和方法，掌握工程结构及构件的受力性能分析和设计计算原理，掌握土木工程施工和组织的一般技术和过程及组织和管理、技术经济分析的基本方法；掌握结构选型、构造设计的基本知识，掌握结构工程的设计方法、CAD和其他软件应用技术；掌握土木工程现代施工技术、工程检测和试验基本方法，了解本专业的有关法规、规范与规程；了解给水排水、供热通风与空调、建筑电气等相关知识，了解土木工程机械、交通、环境的一般知识；了解本专业的发展动态和相邻学科的一般知识。

3. 能力结构

具有综合应用各种手段查询资料、获取信息、拓展知识领域、继续学习的能力；具有应用语言、图表和计算机技术等进行工程表达和交流的基本能力；掌握至少一门计算机高级编程语言并能运用其解决一般工程问题；具有计算机、常规测试仪器的运用能力；具有综合应用知识进行工程设计、施工和管理的能力；经过一定环节的训练后，具有初步的科学研究或技术研究、应用开发等创新能力。

4. 身体素质

具有健全的心理和健康的体魄，能够履行建设祖国和保卫祖国的神圣义务。能在房屋建筑、隧道与地下建筑、公路与城市道路、铁道工程、桥梁、矿山建筑等的设计、施工、管理、研究、教育、投资和开发部门从事技术或管理工作。

1.3.5 专业教学内容

1. 土木工程专业知识体系

土木工程专业知识体系包括工具性知识、人文社会科学知识、自然科学知识和专业知识，见表1-1。

表1-1 土木工程专业知识体系和知识领域

知识体系	知识领域
工具性知识	外国语、信息科学基础、计算机基础与语言
人文社会科学知识	哲学、政治学、历史学、法学、社会学、经济学、管理学、心理学、体育、军事
自然科学知识	数学、物理学、化学、环境科学基础
专业知识	力学原理与方法、专业技术相关基础、工程项目经济与管理、结构基本原理和方法、施工原理和方法、计算机应用技术

土木工程专业的专业知识体系分为六个知识领域：力学原理和方法，专业技术相关基础，工程项目经济与管理，结构基本原理和方法，施工原理和方法，计算机应用技术。这六个知识领域涵盖了涉及土木工程的所有知识范围，包含内容十分广泛，本科教育阶段不可能全部学完。掌握这些领域的核心知识及其运用方法，就具备了从事工程的理论分析、设计、规划、建造、维护保养和管理、研究和教学等方面的基础。遵循专业规范内容最小化的原则，该核心知识单元（点）的集合作为高校设置土木工程专业的必备知识。

考虑到行业、地区和高校在人才知识结构上的要求有所不同，专业规范还需在核心知识以外，留出选修空间供各专业方向和各校教学改革及学生自主学习。

2. 专业教育实践体系

实践教学体系分别有各类实验、实习、设计和社会实践以及科研训练等多个领域和多种形式，包括非独立设置和独立设置的基础、专业基础和专业的实践教学环节，而对于每一个实践环节都应有相应的知识点和相关的技能要求。

实践体系分实践领域、实践知识与技能单元、知识与技能点三个层次。通过实践教育，培养学生具有实验技能，工程设计和施工的能力，科学研究的初步能力等。

（1）实验

1）基础实验，如普通物理实验、普通化学实验等。

2）专业基础实验，如材料力学实验、流体力学实验、土工实验、土木工程材料实验、混凝土基本构件实验、土木工程测试技术等。

3）专业实验，按建筑工程、道路与桥梁工程、地下工程、铁道工程等方向设置的专业实验。

4）研究性实验，这部分可作为拓展能力的培养，不做统一要求。

（2）实习

1）认识实习，按土木工程专业核心知识的相关要求安排实习，可重点选择一个专业方向的相关内容。

2）课程实习，包括工程测量、工程地质及与专业方向有关的课程实习。

3）生产实习与毕业实习，按建筑工程、道路与桥梁工程、地下工程等方向安排的实习。

（3）设计　课程设计与毕业设计（论文）：按建筑工程、道路与桥梁工程、地下工程等方向安排的相关毕业设计（论文）。

3. 大学生创新训练

创新训练应在整个本科教育的教学和管理工作中贯彻和实施，包括：

1）以知识体系为载体，课堂知识教育中的创新。

2）以实践环节为载体，在实验、实习和设计中的创新。

3）开展有关创新思维、创新能力培养和创新方法的相关训练。

4）提倡和鼓励学生参加创新活动，如土木工程大赛，大学生创新实践训练等。

土木工程专业人才的培养要体现知识、能力、素质协调发展的原则，要特别强调大学生创新思维、创新方法和创新能力的培养，要以知识体系和实践体系为载体，选择合适的知识单元和实践环节，提出创新思维、创新方法、创新能力的训练目标，构建成为创新训练单元。还可以开设创新训练的专门课程，如创新思维和创新方法、本学科研究方法、大学生创新性实验等，这些创新训练课程也应纳入本校的培养方案。

1.4　注册师制度

注册师制度是指从事与人民生命、财产和社会公共安全密切相关的从业人员实行资格管理的一种制度。《中华人民共和国建筑法》第十四条规定："从事建筑活动的专业技术人员，应当依法取得相应的执业资格证书，并在执业证书许可的范围内从事建筑活动。"一般来说，执业注册包括专业教育、执业实践、资格考试和注册登记管理四个部分，专业教育和执业实践是注册师制度的重要环节和组成部分，是注册师制度建立的基础性工作，而注册师制度是专业教育的原动力和要求所在，它促进了专业教育制度的建立和完善。

人事部、住房和城乡建设部（原建设部）共同负责全国土木工程建设类注册师执业资格制度的政策规定，组织协调、资格考试、注册登记和监督管理工作。土木工程专业毕业生可能报考的注册师有以下六种。

1.4.1　注册结构师

在建筑工程设计中，建筑师虽然起着龙头作用，但是结构工程师对工程的质量和安全负有比建筑师更直接、更重大的责任。如果仅实行注册建筑师制度，不推行结构工程师注册制度，将不能有效地保证建筑工程的质量和安全，也就给设计单位的内部管理，各专业、各工种的职责分工、协调与配合造成一定的困难。为了与注册建筑师制度相配套，提高工程设计质量，强化结构工程师的法律责任，保障公众生命和财产安全，维护国家利益，经住房和城乡建设部（原建设部）、人事部研究决定，我国勘察设计行业实行注册结构工程师执业资格制度。

注册结构工程师执业资格制度纳入专业技术人员执业资格制度，由国家确认批准。

注册结构工程师是指取得中华人民共和国注册结构工程师执业资格证书和注册证书，从事房屋结构、桥梁结构及塔架结构等工程设计及相关业务的专业技术人员。注册结构工程师分为一级注册结构工程师和二级注册结构工程师。

注册结构工程师的执业范围：①结构工程设计；②结构工程设计技术咨询；③建筑物、构筑物、工程设施等调查和鉴定；④对本人主持设计的项目进行施工指导和监督；⑤建设部和国务院有关部门规定的其他业务。

一级注册结构工程师的执业范围不受工程规模及工程复杂程度的限制。注册结构工程师执行业务，应当加入一个勘察设计单位。因结构设计质量造成的经济损失，由勘察设计单位承担赔偿责任；勘察设计单位有权向签字的注册结构工程师追偿。

结构师注册考试分为基础课（闭卷）、专业课（开卷）两部分。执业注册结构师在高等教育阶段所对应的主要专业是土木工程。

1.4.2 注册建造师

2002年12月5日，人事部、住房和城乡建设部（原建设部）联合印发了《建造师执业资格制度暂行规定》（人发〔2002〕111号），这标志着我国建立建造师执业资格制度的工作正式建立。该规定明确规定：我国的建造师是指从事建设工程项目总承包和施工管理关键岗位的专业技术人员。

建造师是懂管理、懂技术、懂经济、懂法规，综合素质较高的复合型人员，既要有理论水平，也要有丰富的实践经验和较强的组织能力。建造师注册受聘后，可以建造师的名义担任建设工程项目施工的项目经理，从事其他施工活动的管理，从事法律、行政法规或国务院建设行政主管部门规定的其他业务。在行使项目经理职责时，注册建造师可以担任《建筑业企业资质等级标准》中规定的特级、一级建筑业企业资质的建设工程项目施工的项目经理；二级注册建造师可以担任二级建筑业企业资质的建设工程项目施工的项目经理。大中型工程项目的项目经理必须逐步由取得建造师执业资格的人员担任；但取得建造师执业资格的人员能否担任大中型项目的项目经理，应由建筑业企业自主决定。

一级建造师执业资格考试设《建设工程经济》《建设工程法规及相关知识》《建设工程项目管理》和《专业工程管理与实务》4个科目。《专业工程管理与实务》科目分为：房屋建筑、公路、铁路、民航机场、港口与航道、水利水电、电力、矿山、冶炼、石油化工、市政公用、通信与广电、机电安装和装饰装修14个专业类型，考生在报名时可根据实际工作需要选择其一。

建造师经注册后，有权以建造师名义担任建设工程项目施工的项目经理及从事其他施工活动的管理。

建造师的执业范围：①担任建设工程项目施工的项目经理；②从事其他施工活动的管理工作；③法律、行政法规或国务院建设行政主管部门规定的其他业务。

《建筑业企业资质等级标准》规定，一级建造师可以担任特级、一级建筑企业资质的建设工程项目施工的项目经理；二级建造师可以担任二级及以下建筑业企业资质的建设工程项目施工的项目经理。

执业注册建造师在高等教育阶段所对应的专业根据考试的14个专业而有差别，对有土木工程专业教育的技术人员一般以房屋建筑、公路、铁路、民航机场、港口与航道、水利水电、市政公用和装修装饰等专业类别为主。

1.4.3 注册监理工程师

全国监理工程师执业资格考试是由人事部、住房和城乡建设部（原建设部）共同组织的全国统一的执业资格考试，考试分4个科目，采用闭卷形式。《工程建设监理案例分析》科目为主观题，《工程建设合同管理》《工程建设质量、投资、进度控制》《工程建设监理基本理论和相关法规》3个科目均为客观题。

参加全部4个科目考试的人员，必须在连续两个考试年度通过所有科目考试；符合免试部分科目考试人员，必须在一个考试年度内通过规定的两个科目的考试，方可取得监理工程师执业资格证书。取得执业资格证书后需到相关部门注册才能正式执业。和其他执业资格不同的是，注册监理工程师除了要求执业年限外，对职称也有要求。

1.4.4 造价工程师

造价工程师是指经全国造价工程师执业资格统一考试合格，并注册取得《中华人民共和国注册造价工程师执业资格注册证书》，从事建设工程造价活动的人员。

造价工程师执业范围包括：①建设项目投资估算的编制、审核及项目经济评价；②工程概算、工程预算、工程结算、竣工决算、工程招标标底价、投标报价的编制、审核；③工程变更及合同价款的调整和索赔费用的计算；④建设项目各阶段的工程造价控制；⑤工程经济纠纷的鉴定；⑥工程造价计价依据的编制、审核；⑦与工程造价业务有关的其他事项。

《造价工程师注册管理办法》对造价工程师的执业范围做了明确规定，其执业范围涵盖了建设项目的全过程。工程造价确定与控制的内容，涉及金融、财务、工程经济、项目管理、决策学、合同管理、经济法规、风险控制以及工程技术等多方面的知识。造价工程师应对建设项目从立项、决策到竣工投产的全过程提供全方位的服务，涉及项目可行性研究及经济评价、工程概预算、价值工程分析、招标与标底编制及审核、投标报价及投标策略分析、合同条款、设计及管理、成本控制计划、索赔处理、工程造价鉴定等内容。只有在这些工作内容上，具有较高的职业能力，才能满足社会及公众的要求。为了在竞争中立于不败之地，我们必须主动与国际惯例靠拢，迅速了解并掌握国际上通行的工程计算规则与报价理论、FIDIC合同条件及国际通行的工程项目惯例和方法，努力提高认识、转变观念，增强竞争意识、学习意识、法律意识、质量意识、风险意识，尽快提高我国造价工程师的执业能力和执业水平。

1.4.5 注册土木工程师（岩土）

注册土木工程师（岩土）是指取得《中华人民共和国注册土木工程师（岩土）执业资格证书》和《中华人民共和国注册土木工程师（岩土）执业资格注册证书》，从事岩土工程工作的专业技术人员。注册考试分为基础和专业考试。参加基础考试合格并按规定完成职业实践年限者，方能报名参加专业考试。

注册土木工程师（岩土）的职业范围：①岩土工程勘察；②岩土工程设计；③岩土工程咨询与监理；④岩土工程治理、检测与监测；⑤环境岩土工程和与岩土工程有关的水文地质工程业务；⑥国务院有关部门规定的其他业务。

注册土木工程师（岩土）执业资格考试合格者，由各省、自治区、直辖市人事部门颁发，人事部统一印制，人事部、住房和城乡建设部（原建设部）用印的《中华人民共和国注册土木工程师（岩土）执业资格证书》。

"注册土木工程师（岩土）执业资格证书"实行定期注册登记制度。资格证书持有者应按有关规定到指定机构办理注册登记手续。

1.4.6 注册土木工程师（港口与航道工程）

国家对从事港口与航道工程设计活动的专业技术人员实行执业资格制度，纳入全国专业技术人员执业资格制度统一规划。适用于从事港口与航道工程（包括港口工程、航道工程、通航建筑工程、修造船厂水工工程等）设计及相关业务的专业技术人员。

注册土木工程师（港口与航道工程）是指取得《中华人民共和国注册土木工程师（港口与航道工程）执业资格证书》和《中华人民共和国注册土木工程师（港口与航道工程）执业资格注册证书》，从事港口与航道工程设计及相关业务的专业技术人员。

注册土木工程师（港口与航道工程）的执业范围：①港口与航道工程设计；②港口与航道工程技术咨询；③港口与航道工程的技术调查和鉴定；④港口与航道工程的项目管理业务；⑤对本专业设计项目的施工进行指导和监督；⑥国务院有关部门规定的其他业务。

注册土木工程师（港口与航道工程）只能受聘于一个具有工程设计资质的单位。注册土木工程师（港口与航道工程）执业，由其所在单位接受委托并统一收费。因港口与航道工程设计质量事故及相关业务造成的经济损失，接受委托单位应承担赔偿责任，并有权根据合约向签字盖章的注册土木工程师（港口与航道工程）追偿。

思 考 题

1. 土木工程的定义是什么？
2. 现代土木工程的主要特征是什么？
3. 土木工程的发展趋势有哪些？
4. 什么是土木工程注册师制度？

参 考 文 献

[1] 丁大钧，蒋永生. 土木工程概论 [M]. 2 版. 北京：中国建筑工业出版社，2010.
[2] 陈学军. 土木工程概论 [M]. 北京：机械工业出版社，2006.
[3] 刘宗仁. 土木工程概论 [M]. 北京：机械工业出版社，2008.

土木工程材料 第2章

2.1 概述

土木工程中所使用的各种材料及其制品统称为土木工程材料,它是一切土木工程的物质基础。正确选择和合理使用土木工程材料,对土木工程建(构)筑物的安全、实用、美观、耐久性及造价有着重大意义。

土木工程材料的品种很多,一般分为金属材料和非金属材料两大类。金属材料包括黑色金属(钢、铁)与有色金属;非金属材料按其化学成分,则有无机(矿物质)与有机之别。材料也可按功能分类,一般分为结构材料(承受荷载作用的材料,如基础、柱、梁所用的材料)和功能材料(具有其他功能的材料,如起围护作用的材料、起防水作用的材料、起装饰作用的材料、起保温隔热作用的材料等)。材料还可按用途分类,如建筑结构材料、桥梁结构材料、水工结构材料、路面结构材料、建筑墙体材料、建筑装饰材料、建筑防水材料、建筑保温材料等。工程上通常根据材料组成物质的种类及化学成分将材料分为三大类,见表2-1。

表2-1 土木工程材料的分类

材料分类		材料实例
无机材料	金属材料	黑色金属(钢、铁)、有色金属(铝、铜及其合金等)
	非金属材料	天然石材(砂、石及各种石材制品),烧土制品(砖、瓦、陶瓷、玻璃),胶凝材料(石灰、石膏、水玻璃、水泥),混凝土、砂浆及硅酸盐制品
有机材料	植物材料	木材、竹材等
	沥青材料	石油沥青、煤沥青及其制品
	高分子材料	塑料、涂料、胶黏剂、合成橡胶等
复合材料	无机非金属与有机材料复合	聚合物混凝土、沥青混合料、玻璃钢等
	金属材料与无机非金属材料复合	钢筋混凝土、钢纤维混凝土等
	金属材料与有机材料复合	PVC钢板、有机涂层铝合金板等

土木工程材料是随着人类社会生产力和科学技术水平的提高而逐步发展起来的。纵观我国历史，劳动人民在土木工程材料的生产和使用方面取得过重大成就，特别是在金属冶炼、木材防腐和陶瓷工艺等方面，都曾居世界领先地位。我国历代许多著名的建筑物（如万里长城、都江堰水利工程、明故宫和一些宏伟壮观的寺庙、楼阁、塔等）都说明当时我国土木工程材料，特别是天然石料、砖瓦、木材、油漆和黏结材料的生产和应用技术都达到了很高水平（见图2-1）。

a)　　　　　　　　　　　　　　　　b)

图2-1　典型古代建筑与现代建筑

a）故宫　b）上海中心大厦

土木工程材料的发展推动了土木工程飞跃式的发展。土木工程的三次飞跃是基于砖瓦的出现、钢材的大量运用、混凝土的兴起。未来的土木工程必将对材料在原材料、生产工艺、性能及产品形式诸方面提出更高的要求和挑战。在原材料方面，要充分利用再生资源和工业废料；在生产工艺方面，要大力提高现代技术，降低能耗和环境污染；在性能方面，要力求轻质、高强、耐久、绿色及多功能；在产品形式方面，要积极发展预制技术，逐步提高构件化、单元化水平。

2.2　土木工程材料的基本性质

土木工程建（构）筑物使用的各种材料要受到各种不同作用，从而要求材料具有相应的性质。用于各种承力结构中的材料，要受到各种外力的作用；长期暴露于大气中或与侵蚀介质相接触的建（构）筑物中的材料，会受到冲刷、磨损、化学侵蚀、生物作用、干湿循环、冻融循环等破坏作用。为了保证建（构）筑物能经久耐用，要求设计人员必须掌握材料的基本性质，并能合理地选用和使用材料。

2.2.1　材料的基本物理性质

（1）材料的密度、表观密度和堆积密度　密度是指材料在绝对密实状态下单位体积的质量；表观密度是指材料在自然状态下单位体积的质量；堆积密度是指散粒或纤维状材料在自然堆积状态下单位体积的质量。在土木工程中，计算材料的用量和构件自重、进行配合比计算、确定材料堆放空间及组织运输时，经常要用到材料的密度、表观密度和堆积密度，它们之间既有联系又有区别。

（2）孔隙率和空隙率　孔隙率是指材料体积内，孔隙体积所占的比例。孔隙率的大小直接反映了材料的致密程度，材料内部的孔隙结构特征（闭口和开口）和大小（极微细、细小、较粗大）对材料的性能影响很大。空隙率是指散粒状材料在堆积状态下，其颗粒之间空隙体积占堆积体积的比例。空隙率的大小反映了散粒状材料的颗粒互相填充的致密程度。空隙率可作为控制混凝土骨料级配与计算含砂率的依据。

（3）亲水性和憎水性　指材料与水接触时由于水在固体表面润湿状态不同，表现为两种不同的性质。

（4）吸湿性和吸水性　指材料在潮湿空气中或水中吸收水分的性质。

（5）耐水性　指材料长期在水的作用下不破坏、强度不明显下降的性质。

（6）抗渗性与抗冻性　抗渗性是指材料抵抗压力水渗透的性质；抗冻性是指材料在含水状态下能经受多次冻融循环而不破坏，强度也不显著下降的性质。

（7）导热性、热容量和耐燃性　导热性是指当材料两侧有温度差时，热量由高温侧向低温侧传递的能力，用热导率来表示；热容量是指材料在温度变化时吸收和放出热量的能力；耐燃性是指材料对火焰和高温的抵抗能力。

2.2.2　材料的基本力学性质

材料的基本力学性质是指材料在外力作用下所引起变化的性质。这些变化包括材料的变形和破坏。材料的变形是指在外力的作用下，材料通过形状的改变来吸收能量，根据变形的特点，分为弹性变形和塑性变形。材料的破坏是指当外力超过材料的承受极限时，材料出现断裂等丧失使用功能的变化。根据破坏形式的不同，材料可分为脆性材料和韧性材料。

1. 强度

在外力作用下，材料抵抗破坏的能力称为强度。根据外力作用方式（见图2-2）的不同，材料的强度有抗压强度、抗拉强度、抗弯强度（或抗折强度）及抗剪强度等形式。还有一个重要的相关概念是比强度，它是指材料强度与其表观密度之比。一般来说，材料的比强度越小，材料越好（轻质、高强）。

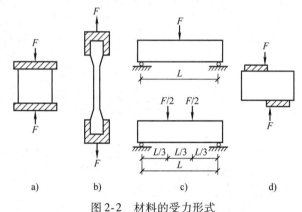

图2-2　材料的受力形式
a）抗压　b）抗拉　c）抗折　d）抗剪

2. 弹性与塑性

材料在外力作用下产生变形，当外力去除后能完全恢复到原始形状的性质称为弹性。材料在外力作用下产生变形，当外力去除后，有一部分变形不能恢复，这种性质称为材料的塑性。弹性变形与塑性变形的区别在于，前者为可逆变形，后者为不可逆变形。材料的弹性、塑性都与材料承受的荷载大小有关。

3. 脆性与韧性

材料受外力作用，当外力达到一定值时，材料突然发生破坏，且破坏时无明显的塑性变形，这种性质称为脆性。材料在冲击或振动荷载作用下，能吸收较大的能量，同时产生较大的变形而不破坏，这种性质称为韧性。

4. 硬度

硬度是指材料表面抵抗硬物压入或刻划的能力。金属材料等的硬度常用压入法测定，如布氏硬度法，是以单位压痕面积上所受的压力来表示。陶瓷等材料常用刻划法测定。一般情况下，硬度大的材料强度高、耐磨性较强，但不易加工。

2.2.3 材料的耐久性

材料在长期使用过程中，能保持其原有性能而不变质、不破坏的性质，称为耐久性。它是一种复杂的、综合的性质，包括材料的抗冻性、耐热性、大气稳定性和耐腐蚀性等（见图2-3）。材料在使用过程中，除受到各种外力作用外，还要受到环境中各种自然因素的破坏作用，这些破坏作用可分为物理作用、化学作用和生物作用。要根据材料所处的结构部位和使用环境等因素，综合考虑其耐久性，并根据各种材料的耐久性特点，合理地选用。

图2-3 酸雨腐蚀

2.3 天然石材、砖

天然石材、砖是最基本的建筑材料。无论是在古代，还是在现代的土木工程领域中都处于不可替代的地位。

2.3.1 天然石材

凡采自天然岩石，经过加工或未经加工的石材，统称为天然石材。

天然石材是最古老的土木工程材料之一，具有很高的抗压强度，良好的耐磨性和耐久性，经加工后表面美观，富于装饰性，资源分布广、蕴藏量丰富，便于就地取材，生产成本低等优点，是古今土木工程中修建城垣、桥梁、房屋、道路及水利工程的主要材料。土木工程主要应用的天然石材品种如下：

（1）毛石 毛石也称为片石，是采石场由爆破直接获得的形状不规则的石块。根据平整程度，又将其分为乱毛石和平毛石两类。毛石可用于砌筑基础、堤坝、挡土墙等，乱毛石也可用作毛石混凝土的骨料。

（2）料石 料石是由人工或机械开采出的较规则的六面体石块，再略经凿琢而成。根据表面加工的平整程度分为毛料石、粗料石、半细料石和细料石四种。料石一般由致密均匀的砂岩、石灰岩、花岗岩加工而成。

（3）饰面石材 用于建筑物内外墙面、柱面、地面、栏杆、台阶等处装修用的石材称为饰面石材。饰面石材按岩石种类主要分大理石和花岗石两大类。大理石是指可加工成平面的或各种定型件的变质或沉积的碳酸盐类岩石。花岗石是指可开采为石材的各类岩浆岩。饰面石材的外形可加工成平面板材，或者加工成曲面的各种定型件。表面经不同的工艺可加工成凹凸不平的毛面，或者经过精磨抛光成光彩照人的镜面。

（4）色石渣 色石渣也称为色石子，是由天然大理石、白云石、方解石或花岗石等石材经破碎筛选加工而成，作为骨料主要用于人造大理石、水磨石、水刷石、干粘石、斩假石等建筑物面层的装饰工程。

2.3.2 砖

砖是一种常用的墙体材料。砖瓦的生产和使用在我国历史悠久，有"秦砖汉瓦"之称。制砖的原料容易取得，生产工艺比较简单，价格低、体积小便于组合，黏土砖还有防火、隔热、隔声、吸潮等优点。所以，砖至今仍然广泛地用于墙体、基础、柱等砌筑工程中。但是由于生产传统黏土砖毁田取土量大、能耗高、砖自重大，施工生产中劳动强度高、工效低，因此，有逐步改革并用新型材料取代的必要，有的城市已禁止在建筑物中使用黏土砖。

砖按生产工艺，分为烧结砖和非烧结砖；按所用原材料，分为黏土砖、页岩砖、煤矸石砖、粉煤灰砖、炉渣砖和灰砂砖等；按有无孔洞，分为空心砖、多孔砖和实心砖（见图2-4）。

图2-4　各种墙体砖材
a）砖的各部分名称　b）烧结多孔砖　c）拱壳空心砖

除黏土外，也可利用粉煤灰、煤矸石和页岩等为原料烧制砖，这是由于它们的化学成分与黏土相近。但因其颗粒细度不及黏土，故塑性差，制砖时常需掺入一定量的黏土，以增加可塑性。

利用煤矸石和粉煤灰等工业废渣制砖，不仅可以减少环境污染，节约大片良田黏土，而且可以节省大量燃料煤。显然，这是三废利用、变废为宝的有效途径。近年来国内外都在研制非烧结砖。如非烧结黏土砖是利用不适合种田的山泥、废土、砂等，加入少量水泥或石灰作固结剂及微量外加剂和适量水混合搅拌压制成型，自然养护或蒸养一定时间即成。

2.4 无机胶凝材料

凡能在物理、化学作用下，从浆体变为坚固的石状体，并能胶结其他物料而具有一定机械强度的物质，统称为胶凝材料。胶凝材料包括无机胶凝材料与有机胶凝材料。无机胶凝材料按硬化条件不同，可分为气硬性和水硬性两类。水硬性胶凝材料如水泥，拌和水后既可在空气中硬化，也可在水中更好地硬化，并保持及发展强度。只能在空气中硬化，并保持和继续发展强度者称为气硬性胶凝材料。石灰、石膏就属于气硬性胶凝材料。

2.4.1 石灰

1. 石灰的生产及分类

将主要成分为碳酸钙的天然岩石，在 $900 \sim 1100℃$ 下煅烧，排除分解出的二氧化碳后，所得以 CaO 为主要成分的产品即生石灰。将煅烧成的块状生石灰经过不同加工，还可得到石灰的另外三种产品：生石灰粉、消石灰粉和石灰膏。

1）生石灰粉。石灰在制备过程中，采用石灰石、白云石、白垩、贝壳等原料经煅烧后，即得到块状的生石灰。生石灰粉是由块状生石灰磨细生成。

2）消石灰粉。将生石灰用适量水经消解和干燥而成的粉末，主要成分为 $Ca(OH)_2$，称为消石灰粉。

3）石灰膏。将块状生石灰用过量水（生石灰体积的 3～4 倍）消解，或将消石灰粉和水拌和，得到一定稠度的膏状物，主要成分为 $Ca(OH)_2$ 和水。

根据 JC/T 479—2013《建筑生石灰》规定，按氧化镁含量的多少，建筑石灰可分为钙质和镁质两类。当石灰中 MgO 的质量分数小于或等于 5% 时，称为钙质石灰；当 MgO 的质量分数大于 5% 时，称为镁质石灰。

2. 石灰的熟化与硬化

生石灰（CaO）与水反应生成氢氧化钙的过程称为石灰的熟化。

石灰浆体的硬化包括干燥结晶和碳化两个过程，后者过程缓慢。

3. 石灰的性质与技术要求

石灰的主要性质：可塑性好；硬化较慢、强度低；硬化时体积收缩大；耐水性差；吸湿性强。

4. 石灰的应用

建筑工程中所用的石灰常分三个品种：建筑生石灰、建筑石灰粉和建筑消石灰粉。石灰在建筑上的用途很广，主要用于制作石灰乳涂料、配制混合砂浆、拌制石灰土和石灰三合土、生产硅酸盐制品等。

2.4.2 石膏

我国石膏资源丰富，已探明天然石膏储量为 471.5 亿 t，居世界之首。

1. 石膏的种类

（1）天然二水石膏 天然二水石膏（$CaSO_4 \cdot 2H_2O$）矿石是生产石膏胶凝材料的主要原料，纯净的天然二水石膏矿石呈无色透明或白色，但天然石膏常因含有各种杂质而呈灰色、褐色、黄色、红色和黑色等颜色。

（2）化工石膏 化工石膏是指一些含有 $CaSO_4 \cdot 2H_2O$ 与 $CaSO_4$ 混合物的化工副产品及废渣，也可作为生产石膏的原料，如磷石膏使用的是制造磷酸时的废渣，此外还有盐石膏、硼石膏、黄石膏和钛石膏等。

（3）天然无水石膏 天然无水石膏（$CaSO_4$）结晶紧密，结构比天然二水石膏致密，质地较硬，难溶于水，又称为天然硬石膏。天然硬石膏密度为 2.9～3.1g/cm³，一般作为生产水泥的原料。

（4）建筑石膏（半水石膏） 建筑石膏是以 β 型半水石膏（$\beta - CaSO_4 \cdot \frac{1}{2}H_2O$）为主要成分，不预加任何外加剂的粉状胶结材料，主要用于制作石膏建筑制品。建筑石膏主要是由天然二水石膏在 107～170℃ 的干燥条件下加热脱水而成的。天然二水石膏在温度为 65～75℃ 时脱水，至 107～170℃ 时生成 β 型半水石膏（$\beta - CaSO_4 \cdot \frac{1}{2}H_2O$），其反应式为

$$CaSO_4 \cdot 2H_2O \rightarrow \beta - CaSO_4 \cdot \frac{1}{2}H_2O + \frac{3}{2}H_2O$$

建筑石膏晶体较细，调制成一定稠度的浆体时，需水量较大，因而强度较低。

（5）高强石膏 若将天然二水石膏置于具有 0.13MPa、124℃的过饱和蒸汽条件下蒸压，或置于某些盐溶液中沸煮，可获得晶粒较粗、较致密的 α 型半水石膏（$\alpha - CaSO_4 \cdot \frac{1}{2}H_2O$），这就是高强石膏。高强石膏晶粒粗大，调制成浆体时需水量较小，因而强度较高。

2. 建筑石膏的性质与应用

土木工程中使用最多的石膏品种是建筑石膏，建筑石膏加水后拌制的浆体具有良好的可塑性、防火性能、隔热性能和吸声性能，并具有良好的装饰性和可加工性。建筑石膏的应用很广，除用于室内抹面、粉刷外，更主要的用途是制成各种石膏制品，广泛应用于各种装修装饰工程。常见的石膏制品有：纸面石膏板、石膏装饰板、纤维石膏板、石膏空心条板、石膏空心砌块和石膏夹心砌块等。石膏还可用来生产各种浮雕和装饰品，如浮雕饰线、艺术灯圈、角花等（见图2-5）。

 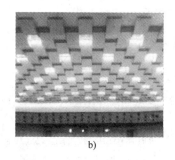

a)　　　　　　　　　　　　　　　　　　b)

图 2-5 石膏制品的应用

a）石膏雕塑 b）室内装饰

石膏制品具有轻质、新颖、美观、价廉等优点，但强度较低、耐水性能差。为了提高石膏的强度及耐水性，近年来我国科研工作者先后研制成功了多种石膏外加剂（如石膏专用减水增强剂），给石膏的应用提供了更广阔的前景。

2.4.3 水泥

水泥是粉状的水硬性胶凝材料，加水拌和成塑性浆体，能在空气中和水中凝结硬化，可将其他材料胶结成整体，并形成坚硬石材的材料。水泥不仅大量应用于土木工程，还广泛用于工业、农业和国防建设等工程。

1. 水泥的分类

水泥按其用途及性能，分为通用水泥、特性水泥和专用水泥。

水泥按其主要水硬性物质名称，分为硅酸盐系水泥（波特兰水泥）、铝酸盐系水泥、硫铝酸盐系水泥、氟铝酸盐系水泥、磷酸盐系水泥，以及以火山灰质潜在水硬性活性材料为主要组分的水泥。

2. 通用水泥

通用水泥是指用于一般土木建筑工程的硅酸盐系列水泥。凡以硅酸盐水泥熟料为主要成分、活性或非活性混合材料、适量石膏按一定比例混合磨细制成的水硬性胶凝材料，称为硅酸盐系水泥。根据活性或非活性混合材料的种类和比例不同,硅酸盐系水泥主要品种有硅酸盐水泥、普通硅酸盐水泥、矿渣硅酸盐水泥、火山灰质硅酸盐水泥、粉煤灰硅酸盐水泥和复合硅酸盐水泥等。

硅酸盐系水泥为干粉状物,加适量的水拌和后便形成可塑性的水泥浆体,水泥浆体在常温下会逐渐变稠直到开始失去塑性,这一现象称为水泥的初凝;随着塑性的消失,水泥浆开始产生强度,此时称为水泥的终凝;水泥浆由初凝到终凝的过程称为水泥的凝结。水泥浆终凝后,其强度会随着时间的延长不断增长,并形成坚硬的水泥石,这一过程称为水泥的硬化。

通用硅酸盐水泥的技术性质主要有细度、凝结时间、体积安定性、强度与强度等级、水化热和碱含量等。

按水:水泥:标准砂 = 0.5∶1∶3 的质量比混合,制成 40mm × 40mm × 160mm 的标准胶砂试件,经标准养护后测得 3d 和 28d 抗压强度值与抗折强度值,将硅酸盐水泥分为 42.5 和 42.5R、52.5 和 52.5R、62.5 和 62.5R 三对强度等级,普通硅酸盐水泥分为 42.5、42.5R 和 52.5、52.5R 两对强度等级,矿渣硅酸盐水泥、火山灰质硅酸盐水泥、粉煤灰硅酸盐水泥和复合硅酸盐水泥分为 32.5 和 32.5R、42.5 和 42.5R、52.5 和 52.5R 三对强度等级,其中代号 R 表示快硬水泥。

硅酸盐水泥早期强度高、水化热大、抗冻性好、耐侵蚀性差、抗碳化好;普通硅酸盐水泥性能适中;矿渣硅酸盐水泥耐热性好、抗渗性差、干缩较大;火山灰质硅酸盐水泥抗渗性好、耐磨性差、干缩大;粉煤灰硅酸盐水泥抗裂性好、抗渗性差、干缩小。

在普通气候环境中的混凝土优先选用普通硅酸盐水泥;在干燥环境中的混凝土优先选用普通硅酸盐水泥,不宜选用火山灰质硅酸盐水泥和粉煤灰硅酸盐水泥;在高湿度、处于水中的混凝土优先选用矿渣硅酸盐水泥、火山灰质硅酸盐水泥、粉煤灰硅酸盐水泥和复合硅酸盐水泥;大体积混凝土优先选用矿渣硅酸盐水泥、火山灰质硅酸盐水泥、粉煤灰硅酸盐水泥和复合硅酸盐水泥,不宜选用硅酸盐水泥。

3. 特性水泥和专用水泥

在实际施工中,往往会遇到一些有特殊要求的工程,如紧急抢修工程、耐热耐酸工程、新旧混凝土搭接工程等。在这些工程中通用水泥难以满足要求,需要采用其他品种的水泥。

特性水泥是指某种性能比较突出的水泥,如快硬硅酸盐水泥;专用水泥是指专门用途的水泥,如道路硅酸盐水泥。

4. 水泥的储存、运输和保管

1)分类储存。不同品种、不同强度等级的水泥应分类存放,不可混杂。

2)防潮防水。水泥受潮后即产生水化作用,凝结成块,影响水泥的正常使用。所以运输和储存时应保持干燥。对袋装水泥,地面垫板要高出地面 30cm,四周离墙 30cm,堆放高度一般不超过 10 袋。存放散装水泥时,地面要抹水泥砂浆。

3)储存期不宜过长。储存期过长,由于空气中的水汽、二氧化碳作用而降低水泥强度。一般来说,储存 3 个月后的强度降低 10% ~ 20%。所以,通用水泥存放期一般不应超过 3 个月。快硬水泥、高铝水泥的规定储存期限更短(分别为一两个月)。过期水泥使用时必须经过重新检验,并按实测数据重新确定其强度等级。

2.5 混凝土与砂浆

2.5.1 混凝土

混凝土是当代最主要的土木工程材料之一。它是由胶结材料、骨料和水按一定比例配制，经搅拌振捣成型，在一定条件下养护而成的人造石材。混凝土具有原料丰富、价格低廉、生产工艺简单的特点，使用量越来越大；同时还具有抗压强度高、耐久性好、强度等级范围宽的特点，使用范围十分广泛。

1. 混凝土的种类与发展

混凝土的种类很多。按胶凝材料不同，分为水泥混凝土、沥青混凝土、石膏混凝土及聚合物混凝土等；按表观密度不同，分为重混凝土、普通混凝土、轻混凝土；按使用功能不同，分为结构用混凝土、道路混凝土、水工混凝土、耐热混凝土、耐酸混凝土及防辐射混凝土等；按施工工艺不同，分为喷射混凝土、泵送混凝土、振动灌浆混凝土等。

为了克服混凝土抗拉强度低的缺陷，人们将混凝土与其他材料复合，出现了钢筋混凝土、预应力混凝土、各种纤维增强混凝土及聚合物浸渍混凝土等。此外，随着混凝土的发展和工程的需要，出现了膨胀混凝土、加气混凝土、纤维混凝土等各种特殊功能的混凝土。泵送混凝土、商品混凝土，以及新的施工工艺给混凝土施工带来了方便。

目前，混凝土仍向着轻质、高强、多功能、高效能的方向发展，发展多功能复合材料、预制混凝土构件和使混凝土商品化仍是今后发展的重要方向。

2. 普通混凝土

（1）组成材料与结构　普通混凝土是由水泥、粗骨料（碎石或卵石）、细骨料（砂）和水拌和，经硬化而成的一种人造石材。砂、石在混凝土中起骨架作用，并抑制水泥的收缩；水泥和水形成水泥浆，包裹在粗细骨料表面并填充骨料间的空隙。水泥浆体在硬化前起润滑作用，使混凝土拌合物具有良好工作性能，硬化后将骨料胶结在一起，形成坚固的整体，其结构如图2-6所示。

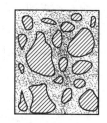

图2-6　混凝土结构

在混凝土组成材料中，砂称为细骨料，石子称为粗骨料，石子除用作混凝土粗骨料外，也常用作路桥工程、铁道工程的路基道砟等。石子分碎石和卵石，由天然岩石或卵石经破碎、筛分而得到的粒径大于5mm的岩石颗粒，称为碎石或碎卵石。岩石由于自然条件作用而形成的、粒径大于5mm的颗粒，称为卵石。

砂是混凝土和砂浆的主要组成材料之一。砂一般分为天然砂和人工砂两类。由自然条件作用（主要是岩石风化）而形成的、粒径在5mm以下的岩石颗粒，称为天然砂。人工砂是由岩石破碎而成，由于成本高、片状及粉状物多，一般不用。

砂的粗细程度是指不同粒径的砂粒混合在一起的平均粗细程度。通常有粗砂、中砂和细砂之分。砂的颗粒级配是指砂子大小颗粒的搭配比例，如图2-7所示。如果是同样粗细的砂，空隙最大（见图2-7a），两种粒径的砂搭配，空隙有所减小（见图2-7b），三种粒径的砂搭配，空隙更小（见图2-7c）。由此可见，砂子的空隙率取决于砂料各级粒径的搭配程度。级配好的砂子不仅可以节省水泥，还能提高混凝土和砂浆的密实度及强度。砂的粗细用细度模数 Mx 表示。细度模数越大，表示砂越粗。根据细度模数大小范围，把砂划分为粗砂、中砂、细砂和特细砂四类。

图 2-7 骨料颗粒级配
a) 单一粒径　b) 两种粒径　c) 多种粒径

（2）主要技术性质　混凝土的性质包括混凝土拌合物的和易性、混凝土强度、变形及耐久性等。

1）和易性是指混凝土拌合物在一定的施工条件下，便于各种施工工序的操作，以保证获得均匀密实的混凝土的性能。和易性是一项综合技术指标，包括流动性（稠度）、黏聚性和保水性三个主要方面。

2）强度是混凝土硬化后的主要力学性能，反映混凝土抵抗荷载的量化能力。混凝土强度包括抗拉、抗压、抗弯及握裹强度。其中以抗压强度最大，抗拉强度最小。

混凝土强度等级按立方体抗压强度标准值划分，采用符号"C"与立方体抗压强度标准值表示，常用混凝土等级有 C20、C25、C30、C35、C40、C45、C50、C55、C60、C65、C70、C75、C80 等。

3）混凝土的变形包括非荷载作用下的变形和荷载作用下的变形。非荷载作用下的变形有化学收缩、干湿变形及温度变形等。水泥用量过多，在混凝土的内部易产生化学收缩而引起细微裂缝。荷载作用下的变形是制定混凝土在外荷载作用下抵抗变形破坏的能力，是一项重要的力学性能指标。

4）混凝土耐久性是指混凝土在实际使用条件下抵抗各种破坏因素作用，长期保持强度和外观完整性的能力，包括混凝土的抗冻性、抗渗性、抗蚀性及抗碳化能力等。

（3）配合比设计　混凝土配合比设计是在保证混凝土质量的前提下，经过设计计算确定混凝土各组成材料数量之间的比例关系。一般用 1m³ 混凝土中各组成材料的实际用量或各组成材料间的用量比来表示。混凝土配合比设计过程包括计算初步配合比、试配调整基准配合比和实验室配合比、换算确定施工配合比等环节。

2.5.2　砂浆

砂浆是由胶凝材料、细骨料和水等材料按适当比例配制而成的。砂浆与混凝土的区别在于不含粗骨料，可认为砂浆是混凝土的一种特例，也可称为细骨料混凝土。砂浆常用的胶凝材料有水泥、石灰、石膏。按胶凝材料不同，砂浆分为水泥砂浆、石灰砂浆和混合砂浆。混合砂浆有水泥石灰砂浆、水泥黏土砂浆和石灰黏土砂浆等。按用途，分为砌筑砂浆、抹面砂浆、装饰砂浆、防水砂浆和其他特种砂浆等。

1. 砌筑砂浆

用于砖石砌体的砂浆称为砌筑砂浆，它起着传递荷载的作用，是砌体的重要组成部分。普通水泥、矿渣水泥、火山灰质水泥等常用品种的水泥都可以用来配制砌筑砂浆。通常为改善砂浆的和易性和节约水泥，还常在砂浆中掺入适量的石灰或黏土膏浆而制成混合砂浆。

新拌的砂浆要具有良好的和易性。和易性良好的砂浆容易在粗糙的砖石面上铺设成均匀的薄层，而且能够和底面紧密黏结。砂浆和易性包括流动性和保水性两个方面。硬化后的砂浆则应具有所需的强度和对底面的黏力，而且其变形性不能过大。

根据砂浆的抗压强度划分的若干等级，称为砂浆的强度等级，并以"M"和应保证的抗压强度值（MPa）表示，分别为 M2.5、M5.0、M7.5、M10、M15、M20。影响砂浆强度的因素有材料性质、配合比、施工质量等，还受被黏结块体材料的表面吸水性影响。

2. 抹面砂浆

涂抹在建筑物或土木工程构件表面的砂浆可统称为抹面砂浆。根据抹面砂浆功能的不同，一般可将抹面砂浆分为普通抹面砂浆、装饰砂浆、防水砂浆和具有某些特殊功能的抹面砂浆（如绝热、耐酸、防射线砂浆等）。

（1）普通抹面砂浆　普通抹面砂浆的功能是保护结构主体免遭各种侵害，提高结构的耐久性，改善结构的外观。常用的普通抹面砂浆有石灰砂浆、水泥砂浆、水泥混合砂浆、麻刀石灰浆或纸筋石灰浆。为改善抹面砂浆的保水性和黏结力，胶凝材料应比砌筑砂浆多，必要时还可加入少量108胶，以增强其黏结力。为提高抗拉强度、防止抹面砂浆的开裂，常加入部分麻刀等纤维材料。普通抹面砂浆的常用配合比见表2-2。

表2-2　普通抹面砂浆的常用配合比

材　料	体积配合比	材　料	体积配合比
水泥：砂	1：2～1：3	石灰：石膏：砂	1：0.4：2～1：2：4
石灰：砂	1：2～1：4	石灰：黏土：砂	1：1：4～1：1：8
水泥：石灰：砂	1：1：6～1：2：9	石灰膏：麻刀	100：1.3～100：2.5（质量比）

（2）装饰砂浆　涂抹在建筑物内外墙表面，能具有美观装饰效果的抹面砂浆统称为装饰砂浆。要选用具有一定颜色的胶凝材料和骨料，以及采用某种特殊的操作工艺，使表面呈现出各种不同的色彩、线条与花纹等装饰效果。装饰砂浆所采用的胶凝材料有普通水泥、矿渣水泥、火山灰质水泥、白水泥、彩色水泥，或是在常用水泥中掺加耐碱矿物颜料配成彩色水泥及石灰、石膏等。

（3）防水砂浆　制作防水层的砂浆叫作防水砂浆。砂浆防水层又叫作刚性防水层，这种防水层仅适用于不受振动和具有一定刚度的混凝土或砖石砌体工程。对于变形较大或可能发生不均匀沉陷的结构，都不宜采用刚性防水层。防水砂浆可以用普通水泥砂浆来制作，也可以在水泥砂浆中掺入防水剂来提高砂浆的抗渗能力。

（4）其他特种砂浆　绝热砂浆是采用水泥、石灰、石膏等胶凝材料与膨胀珍珠岩砂、膨胀蛭石或陶粒砂等轻质多孔骨料，按一定比例配制的。绝热砂浆具有质轻和良好的绝热性能。吸声砂浆是由轻质多孔骨料制成的，还可用水泥、石膏、砂、锯末（其体积比约为1：1：3：5）拌成。吸声砂浆用于室内墙壁和顶棚的吸声。耐酸砂浆是用水玻璃（硅酸钠）与氟硅酸钠拌制而成，水玻璃硬化后具有很好的耐酸性能。耐酸砂浆多用作衬砌材料、耐酸地面和耐酸容器的内壁防护层。防射线砂浆是在水泥浆中掺入重晶石粉和砂，配制成有防X射线能力的砂浆，或在水泥砂浆中掺加硼砂、硼酸等配制成有抗中子辐射能力的砂浆。

2.6 钢材

土木工程中应用量最大的金属材料是钢材，它广泛应用于铁路、桥梁、建筑工程等各种结构工程中，在国民经济建设中发挥着重要作用。

建筑钢材是指用于建筑结构的各种型材（如圆钢、角钢、工字钢等）、钢板、管材和用于钢筋混凝土中的各种钢筋、钢丝等（见图2-8）。

图 2-8 土木工程常用钢材

a) 工字钢　b) 角钢　c) 槽钢　d) 钢管　e) 钢筋

建筑钢材大多为普通碳素钢和普通低合金钢。

2.6.1 钢材的主要性能

钢材是在严格的技术控制条件下生产的，品质均匀致密，抗拉、抗压、抗弯、抗剪切强度都很高；常温下能承受较大的冲击和振动荷载，有一定的塑性和很好的韧性；具有良好的加工性能，可以铸造、锻压、焊接、铆接和切割，便于装配。通过热处理方法，可以在很大范围内改变或控制钢材的性能。采用各种型钢和板材制作的钢结构，具有自重小、强度高的特点（见图2-9）。钢筋与混凝土组成的钢筋混凝土结构，虽然自重大，但是节省钢材。由于混凝土的保护作用，克服了钢材易锈蚀、维护费用高的缺点。

图 2-9 型钢和板材制作的钢结构

由于各类建筑物、构筑物对在各种复杂条件下的使用功能的要求日益提高，钢材的发展趋势大致为：一是以高效钢材为主体的低合金钢将得到进一步的发展和应用；二是随着冶金工业生产技术的发展，钢材将向具有高强、耐腐蚀、耐疲劳、易焊接、高韧性或耐磨等综合性能的方向发展；三是各种焊接材料及其工艺将随低合金钢的发展不断完善和配套。

2.6.2 土木工程常用的钢材

1. 钢结构用钢材

钢结构用钢材主要有普通碳素结构钢和低合金结构钢。

（1）碳素结构钢　碳素结构钢是指一般结构钢及工程用热轧板、钢管、钢带、型钢、棒材。

（2）低合金结构钢 普通低合金结构钢一般是在普通碳素结构钢的基础上，添加少量若干合金元素而成，如硅、锰、钒、钛、铌等，加入这些合金元素可使钢的强度、耐蚀性、耐磨性、低温冲击韧性等得到显著提高和改善。在土木工程中，普通低合金结构钢的应用日益广泛，在如大跨度桥梁、大型柱网构架、电视塔、大型厅馆中成为主体结构材料。

2. 钢筋混凝土用钢材

钢筋混凝土用钢材主要是指钢筋，钢筋是土木工程中使用最多的钢材品种之一，其材质包括普通碳素钢和普通低合金钢两大类。钢筋按生产工艺性能和用途的不同，可分为以下几类。

（1）热轧钢筋 钢筋混凝土结构对热轧钢筋的要求是机械强度较高，具有一定的塑性、韧性、冷弯性和焊接性。Ⅰ级钢筋的强度较低，但塑性及焊接性好，便于冷加工，广泛用作普通钢筋混凝土中的非预应力钢筋；Ⅱ级与Ⅲ级钢筋的强度较高，塑性及焊接性也较好，广泛用作大、中型钢筋混凝土结构的受力钢筋；Ⅳ级钢筋强度高，但塑性与焊接性较差，适宜用作预应力钢筋。

（2）冷加工钢筋 为了提高强度以节约钢筋，工程中常按施工规程对钢筋进行冷拉或冷拔。冷拉后钢筋的强度提高，但塑性、韧性变差。因此，冷拉钢筋不宜用于受冲击或重复荷载作用的结构。冷拔低碳钢丝是用直径 6.5～8mm 的低碳素钢筋通过拔丝机进行多次强力拉拔而成。冷拔低碳钢丝由于经过反复拉拔强化，强度大为提高，但塑性显著降低，脆性随之增加，已属硬钢类钢筋。

（3）热处理钢筋 热处理钢筋是用热轧螺纹钢筋经淬火和回火的调质处理而成的，公称直径分别为 6mm、8.2mm 和 10mm。其强度要求为屈服强度 $\sigma_{0.2}$ 不低于 1325MPa，抗拉强度 σ_b 不低于 1470MPa，伸长率 δ_{10} 要求不低于 6%。热处理钢筋目前主要用于预应力钢筋混凝土。

（4）碳素钢丝、刻痕钢丝和钢绞线 碳素钢丝、刻痕钢丝和钢绞线是预应力混凝土专用钢丝，它们由优质碳素钢经过冷加工、热处理、冷轧、绞捻等过程制得。其特点是强度高、安全可靠、便于施工。

2.7 木材

木材是古老而永恒的土木工程材料。古代木结构建筑在我国历史上创建了千古不朽的功绩，由于其具有一些独特的优点，在出现众多新型土木工程材料的今天，木材仍在工程中占有重要地位，特别在装饰工程领域。

木材具有很多优点，如轻质、高强、易于加工（如锯、刨、钻等）、较高的弹性和韧性、能承受冲击和振动作用、导电和导热性能低、木纹美丽、装饰性好等。但木材也有缺点，如构造不均匀，各向异性；易吸湿、吸水，因而产生较大的湿胀、干缩变形；易燃、易腐等。不过，这些缺陷经加工和处理后，可得到很大程度的改善。

2.7.1 木材的分类与构造

木材是由树木加工而成的，树木分为针叶树和阔叶树两大类。针叶树树干通直而高大，易得大材，纹理平顺，材质均匀，木质较软而易于加工，故又称为软木材。常用树种有松、杉、柏等。阔叶树树干通直部分一般较短，材质较硬，较难加工，故又称为硬木材。常用树种有榆木、水曲柳、柞木等。

树木可分为树皮、木质部和髓心三个部分。而木材主要使用木质部。

2.7.2 木材的主要性质

木材的性质包括物理性质和力学性质，如含水率、热胀干缩、密度和强度等。强度包括抗压、抗拉、抗弯和抗剪四种，其中抗拉、抗压、抗剪强度又有顺纹和横纹之分。顺纹和横纹强度有很大的差别，木材各种强度的相对值见表2-3。

表2-3 木材各种强度的相对值

抗　压		抗　拉		抗　弯	抗　剪	
顺　纹	横　纹	顺　纹	横　纹		顺　纹	横　纹
1	1/10 ~ 1/3	2 ~ 3	1/20 ~ 1/3	1.5 ~ 2	1/7 ~ 1/3	1/2 ~ 1

影响木材强度的主要因素为含水率（一般含水率高，强度降低）、温度（温度高，强度降低）、荷载作用时间（持续荷载时间长，强度下降）及木材的缺陷（木节、腐朽、裂纹、翘曲、病虫害等）。

2.7.3 木材的应用

木材在土木工程材料领域是一种供不应求的材料。我国是少林国家，林木生长速度缓慢，环境保护需要和建设事业大量耗用木材的矛盾十分突出。因此，要求土木工程中在经济合理的条件下，尽可能地少用木材，避免大材小用、长材短用、优材劣用。充分利用木材的边角废料，生产各种人造板材，提高木材的综合利用率。

木材在土木工程中可被用作桁架、梁、柱、桩、门窗、地板、脚手架、混凝土模板，以及其他一些装饰、装修材料。

木材的综合利用就是将木材加工过程中的边角、碎料、刨花、木屑、锯末等，经过再加工处理，制成各种人造板材。人造板材的主要品种有胶合板、纤维板、刨花板等。近年来，利用植物废料加工的各种人造板材相继问世，不但节约了木材，而且推动了土木工程材料领域的发展。

2.8 其他功能材料

2.8.1 建筑防水堵水材料

防水材料是指具有防止建筑工程结构免受雨水、地下水、生活用水侵蚀的材料。建筑防水材料依据其外观形态可分为防水卷材、防水涂料、密封材料和刚性防水材料四大系列。

1. 防水材料的性能与选用

防水卷材是建筑工程防水材料的主要品种之一，目前我国防水卷材是使用量最大的防水材料。其主要指标有耐水性、温度稳定性、机械强度、延伸性、柔韧性和大气稳定性。目前的防水卷材主要包括沥青防水卷材、高聚物改性沥青防水卷材和合成高分子防水卷材三大类，主要品种有石油沥青纸胎油毡、SBS 改性沥青防水卷材、聚氯乙烯防水卷材等。

防水涂料在硬化前呈黏稠状液态，经涂布固化后能形成无接缝的防水涂膜。不仅能在水平面上，而且能在立面、阴阳面及各种复杂表面进行防水施工，并形成无接缝的完整的防水、防潮的防水膜。防水涂料按液态组分和成分性质分类，可分为溶剂型、水乳型和反应型三大类。防水涂料广泛适用于工业与民用建筑的屋面防水工程、地下室防水工程和地面防潮、防渗等，主要品种有沥青胶、冷底子油、乳化石油沥青等。

建筑密封材料是能承受位移嵌入建筑接缝中起气密或水密作用的定型和不定型材料。它既起到防水作用，又起到防尘、隔气与隔声作用，主要品种有建筑防水沥青嵌缝油膏、聚氨酯密封材料、有机硅增水剂（防水涂料）等。

刚性防水材料是一种既能防水，又兼作承重、围护结构的多功能材料。其耐久性好、不燃、无毒、无味，主要品种有防水砂浆和防水混凝土。

2. 建筑堵水材料

建筑堵水材料主要用于房屋建筑、构筑物、水工建筑等在有水或潮湿环境下的防水堵漏，需满足带水操作的施工要求。建筑堵漏止水材料按施工方式，分为灌浆材料（如水溶性聚氨酯注浆材料、硅酸盐水泥超早强外掺剂、硫铝酸盐 R 型地质勘探水泥、硫铝酸盐超早强膨胀水泥）、柔性嵌缝材料（如止水橡皮及橡胶止水带、自黏性橡胶、丁基不干性密封材料、塑料止水带）、刚性止水材料和刚性抹面材料（如无机复合堵漏剂、无机铝盐防水剂、有机硅防水砂浆、阳离子氯丁胶乳、水泥防水砂浆等）。

2.8.2 绝热材料

在建筑中，习惯上把用于控制室内热量外流的材料叫作保温材料；把防止室外热量进入室内的材料叫作隔热材料。保温、隔热材料统称为绝热材料。

1. 绝热材料的性能要求

导热性是指材料传递热量的能力。材料的导热能力用热导率表示。热导率的物理意义为：在稳定传热条件下，当材料层单位厚度内的温差为 1℃时，在 1h 内通过 1m^2 表面积的热量。材料热导率越大，导热性能越好。工程上将热导率 $\lambda < 0.23$ W/(m·K) 的材料称为绝热材料。

绝热材料除应具有较小的热导率外，还应具有适宜的或一定的强度、抗冻性、耐水性、防火性、耐热性和耐低温性、耐蚀性，有时还需具有较小的吸湿性或吸水性等。

室内外之间的热交换除了通过材料的传导传热方式外，辐射传热也是一种重要的传热方式。铝箔等金属薄膜具有很强的反射能力，能起到隔绝辐射传热的作用，因而是理想的绝热材料。

2. 绝热材料的种类

绝热材料按照它们的化学组成，可以分为无机绝热材料和有机绝热材料。常用无机绝热材料有多孔轻质类无机绝热材料、纤维状无机绝热材料和泡沫状无机绝热材料；常用有机绝热材料有泡沫塑料和硬质泡沫橡胶。

2.8.3 吸声材料

当声波遇到材料表面时，被吸收声能与入射声能之比称为吸声系数。通常取 125Hz、

250Hz、500Hz、1000Hz、2000Hz、4000Hz 六个频率的吸声系数来表示材料的吸声频率特性。六个频率的平均吸声系数人于 0.2 的材料称为吸声材料。

吸声材料和吸声结构的种类很多，按其材料结构状况，可分为多孔吸声材料、共振吸声结构和其他吸声结构三大类。

吸声材料的性能与材料的表现密度、孔隙特征、材料的厚度等有关，如孔隙越多越细小，吸收性能越好。大多数吸声材料的强度较低，因此，吸声材料应设置在护壁台面以上，以免碰撞坏。多孔吸声材料易于吸湿，安装时应考虑胀缩的影响。

2.8.4　隔声材料

建筑上把主要起隔绝声音作用的材料称为隔声材料。隔声材料主要用于外墙、门窗、隔墙及隔断等。隔声可分为隔绝空气声（通过空气传播的声音）和隔绝固体声（通过撞击或振动传播的声音）两类，两者的隔声原理截然不同。

对于空气声，根据声学中的"质量定律"，其传声的大小主要取决于墙或板的单位面积质量，质量越大，越不易振动，则隔声效果越好。可以认为：固体声的隔绝主要是吸收，这和吸声材料是一致的；而空气声的隔绝主要是反射，因此必须选择密实、沉重的（如黏土砖、钢板等）作为隔声材料。

隔绝固体声音最有效的措施是采用不连续结构处理，即在墙壁和承重梁之间，房屋的框架和墙壁及楼板之间加弹性衬垫，将固体声转换成空气声后而被吸声材料吸收。这些衬垫的材料大多可以采用上述的吸声材料，如毛毡、软木等。

2.8.5　建筑装饰材料

1. 建筑装饰材料的分类

建筑装饰材料通常按照在建筑中的装饰部位分类，也有按材料的组成来分类。常用的建筑装饰材料有由木材、塑料、石膏、铝合金、铝塑等制作的装饰材料，以及涂料、玻璃制品、陶瓷、饰面石材等。

2. 建筑装饰材料的基本要求

建筑装饰材料的基本要求除了颜色、光泽、透明度、表面组织及形状尺寸等美感方面外，还应根据不同的装饰目的和部位，要求具有一定的环保、强度、硬度、防火性、阻燃性、耐水性、抗冻性、耐污染性、耐蚀性等要求。

3. 常用的建筑装饰材料

（1）建筑玻璃　玻璃是以石英砂、纯碱、长石、石灰石等为主要原料，经熔融、成型、冷却、固化后得到的透明非晶态无机物。普通玻璃的化学组成主要是 SiO_2、Na_2O、K_2O、Al_2O_3、MgO 和 CaO 等，主要有平板玻璃、钢化玻璃、压花玻璃、磨砂玻璃、有色玻璃、玻璃空心砖、夹层玻璃、中空玻璃、玻璃马赛克等。

（2）建筑陶瓷　以黏土、长石、石英为基本原料，经配料、制坯、干燥、焙烧而制得的成品，统称为陶瓷制品。用于建筑工程的陶瓷制品，则称为建筑陶瓷，主要包括釉面砖、外墙面砖、地面砖、陶瓷锦砖、卫生陶瓷等（见图 2-10）。建筑陶瓷的主要技术性质包括外观质量、机械性能、与水有关的性能、热性能和化学性能。

（3）建筑装饰涂料　建筑装饰涂料是指能涂于建筑物表面，并能形成黏结性涂膜，从而对建筑物起到保护、装饰或使其具有某些特殊功能的材料，如防火、防水、吸声隔声、隔热保温、防辐射等。建筑涂料品种繁多，按在建筑物上使用部位的不同来分类，主要有墙面涂料（见图2-11）、地面涂料、防水涂料、防火涂料和特种涂料。

常见的建筑涂料有合成树脂乳液砂壁状建筑涂料、复层涂料、合成树脂乳液内外墙涂料、溶剂型外墙涂料、无机建筑涂料和聚乙烯醇水玻璃内墙涂料等。

图2-10　陶瓷外墙面砖

a)

b)

图2-11　墙面涂料装饰

a）外墙涂料　b）内墙涂料

（4）装饰石材

1）天然装饰石材。天然装饰石材结构致密、抗压强度高、耐水、耐磨、装饰性、耐久性好，主要用于装饰等级要求高的工程中。建筑装饰用的天然石材主要有花岗石和大理石装饰板材和园林石材。花岗石为典型的火成岩（深成岩），主要矿物成分为石英、长石、少量的云母及暗色矿物。花岗石强度高，吸水率小，耐酸性、耐磨性及耐久性好，常用于室内外的墙面及地面装修。但花岗石耐火性差，因为石英在高温时（573～870℃）会发生晶型转变产生膨胀而破坏岩石结构。此外，某些花岗石中含有微量的放射性元素。大理石由石灰岩、白云岩等沉积岩经变质而成，主要矿物成分为方解石和白云石。大理石主要化学成分为碱性物质（$CaCO_3$），易被酸侵蚀，故除个别品种（汉白玉、艾叶青等）外，一般不宜用作室外装修，否则会受到酸雨及空气中酸性氧化物遇水形成的酸类侵蚀，从而失去表面光泽，甚至出现斑点等现象。

2）人造装饰石材。人造装饰石材一般是指人造花岗石和人造大理石。其色彩和花纹可根据要求设计制作，具有天然石材的质感，而且重量轻、强度高、耐磨、耐污染、可锯切、钻孔、施工方便。人造装饰石材适用于墙面、门套或柱面装饰，也可用于工作台面及各种卫生洁具，还可加工成浮雕、工艺品等。其主要品种有树脂型、水泥型、复合型和烧结型人造石材等。

（5）建筑塑料装饰制品　建筑塑料装饰制品是目前应用最广泛的装饰材料，主要制品有塑料壁纸、塑料地板、塑料地毯、塑料装饰板等。

此外，常用的装饰材料还有木材与竹材、装饰金属等。

—— 思 考 题 ——

1. 什么是土木工程材料？举例说明其发展的重要性。

2. 土木工程材料的基本性质有哪些？

3. 什么是材料的耐久性？

4. 什么是胶凝材料？什么是水硬性胶凝材料？什么是气硬性胶凝材料？

5. 什么是混凝土？什么是砂浆？

6. 土木工程常用的钢材有哪些？

7. 木材的主要性质有哪些？

8. 建筑防水堵水材料有哪些？

参 考 文 献

[1] 白宪臣. 土木工程材料 [M]. 2版. 北京：中国建筑工业出版社，2019.

[2] 杨中正，刘焕强，赵玉青. 土木工程材料 [M]. 北京：中国建材工业出版社，2017.

[3] 贾兴文. 土木工程材料 [M]. 重庆：重庆大学出版社，2017.

[4] 余丽武. 建筑材料 [M]. 2版. 南京：东南大学出版社. 2020.

[5] 钱晓倩，金南国，孟涛. 建筑材料 [M]. 2版. 北京：中国建筑工业出版社，2019.

[6] 陈小兵，张岩，张丹丹. 建筑材料 [M]. 长春：吉林大学出版社，2019.

[7] 方坤河，何真. 建筑材料 [M]. 北京：中国水利水电出版社，2015.

[8] 苏卿. 土木工程材料 [M]. 武汉：武汉理工大学出版社，2020.

[9] 杜红秀，周梅. 土木工程材料 [M]. 2版. 北京：机械工业出版社，2020.

[10] 殷和平，倪修全，陈德鹏. 土木工程材料 [M]. 2版. 武汉：武汉大学出版社，2019.

[11] 姜晨光. 土木工程材料学 [M]. 北京：中国建材工业出版社，2017.

[12] 卜良桃，范云鹤. 建筑材料检测 [M]. 北京：中国建筑工业出版社，2017.

[13] 崔云飞，朱永杰，刘宇. 装饰材料与施工工艺 [M]. 武汉：华中科技大学出版社，2017.

[14] 郭啸晨. 绿色建筑装饰材料的选取与应用 [M]. 武汉：华中科技大学出版社，2020.

[15] 迟耀辉，孙巧稚. 新型建筑材料 [M]. 武汉：武汉大学出版社，2019.

[16] 李继业，张峰，胡琳琳. 绿色建筑节能工程材料 [M]. 北京：化学工业出版社，2018.

[17] 李惟. 建筑工程材料 [M]. 北京：化学工业出版社，2018.

[18] 张雄. 建筑节能技术与节能材料 [M]. 2版. 北京：化学工业出版社，2016.

3.1 地基、基础及基础工程的概念

所有支承在岩土层上的结构物（包括房屋、桥梁、堤坝等）都是由上部结构和地基、基础组成的。承担建筑物荷载的地层称为地基，介于上部结构与地基之间的部分是基础，如图3-1所示。

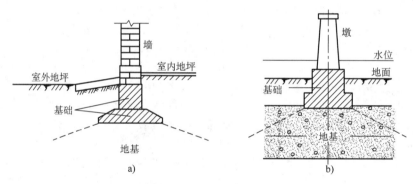

图 3-1　地基及基础

地基是指支承上部结构并受上部结构荷载影响的整个地层。因而，实际意义上的地基是指有限深度范围内直接承受荷载并产生相应变形的地层。如果场地基岩埋藏较深，地表覆盖土层较厚，建筑物经常建造在由土层所构成的地基上，这种地基称为土基。如果场地基岩埋深较浅，甚至露出于地表，建筑物经常建造在由岩层构成的地基上，这种地基称为岩基。

当地基为多层土时，与基础相接触的土层称为持力层。持力层直接承受基础传给它的荷载，故持力层应尽可能是工程性质好的土层。在持力层下面的地基土层称为下卧层。

地基可分为天然地基和人工地基两类。天然地基是指不经过人工处理，直接用来作建筑物地基的天然岩土层；人工地基是经过人工处理后满足建筑物地基基础设计要求的岩土层。显然，在条件允许的情况下采用天然地基是最经济的。

基础是指结构物最下部的构件或部分结构，其功能是将上部结构所承担的荷载传递到地基上。基础应有一定的埋置深度，使基础底面置于好的土层上。基础按埋深，可分为浅基础和深基础。浅基础是相对深基础而言的，两者主要差别在施工方法及设计原则上。浅基础的埋深通常不大，用一般的施工方法进行施工，施工条件及工艺简单。浅基础有无筋扩展基础（如毛石基础、素混凝土基础等）、钢筋混凝土扩展基础、条形基础、筏形基础和箱形基础等。深基础

是指埋深较大的基础，如桩基础、沉井基础、沉箱基础和地下连续墙基础等。由于深基础埋深较大，可利用基础将上部结构的荷载向地基深部土层传递。深基础是采用特殊的结构形式、特殊的施工方法完成的基础。深基础施工需要专门的设备，且施工技术复杂，造价高，工期长。

基础工程是阐述建筑设计和施工中有关地基和基础问题的学科。随着高层建筑的发展，以及大跨度、大空间结构的应用，基础工程的重要性和技术上的困难程度进一步增加。基础工程造价占工程造价的 20% ~ 30%，工期占总工期的 25% ~ 30%。因此，充分了解场地的地基情况，选择合理的基础形式，并进行精心设计，具有重要的技术和经济意义。据统计，世界各地的工程事故中，以地基基础事故最多，而且一旦此类事故发生，补救非常困难，往往要花费大量的人力、财力，严重者几乎无法修复。因此，要充分重视地基和基础的设计及施工质量。

3.2 浅基础

3.2.1 按基础刚度分类

浅基础按刚度，可分为刚性基础和柔性基础（见图 3-2）。

1. 刚性基础

刚性基础是指用抗压性能较好，而抗拉、抗剪性能较差的材料建造的基础，常用材料有砖、三合土、灰土、混凝土、毛石、毛石混凝土等。刚性基础需具有非常大的抗弯刚度，承受荷载后基础不允许产生挠曲变形和开裂。所以，刚性基础设计时必须规定材料强度及质量、限制台阶高宽比、限制建筑物层高和一定的地基承载力，而无须进行繁杂的内力分析和截面强度计算。

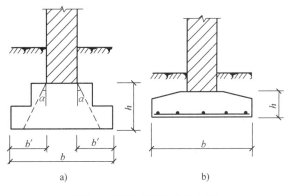

图 3-2 刚性基础与柔性基础

a）刚性基础 b）柔性基础

刚性基础多用于墙下条形基础和荷载不大的柱下独立基础。GB 50007—2011《建筑地基基础设计规范》规定，刚性基础可用于 6 层和 6 层以下（三合土基础不宜超过 4 层）的民用建筑和墙承重的厂房。刚性基础的台阶宽高比要求一般可表示为

$$\frac{b_i}{H_i} \leqslant \tan\alpha \tag{3-1}$$

式中 b_i——刚性基础任意台阶的宽度（mm）；

α——刚性角（见图 3-2a）；

H_i——相应 b_i 的台阶高度（mm）；

$\tan\alpha$——刚性基础任意台阶宽高比的允许值，可按表 3-1 选用。

表 3-1 刚性基础台阶宽高比的允许值

基础材料	质量要求	台阶宽高比的允许值		
		$p \leq 100$	$100 < p \leq 200$	$200 < p \leq 300$
混凝土基础	C15 混凝土	1：1.00	1：1.00	1：1.25
毛石混凝土基础	C15 混凝土	1：1.00	1：1.25	1：1.50
砖基础	砖强度等级不低于 MU10，砂浆强度等级不低于 M5	1：1.50	1：1.50	1：1.50
毛石基础	砂浆强度等级不低于 M5	1：1.25	1：1.50	—
灰土基础	体积比为 3：7 或 2：8 灰土，其最小干密度对粉土为 1.55g/cm³，对粉质黏土为 1.50g/cm³，对黏性土为 1.45g/cm³	1：1.25	1：1.50	—
三合土基础	石灰：砂：骨料的体积比为 1：2：4～1：3：6，每层约虚铺 220mm，夯至 150mm	1：1.50	1：1.20	

注：1. p 为基础底面处的平均压力（kPa）。

2. 阶梯形毛石基础的每阶伸出宽度不宜大于 200mm。

3. 当基础由不同材料叠合组成时，应对接触部分做局部受压承载力计算。

2. 柔性基础

用钢筋混凝土浇筑的基础称为柔性基础，如图 3-2b 所示。

当基础荷载较大时，按地基承载力确定的基础底面尺寸也将扩大。若采用刚性基础，按刚性角的要求确定的基础埋深很大，使得基础材料用量增加，造价提高，且过大的埋深也给施工带来不便，刚性基础自身重力也增大了地基的附加应力，因此，这时应采用钢筋混凝土基础。由于基础配置了钢筋，使得基础的抗弯和抗剪能力得到了很大提高，这种基础不受刚性角的限制，基础剖面可做成扁平形状，用较小的基础高度把上部荷载传到较大的基础底面上去，以适应地基承载力的要求。与刚性基础相比，柔性基础的钢材、水泥用量增加，技术复杂、造价较高。

3.2.2 按基础构造分类

浅基础按构造，可分为独立基础、条形基础、十字交叉基础、筏形基础、箱形基础和壳体基础。

1. 独立基础

独立基础也称为"单独基础"，是整个或局部结构物下的无筋或配筋的单个基础，通常柱基、烟囱、水塔、高炉、机器设备基础多采用独立基础，如图 3-3 所示。

独立基础是柱基础中最常用和最经济的形式，它所用的材料根据材料和荷载的大小而定。现浇钢筋混凝土柱下常采用现浇钢筋混凝土独立基础，基础截面可做成阶梯形（见图 3-3a）或锥形（见图 3-3b）。预制柱下通常采用杯形基础（见图 3-3c），砌体柱下常常采用刚性基础（见图 3-4）。

烟囱、水塔、高炉等构筑物常采用钢筋混凝土圆板或圆环基础及混凝土实体基础（见图 3-5），有时也可以采用壳体基础。

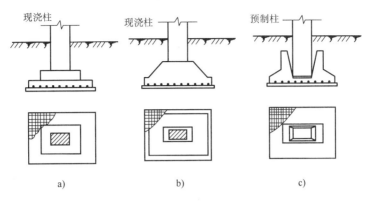

图 3-3 钢筋混凝土柱下单独基础

a) 阶梯形 b) 锥形 c) 杯形

2. 条形基础

条形基础是指基础长度远远大于其宽度的一种基础
形式,按上部结构形式,可分为墙下条形基础和柱下条
形基础。

(1) 墙下条形基础 墙下条形基础有刚性条形基础
和钢筋混凝土条形基础两种。墙下刚性条形基础在砌体
结构中得到广泛应用,如图 3-6a 所示。当上部墙体荷载
较大而土质较差时,可考虑采用"宽基浅埋"的墙下钢
筋混凝土条形基础,如图 3-6b 所示。墙下钢筋混凝土条
形基础一般做成板式(或称为"无肋式"),如图 3-7a 所

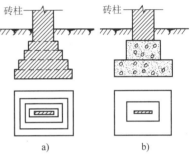

图 3-4 砌体柱下刚性基础

a) 砖基础 b) 混凝土基础

示,但当基础延伸方向的墙上荷载及地基土压缩性不均匀时,为了增强基础的整体性和纵向
抗弯能力,减小不均匀沉降,常采用带肋的墙下钢筋混凝土条形基础,如图 3-7b 所示。

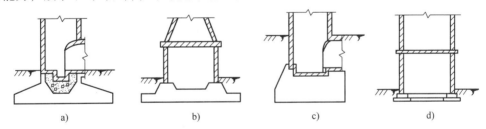

图 3-5 烟囱、水塔、高炉等构筑物基础

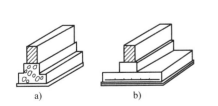

图 3-6 墙下条形基础

a) 刚性基础 b) 柔性基础

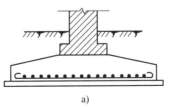
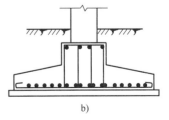

图 3-7 墙下钢筋混凝土条形基础

a) 板式 b) 梁式

（2）柱下条形基础 在框架结构中当地基软弱而荷载较大时，若采用柱下独立基础，可能因基础底面积很大而使基础边缘相互接近甚至重叠；为了增强基础的整体性，并方便施工，可将同一排的柱基础联通成为柱下条形基础（见图3-8）。

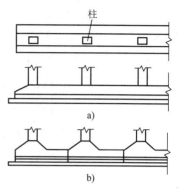

图3-8 柱下条形基础
a）等截面 b）柱位处加腋

3. 十字交叉基础

当荷载很大，采用柱下条形基础不能满足地基基础设计要求时，可采用双向的柱下钢筋混凝土条形基础形成十字交叉基础（又称为交叉梁基础，见图3-9）。这种基础纵横向均具有一定刚度，当地基软弱且在两个方向的荷载和土质不均匀时，十字交叉基础对不均匀沉降具有良好的调整能力。

4. 筏形基础

当地基软弱而荷载很大，采用十字交叉条形基础也不能满足地基基础设计要求时，可采用筏形基础，即用钢筋混凝土做成连续整片基础，俗称为"满堂红"（见图3-10）。筏形基础由于基底面积大，故可减小基底压力至最小值，同时增大了基础的整体刚性。筏形基础不仅可以用于框架、框剪、剪力墙结构，也可用于砌体结构。

横向条形基础 纵向条形基础

图3-9 十字交叉基础

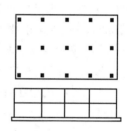

图3-10 筏形基础

5. 箱形基础

高层建筑由于建筑功能与结构受力等要求，可以采用箱形基础。这种基础是由钢筋混凝土底板、顶板和足够数量的纵横交错的内外墙组成的空间结构（见图3-11），如一块巨大的空心厚板，使箱形基础具有比筏形基础大得多的空间刚度，用于抵抗地基或荷载分布不均匀引起的差异沉降，以及避免上部结构产生过大的次应力。

箱形基础的抗震性能好，且基础的中空部分可作为地下室使用。但是，箱形基础的钢筋、水泥用量大，造价高，施工技术复杂，尤其是进行深基坑开挖时，要考虑坑壁支护和止水（或人工降低地下水位）及对邻近建筑的影响等问题，因此，选型时尤须慎重。

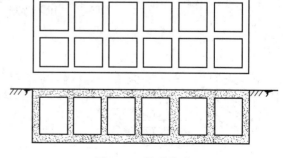

图3-11 箱形基础

6. 壳体基础

如图 3-12 所示,正圆锥形及其组合形式的壳体基础,用于一般工业与民用建筑柱基和筒形的构筑物(如烟囱、水塔、料仓、中小型高炉等)基础。这种基础使径向内力转变为压应力为主,可比一般梁、板式的钢筋混凝土基础减少混凝土用量 50% 左右,节约钢筋 30% 以上,具有良好的经济效果。但壳体基础施工时,修筑土台的技术难度大、易受气候因素影响,钢筋布置及混凝土浇筑施工困难,较难实行机械化施工。

 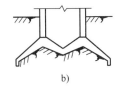 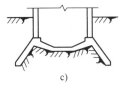

图 3-12 壳体基础的结构形式
a) 正圆锥壳 b) M 形组合壳 c) 内球外锥组合壳

3.3 深基础

当建筑物荷载很大,而浅层土满足不了承载力要求,或建筑物对地基沉降和稳定性要求较高时,常采用深基础。

除桩基础外,深基础包括墩基础、沉井、沉箱和地下连续墙等。深基础的主要特点在于需要采用特殊的施工方法,以便能经济有效地解决深开挖边坡稳定、排水和减小对邻近建筑物影响等问题。

建造深基础,有时可以用明挖法开挖基坑到基底设计标高,然后在坑底建造基础的方法来实现,如一般的墩基础施工。但基础埋置越深,边坡稳定和基坑排水问题就越难解决,因而,往往需要采用板桩维护及人工降低地下水位等方法,从而带来施工不方便、工作量大的问题,有时也不经济。这时宜采用沉井、沉箱和地下连续墙等特殊施工方法。

3.3.1 沉井基础

沉井是一个无底无盖的井状结构,是以在井孔内部不断除土,井体借自重克服外壁与土的摩阻力而不断下沉至设计标高,并经过封底、填芯以后,使其成为桥梁墩台或其他结构物的基础(见图 3-13)。设置沉井的目的是将上部的重力和使用荷载传递到比较坚硬的土层中去。沉井下沉到设计标高后,井内空腔一般用片石和混凝土等材料填塞。

沉井基础的特点是埋置深度大,整体性强、稳定性好,有较大的承载面积,

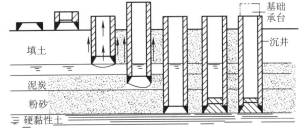

图 3-13 沉井基础施工

能够承受较大的垂直荷载和水平荷载;下沉过程中,沉井作为坑壁维护结构,起挡土、挡水作用;施工中不需要很复杂的机械设备,施工技术也较简单。因此,沉井在桥梁工程中得到

广泛应用。我国九江长江大桥采用圆沉井，直径20m，内设9个井孔，中孔直径5.5m，8个边孔直径3.8m；日本本（州）四（国）联络桥的南北备赞濑户桥7A号墩沉井，桥轴方向长75m，横跨方向59m，高55m，中间设纵横向隔墙，是当今世界上大型沉井之一。

根据经济合理、施工上可能的原则，一般在下列情况，可采用沉井基础：

1）上部荷载较大，而表层地基土的允许承载力不足，做扩大基础开挖工作量大，以及支护困难，但在一定深度下有较好持力层，采用沉井基础与其他基础相比，经济上较为合理时。

2）在山区河流中，虽然土质较好，但是冲刷大，或河中有较大卵石不便桩基础施工时。

3）岩层表面较平坦且覆盖层薄，但河水较深，采用扩大基础施工围堰有困难时。

在如下情况不宜采用沉井：土层中夹有孤石、大树干、沉船或被淹没的旧建筑物等障碍物时，将使沉井下沉受阻而很难克服；沉井在饱和细砂、粉砂和亚砂土层中采取排水挖土时，易发生严重的流砂现象，致使挖土下沉无法继续进行下去；基岩层面倾斜、起伏很大时，常致使沉井底部有一部分在岩层上，又有一部分仍支承在软土上，当基础受力后会发生倾斜。

3.3.2 沉箱基础

沉箱分为盒式沉箱和气压沉箱。盒式沉箱一般在岸上做好，然后从水上运至建筑场地就位，再在箱体内填以砂、碎石、水或混凝土等重物，令其下沉至预定深度，用作建筑物的基础或作为构筑物的主体。显然，箱的入土不能很深，且要求承载面比较平坦。当地面不平整时，常要求用水下开挖整平的方法进行处理。对于一些建造于水中或水下的构筑物，如桥墩、船坞、重力式海洋平台等，用这种方法施工往往比较经济。

当沉井的下沉深度要求达到地下水位以下较深时，难以采用降低地下水位的办法进行井内开挖，而采用水下机械开挖又不易做到均匀以保证井身竖直下沉，在这种情况下就常采用气压沉箱。

气压沉箱的构造同沉井相似，所不同的是气压沉箱在井筒的中部有一层隔板，因而在沉箱下部形成一个"箱室"，即工作仓，其高度一般不小于3m。向工作仓内充气，就可以排出与外部周围水域相同的江河海水或土中的地下水。箱室内形成无水的封闭空间，人员可以入内进行施工作业。气压沉箱的关键设备是人员和材料进出箱室的气闸。沉箱的箱室内通常维持超过常规大气压的压力状态，气闸就是进出箱室从正常大气压到超常气压的过渡空间和闸门系统。人员和材料进出的气闸要求是不同的，从沉箱内出土或将材料运入沉箱不需要时间过程控制，气闸的作用只是增压或减压过渡，维持箱内不会因门洞启闭而漏气。而人员进出沉箱必须在气闸内经历一个增压和减压过程，如果增压过快，人体的各部分组织和细胞都不能适应，减压过快则更严重。在超常压力下，通过呼吸进入人体内溶解于血液的氮气不能释放，滞留在身体各部分，就会得"沉箱病"。所以过人的气闸应有足够的空间供人员在内停留，按保健规程严格控制增压和减压的时间。气压沉箱施工的典型布置如图3-14所示。

随着自动化技术、机电一体化技术的发展，1988年以来自动化遥控无人沉箱挖掘机的问世给气压沉箱施工法带来了新的生机。由于无人挖掘，故上述弊病得以克服，其优点得以充分发挥。该项技术已在大深度桥基、竖井等较多构筑物中得以广泛应用。

3.3.3　地下连续墙

地下连续墙是近代发展起来的一种新的支护形式，有时可以兼作地下主体结构的一部分，或单独作为地下结构的外墙。随着工业或城市建设的发展，重型厂房、高层建筑、城市轨道交通及大型地下设施日益增多，这些建筑物的基础大多是荷载大、埋置深、设计要求严格，在软土条件下所面临的困难更为突出，而一些传统的深基础施工方法如沉井、沉箱、桩基础和板桩支护等常不适用。地下连续墙以其刚度大、既挡土又止水、施工噪声低、无振动无挤土、可适应于各类地层、可使用逆作法施工的优点而成为深基础施工的一种重要手段。

地下连续墙是在拟建地下建筑物的

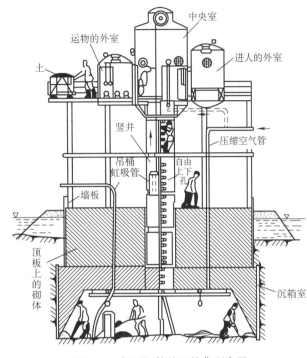

图 3-14　气压沉箱施工的典型布置

地面上，用专门的成槽机械沿着设计部位，在泥浆护壁的条件下，分段开挖一条狭长的深槽，清基并在槽内沉放钢筋笼，浇注水下混凝土，筑成一段钢筋混凝土墙幅，将若干墙幅连接成整体，形成一条连续的地下墙，可作为地下建筑、高层建筑的地下室外墙，又可作为深基坑工程的维护结构，起支挡水土压力、承重与截水防渗的作用，如图 3-15 所示。

地下连续墙对于临近有重要建筑物、地下管线的重要工程，能起到防止和减少对工程环境危害的良好效果，因而特别适用于施工场地受到限制的城市建筑群中施工。其缺点是施工技术复杂，需配备专用设备，施工中用的泥浆有一定的污染性，需要妥善处理，施工成本高。

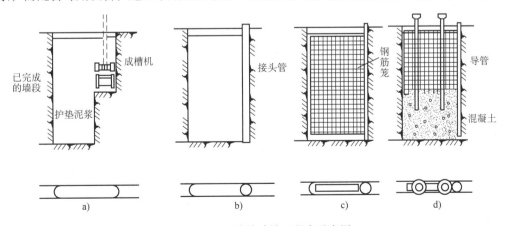

图 3-15　地下连续墙施工程序示意图

a）成槽　b）放入接头管　c）放入钢筋笼　d）浇筑混凝土

3.4 地基处理

地基处理的对象是软弱地基和特殊土地基。

3.4.1 地基处理的目的

地基处理的目的是改善地基条件，主要包括以下五个方面：

（1）改善剪切特性　地基的剪切破坏主要表现在建筑物的地基承载力不够；偏心荷载及侧向土压力的作用使结构物失稳；填土或建筑物荷载使邻近地基产生隆起；土方开挖时边坡失稳；基坑开挖时坑底隆起。地基的剪切破坏反映地基土的抗剪强度不足。因此，为了防止剪切破坏，就需要采取一定措施以增加地基土的抗剪强度。

（2）改善压缩特性　地基的高压缩性表现在建筑物的沉降和差异沉降大；填土或建筑物荷载使邻近地基产生固结沉降；作用于建筑物基础的负摩擦力所引起的建筑物沉降；大范围地基沉降或不均匀沉降；基坑开挖引起邻近地基沉降；降水产生的地基固结沉降。地基的压缩性反映在地基土的压缩模量指标的大小。因此，需要采取措施以提高地基土的压缩模量，以减少地基的沉降或不均匀沉降；另外，防止侧向流动（塑性流动）产生的剪切变形，也是地基处理的加固目的。

（3）改善透水特性　地基的透水性表现在堤坝等基础产生的地基渗漏，以及市政开挖工程中因土层内夹有薄层粉砂或粉土而产生的流砂和管涌。以上都是在地下水的运动中所出现的问题。为此，必须研究采取相关地基处理措施使地基土变成不透水或减少其水压力。

（4）改善动力特性　地基的动力特性表现在地震时饱和松散粉细砂（包括部分粉土）的液化，以及交通荷载或打桩等引起邻近地基产生振动下沉。为此，需要研究采取相关措施防止地基土液化，改善其振动特性，以提高地基的抗震性能。

（5）改善特殊土的不良地基特性　主要是指采取地基处理措施来消除或减少黄土的湿陷性和膨胀土的胀缩性等。

3.4.2 地基处理的方法

地基处理是一项历史悠久的工程技术，主要有换填法、预压法、强夯法、深层挤密法、化学加固法、加筋法和托换法七种。这里主要介绍前五种，有关加筋法、托换法的内容可查阅有关专业书籍。

1. 换填法

换填法是将天然软弱土层挖去或部分挖去，分层回填强度较高、压缩性较低且无腐蚀性的砂石、素土、灰土、工业废料等材料，压实或夯实后作为地基垫层（持力层），也称为换土垫层法或开挖置换法。换填法的主要作用以下有五点：

1）提高基础底面以下地基浅层的承载力。地基中的剪切破坏是从基础底面下边角处开始，随着基底压力的增大而逐渐向纵深发展的。因此，当基础底面以下浅层范围内可能被剪切破坏的软弱土用强度较大的垫层材料置换后，可以提高承载能力。

2）减少沉降量。一般情况下，基础下浅层的沉降量在总沉降量中所占的比例较大。由土体侧向变形引起的沉降，理论上也是浅层部分占的比例较大。以垫层材料代替软弱土层，可大大减少这部分沉降量。

3）加速地基的排水固结。用砂石作为垫层材料时，由于其透水性好，在地基受压后便是良好的排水面，可使基础下面的孔隙水压力迅速消散，避免地基土的塑性破坏，且可加速垫层下软弱土层的固结及其强度的提高。

4）防止冻胀。采用颗粒粗大的材料如砂石等做垫层，不会由于毛细作用而产生水转移，因而可防止冻结冰造成的冻胀。

5）消除地基的湿陷性和涨缩性。采用素土和灰土垫料，在湿陷性黄土地基中，置换了基础以下适当范围内的湿陷性土层，可免除土层浸水后湿陷变形的发生或减少土层湿陷变形量。同时，垫层还可以作为地基的防水层，减少下卧天然黄土层浸水的可能性。采用非膨胀性的黏性土、砂、碎石、灰土及矿渣等置换膨胀土，可以减少地基的膨胀变形量。

换填法适用于淤泥、淤泥质土、湿陷性黄土、素填土、杂填土地基，以及暗沟、暗塘等浅层处理。

2. 预压法

预压法是在建筑物建造以前，有计划地在建筑物场地上进行预压，使地基的固结沉降基本完成，以提高地基土强度的处理方法。应合理安排预压系统和排水系统，使地基在逐渐预压过程中加荷条件下排水固结，从而提高承载力。预压系统有加载预压和真空预压之分，排水系统采用砂井或塑料排水带等。

加载预压法预压荷载的大小通常可与建筑物的基地压力大小相同。对沉降有严格要求的建筑物，应采取超载预压法。超载的大小应根据限定的预压时间和要求消除的变形量计算确定，并宜使预压荷载下受压土层各点的有效竖向压力等于或大于建筑物荷载所引起的相应点的附加压力。加载的范围不应小于建筑物基础外缘所包围的范围。加载速度应与地基土增长的强度相适应，在加载的各阶段应进行地基的抗滑稳定性计算，以确保工程安全。为了加速地基排水，减少预压时间，可采用砂井加载预压法。砂井分普通砂井和袋装砂井。普通砂井直径可取 300~500mm，袋装砂井直径可取 70~100mm。

真空预压法是在 1952 年由瑞典皇家地质学院提出的，施工时先在地面铺设一层透水的砂及砾石，并在其上覆盖不透气的薄膜材料（如橡皮布、塑料布、黏土膏或沥青等），然后用射流泵抽气使透水材料中保持较高的真空度，使土体排水固结。真空预压法和加载预压法相比具有如下优点：①不需堆载材料，节省运输与造价；②场地清洁，噪声小；③不需分期加载，工期短；④由于真空预压不会引起地基剪切破坏，所以可在很软的地基上采用。

预压法适用于淤泥、淤泥质土、冲填土等饱和黏性土的地基处理。

3. 强夯法

强夯法是将很重的锤（一般 10~40t）从高处自由下落（落距 6~40m）给地基以冲击和振动。巨大的冲击能量在土中产生很大的冲击波和动应力，引起地基土的压缩和振密，从而提高地基土的强度并降低其压缩性，还可改善其抵抗振动液化的能力和消除黄土的湿陷性。据统计，经强夯法处理的地基，其承载力可提高 2~5 倍，压缩性可降低 50%~90%。

强夯法一般适用于碎石土、砂土、低饱和度的粉土和黏性土、湿陷性黄土、杂填土和素填土等地基。它不仅能在陆地上施工，还可以在不深的水下夯实地基。强夯对饱和细颗粒土的效果尚不明确，成功和失败的例子均有报道，应持慎重态度。

由于强夯法效果好、速度快、节省材料且用途广泛，是工程界感兴趣的一种地基加固方法。其缺点是施工时噪声和振动大，且影响附近的建筑物，故在建筑物密集地区不宜使用。

4. 深层挤密法

深层挤密法是地基加固工程的重要项目之一，它可使较大范围内的地基土挤密。挤密法按填入材料的不同，可分为砂桩、石灰桩、土桩和碎石桩等。挤密法主要是靠桩管打入或振入地基后对软弱土产生横向挤密作用，从而使土的压缩性减小，抗剪强度提高。又因为桩体有较高的承载力和变形模量，截面较大，约占松软土加固面积的20%，可与软弱土形成复合地基共同承受建筑物的荷载。目前，我国技术较为成熟的深层挤密法包括土和灰土挤密桩法、振冲法和砂石桩法。

土和灰土挤密桩法适用于地下水位以上的湿陷性黄土、素填土、杂填土等地基。处理深度宜为 $5 \sim 15m$。当以消除地基的湿陷性为主要目的时，宜选用灰土挤密桩法。当地基中的含水量大于23%及其饱和度 $s_r > 0.65$ 时不宜选用。

振冲法分为振冲置换和振冲密实两种。振冲置换适用于不排水抗剪强度不小于20kPa的黏性土、粉土、饱和黄土、人工填土等地基；振冲密实适用于松散砂土、粉土等地基，不加填料的振冲密实只适用于黏粒含量小于10%的粗、中砂地基。

5. 化学加固法

将化学溶液或胶结剂灌入土中，将土胶结以提高地基强度、减少沉降量或防渗的方法统称为化学加固法。目前常采用的化学浆液有水泥浆液（由强度等级高的硅酸盐水泥和速凝剂组成）、硅酸钠（水玻璃）为主的浆液，以丙烯酰胺为主的浆液及以纸浆为主的浆液（具有毒性、易污染地下水）等。施工方法有压力灌注法、高压喷射注浆法、深层搅拌法和电动硅化法等。化学加固法适用于复杂条件下的软土地基及特殊土地基处理。

思 考 题

1. 什么叫作地基？什么叫作基础？什么叫作基础工程？
2. 基础的类型有哪些？地基处理的方法有哪些？

参 考 文 献

［1］刘国彬，王卫东. 基坑工程手册［M］. 2版. 北京：中国建筑工业出版社，2009.
［2］华南理工大学，东南大学，浙江大学，等. 地基及基础［M］. 3版. 北京：中国建筑工业出版社，1998.

4.1　建筑结构的基本构件

建筑结构是在一个空间中用各种基本的结构构件集合成并具有某种特征的有机体。人们只有将各种基本结构构件合理地集合成主体结构体系，并有效地将其联系起来，才有可能组织出一个具有使用功能的空间，并使之作为一个整体结构将作用在其上的荷载传递给地基。建筑的基本构件一般包括板、梁、柱、拱、墙体、基础、楼梯、门和窗等。

4.1.1　板

板是指平面尺寸较大而厚度相对较小的平面结构构件，通常水平放置，但有时也可斜向设置（如楼梯板）或竖向设置（如墙板）。板承受垂直于板面方向的荷载，受力以弯矩、剪力、扭矩为主，但在结构计算中剪力和扭矩往往可以忽略。板在建筑工程中一般应用于楼板、屋面板、基础板、墙板等。

板按平面形状，可分为方形板、矩形板、圆形板、扇形板、三角形板、梯形板和各种异形板等。按截面形状，可分为实心板、空心板、槽形板、单（双）T形板、单（双）向密肋板、压型钢板、叠合板等。按所用材料，可分为木板、钢板、钢筋混凝土板、预应力板等。按受力特点，可分为单向板（见图4-1a）和双向板（见图4-1b）两种。按支承条件，可分为四边支承板、三边支承板、两边支承板、一边支承板和四角点支承板等。按支承边的约束条件，可分为简支边、固定边、连续边、自由边等。

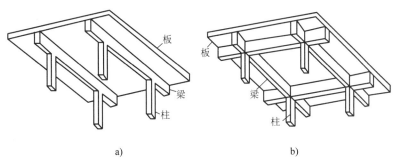

a)　　　　　　　　　　　　b)

图4-1　板

a）单向板　b）双向板

我国建筑材料多以钢筋混凝土为材料，板多用于楼板、屋面板。当房间的平面尺寸较大时，为使楼板结构的受力与传力较为合理，常在楼板下设梁以增加板的支点，从而减少板的跨度和厚度。这样楼板上的荷载先由板传给梁，再由梁传给墙或柱，称为梁板式结构。当房间尺寸较大，并接近正方形时，常沿两个方向等距离布置梁格，截面高度相等，不分主次梁，称为井式楼板（见图4-2），井式楼板是梁板式楼板的一种特殊形式。

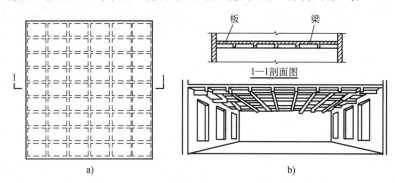

图 4-2　井式楼板

a）平面图　b）透视图

预制装配式钢筋混凝土楼板是用预制厂生产或现场制作的构件安装拼合而成。这大大提高了工业化施工水平，节约模板，简化操作程序，大幅度缩短工期。楼板的类型有实心平板、槽形板和空心板（见图4-3～图4-5）。

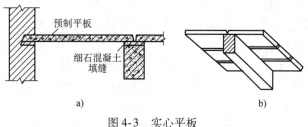

图 4-3　实心平板

a）平板纵剖面图　b）平板底面图

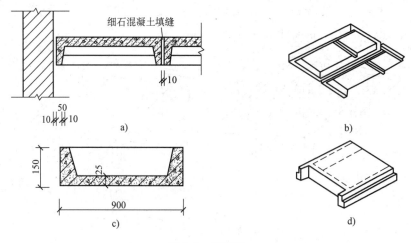

图 4-4　槽形板

a）槽形板横剖面图　b）槽形板底面图　c）倒置槽形板横剖面图　d）槽形板顶面图

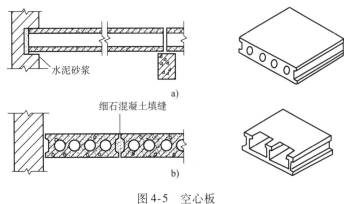

图4-5 空心板

a) 纵剖面　b) 横剖面

4.1.2 梁

　　梁一般是指承受垂直于其纵轴方向荷载的线形构件, 其截面尺寸远小于跨度。

　　如果荷载重心作用在梁的纵轴平面内, 则该梁只承受弯矩和剪力, 否则还承受扭矩作用。如果荷载所在平面与梁的纵对称轴面斜交或正交, 则该梁处于双向受弯、受剪状态, 甚至还可能同时受扭矩作用。梁通常水平放置, 有时也可斜向设置, 以满足使用要求（如楼梯梁）。梁的截面高度与跨度之比称为高跨比, 一般为 1/16～1/8。高跨比大于 1/4 的梁称为深梁。梁的截面高度通常大于截面宽度, 但因工程需要, 梁宽大于梁高的梁, 称为扁梁。梁的高度沿轴线变化的, 称为变截面梁。

　　1）梁按截面形状, 可分为矩形梁、花篮梁、T 形梁、倒 T 形梁、L 形梁、Z 形梁、工字形梁、槽形梁、箱形梁、空腹梁、薄腹梁、扁腹梁等（见图4-6、图4-7）。

　　2）梁按所用材料, 可分为钢梁、钢筋混凝土梁、木梁及钢与混凝土组成的组合梁等。

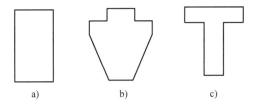

图4-6 钢筋混凝土梁的截面类型

a) 矩形梁　b) 花篮梁　c) T 形梁

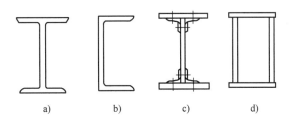

图4-7 钢梁的截面类型

a) 工字形梁　b) 槽形梁　c) 组合梁　d) 箱形梁

3）梁按常见的支承方式，可分为简支梁、悬臂梁、一端简支另一端固定梁、两端固定梁、连续梁等（见图4-8）。

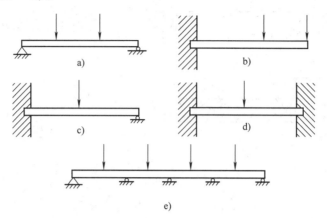

图 4-8　梁按常见的支承方式分类

a）简支梁　b）悬臂梁　c）一端简支另一端固定梁　d）两端固定梁　e）连续梁

4）梁按其在结构中的位置，可分为主梁、次梁、连系梁、圈梁、过梁等（见图4-9）。次梁一般直接承受板传来的荷载，再将板传来的荷载传递给主梁。主梁除承受板直接传来的荷载外，还承受次梁传来的荷载。连系梁主要用于连接两榀框架，使其成为一个整体。圈梁一般用于砖混结构，将整个建筑围成一体，增强结构的抗震性能。过梁一般用于门窗洞口的上部，用以承受洞口上部结构的荷载。

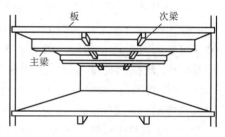

图 4-9　建筑楼盖中的主梁、次梁

4.1.3　柱

柱是指承受平行于其纵轴方向荷载的线形构件，其截面尺寸远小于高度，工程结构中柱主要承受压力，有时也承受弯矩。

柱按截面形式，可分为方柱、圆柱、管柱、矩形柱、工字形柱、H形柱、L形柱、十字形柱、双肢柱、格构柱等。按所用材料，可分为石柱、砖柱、砌块柱、木柱、钢柱、钢筋混凝土柱、钢管混凝土柱和各种组合柱等。按柱的破坏特征或长细比，可分为短柱、长柱及中长柱。按受力特点，可分为轴心受压柱和偏心受压柱等（见图4-10）。

钢柱常用于大中型工业厂房、大跨度公共建筑、高层建筑、轻型活动房屋、工作平台、栈桥和支架等。钢柱按截面形式，可分为实腹柱和格构柱（见图4-11）。实腹柱是指截面为一个整体，常用截面为工字形截面的柱；格构柱是指柱由两肢或多肢组成，各肢间用缀条或缀板连接的柱。钢筋混凝土柱（见图4-12）是最常见的柱，广泛应用于各种建筑。钢筋混凝土柱

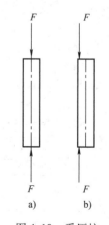

图 4-10　受压柱

a）轴心受压柱　b）偏心受压柱

按制造和施工方法可分为现浇柱和预制柱。

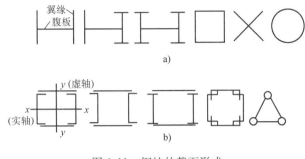

图 4-11 钢柱的截面形式

a）实腹柱 b）格构柱

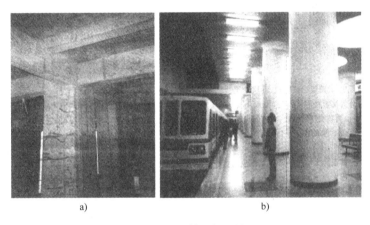

图 4-12 钢筋混凝土柱

a）矩形柱 b）圆形柱

4.1.4 拱

在房屋建筑和桥梁工程中，拱是广泛应用的一种结构形式（见图 4-13）。在荷载作用下拱以受压为主，能够充分利用材料的强度，不但可以使用砖、石、混凝土、木材和钢材等材料建造，而且能够获得较好的经济和建筑效果。

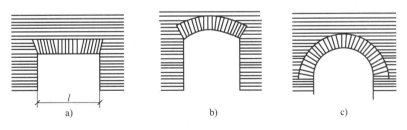

图 4-13 砖砌拱形过梁

a）平拱 b）弧拱 c）半圆砖拱

拱和梁的主要区别是拱的主要内力是轴向压力，而弯矩和剪力很小或为零，但拱脚支座产生水平推力，拱越平缓，水平推力越大，所以拱脚支座应能可靠地传递和承受水平推力，否则拱的结构性能将无法保证。

拱按铰数可分为三铰拱、无铰拱、双铰拱和带拉杆的双铰拱（见图4-14）。

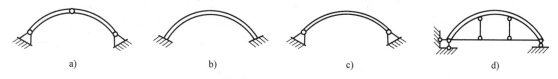

图4-14 拱的分类

a）三铰拱 b）无铰拱 c）双铰拱 d）带拉杆的双铰拱

4.1.5 墙体

墙体按其在建筑中的位置、承重方式、材料和构造方式不同，可以分成不同的类型。

墙体按其在建筑平面中的位置不同，有外墙和内墙之分。位于建筑物外界四周的墙称为外墙，外墙是建筑物的外围护结构，主要起承重及防风、挡雨、保温、隔热等作用。位于建筑物内部的墙称为内墙，主要起承重和分隔房间的作用。其中，沿建筑物长轴方向布置的墙称为纵墙，并有内纵墙和外纵墙之分。沿建筑物短轴方向布置的墙称为横墙，有内横墙和外横墙之分，外横墙一般又称为山墙。此外，在一片墙上，窗与窗或门与窗之间的墙称为窗间墙，窗洞下部的墙称为窗下墙或窗肚墙（见图4-15）。

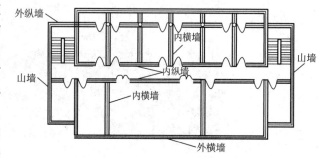

图4-15 墙体名称

墙体根据结构受力情况不同，可分为承重墙和非承重墙两种。直接承受上部楼板和屋顶传来荷载的墙称为承重墙；不承受上部荷载的墙称为非承重墙（见图4-16），非承重墙又分为自承重墙和隔墙。

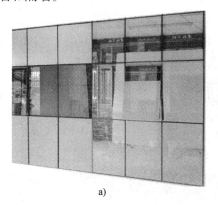

图4-16 非承重墙

a）自承重墙 b）隔墙

按墙体建造材料的不同，墙体可分为砖墙、砌块墙、土墙、石墙、钢筋混凝土墙及复合材料墙（见图4-17）。砖墙是将砖块按一定的方式用砂浆砌筑而成的墙体，砖有普通黏土砖、黏土多孔砖、黏土空心砖、灰砂砖、矿渣砖、水泥砖等。砌块墙是由砌块组砌而成的墙体。

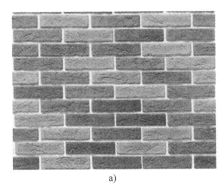
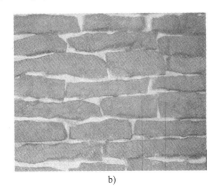

图 4-17 砖墙和石墙

a) 砖墙 b) 石墙

4.1.6 基础

基础是建筑物最下部的承重构件，是建筑物的重要组成部分，基础承受建筑物上部结构传递下来的全部荷载，并把这些荷载连同其自重一起传到地基上。地基基础是建筑物的根基，又属于地下隐蔽工程，其质量直接关系着建筑物的安危，而且一旦发生地基基础事故，因该部分位于建筑物底部，补救非常困难。因此，要求设计的基础具有足够的强度、刚度和耐久性，并应满足设备安装及经济要求。地基基础部分的内容详见本书第 3 章的介绍。

4.1.7 楼梯

1. 楼梯的组成

楼梯是楼层建筑常用的垂直交通设施。楼梯由梯段、平台和栏杆扶手三部分组成（见图 4-18）。

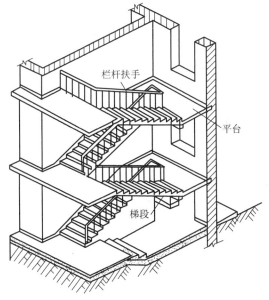

图 4-18 楼梯的组成

　　根据建筑的使用性质、楼梯所处的位置、楼梯间的平面形状与大小、人流通行情况及防火规范要求等综合确定楼梯的形式。常见的楼梯形式有单跑直楼梯、双跑直楼梯、双跑平行楼梯、三跑楼梯、双分（双合）平行楼梯、圆形楼梯、螺旋楼梯、交叉楼梯和剪刀楼梯等（见图4-19、图4-20）。

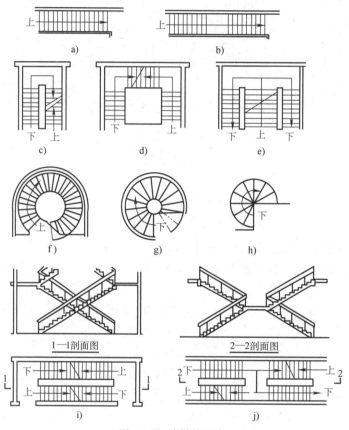

图4-19　楼梯的形式

a）单跑直楼梯　b）双跑直楼梯　c）双跑平行楼梯　d）三跑楼梯　e）双分平行楼梯　f）圆形楼梯
g）无中柱螺旋楼梯　h）中柱螺旋楼梯　i）交叉楼梯　j）剪刀楼梯

图4-20　楼梯实例

a）剪刀楼梯　b）双跑楼梯　c）螺旋楼梯

2. 楼梯的设计

（1）坡度与踏步尺寸 楼梯的坡度一般与建筑的使用性质有关。对于人流量较大、使用较频繁的公共建筑，楼梯的坡度宜平缓些，以照顾到不同的人群。对于使用人数较少的住宅建筑或辅助性楼梯，其坡度可以陡些，以节约楼梯占用的建筑面积。楼梯坡度范围一般为25°～45°，常取30°左右。实际上，楼梯的坡度与踏步尺寸密切相关，可由踏步尺寸确定。

踏步由踏面和踢面组成（见图4-21）。踢面的高度与人的步距有关，人的平均步距为600～620mm，踢面的高度 h 一般为120～175mm。踏面的宽度与人脚的尺寸有关，成人脚平均尺寸为250mm左右，所以踏面的宽度 $b \geqslant 260mm$。

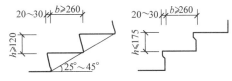

图4-21 踏步尺寸

（2）梯段尺寸 包括梯段宽度和平台宽度。梯段的净宽是指楼梯扶手内侧至墙面或扶手内侧与靠墙扶手内侧的水平距离。平台的净宽是指墙体内表面至楼梯伸出扶手的水平距离。当休息平台上设有暖气片或消防栓时，应扣除它们所占的宽度（见图4-22）。

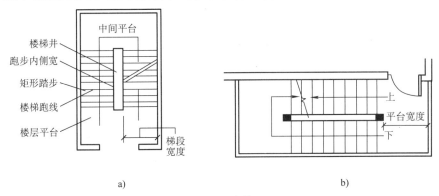

图4-22 楼梯段

a）楼梯平面布置 b）结构对平台深度的影响

梯段的宽度主要根据楼梯使用性质、使用人数和防火规范来确定。具体地讲，与允许通过的人流股数有关，与搬运家具、设备所需空间尺寸有关。供单人通行的楼梯梯段的净宽一般不应小于850mm，双人通行为1100～1200mm，三人通行为1500～1650mm。

平台宽度应大于或等于梯段宽度，以保证平台处的人流不致拥堵，家具或设备转弯时能够通过。

为施工方便，楼梯的两梯段之间应有一定的距离，这个宽度称为梯井。为安全起见，其宽度一般为0～200mm。

（3）栏杆扶手尺寸 栏杆是楼梯段与楼梯平台边沿处漏空的垂直围护构件。为保证行走者安全，楼梯必须设置栏杆。栏杆要求安全、坚固、适用、美观。楼梯栏杆扶手的高度是指从踏步前缘至扶手上表面的垂直距离，一般室内楼梯栏杆扶手的高度不宜小于900mm，儿童用栏杆扶手的高度为500～600mm。靠楼梯井一侧水平栏杆长超过500mm时，其高度不应小于1050mm。室外楼梯栏杆扶手高度不应小于1100mm（见图4-23）。

图4-23 栏杆扶手尺寸

（4）楼梯净空高度 它是指自楼梯踏步前缘线（包括最低和最高一级前缘线以外 300mm 范围内）至上方突出物下缘间的垂直高度。它是楼梯段下通行人或物件时所必需的竖向净空高度（见图 4-24）。为保证在这些部位通行或搬运物件时不受影响，平台部位的净空高度不小于 2000mm，梯段部位的净空高度不小于 2200mm。

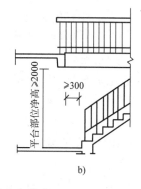

图 4-24 楼梯净空高度
a）梯段净高 b）平台净高

3. 钢筋混凝土楼梯

楼梯按其制作材料不同，分为木楼梯、钢筋混凝土楼梯和钢楼梯三种。由于钢筋混凝土楼梯具有刚度大、坚固耐久、耐火性能好等优点，目前应用最为普遍。钢筋混凝土楼梯按施工方法，分为现浇式钢筋混凝土楼梯和装配式钢筋混凝土楼梯两大类。

（1）现浇式钢筋混凝土楼梯 它是在现场支模板→绑扎钢筋→浇筑混凝土→养护制作而成，具有刚度大、整体性好、尺寸设计灵活等优点，但现场支模耗工，耗费材料较多，施工速度慢，多用在楼梯形式复杂或抗震要求较高的建筑中。它有板式和梁板式两种结构形式（见图 4-25、图 4-26）。

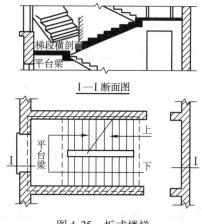

图 4-25 板式楼梯

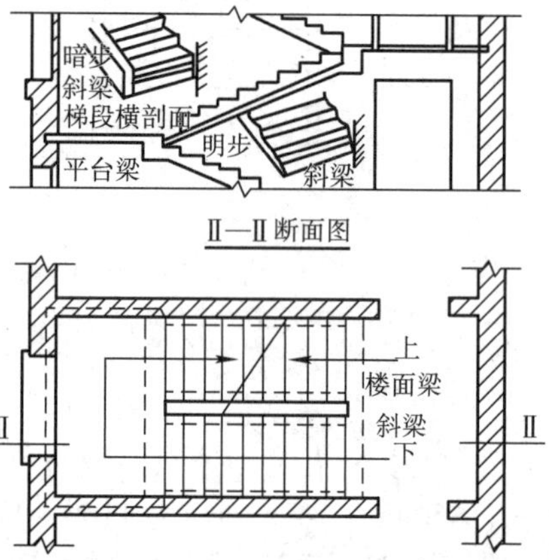

图 4-26 梁板式楼梯

1）板式楼梯一般由梯段板、平台梁和平台板组成。梯段板是一块带踏步的斜板，它承受着梯段的全部荷载，并通过平台梁将荷载传给墙体或柱子。板式楼梯的底面平整，外形简洁，结构简单，施工方便。但当梯段跨度较大时，需增加板厚，钢材和混凝土用量较多，自重增大，不经济。板式楼梯适用于跨度不大时（一般不超过 3m）的楼梯（见图 4-27）。

2）梁板式楼梯由梯段、平台梁和平台板组成，梯段由踏步板和梯段斜梁（简称梯梁）构成。踏步

图 4-27 板式楼梯实例

板上的荷载传递给梯梁，由梯梁将其传给平台梁，再通过平台梁将荷载传给墙体或柱子。梯梁通常设两根，分别布置在踏步板的两端。当荷载或梯段跨度较大时，梁板式楼梯比板式楼梯的钢筋和混凝土用量少、自重轻，较经济。但梁板式楼梯在支模、绑扎钢筋等施工操作方面较板式楼梯复杂（见图4-28）。

图4-28 梁板式楼梯实例

（2）装配式钢筋混凝土楼梯 它是将楼梯分成若干构件，在加工厂或施工现场进行预制，施工时将预制构件进行装配、焊接而成。这种楼梯施工速度快，现场湿作业量少，节约模板。但装配式钢筋混凝土楼梯的整体性差，对抗震不利。按构件尺寸，可分为小型构件装配式楼梯和大型构件装配式楼梯。

1）小型构件装配式楼梯是将楼梯分成踏步、梯梁、平台梁和平台板等部分分开预制，构件小而轻，易制作，便于安装。预制踏步的形式有三角形、L形和一字形三种（见图4-29）。预制梯梁有矩形斜梁和锯齿形斜梁。按支承结构形式不同，有梁承式、墙承式和悬臂式三种。

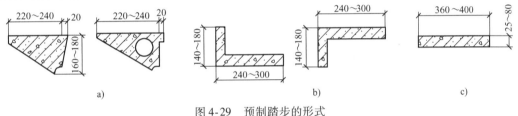

图4-29 预制踏步的形式
a）三角形 b）L形 c）一字形

梁承式楼梯是把预制踏步搁置在斜梁上，斜梁搁置在平台梁上，平台梁搁置在两边的墙体或柱子上。当采用一字形、L形踏步板时，需用锯齿形斜梁（见图4-30a）；当采用三角形踏步板时，需用矩形斜梁（见图4-30b）。

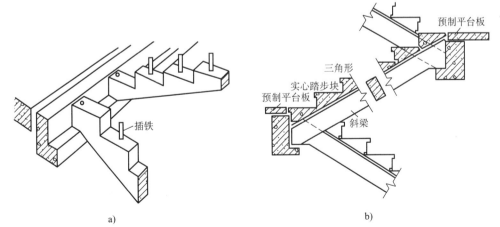

图4-30 梁承式小型构件装配式楼梯
a）锯齿形斜梁，每个踏步穿孔，用插铁固定 b）三角形踏步板与矩形斜梁组成

墙承式楼梯是把预制踏步搁置在两侧墙上，一般适用于单向楼梯或中间有电梯间的三折楼梯。如果是双跑单分式楼梯，则必须在楼梯间中间加一道中墙作为踏步的支座。墙承式楼

梯可选用上述各种形式的踏步板，楼梯宽度也不受限制。平台板可选用空心板或槽形板，省去平台梁，增加平台上下的净高，梯段长度也较自由（见图4-31）。

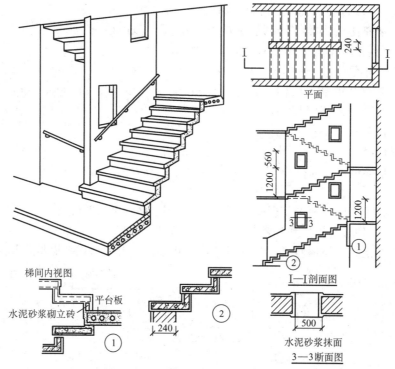

图4-31 墙承式小型构件装配式楼梯

悬臂式楼梯是按设计尺寸要求选定预制悬挑踏步构件，依次砌入墙内即可。一般选用L形板，肋在上面的L形踏步板结构合理，使用最为普遍。压入墙内部分压在墙内的长度不小于一砖，遇楼板搁置处，踏步的矩形端部需做特殊处理。悬挑楼梯的悬臂长度一般为1.2m，最长可达1.5m（见图4-32）。

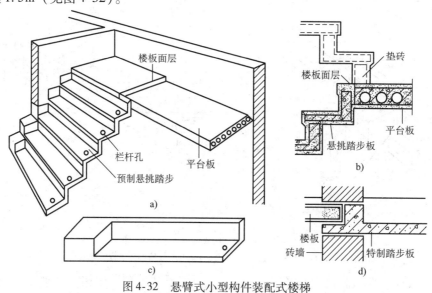

图4-32 悬臂式小型构件装配式楼梯

a) 示意图 b) 平台转换处剖面图 c) 踏步构件 d) 遇楼板处构件

2）大型构件装配式楼梯是将楼梯梯段和平台分别整体预制。梯段按结构形式，可分为板式和梁板式。这种楼梯构件数量少，工业化程度高，但施工时需要大型运输和吊装设备（见图 4-33、图 4-34）。

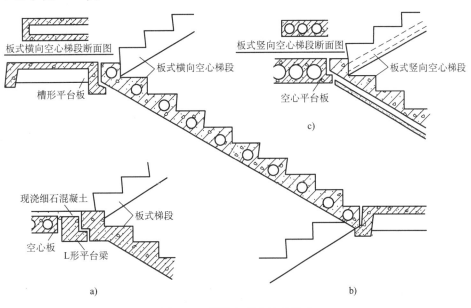

图 4-33　梯段与平台结构形式

a）板式梯段、平台梁、空心板平台　b）板式横向空心梯段、槽形平台板　c）板式竖向空心梯段、空心平台板

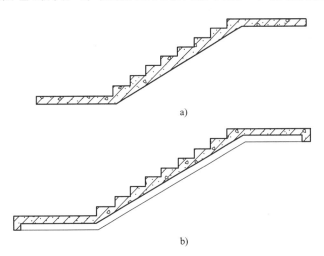

图 4-34　大型构件装配式楼梯形式

a）板式楼梯　b）梁板式楼梯

4.1.8　门和窗

1. 门窗的作用

门的主要作用是分隔室内外空间，作为交通联系，打开时可兼做采光通风口。门根据使用要求确定它的大小尺度、数量、位置及开启方式和开启方向。窗的主要作用是采光、通

风，分隔室内外空间，并起围护作用。窗又是建筑造型的重要组成部分，它的形状、尺度、比例、排列对建筑内外造型影响极大，常被作为重要的装饰构件处理。

门窗在构造上应保证坚固耐用、开启灵活、关闭严密、便于维修和清洁。门窗的尺寸、规格、类型、构造和连接方式等均应符合标准化条件。

现代门窗的制作生产，已经走上标准化、规格化及商品化的道路。全国各地都有大量的标准图可供选用。门窗的制作与加工也多工业化生产供应。

2. 门窗的种类

按使用材料的不同，窗有木窗、钢窗、铝合金窗、塑料窗等；门有木门、钢门、铝合金门、塑料门等。

按开启方式的不同，窗有固定窗、平开窗、悬窗（上悬、中悬、下悬）、立转窗、推拉窗和百叶窗等（见图4-35），门有平开门、弹簧门、推拉门、折叠门、转门和卷帘门等（见图4-36）。

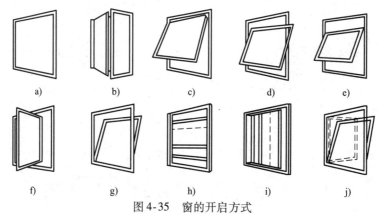

图4-35　窗的开启方式

a）固定窗　b）平开窗　c）上悬窗　d）中悬窗　e）下滑悬窗　f）立转窗　g）下悬窗
h）垂直推拉窗　i）水平推拉窗　j）下悬—平开窗

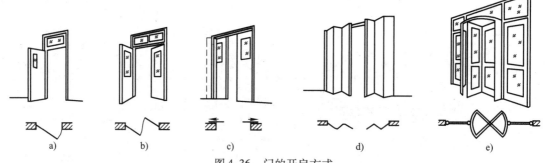

图4-36　门的开启方式

a）平开门　b）弹簧门　c）推拉门　d）折叠门　e）转门

3. 木门窗的组成与尺度

木门窗加工方便，价格低廉，是传统上广泛采用的一种形式。普通木门窗多采用变形较少的松木和杉木。普通木门窗木材耗量大，多用优质木材，不防火，所以使用受到一定限制。开发以用途较少的硬杂木等木材制造的门窗，是重要途径。在国外，经过技术处理的硬杂木是高级门窗的主要材料。

(1) 窗的组成与尺度　窗主要由窗框、窗扇和五金件组成。图 4-37 所示为木窗的组成，图 4-38 所示为窗用铰链的形式。考虑到采光通风、结构构造、建筑模数、建筑造型和建筑节能等，一般平开木窗的扇窗高度为 800～1500mm，扇窗宽度为 400～600mm，亮子高度为 300～600mm。

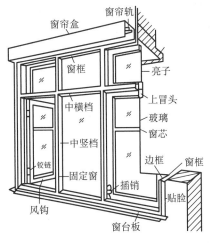

图 4-37　木窗的组成

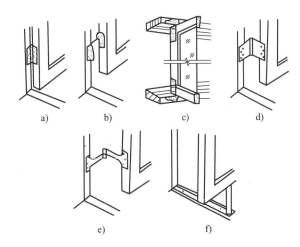

图 4-38　窗用铰链形式图

a) 平开窗铰链　b) 轴心铰链　c) 铁摇梗转轴
d) 方铰链　e) 长脚铰链　f) 平移式铰链

(2) 门的组成与尺度

1) 门由门框（门樘）、门扇、亮子、五金零件及附件组成。图 4-39 所示为木门的组成，附件包括贴脸、筒子板等（见图 4-40）。五金零件一般有铰链、插销、门锁、拉手、停门器等。

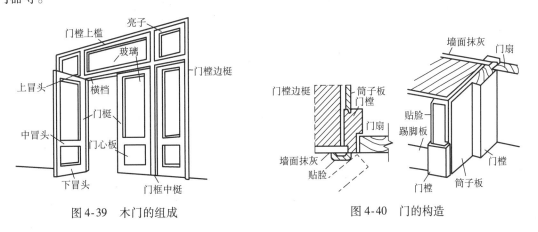

图 4-39　木门的组成

图 4-40　门的构造

2) 门的尺度通常是指门洞的高宽尺寸，主要是根据通行、疏散要求设计，并要符合建筑模数的要求。门的高度一般不宜小于 2100mm，门上亮子的高度一般为 300～600mm。门的宽度：单扇门为 700～1000mm，双扇门为 1200～1800mm，宽度在 2100mm 以上时，宜做成三扇、四扇门或双扇带固定扇的门。次要房间如浴厕、储藏室的门宽度可窄些，一般为 700～800mm。公共建筑和工业建筑的门可按需要适当提高。

4. 金属和塑料

（1）钢门窗 钢门窗料型小，挡光少，强度高，能防火。但普通钢门窗易生锈，热导率高，在严寒地区结露结霜。为克服普通钢门窗的缺点，我国开发了渗铝空腹钢门窗、镀塑钢门窗和彩板钢门窗。

1）普通钢门窗分为实腹式和空腹式两种。实腹式钢门窗所用型材是由热轧生产的专用型钢。目前我国钢门窗采用的实腹型钢为25mm、32mm和40mm三种规格（截面高度）。窗料多用25mm和32mm的规格料，门料多用32mm和40mm的规格料。空腹式钢门窗是用低碳带钢，经冷轧、焊缝而成异形管状薄壁型材，壁厚为1.2~2.5mm。空腹式门窗用钢量比实腹式的约少40%，体轻，但壁薄不耐锈蚀，内外表面须做防锈处理，以增强抗锈蚀能力。

2）渗铝空腹钢门窗是国内20世纪80年代末期开发的一种门窗，它是将普通钢门窗经表面渗铝来提高钢门窗的耐蚀性，可使钢门窗的寿命提高一倍以上。由于渗铝层的存在，尚可进行阳极氧化着色处理，使之具有铝合金门窗的装饰效果，仍保持钢门窗高强价廉的优点。

3）彩板钢门窗是以冷轧钢板或镀锌钢板为基材，通过连续式表面涂层或压膜处理的新型钢门。它具有良好的防腐能力、优异的与基材黏结能力、富有装饰色彩。彩板钢门窗断面形式复杂、种类繁多，在设计时，可根据标准图选用或提供立面组合方式委托工厂加工。彩板钢门的构造和安装如图4-41所示。

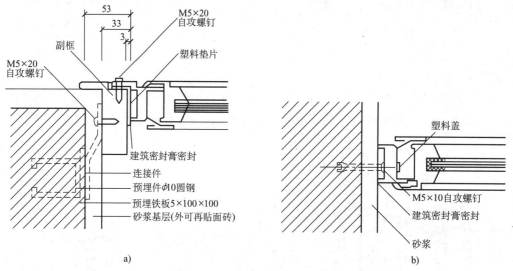

图4-41 彩板钢门的构造和安装

（2）铝合金门窗 铝合金门窗精致，密闭性优于钢门窗，是目前我国广泛采用的窗之一。目前，我国各大城市铝合金门窗的加工和使用已比较普及，各地铝合金门窗加工厂都有系列标准产品供选用，需特殊制作时一般也只需提供立面图和使用要求，委托加工即可。铝的导热系数比钢更高，保温差，成本高。为改善铝合金门窗的热工性能，采用塑料绝缘夹层的复合材料门窗可以大大改善铝合金门窗的热工性能（见图4-42）。

（3）塑料门窗 它是采用添加多种耐候、耐腐蚀等添加剂的塑料，经挤压成型的型材组装制成的门窗。塑料门窗保温效果似木窗，形式类同铝合金门窗，美观精致。为了改善其刚度和强度，在塑料型材的空腹内加设薄壁型钢，成为塑钢门窗（见图4-43）。塑钢门窗具有刚度、强度大，保温、隔热、隔声性能好，且经济的特点，是目前门窗市场广泛采用的门窗类型之一。为了解决塑料门窗的老化问题，开发出了双色共挤出工艺生产出来的塑料门窗型材，它是将耐老化性能好的聚丙烯酸酯类材料与 PVC 共挤成型，室外一侧为彩色的聚丙烯层，室内为白色的 PVC 层，从而获得既装饰美观又耐老化的新型塑料门窗。

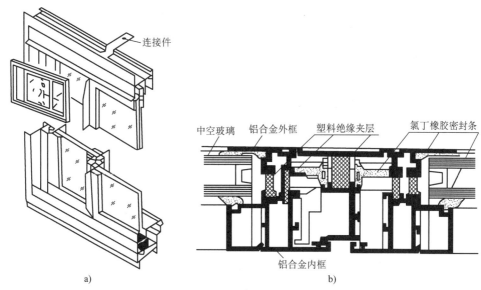

图 4-42 铝合金门窗构造

a）铝合金推拉窗构造 b）内夹塑料绝缘材料的铝合金窗断面

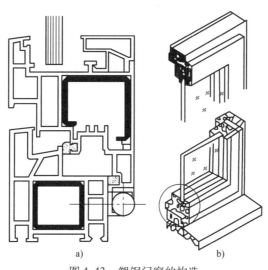

图 4-43 塑钢门窗的构造

a）边框断面 b）边框构造

4.2 建筑结构形式

4.2.1 结构形式的分类

在人类社会初期就出现了建筑物。人类的祖先为了生存不得不和自然界展开斗争，房屋建筑就是人类和自然界斗争的产物。建筑结构是房屋建筑的空间受力骨架体系，是建筑物得以存在的基础（见图4-44）。

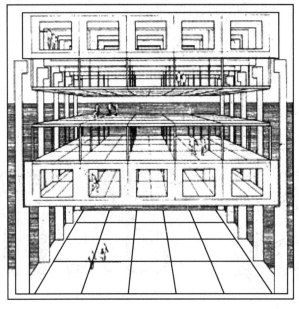

图4-44 建筑结构

建筑结构的功能首先是建筑骨架所形成的空间能良好地为人类生活与生产服务，并满足人类对美观的需求，为此应选择合理的建筑结构形式；其次是应合理选择建筑结构的材料和受力体系，充分发挥所用材料的作用，使结构具有抵御自然界各种作用的能力，如结构自重、使用荷载、风荷载和地震作用等（见图4-45）。

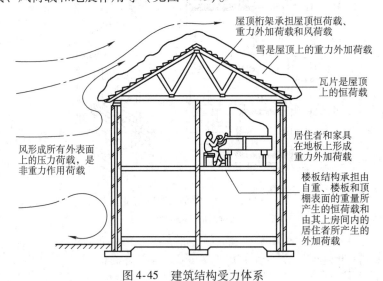

屋顶桁架承担屋顶恒荷载、重力外加荷载和风荷载

雪是屋顶上的重力外加荷载

瓦片是屋顶上的恒荷载

风形成所有外表面上的压力荷载，是非重力作用荷载

居住者和家具在地板上形成重力外加荷载

楼板结构承担由自重、楼板和顶棚表面的重量所产生的恒荷载和由其上房间内的居住者所产生的外加荷载

图4-45 建筑结构受力体系

建筑结构是由许多结构构件组成的一个系统，其中主要的受力系统称为结构总体系。结构总体系虽然千变万化，但总是由水平结构体系、竖向结构体系及基础结构体系三部分组成（见图4-46）。

水平结构体系一般由板、梁、桁（网）架组成，如板-梁结构体系和桁（网）架体系。水平结构体系也称为楼（屋）盖体系。在竖直方向，它通过构件的弯曲变形承受楼面或屋面的竖向荷载，并把它传递给竖向承重体系；在水平方向，它起隔板作用，并保持竖向结构的稳定。

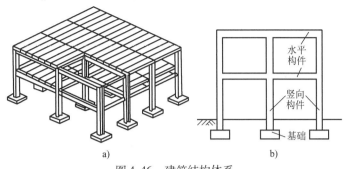

图 4-46　建筑结构体系

a）结构体系框架　b）结构体系组成

竖向结构体系一般由柱、墙、筒体组成，如框架体系、墙体系和井筒体系等。在竖直方向，承受水平结构体系传来的全部荷载，并把它们传给基础体系；在水平方向，抵抗水平作用力，如风荷载、地震作用等，也把它们传给基础体系。

基础结构体系一般由独立基础、条形基础、交叉基础、片筏基础、箱形基础（一般为浅埋）及桩、沉井（一般为深埋）组成。它把水平结构体系和竖向结构体系传来的重力荷载全部传给地基；承受地面以上的上部结构传来的水平作用力，并把它们传给地基；限制整个结构的沉降，避免不允许的不均匀沉降和结构滑移。

水平结构体系和竖向结构体系之间的基本矛盾是，竖向结构构件之间的距离越大，水平结构构件所需要的材料用量越多。好的结构概念设计应该寻求到一个最开阔、最灵活的可利用空间，满足人们使用功能和美观需求，而为此所付出的材料和施工消耗最少，并能适合本地区的自然条件（如气候、地质、水文、地形等）。

建筑结构的类型如下：

1）以组成建筑结构的主要建筑材料划分，有钢筋混凝土结构、钢结构、砌体（包括砖、砌块、石等）结构、木结构、塑料结构、薄膜充气结构等。

2）以组成建筑结构的主体结构形式划分，有墙体结构、框架结构、深梁结构、筒体结构、拱结构、网架结构、空间薄壁（包括折板）结构、钢索结构、折板结构等（见图4-47）。

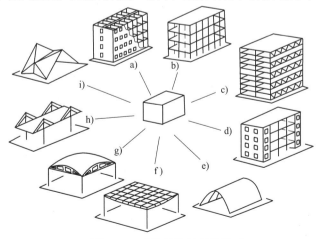

图 4-47　建筑结构的各种形式

a）墙体结构　b）框架结构　c）深梁结构　d）筒体结构　e）拱结构

f）网架结构　g）空间薄壁结构　h）钢索结构　i）折板结构

3）以组成建筑结构的体型划分，有单层结构（多用于单层工业厂房、食堂等）、多层结构（一般2~9层）、高层结构（一般10层及以上）和大跨结构（跨度为40~50m）。

4.2.2 混合结构

混合结构体系又称为砖混结构，是指房屋的墙、柱和基础等竖向承重构件采用砌体结构，而屋盖、楼盖等水平承重构件则采用钢筋混凝土结构（或钢结构、木结构）所组成的房屋承重结构。墙体是混合结构房屋中的主要竖向承重结构，也是围护结构。混合结构广泛用于层数不多的多层建筑。

1. 混合结构的特点

混合结构是我国使用时间最长、应用最普遍的结构体系。在多层建筑结构体系中，多层砖房约占85%，它广泛应用于住宅、学校、办公楼、医院等建筑，主要原因为承重结构（墙体）是用砖砌，取材方便；造价低廉、施工简单，有很好的经济指标。但混合结构由于砖砌体强度较低，利用砖墙承重时，房屋层数受到限制；由于抗震性能较差，它在地震区使用限制更加严格；工程进度慢，且消耗大量能源。因此，砖混结构在未来发展中将会逐步受到限制。

2. 混合结构的形式

按混合结构墙体承重体系，其布置大体可分为以下几种方案：

（1）横墙承重方案　由横墙直接承受屋盖、楼盖传来的竖向荷载的结构布置方案称为横墙承重方案（见图4-48）。横墙是主要承重墙，纵墙主要起围护、隔断和将横墙连成整体的作用。与纵墙承重方案相比，横墙承重方案房屋的横向刚度大、整体性好，对抵抗风荷载、地震作用和调整地基不均匀沉降均更为有利。

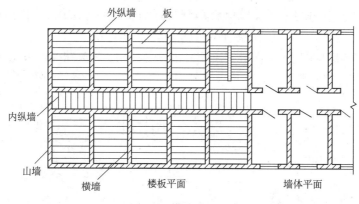

图4-48　横墙承重方案

（2）纵墙承重方案　由纵墙直接承受屋盖和楼盖竖向荷载的结构布置方案称为纵墙承重方案（见图4-49）。纵墙是主要承重墙，横墙主要是为了满足房屋使用功能，以及空间刚度和整体性要求而布置的，横墙的间距可以较大，以使室内形成较大空间，有利于使用上的灵活布置。相对于横墙承重体系来说，纵向承重体系中屋盖、楼盖的用料较多，墙体用料较少，因横墙数量少，房屋的横向刚度较差。

（3）纵横墙承重方案　根据房间的开间和进深要求，有时需要纵横墙同时承重，即为纵横墙承重方案。这种方案的横墙布置随房间的开间需要而定，横墙间距比纵墙承重方案的

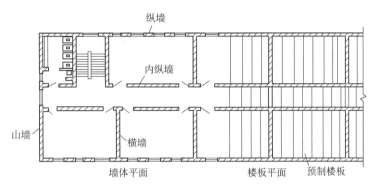

图 4-49　纵墙承重方案

小，所以房屋的横向刚度比纵墙承重方案有所提高（见图 4-50）。房屋的平面布置比横墙承重时灵活，房屋的整体性和空间刚度比纵墙承重时更好。

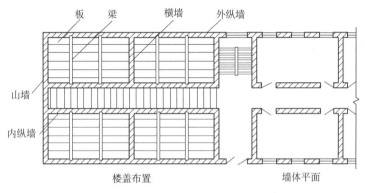

图 4-50　纵横墙承重方案

（4）内框架承重方案　内框架承重体系是在房屋内部设置钢筋混凝土柱，与楼面梁及承重墙（一般为房屋的外墙）组成（见图 4-51）。其结构布置是楼板铺设在梁上，梁端支承在外墙，梁中间支承在柱上。由于内纵墙由钢筋混凝土代替，仅设置横墙以保证建筑物的空间刚度；同时，由于增设柱后不增加梁的跨度，使得楼盖和屋盖的结构高度较小，因此在使用上可以取得较大的室内空间和净高，材料用量较少，结构也较经济。由于横墙较少，房屋的空间刚度较小，使得建筑物的抗震能力较差。

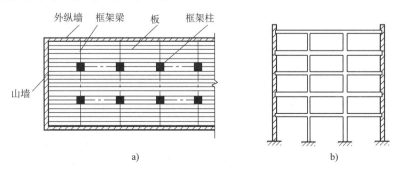

a)　　　　　　　　　　　　　　　　b)

图 4-51　内框架承重方案

a）水平构件布置　b）竖向构件布置

（5）底部框架承重体系　房屋有时由于底部需设置大空间，在底部则可用钢筋混凝土框架结构取代内外承重墙，成为底部框架承重方案（见图4-52）。墙和柱都是主要承重构件，以柱代替内外墙体，在使用上可以取得较大的使用空间。由于底部结构形式的变化，房屋底层空旷。横墙间距较大，其抗侧刚度发生了明显的变化，成为上部刚度较大、底部刚度较小的上刚下柔多层房屋，房屋结构侧向刚度在底层和第二层之间发生突变，对抗震不利。

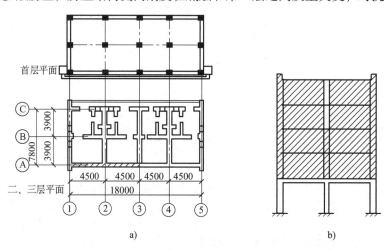

图4-52　底部框架承重体系
a）平面布置　b）竖向布置

4.2.3　单层刚架结构

梁、柱之间为刚性连接的结构，统称为刚架。单层刚架也称为门式刚架。门式刚架外形有水平横梁式和折线横梁式两种，它的选择主要服从建筑排水和建筑造型的考虑。

1. 单层刚架结构的特点

刚架结构的受力优于排架结构，因刚架梁柱节点处为刚性连接，在竖向荷载作用下，由于柱对梁的约束作用而减小了梁跨中的弯矩和挠度。在水平荷载作用下，由于梁对柱的约束作用减少了柱内的弯矩和侧向变位。因此，刚架结构的承载力和刚度都大于排架结构，门式刚架能够适用于较大的跨度。

单层刚架为梁柱合一的结构，其内力小于排架结构，梁柱截面高度小，造型轻巧，内部净空较大，故被广泛应用于中小型厂房、体育馆、礼堂、食堂等中小跨度的建筑中。

2. 单层刚架结构的分类

单层刚架结构从构件材料看，可分成钢结构、混凝土结构；从构件截面看，可分成实腹式刚架、空腹式刚架、格构式刚架、等截面与变截面刚架；从刚架顶节形式看，有平顶、坡顶和拱顶三种形式；从跨度上来说，有单跨与多跨两种形式（见图4-53）；从施工技术看，有预应力刚架和非预应力刚架。

刚架结构可分为实腹式和格构式两种（见图4-54）。实腹式刚架适用于跨度不是很大的结构，常做成两铰式结构。结构外露，外形可以做得比较美观，制造和安装也比较方便。实腹式刚架的横截面一般为焊接工字形。当跨度大时，可在支座水平面内设置拉杆，并施加预应力对刚架横梁产生卸荷力矩及反拱（见图4-54）。这时横梁高度可取跨度的 $1/40 \sim 1/30$，并由拉杆承担了刚架支座处的横向推力，对支座和基础都有利。

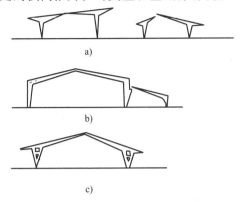

图 4-53　单层刚架的形式

a) 单跨坡顶刚架　b) 双跨高低式刚架　c) 变截面空腹式刚架

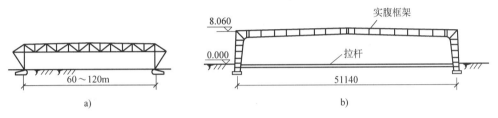

图 4-54　格构式刚架及实腹式双铰刚架结构

a) 格构式刚架　b) 实腹式双铰刚架

　　格构式刚架结构的适用范围较大，且具有刚度大、耗钢少等优点。当跨度较小时，可采用三铰式结构；当跨度较大时，可采用两铰式或无铰结构。格构式刚架的梁高可取跨度的 1/20～1/15。为了节省材料，增加刚度，减轻基础负担，也可施加预应力，以调整结构中的内力。预应力拉杆可布置在支座铰的平面内，也可布置在刚架横梁内仅对横梁施加预应力，也可对整个刚架结构施加预应力。

　　钢筋混凝土刚架一般适用于跨度不超过 18m、檐高不超过 10m 的无起重机或起重机起重量不超过 100kN 的建筑中。构件的截面形式一般为矩形，也可采用工字形。刚架构件的截面尺寸可根据结构在竖向荷载作用下的弯矩图的大小而改变，一般是截面宽度不变而高度呈线性变化。对于两铰或三铰刚架，立柱上大下小，为楔形构件，横梁为直线变截面（见图 4-55）。钢筋混凝土刚架的杆件一般采用矩形截面，也可采用工字形截面。

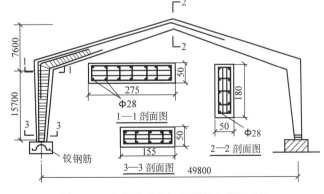

图 4-55　广州体育馆钢筋混凝土刚架结构

3. 单层刚架结构的应用

奥地利维也纳市大会堂（见图 4-56）供体育、集会、电影、戏剧、音乐、文艺演出、展览等活动用的多功能大厅。其平面呈八角形，东西长 98m，南北长 109m，最大容量为 15400 人。屋盖的主要承重结构是中距为 30m 的两榀东西向 93m 跨的双铰门架，矢高 7m，门架顶高 28m，其上支承 8 榀全长 105m 的三跨连续桁架。

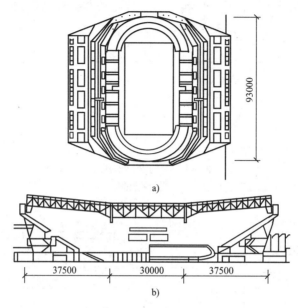

图 4-56　奥地利维也纳市大会堂

a）俯视图　b）剖视图

刚架结构的形式较多，其节点构造和连接形式也是多种多样的，但其设计要点基本相同。设计时既要使节点构造与结构计算简图一致，又要使制造、运输、安装方便。

4.2.4　桁架结构

桁架结构一般由竖杆、水平杆和斜杆组成（见图 4-57）。

在房屋建筑中，桁架常用来作为屋盖承重结构，这时常称为屋架。用于屋盖的桁架体系有两类：平面桁架，用于平面屋架；空间桁架，用于空间网架。桁架结构的最大特点是，把整体受弯转化为局部构件的受压或受拉，从而有效地发挥出材料的潜力并增大结构的跨度。桁架结构受力合理、计算简单、

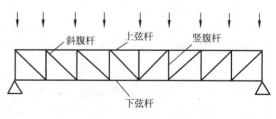

图 4-57　桁架结构

施工方便、适应性强，对支座没有横向推力，因而在结构工程中得到了广泛应用。

屋架的主要缺点是结构高度大，侧向刚度小。结构高度大，增加了屋面及围护墙的用料，但也增加了采暖、通风、采光等设备的负荷，并给声响控制带来困难。侧向刚度小，对于钢屋架特别明显，受压的上弦平面外稳定性差，也难以抵抗房屋纵向的侧向力，这就需要设置支撑。

桁架是较大跨度建筑的屋盖中常用的结构形式之一。在一般情况下，当房屋的跨度大于 18m 时，屋盖结构采用桁架比梁经济。屋架按其所采用的材料区分，有钢屋架、木屋架、钢

木屋架和钢筋混凝土屋架等。钢筋混凝土屋架当其下弦采用预应力钢筋时，称为预应力钢筋混凝土屋架。目前，我国预应力钢筋混凝土屋架的跨度已做到60m，钢屋架的跨度已做到70m。

屋架结构的形式很多：按屋架外形的不同，有三角形屋架、梯形屋架、抛物线屋架、折线形屋架、平行弦屋架等；根据结构受力特点及材料性能的不同，也可采用桥式屋架、无斜腹杆屋架或刚接桁架、立体桁架等。我国常用的屋架有三角形、矩形、梯形、拱形和无斜腹杆屋架等多种形式（见图4-58）。

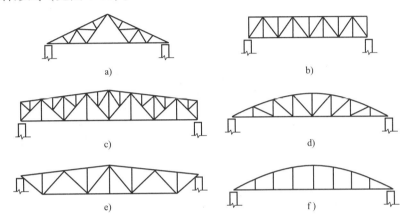

图4-58 常用的屋架形式
a）三角形屋架 b）平行弦屋架（矩形） c）梯形屋架（再分式）
d）拱形屋架 e）下撑式屋架 f）无斜腹杆屋架

屋架结构的选择：

（1）屋架结构的受力 从结构受力来看，抛物线状的拱式结构受力最为合理，但拱式结构上弦为曲线，施工复杂；折线形屋架与抛物线弯矩图最为接近，故力学性能良好；梯形屋架不但有较好的力学性能，而且上下弦均为直线施工方便，故在大中跨建筑中被广泛应用；三角形屋架与矩形屋架力学性能较差，三角形屋架一般仅适用于中小跨度，矩形屋架常用作托架或用于荷载较特殊的情况。

（2）屋面防水构造 屋面防水构造决定了屋面排水坡度，进而决定了屋盖的建筑造型。一般来说，当屋面防水材料采用黏土瓦、机制平瓦或水泥瓦时，应选用三角形屋架、陡坡梯形屋架。当屋面防水采用卷材防水、金属薄板防水时，应选用拱形屋架、折线形屋架和缓坡梯形屋架。

（3）材料的耐久性及使用环境 木材及钢材均易腐蚀，维修费用较高。因此，对于相对湿度较大而又通风不良的建筑，或有侵蚀性介质的工业厂房，不宜选用木屋架和钢屋架，宜选用预应力混凝土屋架，同时可提高屋架下弦的抗裂性，防止钢筋腐蚀。

（4）屋架结构的跨度 跨度在18m以下时，可选用钢筋混凝土-钢组合屋架。这种屋架构造简单，施工吊装方便，技术经济指标较好。跨度在36m以下时，宜选用预应力混凝土屋架，既可节省钢材，又可有效地控制裂缝宽度和挠度。对于跨度在36m以上的大跨度建筑或受到较大振动荷载作用的屋架，宜选用钢屋架，以减轻结构自重，提高结构的耐久性与可靠性。

4.2.5 拱式结构

在房屋建筑和桥梁工程中，拱是一种十分古老而现代仍在大量应用的结构形式。它是以受轴向压力为主的结构，这对于混凝土、砖、石等材料是十分适宜的，特别是在没有钢材的年代，它可充分利用这些材料抗压强度高的特点，并且能获得较好的经济和建筑效果。

我国很早就成功采用了拱式结构。公元605—616年隋代人在河北赵县建造的单孔石拱桥——安济桥（又称为赵州桥），横越洨河，跨度37.37m，是驰名中外的工程技术与建筑艺术完美结合的杰作。

古罗马最著名的穹顶（半圆拱）结构，当推公元前27—公元前14年建造，后因焚毁于公元120—123年重建的罗马万神庙（见图4-59），其中央内殿为直径43.5m的半圆球形穹顶，穹顶净高距地面也是43.5m。它是古罗马穹顶技术的最高代表作，也是世界建筑史上最早、最大的大跨结构。

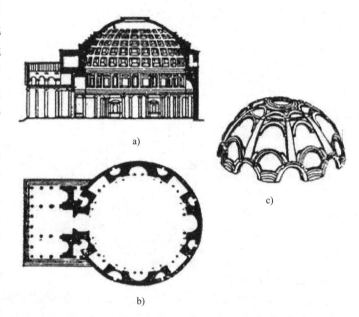

近现代的拱式结构应用范围很广，而且形式多种多样。例如著名的澳大利亚悉尼歌剧院（见图4-60），始建于1957年，处于深入海中的半岛上。其建筑形象的基本元素——拱壳，不但是主要的结构构件，而且是一个符号、一种象征，它既像"白帆""浪花"，又像"盛开的巨莲"，使人产生丰富的联想。

图4-59 罗马万神庙

a）剖面图 b）平面图 c）穹顶（半圆拱）结构

图4-60 澳大利亚悉尼歌剧院

拱的类型很多，按结构组成和支承方式，拱可分为三铰拱、两铰拱和无铰拱三种（见图4-61）。

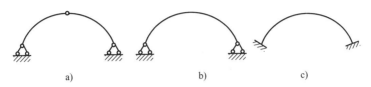

图4-61 拱结构计算简图

a）三铰拱 b）两铰拱 c）无铰拱

拱与梁的主要区别是拱的主要内力是轴向压力，而弯矩和剪力很小或为零；但拱有支座水平反力，一般称为水平推力（简称推力）。

拱身可分为梁式与板式两大类，具体有下面几种形式。

（1）肋形拱 拱身为一矩形截面曲杆。跨度较大者多采用钢筋混凝土或钢肋形拱（见图4-62），为现浇方便，其截面可采用矩形的，但为省料与减轻质量，预制拱肋也可做成空心或工字形截面，甚至在肋腹开孔。

（2）格构式拱 当拱截面较高 $h > 1500mm$ 时，可做成格构式刚拱。为使其具有较好的平面外刚度，拱截面最好设计成三角形或箱形的，这是拱肋立体化方法。

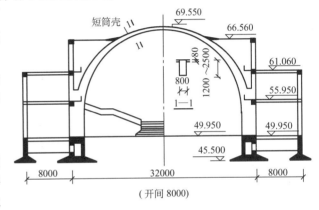

图4-62 北京展览馆中央大厅

格构式刚拱的截面可适应弯矩变化的需要而改变，所以其造型更为多变（见图4-63）。落地式三铰拱也可由两片月牙形桁架构成，这就是三铰刚架发展而成的三铰拱。月牙桁架为三角形斜腹杆，附加再分式竖杆（垂直拱轴或垂直水平面）以支承屋面构件。

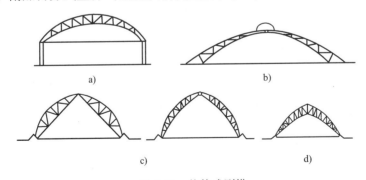

图4-63 格构式刚拱

a）拉杆式 b）变截面式 c）落地式三铰拱 d）落地式双铰拱

目前我国最大跨度的拱结构之一"西安秦俑博物馆展览厅"是采用67m格构式箱形组合截面刚三铰拱。其拱轴为二次抛物线形，矢高为1/5。

（3）筒拱　最简单的板式拱截面是平板式的，称为筒拱。因它是曲板，纵向为直线，故其横向刚度很小，仅用于中、小跨结构，尤其在小跨中应用很广，大多采用钢筋混凝土筒拱，如布加勒斯特航站楼的筒壳屋盖（见图4-64）。

图4-64　布加勒斯特航站楼筒壳屋盖

（4）双波拱　这种拱的横截面呈有凹有凸的波浪形。最有名的双波拱实例是工程师、建筑师 Nervi 设计的意大利都灵展览馆（见图4-65），其技术与艺术在此达到完全的融合。

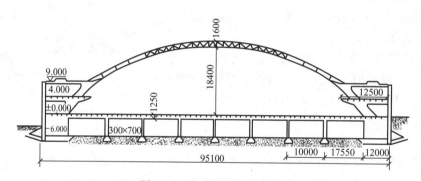

图4-65　意大利都灵展览馆

（5）箱形拱　1959 年建造的巴黎国家工业与技术展览中心展览大厅（见图4-66），其屋盖是分段预制、装配整体式钢筋混凝土，凸波箱形截面、落地三叉拱。

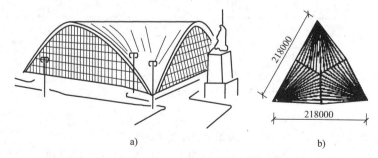

a)　　　　　　　　　　　b)

图4-66　巴黎国家工业与技术展览中心展览大厅

澳大利亚悉尼歌剧院采用预制的预应力混凝土落地三铰拱结构，其拱身是尺度特别大的箱形拱（见图4-67）。

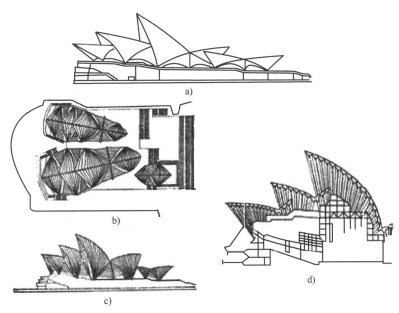

图 4-67 澳大利亚悉尼歌剧院

a）总体图 b）平面图 c）侧立面图 d）剖面图

4.2.6 网架结构

网架结构是一种新型大跨度空间结构。网架结构可以用木材、钢筋混凝土或钢材来做，并且具有多种多样的形式，使用灵活方便，可适应于多种形式的建筑平面要求。近年来国内外许多大跨度公共建筑或工业建筑均普遍采用这种新型的大跨度空间结构来覆盖巨大的空间。

1. 网架结构的特点

1）网架是多向受力的空间结构，比单向受力的平面桁架适用跨度更大，跨度一般可达 30～60m，甚至 60m 以上。网架是高次超静定结构，结构安全度特别大，倘若某一构件受压屈曲，也不会导致破坏。

2）由于网架的整体空间作用，杆件互相支持，刚度大，稳定性好，网架具有各向受力性能，应力分布均匀，在节点荷载作用下，网架的杆件主要承受轴向拉力或轴向压力。因此能够充分发挥材料的强度，用料方面可比桁架结构节省钢材 30% 左右。

3）网架结构中的各个杆件，既是受力杆，又是支撑杆，不需单独设置支撑系统，而且整体性强，稳定性好，空间刚度大，是一种良好的抗震结构形式。

4）网架结构能够利用较小规格的杆件建造大跨度结构，并且具有杆件类型化，适合于工厂化生产、地面拼装和整体吊装或提升。

5）网架结构对建筑平面的适应性强，造型表现力相当丰富，这给建筑设计带来极大的灵活性与通用性；高跨比小，能有效地利用建筑空间，还能适应发展需要。

6）平板网架是一种无推力的空间结构，一般简支在支座上，边缘构件比较简单。

由于网架具有上述优点，所以它的应用范围很广，不仅适用于中小跨度的工业与民用建筑，而且适用于大跨度的体育馆、展览馆、影剧院、大会堂等屋盖结构。

2. 网架结构的形式

网架结构可分为单层平面网架、单层曲面网架、双层平板网架和双层穹窿网架等多种形式（见图4-68）。

单层平面网架多由两组互相正交的正方形网格组成，可以正放，也可以斜放。这种网架比较适合于正方形或接近于正方形的短形平面建筑。如果把单层平面网架改变为曲面-拱或穹窿网架，将可以进一步提高结构的刚度并减小构件所承受的弯曲力，从而增大结构的跨度。

双层平板网架结构是大跨度建筑中应用得最普遍的一种结构形式，近年来我国建造的大型体育馆建筑，如北京首都体育馆、上海市体育馆、南京市五台山体育馆等都是采用这种形式的结构。

平板网架都是双层的，按杆件的构成形式，又分为交叉桁架体系和角锥体系两种。交叉桁架体系网架由两向交叉或三向交叉的桁架组成；角锥体系网架由三角锥、四角锥或六角锥等组成。后者刚度更大，受力性能更好。

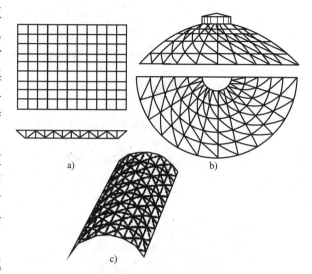

图4-68 网架结构形式
a）双层平板网架 b）单层壳形网架（双曲）
c）单层壳形网架（单曲）

桁架体系网架的主要形式可分为以下几种：

（1）两向正交正放网架 这种网架由两个方向的平面桁架交叉而成，其交角为90°，故称为正交。两个方向的桁架分别平行于建筑平面的边线，因而称为正放（见图4-69）。这种网架一般适用于正方形或接近正方形的矩形建筑平面，这样两个方向的桁架跨度相等或接近，才能共同受力发挥空间作用。

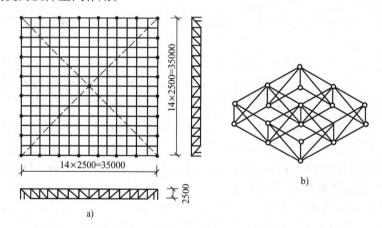

图4-69 两向正交正放网架
a）网架平面布置图 b）网架节点布置图

（2）两向正交斜放网架 这种网架也是由两组相互交叉成90°的平面桁架组成，但每片桁架与建筑平面边线的交角为45°，故称为两向正交斜放网架（见图4-70）。从受力上看，当这种网架周边为柱子支承时，两向正交斜放网架中的各片桁架长短不一，而网架常设计成等高度的，因而四角处的短桁架刚度较大，对长桁架有一定嵌固作用，使长桁架在其端部产生负弯矩，从而减少了跨度中部的正弯矩，改善了网架的受力状态，并在网架四角隅处的支座产生上拔力，故应按拉力支座进行设计。

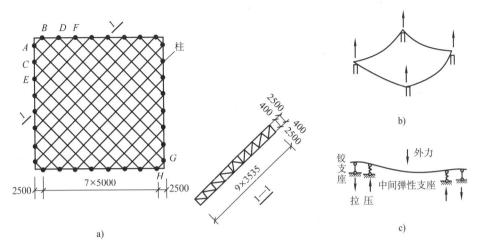

图4-70 两向正交斜放网架
a）平面布置图 b）支座反力 c）网架受力分析

（3）三向交叉网架 三向交叉网架一般是由三个方向的平面桁架相互交叉而成，其交角互为60°，故上下弦杆在平面中组成正三角形（见图4-71）。三向交叉网架比两向网架的空间刚度大、杆件内力均匀，故适合在大跨度工程中采用，特别适用于三角形、梯形、正六边形、多边形、圆形平面的建筑中。但三向交叉网架杆件种类多，节点构造复杂，在中小跨度中应用是不经济的。

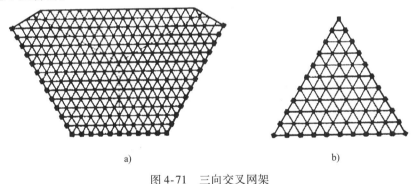

图4-71 三向交叉网架
a）梯形网架 b）三角形网架

（4）四角锥体网架 一般四角锥体网架的上弦和下弦平面均为方形网格，上下弦错开半格，用斜腹杆连接上下弦的网格交点，形成一个个相连的四角锥体（见图4-72）。四角锥体网架上弦不易设置再分杆，因此网格尺寸受限制，不宜太大，它适用于中小跨度的建筑。四角锥体网架杆件内力比较均匀，当为点支承时，除支座附近的杆件内力较大外，其他杆件的内力也比较均匀；屋面板规格比较统一，上下弦杆等长，无竖杆，构造比较简单。这种网架适用于平面接近正方形的中、小跨度周边支承的建筑，也适用于大跨网的点支承、有悬挂式起重机的工业厂房和屋面荷载较大的建筑。

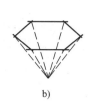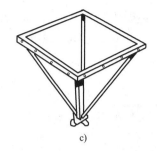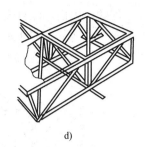

图 4-72　角锥单元图

a）三角形单元　b）六角锥单元　c）四角锥单元　d）四角锥单元拼装

（5）三角锥体网架　三角锥体网架是由三角锥单元组成。这种网架受力均匀，刚度较前述网架形式好，是目前各国在大跨度建筑中广泛采用的一种形式。它适合于矩形、三边形、梯形、六边形和圆形等建筑平面。三角锥体网架的常见形式有两种：一种是上下弦平面均为正三角形的网格（见图 4-73a）；另一种是抽空三角锥体网架，其上弦为三角形网格，下弦为三角形和六角形网格（见图 4-73b）。抽空三角锥体网架的用料较省，同时杆件减少，构造也较简单，但空间刚度不如前者。

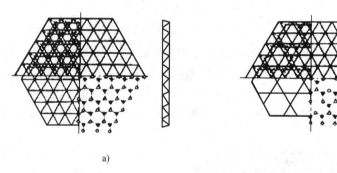

图 4-73　三角锥体网架

a）上下弦平面均为正三角形网格　b）上弦为三角形网格，下弦为三角形和六角形网格

网架常用的杆件有钢管和角钢两种。钢管一般取直径 70～160mm，管壁厚 1.5～10mm。钢管的受力性能比角钢更为合理，并能取得更加经济的效果（钢管网架一般可比角钢网架节约钢材 30%～40%），因而它的应用更为广泛。对于形式比较简单、平面尺寸较小的网架，则可采用角钢作为杆件。

网架尺寸取决于网架的跨度、屋面材料和屋面做法。它与网架的形式、网架高度、腹杆布置及建筑平面形状、支承条件、跨度大小、屋面材料、荷载大小、有无悬挂式起重机、施工条件等因素有密切关系。

4.2.7　薄壁空间结构

壳体结构一般是由上下两个几何曲面构成的空间薄壁结构。这两个曲面之间的距离称为壳体的厚度。当壳体厚度远小于壳体的最小曲率半径时，称为薄壳。一般在建筑工程中所遇到的壳体，常属于薄壳结构的范畴。

在面结构中，平板结构主要受弯曲内力，包括双向弯矩和扭矩（见图 4-74a）。薄壁空间结构的壳体（见图4-74b），壳体厚度远小于壳体的其他尺寸（如跨度），属于空间受力状态，主要承受曲面内的轴力（双向法向力）和顺剪力作用，弯矩和扭矩都很小。

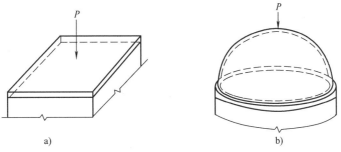

图 4-74 面结构

a）平板结构 b）曲面结构（壳）

1. 薄壁空间结构的特点

薄壁空间结构，由于它主要承受曲面内的轴力作用，所以材料强度得到充分利用；同时由于它的空间工作，所以具有很高的强度及很大的刚度。薄壁空间结构内力比较均匀，是一种强度高、刚度大、材料省、既经济又合理的结构形式。薄壁空间结构常用于中、大跨度结构，如展览大厅、飞机库、工业厂房、仓库等。在一般的民用建筑中也常采用薄壁空间结构。

薄壁空间结构在应用中也存在一些问题，由于体形复杂，一般采用现浇结构，所以费模板、费工时，往往因此而影响它的推广；在设计方面，薄壁空间结构的计算也过于复杂。

2. 薄壁空间结构的形式

薄壁空间结构中曲面的形式按其形成的几何特点，可以分成旋转曲面、直纹曲面、平移曲面和切割或组合曲面四类。

（1）旋转曲面 由一平面曲线（或直线）作母线绕其平面内的一根轴线旋转而成的曲面，称为旋转曲面。在薄壁空间结构中，常用的旋转曲面有球形曲面、旋转抛物（椭圆）面、柱形双曲面、旋转双曲面、圆锥曲面等（见图4-75）。

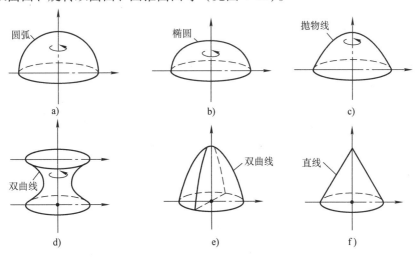

图 4-75 旋转曲面

a）球形曲面 b）旋转椭圆面 c）旋转抛物面 d）柱形双曲面 e）旋转双曲面 f）圆锥曲面

（2）直纹曲面 一根直母线，其两端各沿两固定曲导线（或为一固定曲导线，一固定直导线）平行移动而成的曲面，称为直纹曲面。一般有：

1）柱面或柱状曲面（见图4-76a、b）。柱曲面是一根直母线沿两根曲率方向和大小相同的竖向曲导线移动而成，柱状曲面是一根直母线沿两根曲率方向相同但大小不同的竖向曲导线始终平行于导平面移动而成。它们又都称为单曲柱面。

2）锥面或锥状面（见图4-76c、d）。锥面是一根直母线一端沿一竖向曲导线，另一端通过一定点移动而成，锥状面也是一根母线一端沿一竖向曲导线，但另一端为一直线，母线移动时始终平行于导平面。后者又称为劈锥曲面。

3）扭面（见图4-76e）。它是一根直母线在两根相互倾斜又不相交的直导线上平行移动而成。直纹曲面建造时模板易于制作，常被采用。

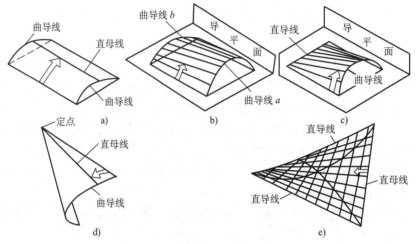

图4-76 直纹曲面

a）柱曲面 b）柱状曲面 c）劈锥曲面 d）锥面 e）扭面

（3）平移曲面 它由一根竖向曲母线沿另一竖向曲导线平移而成。其中，母线与导线均为抛物线且曲率方向相同者称为椭圆抛物面，因为这种曲面与水平面的截交曲线为一椭圆；母线与导线均为抛物线（见图4-77）。

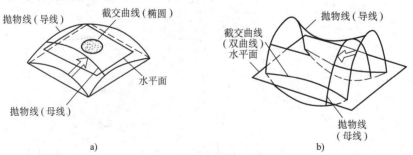

图4-77 平移曲面

a）椭圆抛物面 b）双曲抛物面

（4）切割或组合曲面 它是由上述三类曲面切割组合形成的曲面。建筑师能根据平面及空间的需要，通过对曲面的切割或组合，形成千姿百态的建筑造型。曲面切割的形式多种多样，图4-78a所示是著名建筑师萨瑞南设计的美国麻省理工学院大会堂的建筑造型，

图4-78b所示是著名建筑结构大师托罗哈1933年建造的西班牙Algeciras市场的建筑造型。又如，双曲抛物面可近似看作用一系列直线相连的两个圆盘以相反方向旋转而成，扭面实际上是双曲抛物面中沿直纹方向切割出的一部分（见图4-78c）。

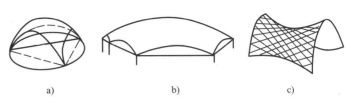

图4-78 曲面切割示意图

a）球面三向切割 b）双曲面切割 c）扭面切割

曲面的组合多种多样。图4-79a所示是两个柱形曲面正交的造型，图4-79b所示是八个双曲抛物面组合后的造型，图4-79c所示是六个扭壳组合后的造型。

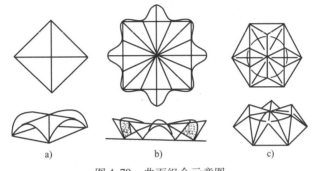

图4-79 曲面组合示意图

a）双曲面正交 b）八个双曲抛物面组合 c）六个扭壳组合

3. 薄壁空间结构的应用

罗马奥林匹克小体育宫（见图4-80）为钢筋混凝土网状扁球壳结构，球壳直径为59m。

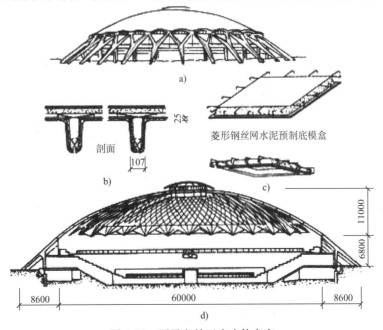

图4-80 罗马奥林匹克小体育宫

a）外观图 b）壳体 c）钢丝网水泥构件 d）剖面图

德国法兰克福市霍希斯特染料厂游艺大厅主要部分为一个球形建筑物，是正六边形割球壳（见图4-81）。该大厅可供1000~4000名观众使用，可举行音乐会、体育表演、电影放映、工厂集会等各种活动。

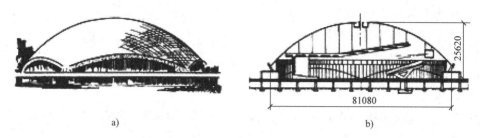

a)   b)

图4-81　霍希斯特染料厂游艺大厅
a) 外观图　b) 剖面图

建于巴黎的联合国教科文组织总部会议大厅采用两跨连续的折板刚架结构。大厅两边支座为折板墙，中间支座为支承于6根柱子上的大梁（见图4-82）。

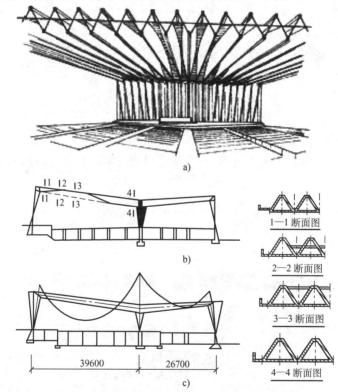

图4-82　巴黎联合国教科文组织总部会议大厅
a) 外观图　b) 剖面图　c) 弯矩图

美国伊利诺大学会堂平面呈圆形，直径132m，屋顶为预应力钢筋混凝土折板组成的圆顶，由48块同样形状的膨胀页岩轻混凝土折板拼装而成，形成24对折板拱。拱脚水平推力由预应力圈梁承受（见图4-83）。

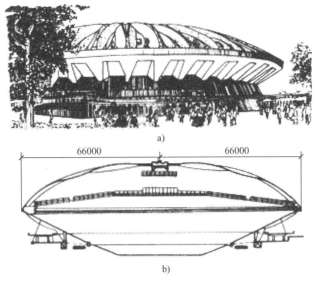

图 4-83　美国伊利诺大学会堂
a）外观图　b）剖面图

4.2.8　网壳结构

网壳结构即网状的壳体结构，是格构化的壳体，或者说是曲面状的网架结构。网壳结构出现于 20 世纪初。20 世纪 50～60 年代，钢筋混凝土壳体得到了较大发展。但人们发现，钢筋混凝土壳体结构很大一部分材料是用来承受自重的，只有较少部分的材料用来承担外荷载，并且施工很费事。20 世纪 60 年代，欧美人工费剧增，钢筋混凝土壳体施工需用的模板与脚手架费料、费工，其应用受到了影响。焊接技术更趋完善，高强钢材不断出现，电算技术突飞猛进，这给网壳结构准备了必要的物质基础。但最重要的因素是网壳结构具有非凡的优越性，故发展迅猛。网壳结构多用于大跨度结构，目前已成为大跨度结构中应用最普通的形式之一。

1. 网壳结构的特点

单曲面网架为筒网壳，双曲面网架目前只有球网壳与扭网壳两种。筒网壳是以拱式受压或梁式受弯来抗衡并传递外荷载的。球网壳是以壳式受压或受拉来抗衡并传递外荷载的。

网壳结构具有以下优点：

1）网壳结构的杆件主要承受轴力，结构内力分布比较均匀，应力峰值较小，因而可以充分发挥材料强度作用。

2）由于它可以采用各种壳体结构的曲面形式，在外观上可以与薄壳结构一样具有丰富的造型。

3）网壳结构中网格的杆件可以用直杆代替曲杆，即以折面代替曲面，如果杆件布置和构造处理得当，可以具有与薄壳结构相似的良好的受力性能。同时又便于工厂制造和现场安装，在构造和施工方法上具有与平板网架结构一样的优越性。

2. 网壳结构的形式

网壳结构按杆件的布置方式，分为单层网壳和双层网壳两种形式。一般来说，中小跨度

（一般为40m以下）时可采用单层网壳，跨度大时采用双层网壳。网壳结构按材料，分为木网壳、钢筋混凝土网壳、钢网壳、铝合金网壳、塑料网壳、玻璃钢网壳等。网壳结构按曲面形式，分为筒网壳、球网壳和双曲网壳。

（1）筒网壳的形式　筒网壳若以网格的形式及其排列方式分类，有以下几种形式（见图4-84）：联方网格型筒网壳、弗普尔型筒网壳、单斜杆型筒网壳、双斜杆型筒网壳和三向网格型筒网壳。

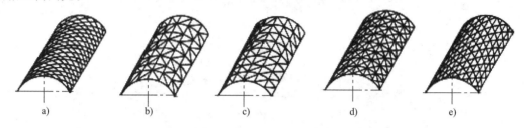

图4-84　筒网壳的形式

a）联方网格型　b）弗普尔型　c）单斜杆型　d）双斜杆型　e）三向网格型

（2）球网壳　球网壳可以覆盖跨度较大的房屋，关键在于球面的划分。球面划分的基本要求有：杆件规格尽可能少，以便制作与装配；形成的结构必须是几何不变体。目前常用的网格形式有以下几种：

1）肋环型网格。肋环型网格只有经向杆和纬向杆，无斜向杆，大部分网格呈四边形（见图4-85）。它的杆件种类少，每个节点只汇交四根杆件，节点构造简单，但节点一般为刚性连接。

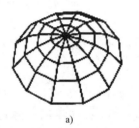
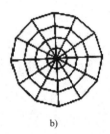

图4-85　肋环型网格

a）透视图　b）平面图

2）施威特勒型网格。施威特勒型网格由经向网肋、环向网肋和斜向网肋构成（见图4-86a）。其特点是规律性明显，内部及周边无不规则网格，刚度较大，能承受较大的非对称荷载，可用于大中跨度的穹顶。

3）联方型网格。联方型网格由左斜肋与右斜肋构成菱形网格，两斜肋的夹角为30°～50°（见图4-86b）。为增加刚度

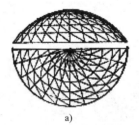
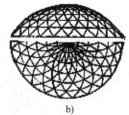

图4-86　网格类型（一）

a）施威特勒型　b）联方型

和稳定性，也可加设环向肋，形成三角形网格。联方型网格的特点是没有径向杆件，规律性明显，造型美观。其缺点是网格周边大，中间小，不够均匀。联方型网格网壳刚度好，可用于大中跨度的穹顶。

4）凯威特型网格。凯威特型网格其先用 n 根（n 为偶数，且不小于6）通长的径向杆将球面分成 n 个扇形曲面，然后在每个扇形曲面内用纬向杆和斜向杆划分成比较均匀的三角

形网格（见图4-87a）。在每个扇区中各左斜杆相互平行，各右斜杆也相互平行，故也称为平行联方型网格。这种网格由于大小均匀，避免了其他类型网格由外向内大小不均的缺点，且内力分布均匀，刚度好，常用于大中跨度的穹顶。

5）三向网格型。它由竖平面相交成60°的三族竖向网肋构成（见图4-87b）。其特点是杆件种类少，受力比较明确，可用于中小跨度的穹顶。

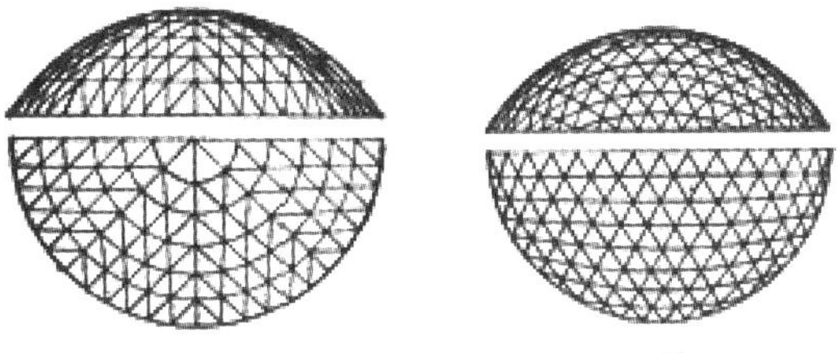

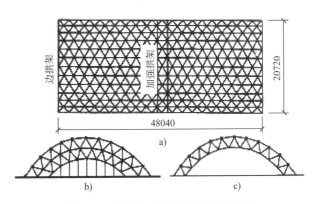

图4-87 网格类型（二）
a）凯威特型 b）三向网格型

3. 网壳结构的应用

网壳结构的应用主要集中在大跨度建筑中。如黑龙江省展览馆某网壳屋盖，采用了三向单层筒网壳结构。网壳的波长为20.72m，跨度为48.04m，矢高为6m。在跨度方向中间设了两个加强拱架，将长筒壳转化为两个短壳（见图4-88）。

1924年第一个半球形钢网壳出现在德国耶拿市蔡斯工厂的天文馆（见图4-89a），它是按鲍尔斯费尔德教授的方案建造的。在当时技术水平不高的情况下，此举确非易事。

图4-88 黑龙江省展览馆某网壳屋盖
a）网壳平面图 b）边拱架 c）加强拱架

与此同时，富勒从易于制作与装配的角度出发，探讨了球网壳的规则划分。他划分的网肋规格较整齐（见图4-89b），深为后世称道，采用者甚多。美国底特律的韦恩体育馆（直径266m，圆平面）和新奥尔良"超级穹顶"体育馆（直径207.3m，圆平面）都采用了球网壳。

图4-89 球网壳结构
a）德国耶拿市蔡斯工厂天文馆 b）富勒网格

4.2.9 悬索结构

近几十年来，由于生产和使用需要，房屋跨度越来越大，采用一般的建筑材料和结构形式，即使可以达到要求，也是材料用量浩大，结构复杂，施工困难，造价很高。悬索屋盖结构就是为适应大跨度需要而发展起来的一种新型的结构形式。随着各国不断地研究改进，使其应用领域更为广泛，建筑形式丰富多彩。

悬索结构有着悠久的历史，但现代大跨度悬索屋盖结构的广泛应用，只有半个多世纪的历史。第一个现代悬索屋盖是美国于1953年建成的雷里竞技馆（见图4-90），采用以两个斜置的抛物线拱为边缘构件的鞍形正交索网。

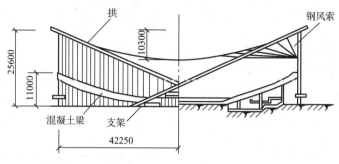

图4-90　美国雷里竞技馆

钢作为一种结构材料，在受轴向压力的情况下，先于破损之前就会变弯，远远发挥不了材料的力学性能，但如果用它来受拉则可以承受极大的张力。悬索结构正是利用这一特点充分发挥了钢的高抗拉能力，因而可以较大幅度节省材料，减轻结构自重，并加大结构的跨度。

悬索结构不仅具有跨度大、经济效果好等优点，而且形式多种多样，适合于方形、长方形、圆形、椭圆形等不同形状的平面形式，因而在建筑实践中被广泛应用。悬索屋盖结构主要用于跨度在60~100m的体育馆、展览馆、会议厅等大型公共建筑。近年来，也在工业厂房的屋盖结构中使用。目前，悬索屋盖结构的跨度已达160m，一些学者推断，直到300m或者更大的跨度，悬索结构仍然可以做到经济合理。

1. 悬索结构的特点

1）通过索的轴向受拉来抵抗外荷载的作用，可以最充分地利用钢材的抗拉强度，并可减轻结构自重。因而，悬索结构适用于大跨度的建筑物，如体育馆、展览馆等。跨度越大，经济效果越好。

2）便于建筑造型，容易适应各种建筑平面，因而能较自由地满足各种建筑功能和表达形式的要求，有利于创作各种新颖的富有动感的建筑体型。

3）施工比较方便。钢索自重很小，屋面构件一般也较轻，安装屋盖时不需要大型起重设备。施工时不需要大量脚手架，也不需要模板。因而，与其他结构形式比较，施工费用相对较低。

4）可以创造具有良好物理性能的建筑空间。双曲下凹碟形悬索屋盖具有极好的声响性能，因而可以用来遮盖对声学要求较高的公共建筑。

5）结构的稳定性较差。单根的悬索是一种几何可变结构，其平衡形式随荷载分布方式而变，特别是当荷载作用方向与垂度方向相反时，悬索就丧失了承载能力。因此，常常需要附加布置一些索系或结构来提高屋盖结构的稳定性。

6）边缘构件和下部支承必须具有一定的刚度和合理的形式，以承受索端巨大的水平拉力。因此悬索体系的支承结构往往需要耗费较多的材料，无论是设计成钢筋混凝土结构或钢结构，其用钢量均超过钢索部分。

2. 悬索结构的组成形式

悬索结构的组成包括索网、边缘构件和支承结构三部分（见图4-91）。

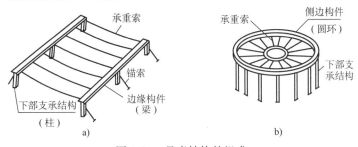

图4-91 悬索结构的组成

a）单曲面单层拉索 b）双曲面单层拉索

（1）索网 索网的钢索一般采用多股钢绞线或钢丝绳制成。索网的网格尺寸（索的间距）一般为1~2m。拉索按一定的规律布置可形成各种不同的体系。

（2）边缘构件 边缘构件多是钢筋混凝土构件，它可以是梁、拱或桁架等结构构件。构件的尺寸根据所受的水平力和竖向力通过计算确定。边缘构件的布置必须与拉索的形式相协调，有效地承受或传递拉索的拉力。

（3）支承结构 支承结构可以是钢筋混凝土的立柱或框架结构。采用立柱支承时，有时还要采取钢缆锚拉的设施。

悬索屋盖结构的形式按屋面几何形式的不同，可分为单曲面和双曲面两类；根据拉索布置方式的不同，可分为单层悬索体系、双层悬索体系和交叉索网体系三类。这些悬索结构在形式上的区别，既反映了屋盖建筑造型的不同，也反映了边缘构件形式的不一样，因为悬索屋盖结构的成型主要依赖边缘构件（见图4-92a）。

（1）单曲面悬索结构 这种体系由许多平行的单根拉索构成，其表面呈圆筒形凹面（见图4-92b）。

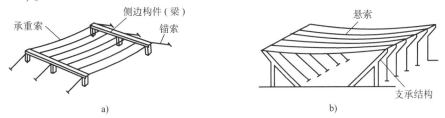

图4-92 单曲面单层拉索体系

a）拉索水平力由锚索承担 b）拉索水平力由支承结构承担

（2）双曲面悬索结构 这种体系常用于圆形建筑平面，拉索呈辐射状，使屋面形成一个斜曲面。拉索的一端固定在受压的外环梁上，另一端固定在中心的受拉内环或立柱上，形成两种双曲面单层拉索体系——伞形和碟形（见图4-93）。

（3）双曲面交叉索网体系 这种索网体系由两组相互正交的、曲率相反的拉索交叉而成。其中下凹的一组为承重索，上凸的一组为稳定索，稳定索应在承重索之上。通常对稳定索施加预应力，将承重索张紧，以增强屋面的稳定性和刚度。由于存在曲率相反的两组索，对其中任意一组或同时对两组进行张拉，均可实现预应力。交叉索网形成的曲面为双曲抛物面，一般称为鞍形悬索。

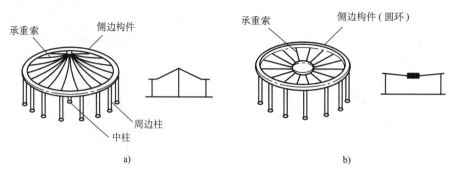

图 4-93　双曲面单层拉索体系
a）伞形方案布置　b）碟形方案布置

3. 悬索结构的应用

1961 年建成的北京工人体育馆比赛厅（见图 4-94）为外环内径 94m 的轮形悬索结构。截面 2m×2m 的钢筋混凝土外环支于 48 根框架圆柱上。钢内环直径 16m，高 11m。上索的预应力通过内环传给下索，使上下索同时绷紧，以增强索系刚度；上下索之间设两道交叉的抗振拉索，以防共振。

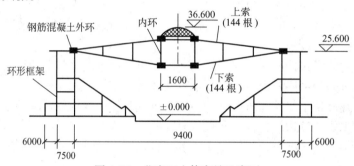

图 4-94　北京工人体育馆比赛厅

1969 年杭州建成的浙江省人民体育馆（见图 4-95a）采用鞍形悬索结构，其平面为 60m×80m 的椭圆形。鞍形屋面最高点与最低点相差 7m，边缘构件采用一个截面为 2000mm×800mm 的整空间曲环梁。

1952 年柏林建成的瑞士展览馆采用此方案，在两拱交叉处设置了扶壁柱，同时在该两点间增设拉索（见图 4-95b）。

悬索结构最典型的实例为 1952 年建成的美国北卡罗来纳州瑞利运动场（见图 4-95c）。它的两倾斜抛物线拱为 4200mm×750mm 钢筋混凝土槽形截面，铰接交叉点在 7.5m，拱脚延伸落地，形成倒 V 形支柱。其传力路线既清楚、合理、经济，又富于表现力。拱自重由四周铜柱支承。

南斯拉夫莱斯科瓦茨国际纺织博览会展览馆（见图 4-95d），两倾斜平面拱为无铰拱，在地面相交。拱下由细长的钢筋混凝土柱支承，有这些柱才能在屋面承受不对称荷载时保持两拱（地面上仅两个支点）的稳定性。

日本建筑师武基雄在设计吉川市民会馆时，并没有简单地沿周边布置索网的承重结构，而是充分考虑了正方形平面的特点，在四角设置了四片三角形钢筋混凝土支撑墙体，借此来平衡索网拉力，起抗倾覆作用。与受拉状况相一致，索网四边的主索呈自然曲线，颇似传统

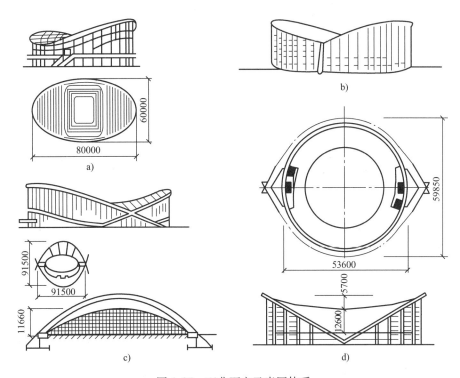

图 4-95 双曲面交叉索网体系

a）浙江省人民体育馆 b）瑞士展览馆 c）瑞利运动场 d）莱斯科瓦茨国际纺织博览会展览馆

建筑檐口的造型特征。从各个方向看上去，三角形支撑墙体犹如端庄的"门柱"，使得这座别致的会馆富有浓厚的纪念意义（见图 4-96）。

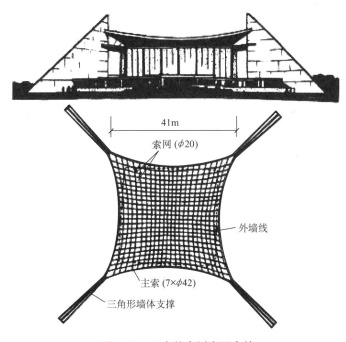

图 4-96 日本的吉川市民会馆

4.3 高层建筑

4.3.1 高层建筑的发展

1. 高层建筑的定义

城市中的高层建筑是反映城市经济繁荣和技术进步的标志，世界各城市的生产和消费的发展达到一定程度后，莫不积极致力于提高城市建筑的层数。实践证明，高层建筑可以带来明显的社会经济效益。

目前，世界各国对高层建筑的定义没有统一的标准。在美国，24.6m 或 7 层以上视为高层建筑；在日本，31m 或 8 层及以上视为高层建筑；在英国，把等于或大于 24.3m 的建筑视为高层建筑。JGJ 3—2010《高层建筑混凝土结构技术规程》规定：10 层及 10 层以上或高度超过 28m 的钢筋混凝土结构称为高层建筑结构。当建筑高度超过 100m 时，称为超高层建筑。

2. 高层建筑的发展状况

（1）世界高层建筑的发展　现代形式的高层建筑始于 19 世纪末期，在高层建筑发展的头一个世纪中，高层建筑最多最高的、最有代表性的当推美国。在美国的高层建筑中，可用纽约和芝加哥两城市作代表。纽约的高层建筑以高耸雄伟的气魄表达出金融精英的社会愿望。芝加哥的高层建筑则以纯洁、简明的格局显示出现实的格调和经济发展的象征。

纽约在 1931 年即建成 102 层的帝国大厦，高 381m，直到 1972 年计 41 年，保持了世界上最高建筑物的桂冠。1972 年，纽约建成了世界贸易中心北楼，110 层，高 417m。1973 年，世界贸易中心南楼落成，亦为 110 层，高 415m。1974 年，芝加哥建成了 110 层的西尔斯塔楼，高 443m，是当时全世界最高的建筑物。

美国高层建筑在质量、数量和层数上一直处于世界领先地位。20 世纪 80 年代前，北美经济发达，世界上前十栋高楼聚在美国；80 年代后，亚洲经济迅速发展，日本、马来西亚、中国均迅速发展高层建筑，逐步成为世界上建造高层建筑的新中心。

（2）我国高层建筑的发展　20 世纪 50 年代初，北京开始建造 8、9 层的办公楼和旅馆，如和平宾馆、北京饭店西楼、前门饭店和三里河国家办公楼等。1957—1958 年，广州、沈阳和兰州各建成一幢 8 层旅馆。1958—1959 年，北京的国庆工程推动了高层建筑的发展，如 13 层的民族文化宫、12 层的民族饭店和 15 层的民航大楼。1977 年，广州建成 33 层的白云宾馆，高 112m，成为我国 20 世纪 70 年代最高的房屋建筑。

进入 80 年代后，中央批准成立深圳等经济特区，城市建设日新月异，高层建筑如雨后春笋，拔地而起。1985 年，150 多米高的深圳国贸大厦首开中国内地超高层建筑先河。1987 年，上海希尔顿饭店地上 43 层，地下 2 层，高为 143.6m，拔地而起。1990 年，北京京广中心突破 200m。1996 年，深圳地王大厦又将纪录拔高到 325m。1996 年，上海金茂大厦就以 420.5m 的高度排名世界第四、亚洲第三、我国第一。摩天大楼已不是缥缈神话，它已经成为我国的重要景观。

3. 高层建筑的发展趋势

（1）新材料、高强材料的开发和应用

1）高性能混凝土。现在混凝土的强度等级已经达到 C100 以上。同时，为了轻质高强的目的，发展轻骨料混凝土和轻混凝土，发展纤维混凝土、聚合物混凝土、侧限（约束）混凝土和预应力混凝土等。

2）新型钢材。钢是高层建筑结构的理想材料，人们不断进行改善钢材的强度、塑性和焊接性能的工作。特别是新型耐火耐候钢的研发，使钢材减少了或抛弃了对防火材料的依赖，提高了建筑用钢的竞争力。

为了提高材料效能，采用钢管或型钢与混凝土混合使用的混合结构，可以充分利用钢材的受拉特性与混凝土的受压特性，并有效地降低结构所占的面积。美国西雅图双联广场地上58层，高220m，其65%的竖向荷载由中央的四根直径3m的钢管混凝土支承，钢管壁厚30mm，管内充填C135高强混凝土，其余荷载由周边14根小钢管混凝土柱承受。由于钢管内混凝土处于三向受力状态，大大提高了承载力，减少了结构总的截面面积。

（2）建筑结构体的轻量化　高度的增加也伴随着建筑重力的增加、重心的增高，从而增加了对竖向构件和地基的压力，对抗震也很不利。巨大的重力也意味着巨大尺寸的结构体与巨大的造价。因而减轻建筑的自重在安全、灵活使用及经济性等方面都有重要意义。减轻自重的一个途径是积极采用轻质隔墙与外墙板及轻骨料混凝土，如美国休斯敦的贝壳广场大厦，地上52层，高218m，由于采用18kN/m³的高强轻质混凝土不仅减轻了自重，还使52层大楼的单价与原计划采用普通混凝土的35层大楼单价相差无几。减轻自重另一个途径是减小楼板的折实厚度，通常采用密肋楼盖、无黏结预应力平板或空心板。采用后张无黏结预应力平板，不仅可以减轻楼板自重20%，还可以使房屋降低层高30cm左右，并使吊顶和设备管线布置更加灵活。

（3）新的设计概念、新结构形式的应用　现代建筑功能趋于多样，建筑的体形和结构体系趋向复杂多变，趋向立体化。因而需要新的设计概念和结构技术的深化，采用新的结构体系，如巨型结构体系、蒙皮结构、带加强层的结构，建筑立面设置大洞口以减小风力，采用结构控制技术设置制震机构等。在未来超高层建筑的设计中，人性化空间的提供及节能问题已日益占据主导地位。

超高层建筑的新发展需要新技术的扶持，这就涉及与相关专业技术间的密切配合，其范围也远远超出了常规的与结构、水、暖、电等专业的技术组织。从提出的许多节能措施来看，其解决问题的关键多在于对风流规律的把握上，"为风而设计"是未来超高层建筑发展中解决各种问题的重要途径，其意义并不仅仅是传统的结构抗风的考虑，而且越来越多地与复杂的建筑构造及再生能源的利用有关。

4.3.2　高层建筑的结构体系与特点

随着大中城市建设用地的日趋紧张，为了尽可能地利用空间，高层建筑得到了很大发展。同时，建筑结构体系也是越来越复杂。高层建筑常用的结构体系有框架结构体系、剪力墙结构体系、框架-剪力墙结构体系、筒体结构体系和巨型结构体系。

1. 框架结构体系

框架结构体系是由梁、柱构件通过节点连接构成，既承受竖向荷载，也承受水平荷载的结构体系（见图4-97）。这种体系适用于多层建筑及高度不大的高层建筑。

框架结构的优点是建筑平面布置灵活，可以做成有较大空间的会议室、餐厅、车间、营业室、教室等。需要时，可用隔断分隔成小房间，或拆除隔断改成大房间，因而使用灵活。

外墙用非承重构件，可使立面设计灵活多变。

框架结构可通过合理的设计，使之具有良好的抗震性能。但由于高层框架侧向刚度较小，结构顶点位移和层间相对位移较大，使得非结构构件（如填充墙、建筑装饰、管道设备等）在地震时破坏较严重，这是它的主要缺点，也是限制框架高度的原因，一般控制在 10~15 层。

框架结构构件类型少，易于标准化、定型化；可以采用预制构件，也易于采用定型模板而做成现浇结构，有时还可以采用现浇柱及预制梁板的半现浇半预制结构。现浇结构的整体性好，抗震性能好，在地震区应优先采用。

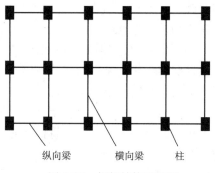

图 4-97 框架结构平面图

2. 剪力墙结构体系

剪力墙结构体系是利用建筑物墙体承受竖向与水平荷载，并作为建筑物的围护及房间分隔构件的结构体系（见图 4-98）。

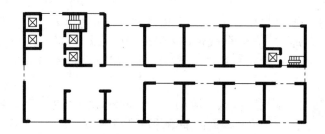

图 4-98 剪力墙结构平面图

剪力墙在抗震结构中也称为抗震墙。它在自身平面内的刚度大、强度高、整体性好，在水平荷载作用下侧向变形小，抗震性能较强。在国内外历次大地震中，剪力墙结构体系表现出良好的抗震性能，且震害较轻。因此，剪力墙结构在非地震区或地震区的高层建筑中都得到了广泛应用。在地震区 15 层以上的高层建筑中采用剪力墙是经济的，在非地震区采用剪力墙建造建筑物的高度可达 140m。目前我国 10~30 层的高层住宅大多采用这种结构体系。剪力墙结构采用大模板或滑升模板等先进方法施工时，施工速度很快，可节省大量的砌筑填充墙等工作量。

剪力墙结构的墙间距不能太大，平面布置不灵活，难以满足公共建筑的使用要求；此外，剪力墙结构的自重也比较大。为满足旅馆布置门厅、餐厅、会议室等大面积公共房间，以及在住宅底层布置商店和公共设施的要求，可将剪力墙结构底部一层或几层的部分剪力墙取消，用框架来代替，形成底层大空间剪力墙结构和大底盘、大空间剪力墙结构（见图 4-99）；标准层则可采用小开间或大开间结构。当把底层做成框架柱时，成为框支剪力墙结构（见图 4-100）。

这种结构体系，由于底层柱的刚度小，上部剪力墙的刚度大，形成上下刚度突变，在地震作用下底层柱会产生很大的内力及塑性变形，致使结构破坏较重。因此，在地震区不允许完全使用这种框支剪力墙结构，需设有部分落地剪力墙。

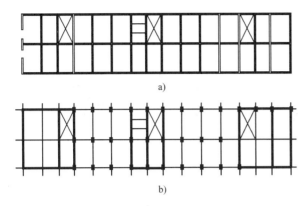

图 4-99 底层大空间剪力墙结构

a）标准层平面图 b）首层平面图

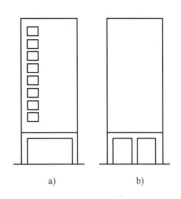

图 4-100 框支剪力墙

a）大柱网框架 b）小柱网框架

3. 框架-剪力墙结构体系

框架-剪力墙结构体系是在框架结构中布置一定数量的剪力墙所组成的结构体系。框架结构具有侧向刚度差、水平荷载作用下的变形大、抵抗水平荷载能力较弱的缺点，但又具有平面布置较灵活、可获得较大的空间、立面处理易于变化的优点；剪力墙结构则具有强度和刚度大，水平位移小的优点与使用空间受到限制的缺点。将这两种体系结合起来，相互取长补短，可形成一种受力特性较好的框架-剪力墙结构体系。剪力墙可以单片分散布置，也可以集中布置，其典型布置如图 4-101 所示。

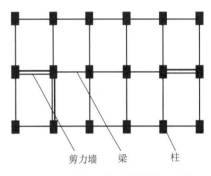

图 4-101 框架-剪力墙结构平面图

4. 筒体结构体系

筒体结构为空间受力体系。筒体的基本形式有实腹筒、框筒及桁架筒三种。用剪力墙围成的筒体称为实腹筒（见图 4-102a）。在实腹筒的墙体上开出许多规则的窗洞所形成的开孔筒体称为框筒（见图 4-102b），它实际上是由密排柱和刚度很大的窗裙梁形成的密柱深梁框架围成的筒体。如果筒体的四壁是由竖杆和斜杆形成的桁架组成，则称为桁架筒（见图 4-102c）；如果体系是由上述筒体单元所组成，称为筒中筒或组合筒（见图 4-102d、e）。通常由实腹筒做内部核心筒，框筒或桁架筒做外筒。筒体最主要的受力特点是它的空间受力性能。无论哪一种筒体，在水平力作用下都可以看成固定于基础上的箱形悬臂构件，它比单片平面结构具有更大的抗侧刚度和承载力，并具有很好的抗扭刚度。因此，该种体系广泛应用于多功能、多用途、层数较多的高层建筑中。

5. 巨型结构体系

巨型结构的概念产生于 20 世纪 60 年代末，是由梁式转换层结构发展而形成的。巨型结构体系又称为超级结构体系，是由巨型构件组成的简单而巨型的桁架或框架等结构，作为高层建筑的主体结构，与其他结构构件组成的次结构共同工作的一种结构体系，从而获得更大的灵活性和更高的效能。巨型构件的截面尺寸通常很大，其中巨型柱的尺寸常超过一个普通框架的柱距，形式上可以是巨大的实腹式钢骨混凝土柱、空间格构式桁架或者筒体。巨型梁采用高度在一层以上的平面或空间格构式桁架，一般隔若干层才设置一道。巨型结构的主结

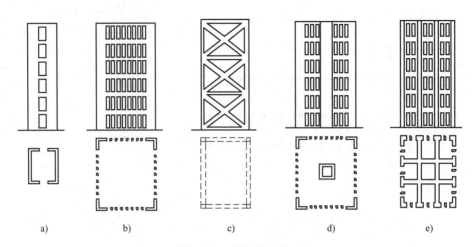

图4-102 筒体结构体系

a）实腹筒 b）框筒 c）桁架筒 d）筒中筒 e）组合筒

构通常为主要抗侧力体系，次结构只承担竖向荷载，并负责将力传给主结构。巨型结构是一种超常规的具有巨大抗侧力刚度及整体工作性能的大型结构。

巨型结构按其材料，可分为巨型钢筋混凝土结构、巨型钢骨钢筋混凝土结构、巨型钢-钢筋混凝土结构及巨型钢结构；按其主要受力体系，可分为巨型桁架（包括筒体）、巨型框架、巨型悬挂结构和巨型分离式筒体四种基本类型。

巨型桁架结构体系的主结构主要以桁架的形式传递荷载，是桁架力学概念在高层建筑整体中的应用。巨型桁架结构一般将巨型斜支撑应用于高层建筑的建筑内部或贯穿建筑的表面。构成桁架的构件既可能是较大的钢构件、钢筋混凝土构件和型钢劲性混凝土构件，也可能是空间组合构件。图4-103所示的我国香港中国银行大厦在房屋的四角设置了边长为4m的巨大钢筋混凝土柱，大型交叉的钢支撑高度为12层高，每隔13层沿房屋的四周及内部设置整层高的钢加劲桁架。全楼做成竖向桁架，分成4段，最下面一段是正方体，向上依次削减，呈多棱体和三棱体，全部风力都传递到下面的4根巨大的钢筋

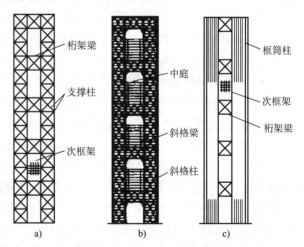

图4-103 巨型桁架结构体系形式

a）桁架型 b）斜架型 c）框筒型

混凝土角柱上。空间桁架将水平力转化为竖向的或斜向的轴力，受轴力作用的杆件最能充分发挥材料的效能。

图4-104所示是深圳亚洲大酒店的结构布置简图，它是一个多筒结构，高114.1m，33层。楼电梯间形成的实腹筒是巨型框架的柱子；在每隔6层设置的设备层中，由整个层高和上下楼板形成的工字形梁是巨型框架的横梁。巨型结构具有良好的建筑适应性和潜在的高效

结构性能，正越来越引起国际建筑业的关注。

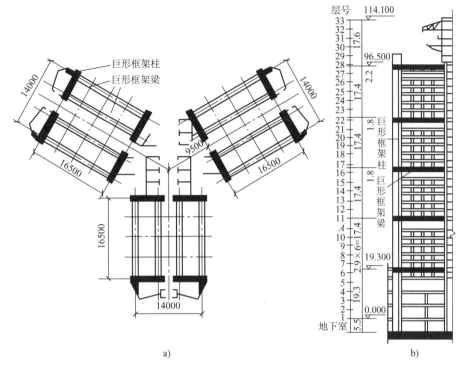

图 4-104　深圳亚洲大酒店
a）结构平面图　b）剖面示意图

4.3.3　国内外著名的高层建筑

图 4-105 所示为世界第一高建筑哈利法塔，位于阿拉伯联合酋长国迪拜市，2010 年建成，高 818m，162 层。这栋摩天大楼的结构采用全新的"扶壁核心"设计：平面有点像一朵三叶花瓣，中间为六边形，六边形的边上也间隔设置核心筒结构，形成一种扶壁结构。

图 4-106 所示为台北 101 大楼，在规划阶段初期原名为台北国际金融中心。它位于我国台湾省台北市，由建筑师李祖原设计，KTRT 团队建造，保持了中国世界纪录协会多项世界纪录。

图 4-107 所示为上海环球金融中心，是位于上海陆家嘴的一栋摩天大楼，2008 年 8 月 29 日竣工。建成后为当时中国第二高楼、世界第三高楼、世界最高的平顶式大楼，楼高 492m，地上 101 层。上海环球金融中心是以日本的森大厦株式会社为中心，联合日本、美国等 40 多家企业投资兴建的项目，总投资额超过 1050 亿日元（逾 10 亿美元）。原设计高 460m，总建筑面积达 38.16 万 m^2，比邻金茂大厦。1997 年年初开工后，因受亚洲金融危机影响，工程曾一度停工，2003 年 2 月工程复工。但由于当时中国台北和中国香港都已在建 480m 高的摩天大厦，超过环球金融中心的原设计高度。由于日本方面兴建世界第一高楼的初衷不变，对原设计方案进行了修改。修改后的环球金融中心比原来增加 7 层，即达到地上 101 层，地下 3 层，楼层总面积约 37.73 万 m^2。

图4-105 哈利法塔

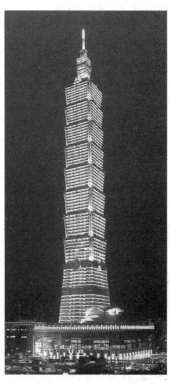

图4-106 台北101大楼

图4-107 上海环球金融中心

　　图4-108所示为吉隆坡石油双塔，坐落于吉隆坡市。它曾经是世界上最高的摩天大楼，直到2003年10月17日被台北101大楼超越，但目前仍是世界最高的双塔楼。这座石油双塔楼的设计是经国际性的比选，最后决定采用著名的凯撒培礼建筑事务所提出的构想。整栋大楼的格局采用传统回教建筑常见的几何造型，包含了四方形和圆形。吉隆坡双塔是马来西亚石油公司的综合办公大楼，也是游客从云端俯视吉隆坡的好地方。双塔的设计风格体现了吉隆坡这座城市年轻、中庸、现代化的城市个性，突出了标志性景观设计的独特性理念。

　　图4-109所示为希尔斯大厦，位于美国伊利诺伊州的芝加哥市，是20世纪世界最高的建筑之一。它是为希尔斯－娄巴克公司建造的，于1973年竣工。楼高442.3m，地上共108层，地下3层，总建筑面积418000m^2，底部平面68.7m×68.7m，由9个22.9m×22.9m的正方形组成。希尔斯大厦在1974年落成时曾是世界上最高的大楼，超越当时纽约的世界贸易中心，在被马来西亚的"国家石油公司双塔大厦"超过之前，它保持了世界上最高建筑物的纪录25年。

　　图4-110所示为上海金茂大厦，又称为金茂大楼，位于上海浦东新区黄浦江畔的陆家嘴金融贸易区，楼高420.5m，目前是上海第三高的摩天大楼。大厦于1994年开工，1998年建成，地上88层，若再加上尖塔的楼层共有93层，地下3层，楼面面积278707m^2，有130部电梯与555间客房，现已成为上海的一座地标，是集现代化办公楼、五星级酒店、会展中心、娱乐、商场等设施于一体，融汇中国塔形风格与西方建筑技术的多功能型摩天大楼。

图 4-108　吉隆坡石油双塔

图 4-109　芝加哥市希尔斯大厦

图 4-110　上海金茂大厦

4.4　新型建筑

4.4.1　智能建筑

智能建筑是以建筑为平台，兼备建筑设备、办公自动化及通信网络系统，将建筑物的结构、设备、服务和管理根据用户的需求进行最优化组合，从而为用户提供一个高效、舒适、便利的人性化建筑环境。智能建筑是集现代科学技术之大成的产物，其技术基础主要由现代建筑技术、现代计算机技术、现代通信技术和现代控制技术组成。

智能建筑通过对建筑物的四个基本要素，即结构、系统、服务和管理，以及它们之间的内在联系，以最优化的设计，提供一个投资合理又拥有高效率的幽雅舒适、便利快捷、高度安全的环境空间。智能建筑能够帮助大厦的主人、财产的管理者和拥有者等意识到，他们在诸如费用开支、生活舒适、商务活动和人身安全等方面得到最大利益的回报。建筑智能化结构是由三大系统组成：楼宇自动化系统（BAS）、办公自动化系统（OAS）和通信自动化系统（CAS）。

智能建筑的概念，在 20 世纪末诞生于美国。第一幢智能大厦于 1984 年在美国哈特福德市建成。中国于 20 世纪 90 年代才起步，但迅猛发展势头令世人瞩目。智能建筑是信息时代的必然产物，建筑物智能化程度随科学技术的发展而逐步提高。当今世界科学技术发展的主要标志是 4C 技术，即 Computer 计算机技术、Control 控制技术、Communication 通信技术和

CRT 图形显示技术。将 4C 技术综合应用于建筑物之中，在建筑物内建立一个计算机综合网络，使建筑物智能化。4C 技术仅仅是智能建筑的结构化和系统化。

我国智能建筑建设始于 1990 年，随后便在全国各地迅速发展。北京的发展大厦可谓是我国智能建筑的雏形，上海金茂大厦（88 层）、深圳地王大厦（81 层）、广州中信大厦（80 层）、南京金鹰国际商城（58 层）等一批智能大厦闻名世界。

我国政府对智能建筑的发展十分重视，并采取了相应的部署。1995 年 7 月，上海华东建筑设计研究院率先推出上海地区的"智能建筑设计标准"。同年，南京工业大学成立了"建筑智能化研究所"，同时，该校已编出国内最早出版的大学教材《智能化建筑导论》。1996 年 2 月，成立了建设部科技委智能建筑技术开发推广中心。为了加强管理，保障建筑智能化系统工程的质量，《建筑智能化系统工程设计管理暂行规定》于 1997 年 10 月发布，该文件是一个历史性纲领性文件，对建筑智能化系统工程设计有序化走向指出了方向。

4.4.2 绿色建筑

绿色建筑是指在建筑的全寿命周期内最大限度地节约资源（节能、节地、节水、节材），保护环境和减少污染，为人们提供健康、适用和高效的使用空间，与自然和谐共生的建筑。所谓"绿色建筑"的"绿色"，是代表一种概念或象征，是指建筑对环境无害，能充分利用环境自然资源，并且在不破坏环境基本生态平衡条件下建造的一种建筑，又可称为可持续发展建筑、生态建筑、回归大自然建筑、节能环保建筑等。绿色建筑的室内布局十分合理，尽量减少使用合成材料，充分利用阳光，节省能源，为居住者创造一种接近自然的感觉。

20 世纪 60 年代，美籍意大利建筑师保罗·索勒瑞首次将生态与建筑合称为"生态建筑"，即绿色建筑。在 1992 年举行的联合国环境与发展大会上，与会者第一次比较明确地提出"绿色建筑"的概念。建筑业如何利用有限的资源，尽可能减少对环境的影响，在健康、舒适、安全居住的同时，做到高效地节约资源、能源、土地、水和材料是全球建筑学家和整个人类共同关心的问题。绿色建筑通过科学的整体设计，集成绿色配置、自然通风、自然采光、低能耗维护结构、新能源利用、中水回用、绿色建材和智能控制等高新技术，具有选址规范合理、资源利用高效循环、节能措施综合有效、建筑环境健康舒适、废物排放减量无害和建筑功能灵活适宜六大特点。它不仅可以满足人们的生理和心理需求，而且能源和资源的消耗最为经济合理，对环境的影响最小。

绿色建筑是可持续发展观在建筑业中的具体应用，是世界建筑的发展趋势和方向。目前，我国建筑业基本还是一个高能耗、高物耗、高污染的产业，在建设过程中存在可再生资源的大量浪费现象，特别是对土地资源的利用效率低。建筑耗能与工业耗能、交通耗能一起构成我国能源消耗的三大部分，而且随着建筑总量的不断攀升和居住舒适度的提高呈急剧上升趋势。这既对节能减排形成巨大挑战，同时也预示着我国拥有巨大的建筑节能潜力。

我国建筑节能的重点是北方地区采暖用能和大型公共建筑耗电两部分。据调查，北方城镇采暖能耗占全国建筑总能耗的 36%，单位面积采暖平均能耗为北欧等同纬度条件下建筑采暖能耗的 2～4 倍。一般公共建筑的单位能耗是城镇住宅的 2 倍，大型公共建筑的单位能耗是城镇住宅的 10～20 倍。因而，大型公共建筑节能是我国建筑节能的重点，只需进行部分设备改造就可节能 30%～50%，如新建筑全面推行节能措施，可以节能 50%～70%。

2022 年 3 月 11 日，住房和城乡建设部发布《"十四五"建筑节能与绿色建筑发展规划》

（以下简称《规划》）提出，到2025年，城镇新建建筑全面建成绿色建筑，建筑能源利用效率稳步提升，建筑用能结构逐步优化，建筑能耗和碳排放增长趋势得到有效控制，基本形成绿色、低碳、循环的建设发展方式，为城乡建设领域2030年前碳达峰奠定坚实基础。

《规划》要求，到2025年，完成既有建筑节能改造面积3.5亿m^2以上，建设超低能耗、近零能耗建筑0.5亿m^2以上，装配式建筑占当年城镇新建建筑的比例达到30%，全国新增建筑太阳能光伏装机容量0.5亿kW以上，地热能建筑应用面积1亿m^2以上，城镇建筑可再生能源替代率达到8%，建筑能耗中电力消费比例超过55%。

《规划》提出了提升绿色建筑发展质量、提高新建建筑节能水平、加强既有建筑节能绿色改造、推动可再生能源应用、实施建筑电气化工程、推广新型绿色建造方式等重点任务，并提出健全法规标准体系、落实激励政策保障、创新工程质量监管模式等保障措施。

《规划》提出，各级住房和城乡建设部门要加强与发展改革、财政、税务等部门沟通，争取落实财政资金、价格、税收等方面支持政策，对高星级绿色建筑、超低能耗建筑、零碳建筑、既有建筑节能改造项目、建筑可再生能源应用项目、绿色农房等给予政策扶持。会同有关部门推动绿色金融与绿色建筑协同发展，创新信贷等绿色金融产品，强化绿色保险支持。完善绿色建筑和绿色建材政府采购需求标准，在政府采购领域推广绿色建筑和绿色建材应用。探索大型建筑碳排放交易路径。

思 考 题

1. 建筑结构的基本构件有哪些？
2. 梁按材料分为哪些种类？各有什么特点？
3. 试比较各种板的特点及应用范围。
4. 试比较拱和梁的受力形式。
5. 什么是砖混结构？砖混结构有哪些承重方案？
6. 什么是框架结构？其主要适用范围是什么？
7. 网架结构有什么特点？主要应用于哪些建筑？
8. 角锥体系网架主要有哪几种？各有什么特点？
9. 试述国内外高层建筑的发展趋势。
10. 高层建筑的结构体系有哪几种？各自有什么特点？
11. 结合目前国内外现状，试述高层建筑的利弊。
12. 如何理解智能建筑？
13. 试述智能建筑的发展趋势。
14. 如何理解绿色建筑？为什么要大力发展绿色建筑？

参 考 文 献

［1］同济大学，西安建筑科技大学，东南大学，重庆大学．房屋建筑学［M］.5版．北京：中国建筑工业出版社，2016.

［2］西安建筑科技大学，等．房屋建筑学［M］.北京：中国建筑工业出版社，2006.

［3］崔艳秋，姜丽荣，吕树俭．建筑概论［M］.2版．北京：中国建筑工业出版社，2006.

［4］覃琳，魏宏杨，李必瑜．建筑构造：上册［M］.6版．北京：中国建筑工业出版社，2019.

［5］白丽华，王俊安．土木工程概论［M］.北京：中国建材工业出版社，2002.

道路工程 第5章

5.1 概述

交通运输是国民经济的基础产业，是社会扩大再生产和商品经济发展的先决条件，对国家的强盛、经济的发展、文化的交流、生活方式的改变和生活水平的提高都起着重要的作用，成为社会生存和发展的基础。

5.1.1 道路工程的特点

交通运输体系是由各种运输方式组成的一个综合体系，由道路交通运输、铁路运输、水上运输、航空运输和管道运输五部分组成。

铁路运输是以铁轨引导列车运行的运输方式，其运输速度高、运载能力大、运输成本较低，在我国经济建设中起着很重要的作用，但铁路的固定设施费用高，基础投资大，在运输过程中进行编组、解体、中转和调度，使得运程时间较长。水上运输是利用船舶或其他的浮运工具在江河湖泊、人工水道、海洋上运送客货的运输方式，其运输方便、投资较少、运量大、运距长、成本低，是国际贸易货物往来的主要运输方式，但受水道限制，运输的连续性差、运速较慢。航空运输与其他运输方式比较，具有速度快、灵活性大、运输里程短、舒适性好等优点，但机舱的容积和载量小、运输成本高、燃油消耗大、受气候条件限制较大。管道运输是利用封闭的管道及重力或气压动力连续输送特定货物的运输方式，其运量大、运距短、占地少、受气候影响小、劳动生产率高、运费低，但运输方式的灵活性差，运输货物比较单一，只适用于单向、定点、量大的货物运输。从广义上说，道路交通运输是指货物和旅客借助一定的运输工具（如机动车和非机动车），沿道路某个方向有目的的移动过程。从狭义上说，道路交通运输是指汽车在道路上有目的的移动过程。由于利用道路系统运输货物、旅客具有很大的便利性，其所承担的旅客运输量和旅客周转量比重呈现持续增长的趋势，成为交通运输系统的主要承担者之一。各类交通运输系统具有不同的特点和性能，在综合交通运输系统中并存和互补，发挥各自的优势和特长。

在各种运输方式中，道路交通运输是综合交通运输系统的重要组成部分。道路交通运输在综合运输体系中占有极其重要的位置，可以实行门对门的直达运输，也可以与其他运输方式相配合，起到客货集散、运输衔接等作用。其主要特点有：

1）适应性强。道路网分布宽，密度大，能深入工矿和农村，中间环节少。

2）机动性好。汽车运输可以随时调动、起运，对于客货量的大小没有要求。

3）速度快。在高等级道路上的运行比铁路运输更快，减少货物积压，加快资金周转，对于高档货物及鲜货的紧急运输具有重要意义。

4）运输费用高。与铁路和水上运输比较，道路交通运输的费用较高，特别在低等级道路上的运输，车速低，相应的运输成本就较高。

5）污染大。汽车在行驶中发动机的废气含有有害成分，特别在汽车密度较大的地区会造成一定的环境污染。

道路交通运输系统主要由五个基本部分组成：运载工具、道路、枢纽及站场、交通控制和管理、设施管理。

1）运载工具。汽车、摩托车、自行车等，用以装载所运送的旅客和货物。

2）道路。是地面运输的通道，供运载工具从一个目的地行驶到另一个目的地。

3）枢纽及站场。汽车站、堆场、物流中心等，用作运输的起点、中转点和终点，供旅客和货物从运载工具上下和装卸。

4）交通控制和管理。为保证运载工具在道路和站场上安全有序、有效率地运行而设置的各种监视、控制和管理设施，如各种信号、标志、通信、诱导和规则等。

5）设施管理。为保证各项道路设施处于良好的使用或服务状况而进行的设施监测和维护管理。

道路是道路交通运输系统中最重要的基础设施，是道路交通系统得以运转的基本条件。

5.1.2 道路工程的内容

道路工程探讨的内容是为道路交通运输系统提供快速、安全、舒适、经济的道路设施，道路工程包括对道路的规划、设计、施工、养护和运营管理等方面的内容。铁路与公路的主要区别在于其路面系统不同，铁路的路面是轨道系统，而公路的路面是混凝土系统（水泥混凝土或沥青混凝土）。铁路和公路的选线原则和设计原理并没有本质的区别。本章主要以公路工程阐述道路设计的基本原理。

1. 规划方面

1）调查现有的道路网和道路设施的状况，采集该地区的经济和社会数据，对现有的道路网和道路设施的适应程度进行评价。

2）对所在地区的经济和社会发展进行预测分析，结合道路网和道路设施的未来运输和交通需求的适应能力进行评价。

3）制定道路网和道路设施适应未来交通发展或改善目标，提出相关的规划方案。

4）对各规划方案进行道路网和道路设施的使用性能分析，对优选方案制订实施计划。

2. 设计方面

（1）路线设计 道路路线设计即几何设计，主要是按照设计速度、交通量和服务水平要求及驾驶特点和车辆运行特性，设计出安全、舒适、经济的道路。主要内容包括：根据道路的功能和技术等级要求，通过对当地政治、经济、地质、地形、水文和气象调查，选择路线的走向、控制点、大桥桥位和隧道位置；结合沿线地形、地质和水文条件，按照技术标准，在规定的控制点之间选定路线的布局，确定路线平面、纵断面和横断面的各项几何要素，进行道路平面和立体交叉设计等。

（2）路基设计 对路基的设计要求为整体稳定性好，永久变形小。设计内容主要包括：依据路线设计确定路基填挖高度和顶面宽度，结合沿线岩质、土质和水文条件等情况设计路基的横断面形状和边坡坡度；根据当地气候、地质和水文等状况，分析路基的整体稳定性，稳定性不足时，设计支挡结构物；对于位于软弱地基上的路基，进行路堤稳定性和沉降分析，需要时选择合适的地基加固处理措施；对于可能出现的路基坡面不良现象，如剥落、碎落或易受冲刷时，选用合适的坡面防护措施。

（3）路面设计　对路面的设计基本要求是要有足够的承载能力，平整、抗滑和低噪声，以最低寿命周期费用提供在设计使用期内满足使用性能要求的路面结构。主要内容包括：依据设计年限、使用要求、当地的自然环境、路基支承条件和材料供应情况，提出路面结构类型和层次；根据对所选材料的性状要求和当地环境，进行各结构层的混合料组成设计；应用力学模型和相应的计算理论和方法，确定满足轴载作用、环境条件和设计年限要求的各结构层的厚度；综合考虑经济、施工、养护和使用等方面的因素，对各方案进行全寿命周期分析，选择最佳设计方案。

（4）排水设计　排水设计的主要任务是迅速排除道路界内的地表水，将道路上侧方的地表水和地下水排泄到道路的下侧方，防止道路路基和路面结构遭受地表水和地下水的侵蚀、冲刷等破坏作用。设计内容为按照地表水和地下水的流向和流量及其对道路的危害程度，设置各种拦截、汇集、疏导、排泄地表水和地下水的排水设施，如沟渠、管道、渗沟和排水层等。

3. 施工方面

施工是实现设计意图、修筑符合质量指标、满足预定功能要求的道路工程的过程，主要内容包括：

1）开工前进行组织、技术、物资和现场方面的准备工作，包括落实施工队伍、会审和现场核对设计图样、恢复定线、进行施工测量、编制施工组织设计和工程预算、准备材料和机具设备、准备供水供电和运输便道等。

2）路基土石方作业（开挖、运输、填筑、压实和修整），进行地基加固处理，修筑排水构造物、支挡结构物、坡面防护等。

3）铺筑垫层、底基层、基层和面层（混合料的拌和、运输、摊铺、碾压、修整和养护等）。

4）按施工规程和进度要求进行施工管理，并对施工质量进行控制、监督、检查和验收。

4. 养护和运营管理方面

道路设施在使用过程中受行车荷载和自然因素的不断作用会逐渐出现损坏的现象。为保持道路设施的使用性能经常处于符合使用要求的状态，须对道路设施的使用状况进行定期的观测和评价，为制订养护计划提供依据。对于可能或已经出现损坏或不满足使用要求的道路设施，按养护计划和养护规范进行维护、修复或改建，以延缓设施损坏的速率，恢复或提高其使用性能。

5.2　道路工程发展现状

5.2.1　道路工程的发展

我国道路运输的发展先于世界各国。道路的名称源于周朝，秦朝以后称为驿道，元朝称为大道。清朝则把京都至各省会的道路称为官路，各省会间的道路称为大路，市区街道称为马路。20 世纪初叶，汽车出现后称为公路或汽车路。道路的英文名称 highway 则是源于罗马大道。

在古代，各个朝代都非常注重道路交通的建设与养护。黄帝拓土开疆，发明舟车，开始了我国道路交通的新纪元。周朝的道路更加发达，"周道如砥，其直如矢"，表明道路的平直状况，秦王朝以车同轨和书同文列为一统天下之大政。唐代国家兴盛，发展驿道至五万里，每三十里设一驿站。宋代发明记里鼓车，元朝驿制盛行，还有水站、马站、轿站等，清代运输工具更加完备，车辆分为客车、货车和人力车。1876 年，欧洲出现了世界上首辆汽车。1902 年，我国上海出现了第一辆汽车。1913 年，我国修筑了第一条汽车公路，即湖南长沙—湘潭，全长 45km，开创了我国现代交通运输的新篇章。抗日战争时期完成的 100km 滇缅公路沥青路面是我国最早修建的沥青路面。1949 年，全国通车里程已达 7.8×10^4 km，机动车辆 7 万余辆。

新中国成立后，大力发展公路交通事业。1949—1957 年，我国完成了重要公路干线的修建，其中包括青藏、康藏、青新、川黔、昆洛等干线，全国公路里程达 30×10^4 km。1958—1965 年，全国公路增长最快，总里程达 52×10^4 km。1975 年，发展至 78×10^4 km，同时，我国石油工业崛起，全国修建了 10×10^4 km 的渣油和沥青路面，加速了褐色路面的发展。1975—1985 年，公路里程发展至 85×10^4 km，同时公路等级和质量也大有提高，一二级公路达 21194km。

1978 年以后，国家把交通作为国民经济发展的重点战略之一，为公路交通事业的快速发展提供了机遇。采取统筹规划、条块结合、分层负责、联合建设的工作方针，扩大国家投资、地方筹资、社会融资、引进外资等各种筹资渠道，使得我国公路建设更是飞跃发展。截止到 2008 年年底，全国包括达到技术标准等级和路基宽度在 4.5m 以上的等外路在内的国道、省道、县道、乡道（不含村道）、专用公路总里程达到 368×10^4 km，覆盖我国 90% 的城镇。

同时我国经济的腾飞促进了高速公路的发展。1989 年，我国高速公路通车里程仅为 271km，1999 年突破 1×10^4 km，2008 年超过 6×10^4 km，居世界第二。截至 2009 年年底，公路通车里程达到 382.8 万 km。截至 2020 年年底，公路总里程达到 519.81 万 km，高速公路建成里程达到 16.10 万 km，高速公路对 20 万以上人口城市覆盖率超过 98%。

5.2.2 道路工程的发展规划

20 世纪 90 年代，为适应社会经济发展，满足交通发展需求，合理使用建设资金，有计划、有步骤地建设我国公路网络体系，交通部于 1991 年规划了"五纵七横"国道主干线系统，总长约 3.5×10^4 km，拟用 30 年左右的时间建成，将全国主要城市、工业中心交通枢纽和主要陆上口岸连接起来，逐步形成一个与国民经济发展格局相适应，与其运输方式相协调，主要由高速公路、一级公路组成的安全、快速、高效的国道主干线系统。这个规划的制定，拉开了我国高速公路规模化建设的序幕，截至 2004 年年底，高速公路通车里程达 3.4×10^4 km，2008 年年底达到 6×10^4 km，2021 年年底达到 16.10×10^4 km。同时，我国高速公路建设在组织管理、设计技术、施工水平及新技术、新材料应用等诸多方面都取得了辉煌成就，积累了丰富的建设经验。

2004 年 12 月 17 日，《国家高速公路网规划》经国务院审议通过，标志着我国高速公路建设发展进入了一个新的历史时期。国家高速公路网是我国公路网中最高层次的公路通道，服务于国家政治稳定、经济发展、社会进步和国防现代化，体现国家强国富民、安全稳定、科学发展，建立综合运输体系及加快公路交通现代化的要求；主要连接大中城市，包括国家和区域性经济中心、交通枢纽、重要对外口岸；承担区域间、省际及大中城市间的快速客货运输，提供高效、便捷、安全、舒适和可持续的服务，为应对自然灾害等突发性事件提供快速交通保障。

《国家高速公路网规划》采用放射线与纵横网格相结合的布局方案，形成由中心城市向外放射，以及横连东西、纵贯南北的大通道，由7条首都放射线、9条南北纵向线和18条东西横向线组成，简称"7918网"，总规模约$8.5 \times 10^4 km$，其中，主线约$6.8 \times 10^4 km$，地区环线、联络线等其他路线约$1.7 \times 10^4 km$。

1）首都放射线7条：北京—上海、北京—台北、北京—港澳、北京—昆明、北京—拉萨、北京—乌鲁木齐、北京—哈尔滨。

2）南北纵向线9条：鹤岗—大连、沈阳—海口、长春—深圳、济南—广州、大庆—广州、二连浩特—广州、包头—茂名、兰州—海口、重庆—昆明。

3）东西横向线18条：绥芬河—满洲里、珲春—乌兰浩特、丹东—锡林浩特、荣成—乌海、青岛—银川、青岛—兰州、连云港—霍尔果斯、南京—洛阳、上海—西安、上海—成都、上海—重庆、杭州—瑞丽、上海—昆明、福州—银川、泉州—南宁、厦门—成都、汕头—昆明、广州—昆明。

4）辽中环线、成渝环线、海南环线、珠三角环线、杭州湾环线共5条地区环线、2段并行线和30余段联络线。

我国公路交通建设虽然取得了重大成就，但还不能适应国民经济快速发展的需要，与发达国家比尚有差距。主要表现在以下几方面：

1）部分公路技术状况较差。虽然近年来修建了不少高速公路和一级路，但全国四级和等外公路比重仍然比较大，较差的路况使得公路网的通行能力较低，行车速度低、运营费用高、服务水平低。

2）汽车性能较差、组成不够合理。车辆在可靠性、燃料的经济性、动力性能、稳定性、耐久性、舒适性等方面都有较大提升空间。同时货车的组成比例不够合理，中型货车比例较大，柴油车比例较低，这种状况影响了公路设施的利用效率及运输的成本和效益。

3）一般公路上混合交通严重，车速低、事故多，机动车、非机动车和其他车辆在一般公路上混合行驶，相互干扰，严重影响行车速度和通行能力。

4）技术水平、管理水平和服务水平有待进一步提高。

5.2.3 国内外的发展趋势

20世纪90年代，一些欧美国家的高速公路网络已经建成，为了提高道路的使用功能，保证行车安全、舒适，他们建立了系统规划、科学设计、整体设计和综合管理的完整体系，从而加强了养护和营运管理，改善了道路状况对环境和人文景观的影响。

发达国家高度重视高新技术的开发、应用。利用计算机技术、电子信息技术、自动控制技术等来改善公路交通行业；普遍利用地理信息系统，建立公路数据库，通过计算机模拟建立多种分析评价模型；多次修订通行能力手册，为公路交通的规划设计提供分析手段和决策依据；全面利用 GPS 卫星定位、航测遥感技术取代人工勘测技术，将采集的数据通过数字地面模型与 CAD 技术衔接配套，进行道路和交通的规划设计，并扩展到环境设计，为其提供动态的景观评价。

随着改革开放和国民经济的发展，我国的公路科技也取得了巨大的成就，系统开发了公路交通 CAD 技术和航测遥感技术，进一步集成全球卫星定位系统 GPS、三维测量技术、航测遥感技术，使公路测设走向现代化。在兴建、改建、养护和营运管理方面应用信息数据，建立和开发公路数据库，提供现代科学管理依据。智能高速公路将大大提高我国高等级公路运输、管理和安全监控的水平，成为公路开发的热点。在新材料、新工艺的开发和应用方面，各种高性能混凝土、改性沥青、新型复合材料将不断地开发并在实践中运用，显著节省了工程造价，提高了道路服务水平，延长了公路使用寿命。

公路环保技术将得到更大的重视，以防止建设过程中对自然环境景观的破坏。在公路建成后尽量减少车辆引发的噪声、废气、电磁污染，大力开发吸声降噪技术，加强废旧材料的综合利用技术，让公路建设更好地造福人类。

5.3　道路的分类与等级划分

5.3.1　道路分类

道路的功能主要是为各种车辆和行人服务，由于其所处位置、交通性质及使用特点的不同，可以分为公路、城市道路、厂矿道路及林业道路。公路是连接城镇和工矿基地、港口及集散地，主要供汽车行驶，具备一定的技术和设施的道路。在城市区域内主要为当地居民生产、工作和生活等活动服务的道路，称为城市道路。在大型工厂、矿山、站场等企业场地范围内，为内部生产流程的运输需求服务的道路称为厂矿道路。在林区为木材开采、加工运输服务的道路称为林区道路。不同类型的道路由于运输对象的差异，对运载工具和道路的性能技术要求也不同，道路的行政管理分别隶属于不同的管理部门，各种类型的道路制定了相应的技术标准、规范、指南和须知等，本章的主要论述对象为公路和城市道路。

道路交通运输系统的通达性与道路网的布局密切相关，而道路网是由不同类型和等级的道路所组成，各条道路在道路网中担负着不同的使命，具有不同的功能，发挥着不同的作用。按照道路在道路网中的地位、行程的长度及所承担的交通量，可将公路和城市道路分为四类，包括高速公路、干线道路、集散道路及地方道路。

（1）高速公路　满足车辆长距离、快速行驶要求的主干线道路，进出高速公路的出入口完全受控制，同其他公路无平面交叉，对向行车道之间设置分隔带，具有最高的服务水平和安全性（图 5-1）。

（2）干线道路　承担主要集散中心之间大量长途车辆的道路，组成道路网的主要骨架，具有较高的服务水平。

（3）集散道路　连接地方道路和干线道路，将各个地区的车流汇集和输送到干线道路，或者将干线道路的车流分散到各个地区。

（4）地方道路　直接为小区内部居民交通运输提供需求服务，行程短，交通量小。

道路的设计标准和服务水平主要按照各类道路的功能要求和交通量确定。

图 5-1 高速公路

5.3.2 道路分级

1. 公路分级

以道路的功能分类为基础，考虑道路在设计控制和设计标准方面的差异对道路进行分级。由出入口控制、设计速度（计算行车速度）、交通量和服务水平与设计年限，将我国的公路按使用任务、功能和所适应的交通量水平，分为五个等级：高速公路、一级公路、二级公路、三级公路和四级公路。高速和一级公路为汽车分向、分车道行驶的专用公路；二级、三级和四级公路都为汽车和其他车辆共用的公路，各级公路所规定的车道数和相适应交通量列于表 5-1。

表 5-1 公路分级

等 级		高速公路	一级公路	二级公路	三级公路	四级公路
设计交通量预测年限		20 年	20 年[2]	15 年	15 年	≤15 年
适应交通量 AADT[1]/（辆/日）	八车道	60000 ~ 100000	—	—	—	—
	六车道	45000 ~ 80000	25000 ~ 55000	—	—	—
	四车道	25000 ~ 55000	15000 ~ 30000	—	—	—
	二车道	—	—	5000 ~ 15000	2000 ~ 6000	< 2000
	单车道	—	—	—	—	< 400
出入口		完全控制	部分控制	部分控制	—	—

① AADT 为各种车辆合成标准车的年平均日交通量。

② 一级公路作为集散公路时，设计交通量预测年限为 15 年。

高速公路最多可设计成双向八车道，而四级公路特殊条件下可采用单车道，各级公路的计算行车速度可根据地形及环境条件列于表 5-2。

表 5-2 各级公路的设计速度

等 级	高速公路			一级公路			二级公路		三级公路		四级公路
设计速度/（km/h）	120	100	80	100	80	60	80	60	40	30	20

一条公路可分段选用不同的公路等级或同一公路等级选用不同的设计速度、路基宽度

（车道数），但应注意以下问题：

1）为保持公路技术指标的均衡连续，一条公路的等级或设计速度分段不应频繁变更。设计速度相同的路段应为同一设计路段，高速公路设计路段不宜小于15km，一、二级公路设计路段不宜小于10km。

2）等级或标准的变更处，原则上选在交通量发生较大变化或驾驶员能够明显判断前方需要改变行车速度处。高速公路、一级公路宜设在互通式立体交叉或平面交叉处；二～四级公路宜设在交叉路口、桥梁、隧道、村镇附近或地形明显变化处。

3）在标准变更的相互衔接处前、后一定长度范围内主要技术指标应逐渐过渡，避免产生突变。设计速度高的一端应采用较低的平、纵技术指标；反之，则应采用较高的平、纵技术指标，以使平、纵线形技术指标较为均衡。

4）应采用连续、均衡的技术指标。

2. 城市道路的分类

根据城市道路在城市道路网中的地位、交通功能，以及对沿线建筑物的服务功能相应地将城市道路分为四类：快速路、主干道、次干道和支路（见表5-3）。

表5-3 城市道路的分类

类　　别	快速路	主　干　道			次　干　道			支　　路		
		I	II	III	I	II	III	I	II	III
设计年限/年	20				15			10～15		
出入口	完全控制	信号控制						—		
设计速度/(km/h)	80, 60	60, 50	50, 40	40, 30	50, 40	40, 30	30, 20	40, 30	30, 20	20

（1）快速路　仅供汽车行驶的道路。为城市中长距离提供快速交通服务，机动车道两侧不应设置非机动车道。对向行车道之间应设置中间分隔带，其进出口应采用全控制或部分控制。快速路沿线两侧不能设置吸引大量车流、人流的公共建筑物的进出口，对一般建筑物的进出口应加以控制，当进出口较多时宜在两侧另建辅道。

（2）主干道　采用机动车与非机动车分割行驶的形式。以交通功能为主，非机动车交通量大时应设置分隔带与机动车分离行驶，两交叉口之间分隔机动车与非机动车的分隔带宜连续。主干道两侧不宜设置吸引大量车流、人流的公共建筑物的进出口。

（3）次干道　集散交通，兼有服务功能，两侧可设置公共建筑物的进出口，并可设置机动车和非机动车的停车场、公共交通站点和出租车服务站。

（4）支路　解决局部区域交通，以服务功能为主，可与平行于快速路的道路相接，但不得与快速路直接相接。支路需要与快速路交叉时应采用分离式立体交叉跨过或穿过快速路。

后三类道路又按照城市的规模、交通量和地形等因素分为 I、II、III 级，大城市采用 I 级设计标准，中等城市采用 II 级，小城市采用 III 级。

道路的等级根据道路网规划、道路的功能、使用任务和要求及远景交通量大小综合论证后选定。

5.4 公路的基本组成结构

公路由路线、结构及沿线附属设施三个基本部分组成。

5.4.1 公路路线组成

公路由于受自然条件及地物的限制，在平面上转折，纵面上起伏，在转折点两侧，相邻直线处为了满足车辆行驶舒适、安全及速度要求，必须用一定半径的曲线连接，因此路线在平面上及纵面上均有直线及曲线组成。这些特征包括：

1）横断面。由车道、中间带、路肩、人行道、自行车道、路侧坡面、绿化带、设施道、路界等部分组成。

2）平面。直线、圆曲线、缓和曲线。

3）纵断面。升坡段和长度、降坡段和长度、竖曲线。

4）交叉。道路和其他道路的平面交叉和立体交叉。

5.4.2 公路的结构组成

道路结构物是道路的主题，它包括路基、路面、排水结构物、公路特殊结构物及防护工程等。

（1）路基 路基是行车的基础，它是由土石按照一定尺寸、结构要求建筑成的带状土工结构物。路基必须具有一定的力学强度和稳定性，经济、合理，保证行车部分的稳定性，防止自然破坏。路基的横断面组成有行车道、路肩、路缘带等（见图5-2）。

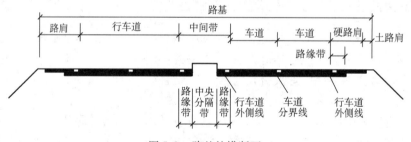

图5-2 路基的横断面

（2）路面 路面是使用各种坚硬材料分层铺筑于路基顶面的结构物，以供汽车安全、迅速和舒适行驶。要求路面具有足够的力学强度和良好的稳定性，表面平整，具有良好的抗滑性能，路面结构如图5-3所示。路面按照力学性质，分为柔性路面和刚性路面两大类。常用的路面材料有沥青、水泥、碎石、砾石、黏土、砂、石灰及其他工业废料。

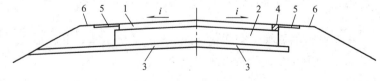

图5-3 路面结构

i—路拱横坡 1—面层 2—基层 3—垫层 4—路缘石 5—硬路肩 6—土路肩

（3）排水结构物 为了确保路基的稳定性，免受地下水和地面水的侵害，公路还应该修建专门的排水设施。地面水的排除系统按照排水方向的不同，分为纵向排水和横向排水。纵向排水设施有边沟、截水沟和排水沟。横向排水设施有桥梁、涵洞、路拱、过水路面、透水路堤和渡水槽等。

（4）公路特殊结构物

1）隧道。它是为公路从地层内部或水层通过而修建的结构物，当公路翻越高山或穿越深水层时，为改善平纵面线形、缩短路线长度时可考虑开凿隧道。隧道入口如图5-4所示。

图5-4 秦岭终南山公路隧道入口

2）悬出路台。在山岭地带的悬崖峭壁上修筑公路时，为了保证公路连续，路基稳定确保行车，需要修筑悬臂式路台。

3）防石廊。在山区地形地质复杂路段为了保证公路的行车安全，有时也修筑防石廊。

4）挡土墙。在横坡陡峻的山坡上或沿河岸修筑公路时，为了保证路基的稳定性和减少填挖方工程量，需修筑挡土墙。

（5）防护工程 在陡峻的山坡上或沿河一侧路基边坡、受水流冲刷或不良地质现象（滑坡、碎落、崩塌等）威胁的路段，为了保证路基稳定，加固路基边坡所修建的人工构造物，常见的路基工程有护坡、碎落台、填石路堤、倒流堤和坡面防护等。

5.4.3 公路的沿线附属设施

为了保证行车安全、舒适、美观，还需设置交通管理设施、交通安全设施、服务性设施和环境美化设施等。

（1）交通管理设施 为了保证行车安全，提前告知驾驶员前方路况及特点，道路上应设置公路交通标志和路面标线。

1）公路交通标志。公路交通标志有三类：①指示标志，它指示驾驶员行驶的方向、行驶里程和汽车长期停车的地方；②警告标志，它指出前方有行车障碍物和行车危险的地方，警告驾驶员要集中注意力，确保行车安全的标志；③禁令标志，它是指出各种必须遵守的交通限制的标志，如限制速度、载重和不准停车等。

2）路面标线。它是布设在路面上的一种交通安全设施，共有四种形式：白色连续实线，指不可逾越的车道分界线；白色间断线，作为车辆可以逾越的车道分界线；白色箭头指示线，用来指引汽车左、右转弯或直行；黄色连续实线，作为严禁车辆逾越的车道分界线。

为了适应夜间行车安全，发挥公路的作用，高等级道路的边线还应设置反光标志。

（2）交通安全设施 为了保证行车安全，各等级公路的急弯、陡坡、高路堤、地形险峻路段等，按规定设置必要的安全设施，如护栏、护柱、护墙等。

（3）服务性设施 公路的服务性设施包括渡口码头、汽车站、加油站、修理站、停车场、餐厅、旅馆及养护用的道班房等。

（4）环境美化设施 绿化是美化公路，保护环境不可缺少的部分。常在路侧带、中央分隔带、停车场及道路用地范围内的边角空地等处绿化，但不应妨碍视距。在环形交叉口、立交区和大桥桥头可以设置景观造型和花草种植来美化环境。

5.5 公路工程的特点及基本建设程序

5.5.1 公路工程的特点

公路工程施工的特点是由公路建筑产品的特点决定的。公路工程是呈线形分布的一种带状构筑物，通过勘察设计和施工，消耗大量资源，其施工过程具有阶段性、连续性及组织上的协作性。

1. 公路建筑产品的特点

（1）产品的固定性 公路工程的构造物固定于某一点不能移动，只能在建造的地方直接生产，完工后供长期使用。

（2）产品的多样性 由于公路的具体目的、技术等级、技术标准、自然条件及功能不同，而使公路的组成、结构复杂多样。

（3）产品形体庞大 公路工程是线形构造物，几何形体庞大，占据较大的空间。

（4）产品部分易损 公路工程构造物受行车作用和自然因素的影响，暴露于大自然的部分及直接受行车作用的部分，产生物理、化学变化，在疲劳、耐久、老化等方面受损表现突出。

2. 公路施工的技术经济特点

由于公路建筑产品的特点，因此在施工过程中具有以下的特点。

（1）施工流动性大 公路建设线长点多，工程数量分布不均匀，构造物在建造过程中和建成后都无法移动，因此要组织各类工作人员和机械围绕固定的产品进行施工活动。当公路工程竣工后，还要解决施工队伍向新的施工现场转移问题。公路施工的流动性给施工企业的生产管理和生活安排带来了很大的影响。

（2）施工协作性高 公路工程类型多、施工环节多，不同的施工条件使每项工程都要个别设计、个别组织施工。现代高等级公路不仅涉及电力、电信工程，还包含市政和环保工程。因此，公路工程施工过程中的综合协调和调度、科学管理就非常重要。

（3）施工周期长 由于公路产品形体庞大、产品固定而又不可分割，使得施工周期长。在较长的时间内大量地占有和耗费人力、物力和财力。在施工周期内往往经历一年四季气候的变化，应针对不同的气候、季节采取不同的措施进行施工管理，保证施工质量和进度。

（4）受外界干扰及自然因素影响大 公路施工穿越乡村和城镇，与当地政府和居民利益紧密相关。公路施工大部分是露天作业，受自然条件的影响较大，如气候冷暖、地势高低、洪水、雨雪等。

公路工程建设的特点决定了公路施工活动的特有规律，研究和遵循这些规律，对科学地组织管理公路工程施工，提高公路建设的经济效益具有重要意义。

5.5.2　公路工程的基本建设程序

1. 规划与研究阶段

根据发展国民经济的长远规划和公路网建设规划，由地方政府和公路部门提出项目建议书，项目建议书中应包括可行性研究，以减少项目决策的盲目性，使建设项目的确定有切实的科学性和经济合理性。公路可行性研究可分为预可行性研究和工程可行性研究。通过踏勘和调查研究，提出建设项目的规模、技术标准进行简要的经济效益分析，通过必要的测量、地质勘探，对不同建设方案从经济上、技术上进行综合论证，提出推荐方案，编制投资估算。

2. 设计阶段

一般采用两阶段设计，即初步设计和施工图设计。对于技术简单、方案明确的小型建设项目，可采用一阶段设计，即一阶段施工图设计；对于技术复杂而又缺乏经验的建设项目，主要采用三阶段设计，即初步设计、技术设计和施工图设计。

1）初步设计，应根据批准的可行性研究的要求和初测资料，拟订修建原则，选定设计方案，计算主要工程数量，提出施工方案的意见，提供文字说明和图表资料。

2）技术设计，应根据初步设计和定测资料，对重大复杂的技术问题进行科学研究，加深勘探调查及分析比较，解决初步设计中未解决的问题，落实技术方案，计算工程数量，提出修正的施工方案，编制修正设计概算。

3）一阶段施工图设计，应根据批准的可行性研究和定测资料，拟订修建原则，确定设计方案和工程数量，提出文字说明和图表资料及施工组织计划，编制施工图预算。

4）两阶段（或三阶段）施工图设计，应根据初步设计和定测资料，进一步深化修建原则、设计方案、技术方案，最终确定工程数量，提出文字说明和适应施工需要的图表资料和施工组织计划，编制施工图预算。

3. 施工阶段

为了保证施工的顺利进行，在施工准备阶段，建设主管部门应抓好施工沿线有关单位和部门的协调工作，组织分工范围内的技术资料、材料、设备的供应；设计单位按时提供各种图纸资料，做好施工图的移交工作；施工单位组织机具、人员进场，进行施工测量，修筑便道及生产、生活等临时设施，组织材料、物资采购、加工、运输、供应、储备，熟悉图纸要求，遵照施工程序合理组织施工，施工过程应严格按照设计要求和施工规范，确保工程质量，安全施工。竣工验收，交付使用。

4. 营运阶段

当全部建设工程经过验收合格后，完全符合设计要求，应立即移交生产部门正式使用。

5.6　公路工程设计与施工

5.6.1　路线几何设计

道路是三维空间的带状构造物（见图5-5）。几何尺寸描述了道路的空间形态，通常把路线在水平面上的投影称为路线的平面，中间位置的一条线一般称为道路的中线，沿中线竖直剖切再平行展开的称为路线的纵断面，中线上任意一点的法向切面是道路在该点的横断面。路线的几何设计是指确定路线空间位置，包括路线的平面设计、路线纵断面设计和横断面设计，三者相互关联，既要分别进行，又要综合考虑，需要进行三维的协调设计。

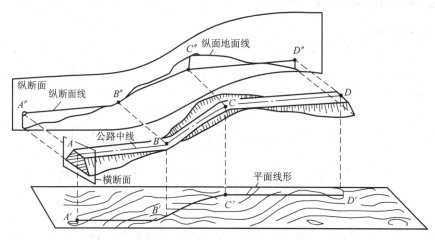

图 5-5　道路三维图

1. 公路线形设计的基本要求

（1）保证汽车在道路上行驶的稳定性　指汽车在道路上保持动态或静态时不会发生倾覆、倒溜和侧向滑移，要求道路的线形要与汽车的行驶轨迹相吻合，在结构上保证汽车车轮与路面之间具有足够的附着力。

（2）保证行车畅通、安全、迅速　为了行车畅通，必须有足够的路面宽度来满足交通量及通行能力的要求。在平面和纵面上具有足够的行车视距，尽可能减少平面交叉，增加交通安全措施，达到安全、迅速的行车目的。

（3）公路的平、纵、横断面布局合理　根据公路等级及使用任务和功能，合理利用地形，正确运用技术标准，保证路线的整体协调，尽量避免穿过不良地质地区，技术上可行，经济上合理。

（4）满足行车舒适的要求　汽车的营运对象是人和物，保证人的出游安全和舒适，货物运输不受损坏，是路线几何设计的重要指标之一。路线的起伏不宜过于频繁，平、纵曲线的最小半径要加以限制，平、纵曲线组合协调，保持线形的连续性，避免采用过长曲线，注意路线与当地环境景观相协调，避免破坏环境的生态平衡。

2. 平面设计

公路中线在水平面上的投影称为平面线形。公路平面设计的主要内容是根据规划确定的路线大致走向，在满足车辆行驶的技术要求前提下，结合当地地形、地质水文条件，因地制宜，确定其具体方向，选择合适的平曲线半径，解决转折点处的曲线衔接，保证必需的行车视距，使路线既要符合技术要求，又经济合理。

（1）平面线形组成　当一条公路的起、终点确定后，选择路线的方向尽可能使两点间的距离最短。两点间距离最短应是一条直线，但实际设置路线时，往往受到地形、不良地质地段和现状地物等障碍物的影响而需要转折绕道通过，或因为起终点间必须通过大桥桥位、城镇及工程经济等方面的考虑而必须转折，则相邻直线间要使用圆曲线连接。当圆曲线半径较小时还应插入一段缓和曲线。因此，平面线形的主要组成要素是直线、圆曲线和缓和曲线（见图5-6）。

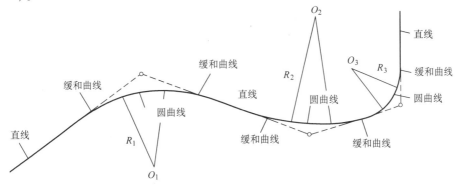

图 5-6　平面线形平面图

1）直线。两点之间采用直线距离最短，行驶受力简单，方向明确，驾驶操作简易，测设简单方便，在直线上设构造物更为经济。但直线单一无变化，与地形及线形自身难以协调，过长的直线在交通量不大且景观缺乏变化时，易使驾驶人员感到单调疲倦。在直线纵坡路段，易错误估计车间距离、行车速度及上坡坡度。驾驶员易对长直线估计得过短或产生急躁情绪，超速行驶。直线的运用应注意同地形、环境的协调与配合。

2）圆曲线。各级公路和城市道路不论转角大小均应设置圆曲线。由于圆曲线上任意点的曲率半径 R 为常数，故测设和计算简单；任意一点都在不断地改变着方向，比直线更能适应地形、地物和环境的变化；汽车在圆曲线上行驶要受到离心力的作用，而且往往要比在直线上行驶多占用道路宽度；汽车在小半径的圆曲线内侧行驶时，视距条件较差，视线受到路堑边坡或其他障碍物的影响较大，因而容易发生行车事故。

为了保证汽车在圆曲线上稳定行驶，减少离心力作用，必须使圆曲线上的路面做成外侧高、内侧低，即呈单向横坡的形式，称为横向超高（见图5-7）。

设置了超高后，车重的水平分力 $G\sin\alpha$ 可以抵消一部分离心力，其余部分由汽车轮胎与路面之间的摩阻力平衡，由于路面横坡不大，即 α 很小，可以认为 $\sin\alpha \approx \tan\alpha = i_y$，$\cos\alpha \approx 1$，$i_y$ 称为横向超高坡度。

行驶在曲线上的汽车由于受离心力作用其稳定性受到影响，而离心力的大小又与曲线半径密切相关，半径越小越不利，所以在选择圆曲线半径时应尽可能采用较大的值，只有在地形或其他条件受到限制时才可使用较小的曲线半径。

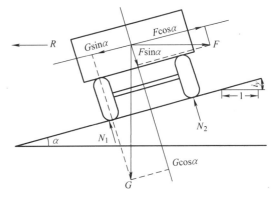

图 5-7　汽车在设有超高弯道上行驶的受力状况

3）缓和曲线。设置在直线和圆曲线之间或半径相差较大的两个转向相同的圆曲线之间的一种曲率连续变化的曲线。除四级公路外的其他各级公路同小于不设超高的最小圆曲线半径相连接处都应设置缓和曲线。缓和曲线的作用是：

① 曲率连续变化，便于车辆遵循。作为直线和圆曲线之间或大半径和小半径圆曲线之间曲率逐渐变化的曲线，使驾驶者易遵循行车轨迹，使车辆在进入或离开圆曲线时不致侵入邻近的车道。

② 离心加速度逐渐变化，旅客感觉舒适。直线上离心力为0，圆曲线上离心力为常数，在从0过渡到常数的过程中，需要一定的缓和过渡，如果离心力变化过快，乘客会感觉很不舒服。因此，要设置一定长度的缓和曲线，以缓和离心加速度的变化。

③ 超高横坡度及加宽逐渐变化使得行车更加平稳。从直线上的双坡断面过渡到圆曲线上的单坡断面，需要设置超高过渡段；从直线上的正常路宽过渡到圆曲线上的加宽宽度，需要设置加宽过渡段；超高过渡与加宽过渡一般在缓和曲线长度内完成。为避免车辆在这一过渡行驶中急剧地左右摇摆，并保证路容的美观，设置一定长度的缓和曲线也是必要的。

④ 与圆曲线配合，增加线形美观。直线与圆曲线直接相接，视觉上不平顺，有突变感，加入缓和曲线后，线形连续圆滑，增加线形的美观，具有良好的视觉条件。

（2）视距的保证　为了保证行车安全，驾驶员应能看到路面前方一定距离的障碍物或迎面来车，以便及时制动和绕过。汽车在这段时间内沿公路路面行驶的必要安全距离，称为行车视距。各级公路在平面和纵面上，都应保证必要的行车视距。

（3）绘制路线平面图　路线平面图是公路基本建设工程设计文件之一，因此，要求路线平面图应示出路线中线两侧50～150m范围内的带状地形、现状地物，路中线位置、里程及百米桩，水准点和大中桥位、隧道和相交道路的位置，以及省、市、自治区、县分界线等，并标出平曲线要素。

3. 横、纵面设计

（1）路线横断面设计　路线横断面图主要反映路基的形状和尺寸。公路路基顶面两路肩外侧边缘之间的部分称为路幅。公路的横断面应该包括路基、路肩、边沟、边坡、中间分隔带等。由于汽车行驶在弯道上所产生的离心力会使汽车发生倾覆、滑移的危险，为了保证行车安全，应当把行车道部分做成外侧高、内侧低的单斜面，这种设置称为超高。汽车在弯道上行驶时，因为每一个车轮沿着各自独立的轨迹运动，前轴外轮的轨迹曲率半径大，后轴内轮的曲率半径小，则汽车在弯道上行驶所需要的宽度比在直线上行驶所需的宽度大。因此，当平曲线半径等于或小于250m时，应在平曲线内侧加宽路面。由于弯道上路面加宽后与弯道两端的直线路段形成的路面宽窄不一，影响路容美观，故需设置从直线段上的正常宽度逐渐增加到主曲线上全加宽的加宽缓和段，加宽缓和段设置方式可按直线比例逐渐加宽。

公路横断面的类型有：

1）单幅双车道。这种车道是指整体式的供双向行车的双车道公路，这类公路在我国公路总里程中占的比重最大。二、三级公路和一部分四级公路均属这一类。这类公路适应的交通量范围大，可达15000小客车/昼夜，行车速度可从20km/h至80km/h。在这种公路上行车，只要各行其道、视距良好，车速一般都不会受影响。但当交通量很大，非机动车混入率高、视距条件又差时，其车速和通行能力则大大降低。所以对混合行驶相互干扰较大的路段，可专设非机动车道和人行道，与机动车分离行驶。

2）双幅多车道。四车道、六车道和八车道的公路，中间一般都设分隔带或做成分离式路基而构成"双幅"路。有些分离式路基为了利用地形或处于风景区等原因甚至做成两条独立的单向行车的公路。这种类型的公路适应车速高、通行能力大，每条车道能担负的交通量比一条双车道公路还多，而且行车顺适、事故率低。高速公路和一级公路属此类。

3）单车道。对交通量小、地形复杂、工程艰巨的山区公路或地方性道路，可采用单车道，四级公路路基宽度为 4.50m、路面宽度为 3.50m 就属于此类。此类公路虽然交通量很小，但仍然会出现错车和超车。为此，应在不大于 300m 的距离内选择有利地点设置错车道，使驾驶人员能够看到相邻两错车道之间的车辆。

城市道路横断面的布置类型有单幅路、双幅路、三幅路和四幅路。

1）单幅路。单幅路俗称"一块板"断面，各种车辆在行车道上混合行驶。单幅路占地少，投资省，但各种车辆混合行驶，对于交通安全不利，仅适用于机动车交通量不大且非机动车较少的次干路、支路，以及用地不足拆迁困难的旧城改建的城市道路上。

2）双幅路。双幅路俗称"两块板"断面，在车道中心用分隔带或分隔墩将行车道分为两部分，上、下行车辆分向行驶。各自再根据需要决定是否划分快、慢车道。双幅路断面将对向行驶的车辆分开，减少了对向行车干扰，提高了车速，分隔带上还可以用作绿化、布置照明和铺设管线，但各种车辆单向混合行驶干扰较大。双幅路主要用于各向至少具有两条机动车道、非机动车较少的道路。有平行道路可供非机动车通行的快速路和郊区道路，以及横向高差大或地形特殊的路段也可采用双幅路。

3）三幅路。三幅路俗称"三块板"断面，中间为双向行驶的机动车车道，两侧为靠右侧行驶的非机动车车道。机动车和非机动车车道之间用分隔带或分隔墩分隔。三幅路将机动车与非机动车分开，对交通安全有利；在分隔带上可以布置绿带，有利于夏天遮阳防晒、布置照明和减少噪声等。对于机动车交通量大、非机动车多的城市道路上宜优先考虑采用三幅路。

4）四幅路。四幅路俗称"四块板"断面，在三幅路的基础上，再用中间分车带将中间机动车车道分隔为二，分向行驶。四幅路不但将机动车和非机动车分开，还将对向行驶的机动车分开，于安全和车速较三幅路更为有利，但占地更多，造价更高。它适用于机动车辆车速较高、各向两条机动车道以上、非机动车多的快速路与主干路。

（2）路面纵面线形设计　路面纵面线形反映了路中线地面起伏和设计路线的坡度情况。纵断面上的坡度线有上坡和下坡，称为坡度，大小是以坡度线两端高差与其水平长度比值的百分数表示。沿路线前进方向，坡度线起点比终点低则为上坡，否则为下坡。纵断面上相邻两条坡度线相交处会出现变坡点和变坡角，在变坡点，用一段曲线（竖曲线）连接，以利于车辆平顺行驶，JTG B01—2014《公路工程技术标准》中规定，各级公路在变坡点处均应设置竖曲线。竖曲线的设计主要是确定半径，从满足行车要求出发力求选用较大半径，在较困难的地形路段才采用较小半径。

4. 公路选线

公路选线是在规划道路的起终点之间选定一条技术上可行、经济上合理，又能符合使用要求的道路中心线的工作。为了保证选线和勘测设计质量，降低工程造价，必须全面考虑，由粗到细，由轮廓到具体，逐步深入，分阶段、分步骤地加以分析比较，进行多方案比选，才能定出最合理的路线。

（1）选线的一般原则　选用最优的路线方案，不遗漏任何一个可行方案，运用各种先进手段，经过深入、细致地多方案比较和论证，选定最佳路线方案；结合所采用的计算行车速度，正确运用技术指标。路线设计应在保证行车安全、舒适、迅速的前提下，做到工程量小、造价低、营运费用省、效益好，并有利于施工和养护；注意与农田基本建设相配合，少占田、不占高产田和经济林；处理好路线与名胜、风景、古迹的关系；对不良地质地段，正确处理路线与绕避或穿越的关系；选线应重视环境保护，注意由于修建道路及汽车运行所产生的影响和污染等问题；注意拆迁、阻隔出行、交往、交通噪声、环境空气污染、与环境敏感点的距离等影响。

（2）选线的步骤

1）路线方案选择。路线方案选择主要是解决起终点间路线基本走向的问题。有地形图时，在小比例尺（一般为1∶25000或1∶100000）地形图上找出各种可能的方案，经初选后确定几条比较有价值的方案，到现场勘查，比选出一条最佳方案。无地形图时，到现场调查或踏勘，进行方案比选。地形复杂或范围很大时，可采用航空视察，或用遥感与航摄资料选线。在路线的起终点间经比选确定一系列大的控制点，这些点的连线即路线基本走向。

2）路线带的选择。在基本走向的基础上，结合地形、地质、水文等自然条件在大的控制点之间选定一些细部控制点，这些点的连线即路线带。在大比例尺（1∶5000～1∶1000）地形图上，通过比选的方法确定。大控制点和其间细部控制点的连线仍然为折线。

3）具体定线。根据技术标准和路线方案，进行平、纵、横综合设计，具体定出路线中线。有纸上定线、直接定线、航测定线等方法，确定满足技术标准的道路中线的确切位置。

5. 公路定线与现场勘测

（1）公路定线　定线时在已定的公路等级及选定的起终点和控制点的路线带范围内，结合当地地形、水文地质等条件，综合考虑平、纵横断面的合理安排，具体定出公路中心线的位置。公路定线分为纸上定线和实地定线两种方法。对于技术标准高、地形与地物复杂的，使用纸上定线后再实地定线；对于路线方案明确、技术标准较低的，可直接定线。对于修建任务紧迫和方案明确、技术比较简单的项目及一般小型项目，采用一阶段设计，就需要到现场直接定线。在实地定线时因为地形条件的不同，定线的具体内容也不尽相同，平原微丘地区不受纵坡制约，只需绕避地物、不良水文地质地段，避免占用良田，沿线方向在大控制地点加密控制点，再定出各个转角点，进行详细测量。对于山岭重丘地区，除考虑地质地形、水文等条件限制平面线形外，还应考虑纵坡影响。

（2）现场勘测　通常由有组织的勘测队依照一定的测量程序进行，结合当地自然条件，经过技术经济等方面的分析，因地制宜地选定切实可行的经济合理路线。为适应工作需要，测设队分为选线组、测角组、中桩组、水准组、横断面组、地形组、桥涵组和调查组等，各工作组之间互相协作、互相配合，有秩序地完成路线的定测工作。

5.6.2　路基的设计与施工

1. 路基的特点和要求

路基是道路工程中的一项重要工程，它是路面的基础、公路的主体，路基工程质量的好坏直接影响到结构物的排水稳定、公路使用品质、旅客的舒适性和正常的行车交通。

（1）路基工程的特点　路线长，通过的地带类型多，技术条件复杂，地形气候和水文地质条件影响较大。除一般的施工技术外，还要考虑软土压实、桩基、边坡稳定、挡土墙等。路基工程的土石方量大，劳力和机械用量多，施工周期长，在城市道路中碰到的隐蔽工程多，如给水管、污水管、煤气管、电缆等，须与有关部门协调，公共关系复杂。

（2）路基工程设计的基本要求 路基要具有足够的强度，路面的自重及行车荷载会对路基产生压力，路基会产生一定变形；要具有足够的水温稳定性，路基在地面水和地下水的共同作用下不致显著降低强度，在冰冻地区不致造成冻融翻浆和强度的急剧下降；要具有足够的整体稳定性，路基施工改变了地面的天然平衡状态，挖方路堑边坡可能失稳，陡坡路堤可能沿地表整体下滑，因此必须采取技术措施，确保路基的整体稳定性。

2. 路基设计

（1）路基横断面 路基可分为路堤、路堑和填挖结合路基三种（见图5-8）。

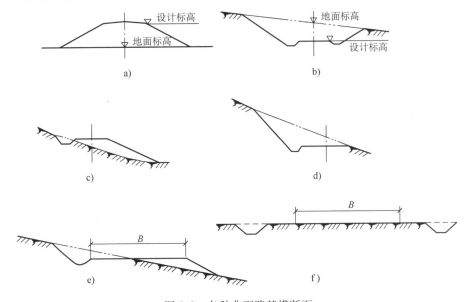

图 5-8 各种典型路基横断面

a）路堤 b）路堑 c）半路堤 d）半路堑 e）半路堤半路堑 f）不填不挖路基

路堑是开挖路面所形成的路基，两边设排水边沟，基本的路堑形式有全挖式、台口式和半山洞（见图5-9）。

（2）路基的基本构造 路基的几何尺寸由高度、宽度和边坡组成（见图5-10）。路基的填挖高度由路线的纵断面设计确定，考虑路线总坡、路基稳定性和工程经济等要求保证路基上部土层终年处于干燥和中湿状态。高路堤和深路堑的土石方量大，难于施工，边坡稳定性差，应尽量避免使用。路基宽度应根据设计交通量和公路等级而定。路基边坡影响路基的整体稳定性，必须整体设计，路基边坡坡度可用边坡高度 H 和边坡宽度 b 之比表示，若取 $H = 1m$，边坡坡度即 $1:m$，边坡坡度也可用边坡角表示。不同的边坡可视土质、土的密实程度和边坡高度及水文条件而定，岩石边坡坡度应根据岩性、地质、岩石分化程度和边坡高度分析确定。

（3）路基工程附属设施 主要有取土坑、弃土堆、护坡道、碎落台、堆料坪、错车道及护栏等。

3. 路基排水

为减少路基的湿度，保持路基常年处于干燥和中湿状态，确保结构的稳定性，考虑排水的原则，要查清水源，结合农田水利进行全面规划，水沟宜短不宜长，充分利用地形，注意

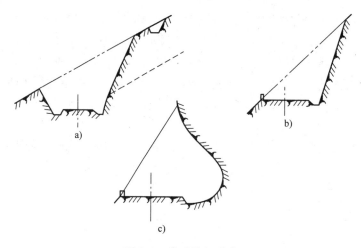

图 5-9　典型路堑形式
a）全挖式　b）台口式　c）半山洞

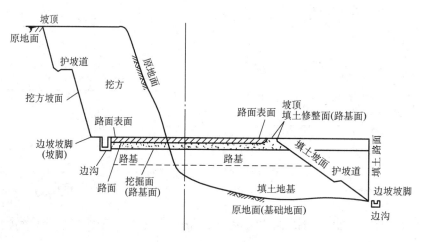

图 5-10　路基的组成

就地取材，结构经济实用，并做出优化选择。

（1）路基排水设施　地上排水结构包括边沟、截水沟、跌水与急流槽、虹吸管等，地下排水结构有盲沟、渗沟和渗井等。

（2）路基边坡的防护和加固　路基边坡常年受冰雪融化和雨水冲刷等的破坏，必须进行适当的防护和加固。坡面防护分植物防护和矿料防护，对于易发生严重剥落和溜方的路基边坡，可采用石砌防护；对于无严重局部冲刷的沿河路堤，可采用抛石防护。

4. 路基施工

路基压实是路基工程的关键工作，关系到路基工程的成败。土基的压实是土的三相组成在外力作用下发生改变，土粒受压，空气和水被挤出，颗粒挤紧，结构变密，强度增大，渗透性降低，减少了水的毛细作用，阻止了水分积聚。

（1）施工前的准备工作　进行现场勘察，核对公路设计文件，完成施工场地的拆迁清理工作；认真编制施工组织计划，做好施工方案和施工进度计划，全面考虑临时工程的进度建设，协调好与工程有关的单位，保证物资后勤工作。

（2）土路基施工　路基施工可采用机械辅助人工施工，工程机械主要是推土机、平地机和铲运机，运距较长时可用挖土机，配合自动倾卸汽车装运施工，水源充足处可用水利机械施工，在冰冻地区也可用爆破法开辟路堑。

（3）石方路基施工　公路路基施工经常在山区遇到石方工程，由于石方数量大，石质坚硬，工期长，施工时广泛采用爆破技术。

5.6.3　路面的设计与施工

1. 路面设计的基本要求

路面结构暴露在大自然界，常年受各类行驶车辆荷载的重复作用，为保证行车的通畅、舒适和经济耐用，路面应具有以下功能：

（1）强度和刚度　路面结构应具备足够的强度，在外力的作用下不致产生开裂、松散和剪切等破坏；应具有足够的刚度，不致在车轮荷载的作用下产生过大的变形，造成沉陷、车辙、波浪等破坏。

（2）水温稳定性　路面在水分和温度的变化下，强度和刚度应保持必要的稳定性，基层和土基浸水时不致发软；沥青路面在夏季高温时不致泛油、托移、拥包；水泥混凝土路面在夏季不致胀裂，在冬季低温时不冻裂。

（3）耐久性　路面结构要承受大气和行驶车轮的重复作用，不致产生疲劳破坏和过大的塑性积累变形，减缓路面的强度衰减，保证必要的设计使用年限。

（4）表面平整　路面表面平整坚实，以减少车辆机件的振动磨耗，降低油耗，提高行车速度。

（5）抗滑性　路面要保证粗糙性，在雨天提供较大的轮胎与路面的摩擦力，在高速行车或紧急刹车时不致空转或打滑。

（6）环保性　砂石路面在汽车行驶下会尘土飞扬，各类路面的行车噪声会对沿线居民造成不良影响，要求路面在行车过程中尽量减少扬尘和噪声。

2. 路面的分类和分级

从路面的力学性能出发，一般把路面分为刚性路面和柔性路面。刚性路面是指水泥混凝土路面，其强度高、刚性大，有较强的应力扩散能力，车轮作用下路面的弯沉作用小。柔性路面主要是碎石路面和各类沥青路面，其刚度小、抗拉强度低，荷载作用下变形较大，此类路面弹性好，路面无接缝，行车舒适性好。还有一类半刚性材料，主要为无机结合料（水泥、石灰），水硬性材料稳定土、砂、砾石和工业废料，此类材料后期强度增长较大，最终强度比柔性路面强度高，但比刚性路面强度低，不耐磨耗，只作为柔性路面和刚性路面的基层使用。公路路面按公路等级和服务能力可分为高级、次高级、中级和低级四级。

3. 路面设计

（1）柔性路面设计　设计时应控制的指标主要包括以下三点：

1）路表回弹弯沉值。保证路基路面的整体强度，弯沉越小，路面整体强度越高，路面使用期限越长。根据路面设计和设计年限的要求，确定一次标准轴载作用下路表回弹弯沉值，作为路面的设计弯沉值。所设计的路面结构的路表回弹弯沉值，应小于或等于设计弯沉值。

2）疲劳开裂。为了保证机构正常工作，应控制沥青面层层底拉应力和水泥稳定剂层层底拉应力小于或等于沥青层和半刚性基层的允许疲劳拉应力。

3）面层剪切。为保证路面在车轮垂直和水平复合荷载作用下不会出现剪切、推挤和拥包，破坏面层结构的剪应力应小于面层材料的允许抗剪强度。在我国北方地区，为防止路面出现冻裂破坏，要考虑计算低温收缩应力小于材料在该温度时的允许抗拉强度。

（2）刚性路面设计　水泥混凝土板采用矩形设计，荷载在板中产生最大综合疲劳破坏的临界荷载位置选在板的纵缝边缘中部。计算混凝土板厚时，应根据拟订的板尺寸，初估板厚度；然后进行荷载应力和温度应力计算，算出作用应力综合值，并与板的允许应力进行对比，若满足规定条件，则初估厚度即设计板厚，否则改变板厚，重新计算至符合条件。

4. 路面施工

（1）沥青路面施工　沥青混凝土的施工必须充分备料，并对施工机具进行配套和全面检查，调试到最好状态。路用沥青应在沥青拌和厂的沥青加温至140～170℃（石油沥青）或90～130℃（煤沥青），经管道输送到沥青混凝土拌和机。拌制好的沥青混合料装入自卸汽车运送到工地，运料车必须覆盖保温。

沥青混凝土路面基层必须清扫干净，按规定浇洒透层油或黏层油。自卸汽车把沥青混凝土混合料倾卸于摊铺机料斗上，立即用沥青混凝土摊铺机进行摊铺，碾压时为了防止黏轮，可向压轮洒少量水或加洗衣粉水。

（2）水泥混凝土路面施工　在检验合格的水泥混凝土路面基层上打桩放样，认真清扫基层；模板按预先标定的位置放在基层上，并用铁钉打入基层将其固定；安设传立杆；拌制和运送混凝土，摊铺振捣，进行表面修整，混凝土养护，锯缝填缝。

5.7 公路工程管理与养护

为加强公路养护工程管理，提高公路养护工程质量和投资效益，公路养护工程管理工作实行"统一领导，分级管理"的原则。国务院交通主管部门主管全国公路养护工程的管理工作。省级交通主管部门主管本行政区域内公路养护工程的管理和监督工作。公路养护工程的具体管理工作，根据省级人民政府交通主管部门的授权及目前各级公路管理机构的职责分工，由县级以上人民政府交通主管部门设置的公路管理机构负责。乡道养护工程的管理工作由乡（镇）人民政府负责，县级交通主管部门负责行业管理和技术指导。

公路养护工程资金主要来源于国家依法征集的公路养护资金、财政拨款、车辆通行费和国务院规定的其他筹资方式。公路养护工程资金专项用于公路的养护和改建。公路养护工程计划由省级公路管理机构编制，报省级交通主管部门批准后执行。公路养护工程计划编制时应遵循"先重点、后一般，先干线、后支线"的原则。对于国省干线公路和具有重大政治、经济、国防意义的公路养护工程、抗灾抢险工程，要优先安排。

公路管理机构在安排养护工程项目时，参照公路路面管理系统评定的结果，做到决策科学化。经营企业经营的收费公路，其养护工程计划由经营企业编制并报省级公路管理机构核备。经营企业根据JTG H10—2009《公路养护技术规范》的要求组织实施。各级公路管理机构积极采用现代化管理手段和先进养护技术，大力推广和应用新技术、新材料、新工艺、新设备，不断提高公路养护管理技术水平。

公路养护工程管理工作把工程质量放在首位，建立、健全质量控制体系，严格检查验收制度，提高投资效益。公路养护工程施工时，施工单位应按照有关标准、规范的规定在养护工程施工路段设置标志，必要时还安排专人进行管理和指挥，以确保养护工程实施路段的行车安全。车辆不能通行的路段必须修建临时便道或便桥，并做好便道、便桥的养护管理工作。对由于不可抗拒的自然灾害（如风、沙、雨、雪、洪水、地震等）破坏的公路、桥涵等设施，地（市）、县级公路管理机构要组织人员和设备及时进行抢修。公路管理机构难以及时恢复时，县级以上地方人民政府应当及时组织当地机关、团体、企事业单位、城乡居民进行抢修，并可以请求当地驻军支援，尽快恢复交通。

为了更好地保障在不中断交通的条件下方便施工作业，保证交通安全，减少因道路养护施工作业给正常交通造成的不利影响，应当重视和加强以下几个方面的工作：

（1）积极采用新技术，提高大修养护施工质量和工程安全　近年来，许多地区高速公路推行快速养护方法，其宗旨是采取高效率、高技术含量的大修机械化养护设备，以有效提高道路大修养护施工效率和质量，延长道路使用年限，同时减少在高速公路上施工的作业人员，压缩养护施工时间，降低发生交通事故的概率。高速公路大修养护施工中，利用大型沥青路面热再生设备和稀浆封层车施工效率比较高。其中有些大型沥青路面热再生设备工作宽度达 $3 \sim 4.8 \mathrm{m}$，工作速度为 $2.5 \sim 9 \mathrm{m/min}$，所需施工人员只有 $8 \sim 10$ 人，对于高速公路路面大修养护，其工作效率和经济效益明显，对交通安全也非常有益。应着重做好现有设备的维护保养，使设备始终处于良好状态，并开发利用好设备资源，加强设备操作人员的业务培训，不断提高路面维修施工效率和工程质量，努力保障交通安全。

（2）科学规范日常养护施工作业，减少或杜绝安全事故的发生　日常养护是高速公路维修养护作业的一个重要内容。由于日常养护具有经常性，部分作业具有突发性等特点，因此，科学规范日常养护施工作业也是安全管理的一项重要内容。科学规范日常养护作业，首先，要根据不同工种的作业性质，制定出合理的安全作业制度，以制度约束作业。其次，建立长效的检查机制，通过检查及时纠正作业中存在的不规范行为，及时补充、完善安全操作规程。再次，建立长期的安全教育制度，定期对各工种作业人员进行安全教育，使职工充分认识到安全作业的重要性，提高职工的安全防范意识。通过以制度规范作业、以检查促进作业、以教育保证作业的机制，达到减少，直至杜绝安全事故的发生。

（3）合理摆放施工标志等安全设施，降低交通事故发生率　高速公路的车流量较大，一旦进行施工养护作业或发生交通事故，便可能发生交通堵塞。因此，对规范设置施工现场标志、设施的要求更高。目前，高速公路施工养护作业控制区执行的标准是 JTG H30—2015《公路养护安全作业规程》。该规范根据车速及具体交通量，规定了高速公路养护维修作业警告区最小长度，但这往往不容易引起驾驶员的重视，警示效果不太好。因此，有必要在这一区域内增设警告标志（如爆闪灯等设施），以加强警示效果，提醒驾驶员注意减速避让、绕行等。

国外高速公路标志已大量采用电子化高技术产品，如自动控制、红外线、激光等新技术的应用，使得公路标志的功能趋向完善。高速公路应积极推广应用新型、成套、标准化的警示标志。首先，要充分发挥可变情报板的作用，利用可变情报板提供信息快捷方便等功能优势，尽早让驾驶员了解前方路况信息及交通异常信息。另外，可采用频闪灯光、新型 Led 光源、新型高反光率膜反光等逐步取代老式信号标志和老式安全标志。标志的设计和设置应坚持以人为本的原则，在满足规范要求的前提下，施工现场标志、设施的设置应更加清晰醒目、科学合理，便于驾驶员识别和遵守。

（4）制定合理的管理措施是保证高速公路维修安全作业的必要条件　制定合理的管理措施要建立健全安全生产责任制，明确领导及各岗位职工的安全生产工作职责；完善安全生产检查制度；实行检查登记制度，对存在问题的事项应有书面记录和书面整改意见；在施工旺季和公路运输繁忙时期之前，应对工程、养护、机械设备等的安全情况进行专业性检查；安全管理人员要经常深入一线检查、督促安全生产工作。高速公路养护作业的安全管理是全员性的安全管理，除施工单位加强管理外，还应与交警公安人员、路政管理人员紧密配合，为施工人员创造良好的施工环境，确保施工安全。

思 考 题

1. 交通运输体系由哪几部分组成，各自的特点是什么？
2. 道路交通运输系统由哪几部分组成？
3. 简述道路工程的内容。
4. 道路按照所处位置、交通特点及使用特点分为哪几类？
5. 按照道路在道路网中的地位、行程的长度及所承担的交通量，公路和城市道路分为哪几类？
6. 道路由哪几部分组成？
7. 道路的结构物包括哪些？
8. 什么是路基、路面？道路设计中对于路基、路面的具体要求是什么？
9. 简述公路工程的基本建设程序。
10. 什么是路线几何设计，包括哪些内容？
11. 公路线形设计的基本要求是什么？
12. 什么是平面线形？平面线形设计的内容包括哪些？
13. 什么是横向超高？为什么要设置横向超高？
14. 什么是缓和曲线？缓和曲线的作用是什么？
15. 什么是坡度、竖曲线？公路线形对于竖曲线有什么要求？
16. 简述公路选线的一般原则和步骤。
17. 路基包括哪几种形式，用图示意。
18. 按路面的力学性能划分，包括哪几类路面形式？

参 考 文 献

［1］许金良，等. 道路勘测设计［M］. 5版. 北京：人民交通出版社，2018.

［2］孙家驷. 道路勘测设计［M］. 4版. 北京：人民交通出版社，2019.

［3］孙建诚，孙吉书，李霞. 道路勘测设计［M］. 3版. 北京：人民交通出版社，2020.

［4］黄晓明. 路基路面工程［M］. 6版. 北京：人民交通出版社，2019.

［5］何兆益，杨锡武. 路基路面工程［M］. 2版. 北京：人民交通出版社，2020.

［6］中华人民共和国交通运输部. 公路路基设计规范：JTG D30—2015［S］. 北京：人民交通出版社，2015.

［7］中华人民共和国交通运输部. 公路路基施工技术规范：JTG/T 3610—2019［S］. 北京：人民交通出版社，2019.

［8］中华人民共和国交通运输部. 公路沥青路面设计规范：JTG D50—2017［S］. 北京：人民交通出版社，2017.

［9］交通部公路科学研究所. 公路沥青路面施工技术规范：JTG F40—2004 ［S］. 北京：人民交通出版
社，2005.

［10］中华人民共和国交通运输部. 公路水泥混凝土路面设计规范：JTG D40—2011 ［S］. 北京：人民
交通出版社，2011.

［11］中华人民共和国交通运输部. 公路水泥混凝土路面施工技术细则：JTG/T F30—2014 ［S］. 北京：
人民交通出版社，2014.

6.1 概述

　　桥梁工程是土木工程中最重要的组成部分之一，是采用石、砖、木、混凝土、钢筋和其他金属材料建造的跨越障碍物的结构工程。建立四通八达的现代化交通网，大力发展交通运输事业，对于发展国民经济、促进各地经济发展及文化交流和巩固国防，具有重要意义。在公路、铁路、城市和农村道路建设中，为了跨越各种障碍，必须修建各种类型的桥梁与涵洞，因此桥涵是交通线中的重要组成部分。一般来讲，桥梁与涵洞的造价平均占公路总造价的20%～30%，随着公路等级的进一步提高，其所占的比例将会增大，桥梁往往也是交通运输的咽喉，是保证全线早日通车的关键。

　　由于科技的进步和工业水平的提高，人们对于桥梁建筑提出了更高的要求。现代高速公路上迂回交叉的各式立交桥，城市内环线上的高架桥，长江、黄河等大江大河上的大跨度桥梁，蔓延几十千米的海湾、海峡大桥等，这些规模宏大的工程实体，构成了现代交通靓丽的风景线。纵观世界各国的大城市，常常以规模宏大的大桥作为城市的标志与骄傲，如美国金门大桥（见图6-1）。

图6-1　金门大桥

　　经济的飞速发展、桥梁建设的突飞猛进为当地创造了良好的投资环境，对促进地域性经济的发展起到了关键性作用。广大桥梁工程技术人员正面临着不断设计和建造新颖、复杂桥梁结构的挑战。

6.2 桥梁工程的发展现状

6.2.1 桥梁的发展历史及建设成就

1. 古代、近代的建桥成就

桥梁是人类在生产生活中，为了克服天然障碍而建造的建筑物。古代桥梁所用的材料一般为木、石、藤、竹等天然材料。锻铁出现以后，开始建造铁链吊桥。由于当时材料的强度较低，人们对于力学知识认识不足，当时桥梁的跨径都很小。由于木、藤、竹类材料容易腐烂，因此保留至今的古代桥梁多为石桥。世界上现存最古老的石桥在希腊的伯罗奔尼撒半岛，是一座用石块干砌的单孔石拱桥。

我国文化悠久，是世界上文明发达最早的国家之一，在世界桥梁建筑史上留下了许多光辉的篇章。我国幅员辽阔，江河众多，古代桥梁数量惊人，类型丰富。据史料记载，早在3000多年前的周文王时，就在渭河上架设过大型浮桥，汉唐以后浮桥的应用更为广泛。公元35年东汉光武帝时，在今宜昌和宜都之间建造了长江上第一座浮桥。在春秋战国时期多孔桩柱式桥梁已经遍布黄河流域。

近代的大跨径吊桥和斜拉桥也是由古代的藤、竹吊桥发展来的。全世界都承认我国是最早有吊桥的国家，距今有3000年的历史。在唐朝中期我国已经建造了铁链吊桥，西方国家在16世纪才开始建造铁链吊桥，比我国晚了近千年。我国保留至今的古代悬索桥是四川沪定县的跨径100m的大渡河铁索桥（1706年）和举世闻名的跨径61m、全长约340m的安澜竹索桥（1803年）。

在秦汉时期我国广泛修筑石梁桥，1053—1059年在福建泉州建造的万安桥一度是世界上保存最长、工程量最艰巨的石梁桥，共47孔，全长800m。此桥以磐石铺遍江底，是近代筏形基础的开端，并使用养殖海生牡蛎的方法胶固桥基，使之成为整体，是世界上绝无仅有的建桥方法。1240年建造的福建漳州虎渡桥，全长335m，某些石梁长达23.7m，重达200t的石梁是利用潮水涨落浮运架设的。举世闻名的河北省赵县的赵州桥（安济桥）是我国古代石拱桥的杰出代表（见图6-2），该桥净跨径为37.02m，宽为9m，拱矢高7.23m，在拱圈两肩各设有两个跨度不等的腹拱，既减轻了自重，节省了材料，又便于排洪，增加了美观，像这种敞肩拱桥在欧洲19世纪才出现，比我国晚了1200多年。1169年建造的广东潮安县横跨韩江的湘子桥（广济桥），上部采用了石拱、木梁、石梁等多种形式，全长517.95m，共19孔，这是世界上最早的开合式桥，使用18条浮船组成长达97.30m的开合式浮梁，既适应了大型商船和上游木排的通过，又避免了过多的桥墩阻塞河道。

图6-2 赵州桥

然而，封建制度在我国的长期统治大大束缚了生产力的发展。进入 19 世纪以后，我国在综合国力、科学技术等方面，已远远落后于西方国家。新中国成立前，公路桥梁绝大多数为木桥，1934—1937 年由茅以升先生主持修建的钱塘江大桥是由我国技术人员完成的唯一一座大桥工程。该桥为双层公铁两用钢桁梁桥，正桥 16 孔，全长 1400m。

2. 当代的建桥成就

新中国成立后，在政治上取得了独立和解放的中国人民迅速医治了战争的创伤，恢复经济，桥梁建设也出现了突飞猛进的局面。特别是 1978 年改革开放以来，我国交通事业得到了快速发展，尤其是 20 世纪 90 年代以来国家对高等级公路的大力投入，使得我国的桥梁事业得到了空前的大发展，在世界桥梁建设中异军突起，取得了举世瞩目的成就。目前我国在建设大跨径桥梁方面，已经跻身于世界先进行列。

（1）梁式桥 1957 年建成的武汉长江大桥（见图 6-3）结束了我国万里长江无桥的状况，正桥为三联 3×128m 的连续钢桁架，上层为公路桥，下层为双线铁路桥，桥面宽 18m，两侧各设 2.25m 的人行道，全桥总长 1670.4m。大型钢梁的制造和架设、深水管柱基础的施工为我国新一代桥梁技术开创了新路。1969 年我国自行设计、施工建设了举世瞩目的南京长江大桥，该桥是使用国产高强钢材建造的现代化大型桥梁。正桥除北岸第一孔为 128m 简支钢桁梁外，其余为 9 孔 3 联，每联为 3×160m 的连续钢桁梁。上层为公路桥面，下层为双线铁路，铁路桥部分全长 6772m，公路桥部分长为 4589m。

图 6-3 武汉长江大桥

钢筋混凝土和预应力混凝土桥梁在我国也得到了很大发展。对于中小跨径桥梁广泛采用装配式钢筋混凝土及预应力混凝土板式和 T 形梁，除了简支梁以外还修建了大跨度预应力混凝土 T 形刚构、连续梁桥和悬臂梁桥。各国也先后修建了许多大跨度混凝土梁桥，1998 年，挪威建成了世界第一大跨斯托尔马桥（主跨 301m）和世界第二大跨拉脱圣德桥（主跨 298m），两桥均为连续刚构桥。我国于 1988 年建成的广东洛溪大桥（主跨 180m），开创了我国修建大跨径预应力混凝土连续刚构桥先河。1997 年建成的虎门大桥辅助航道桥（主跨 270m）为当时预应力混凝土连续刚构桥世界第一大跨（见图 6-4）。近几年又相继建成多座大跨径混凝土梁桥。我国大跨径混凝土梁式桥的建设技术已居世界先进水平。

（2）拱桥 新中国成立前，我国所建的拱桥大多为石拱桥。2001 年建成的山西晋城的丹河大桥，跨径 146m，是世界上最大跨度的石拱桥。由于拱桥造型优美，跨越能力大，长期以来一直是大跨桥梁的主要形式之一。1980 年，原南斯拉夫（位于现在的克罗地亚）建成了克尔克桥。该桥为混凝土拱桥，主跨 390m（见图 6-5）。在当时大跨混凝土拱桥修建技术上，我国与国外尚有不小差距。

图 6-4　虎门大桥辅助航道桥

图 6-5　克尔克桥

20 世纪 90 年代后，我国在拱桥施工方法上发展了劲性骨架法，它是将钢拱架分段吊装合拢，做成劲性骨架，再在其上挂模板和浇筑混凝土，使得大跨径拱桥的建造能力得到提高。1990 年，国内首先采用劲性骨架法建成宜宾南门金沙江大桥，主跨 240m。1996 年，建成广西邕宁邕江大桥，主跨 312m。1997 年，建成重庆万县长江公路大桥，采用钢管拱为劲性骨架，主跨 420m，是当时世界上最大跨度的混凝土拱桥。1995 年，我国用悬臂施工法建成了贵州江界河大桥（见图 6-6），它以主跨 330m 跨越乌江，桥下通航净空高达惊人的 270m。

图 6-6　贵州江界河大桥

钢管混凝土拱桥是一种采用内注高强混凝土的钢管作为主拱圈的拱桥，它具有经济、省料、安装方便等特点，近年来在我国发展很快。2000年建成的广州丫髻沙大桥（见图6-7）主跨360m，为当时世界上最大跨度钢管混凝土拱桥。2005年建成的巫山长江大桥（见图6-8）主跨460m。2020年建成的合江长江公路大桥主跨503m，不断刷新钢管混凝土拱桥主跨跨径。2020年建成的广西平南三桥是主跨径575m的中承式钢管混凝土拱桥，其科技含量之高、制造过程之精密、设计施工技术之尖端是世界上同类型桥梁之最，开创了在不良地质条件下修建大跨径钢管混凝土拱桥的历史。

图6-7 广州丫髻沙大桥

图6-8 巫山长江大桥

（3）斜拉桥 斜拉桥是一种拉索体系，它具有优美的外形、良好的力学性能和经济指标，比梁桥有更大的跨越能力，是大跨度桥梁最主要的桥型。1956年瑞典建成的斯特伦松德桥（主跨183m）是第一座现代斜拉桥。半个多世纪以来，斜拉桥建造技术不断发展，桥梁跨度从300m发展到500m，经历了约30年（1959—1991年），而主跨从500m跨越到900m只用了不到10年时间（1991—1999年）。20世纪90年代，大跨度斜拉桥如雨后春笋般被建成，如著名的有挪威斯卡圣德脱混凝土斜拉桥（主跨530m）、法国诺曼底斜拉桥（主跨856m）、南京长江二桥（主跨628m）、日本多多罗大桥（主跨890m）等。我国1975年在四川云阳建成第一座斜拉桥汤溪河桥（主跨76m），至今已建成各种类型斜拉桥100多座。1991年建成的上海南浦结合梁斜拉桥（主跨423m），开创了我国修建400m以上大跨度斜拉桥的先河，此后相继修建了许多斜拉桥，如香港昂船洲大桥（主跨1018m）、苏通长江大桥（主跨 1088m，见图 6-9）等，表明我国的斜拉桥技术已经达到了世界先进水平。

图 6-9　苏通长江大桥

（4）悬索桥　悬索桥造型优美，规模宏大，是特大跨径桥梁的主要形式之一。当跨径大于 800m 时，悬索桥具有很大的竞争力。现代悬索桥从 1883 年美国建成布鲁克林桥（主跨 486m）开始，至今已有 120 多年历史。20 世纪 30 年代，相继建成的美国乔治·华盛顿桥（主跨 1067m）和旧金山金门大桥（主跨 1280m）使悬索桥的跨度超过了 1000m。从 20 世纪 80 年代起，世界上修建悬索桥到了鼎盛期，在此期间建成的著名悬索桥有 80 年代英国建成的亨伯尔桥（主跨 1410m）和 90 年代丹麦建成的大贝尔特东桥（主跨 1624m）、瑞典建成的滨海高桥（主跨 1210m）、日本建成的南备赞濑户大桥（主跨 1100m）及明石海峡大桥（主跨 1991m，见图 6-10）。我国修建现代大跨度悬索桥起步较晚，但取得了巨大的建设成就，相继建成了多座悬索桥，著名的有汕头海湾大桥（主跨 452m）、西陵长江大桥（主跨 900m）、虎门大桥（主跨 888m）、宜昌长江大桥（主跨 960m）、香港青马大桥（主跨 1377m）、江阴长江大桥（主跨 1385m）和润扬长江大桥（主跨 1490m，见图 6-11），向世界展示了我国的建桥实力。

图 6-10　明石海峡大桥

图 6-11 润扬长江大桥

6.2.2 桥梁工程的前景

随着世界经济的发展，桥梁建设将迎来更大规模的建设高潮。21 世纪桥梁界的梦想是沟通全球交通。国外计划修建多个海峡桥梁工程，如意大利与西西里岛之间墨西拿海峡大桥，主跨 3300m，最大水深 300m；日本计划在 21 世纪将兴建五大海峡工程。我国在 21 世纪初拟建五个跨海工程：渤海海峡工程、长江口越江工程、杭州湾跨海工程、珠江口伶仃洋跨海工程和琼州海峡工程。此外，我国将在长江、珠江和黄河等河流上修建更多的桥梁工程。在桥梁载重、跨度不断增加的前提下要求桥梁结构更加轻巧、纤细。桥梁向高强、轻型、大跨方向发展，要求结构理论更加符合实际的受力状态，充分利用建筑材料的强度，设计更加重视空气动力学、振动、稳定、疲劳、非线性等的应用，广泛使用计算机辅助设计，施工力求高度机械化、工厂化、自动化。可以预见，大跨度桥梁将向更长、更大、更柔的方向发展。

从现代桥梁发展趋势来看，21 世纪桥梁技术发展主要集中在下面几个方向：

1）在结构上研究适合应用于更大跨度的结构形式。

2）研究大跨度桥梁在气动、地震和行车动力作用下，结构的安全和稳定性。

3）海峡大桥中的抗风、抗震、抗海浪的技术措施。

4）研究更符合实际状态的力学分析方法与新的设计理论。

5）结构安全耐久性的问题和可靠性研究的新课题。

6）开发和应用具有高强、高弹模、轻质特点的新材料及结构材料防腐的措施。

7）进行 100~300m 深海大型基础工程的实践。

8）开发和应用桥梁自动监测和管理系统。

9）重视桥梁美学和环境保护。

我国桥梁工程建设迅猛发展，桥梁建设者要在与国外同行的竞争中寻找差距，以智慧和能力为 21 世纪桥梁建设贡献创造力。

6.3 桥梁的基本组成及分类

道路路线遇到江河湖泊、山谷沟壑及其他障碍时，为保证道路的连续性，就需要建造专门的人工构造物——桥梁。桥梁是一种具有承载能力的架空建筑物，是交通线的重要组成部分。

6.3.1 桥梁的基本组成

桥梁一般由桥跨结构、桥墩桥台及墩台基础三部分组成（见图6-12）。

桥跨结构：在线路中断时跨越障碍的结构物。

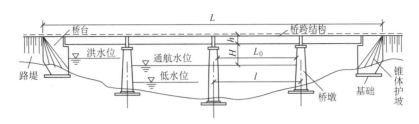

图6-12 桥梁的基本组成

桥墩和桥台：支承桥跨结构并将车辆荷载传递到地基基础的建筑物。设在桥梁两端的称为桥台，与路堤衔接，抵抗路堤土压力，防止路堤填土的滑坡与塌落。设在桥台之间的称为桥墩，用于支承桥跨结构。

墩台基础：将桥上全部作用传到地基的底部，奠基的结构部分。

桥跨结构称为桥梁上部结构，桥墩和桥台（包括基础）为桥梁的下部基础。

支座：桥跨结构与桥台、桥墩的支承处所设置的传力装置，它不仅要传递很大的荷载，还要保证桥跨结构能产生一定的变位。

在路堤和桥台衔接处一般还在桥台两侧设置石砌的锥体护坡，保证迎水路堤边坡的稳定。

河流中的水位是变动的，在枯水季节的最低水位称为低水位，洪峰季节河流中的最高水位称为高水位，桥梁设计中按规定的设计洪水频率计算的高水位称为设计洪水位。

下面介绍一些与桥梁布置和结构有关的名称术语。

净跨径：设计洪水位上相邻两个桥墩（或桥台）之间的水平净距，用L_0表示。对于拱式桥，净跨径是指每孔拱跨两个拱脚截面最低点之间的水平距离。

总跨径：多孔桥梁中各孔净跨径的总和，也称为桥梁孔径，它反映了桥下宣泄洪水的能力。

计算跨径：对于具有支座的桥梁是指桥跨结构相邻两个支座中心之间的距离，用l表示；对于拱式桥是指两相邻拱脚截面形心之间的水平距离。

桥梁全长：简称桥长，是指桥梁两端的桥台或八字墙尾端之间的距离，用L表示。

桥梁高度：简称桥高，是指桥面与低水位之间的高差，或为桥面与桥下线路路面之间的距离。桥高在某种程度上反映了桥梁施工的难易性。

桥下净空：设计洪水位或计算通航水位至桥跨结构最下缘之间的距离，用H表示。它应能保证完全排洪，并不得小于该河流通航所规定的净空高度。

建筑高度：桥上行车路面高程至桥跨结构最下缘之间的距离，用h表示。它不仅与桥梁结构的体系和跨径大小有关，还随行车部分在桥上布置的高度位置而异。公路定线中所规定的桥面高程对通航净空顶部高程之差又称为容许建筑高度，桥梁的建筑高度不得大于其容许建筑高度。

此外，桥梁还有一些附属设施，包括桥面铺装、排水防水系统、栏杆（或防栏杆）、伸缩缝及灯光照明等。附属设施的主要作用是提高桥梁的服务功能。

6.3.2 桥梁的分类

无论是从外观、使用功能、服务对象，还是从结构受力特点等来看，桥梁的种类都是非常多的，为了便于区分，一般将桥梁根据不同的分类标准划分为若干类型。

1. 按主要的受力构件分类

按主要的受力构件分为梁式桥、拱式桥、刚架桥、斜拉桥和悬索桥五大类。

（1）梁式桥　主梁为主要承重构件，受力特点为主梁受弯（见图6-13）。主要材料为钢筋混凝土、预应力混凝土，多用于中小跨径桥梁。简支梁桥合理的最大跨径约为20m，悬臂梁桥与连续梁桥适宜的最大跨径为60～70m。梁式桥的优点是能就地取材、便于工业化施工、耐久性好、适应性强、整体性好且美观；设计理论及施工技术上都发展得比较成熟。其缺点是结构自重大，大大限制了其跨越能力。

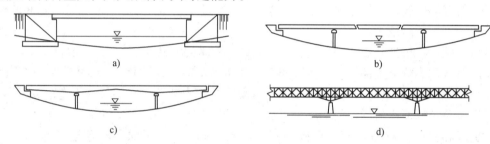

图6-13　梁式桥
a）简支梁桥　b）悬臂梁桥　c）、d）连续梁桥

（2）拱式桥　拱式桥的主要承重结构是拱肋，以承压为主（见图6-14），可以采用抗压性能强的圬工材料修建。拱分为单铰拱、双铰拱和无铰拱。混凝土拱大都采用无铰拱。根据桥面与拱圈的位置关系分为上承式、中承式和下承式拱桥。拱是一种有推力体系，对地基要求较高，一般常建于地基基础良好的地区。拱桥的常用范围在50～150m。由于拱桥造型优美、圬工材料价格便宜，因此在中小桥中应用很广，但其对地基基础的要求较高、施工较复杂。由于施工方法的改进，出现了无支架缆索吊装、转体施工、悬臂拼装施工和劲性骨架施工等方法，使拱桥得到了较大发展。

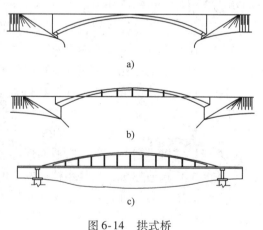

图6-14　拱式桥
a）上承式拱桥　b）中承式拱桥　c）下承式拱桥

（3）刚架桥　桥跨结构和墩台结构整体相连的桥梁，支柱与主梁共同受力，受力特点为支柱与主梁刚性连接，在主梁端部产生负弯矩，减少了跨中截面正弯矩，而支座不仅提供竖向力还承受弯矩（见图6-15）。主要材料为钢筋混凝土或预应力混凝土，适宜于中小跨

度，常用于需要较大桥下净空或建筑高度受到限制的情况，如立交桥、高架桥等。这类桥型外形尺寸小，桥下净空大，桥下视野开阔，混凝土用量少。但其基础造价较高，钢筋的用量较大。由于刚架桥是一种超静定结构，会产生结构次内力。

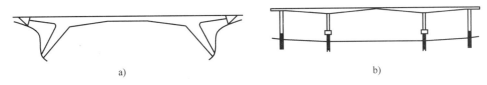

图 6-15 刚架桥

a) 斜腿刚架桥 b) 连续刚架桥

（4）斜拉桥 梁、索、塔为主要承重构件，利用索塔上伸出的若干斜拉索在梁跨内增加了弹性支承，减小了梁内弯矩而增大了跨径（见图 6-16）。受力特点为外荷载从梁传递到索，再到索塔。主要材料为预应力钢索、混凝土、钢材，适宜用于中等及大跨径桥梁。优点是主梁尺寸较小，跨越能力大；受桥下净空和桥面标高的限制小；抗风稳定性优于悬索桥；不需要集中锚锭构造，便于无支架施工。但是索与梁或塔的连接构造比较复杂、施工中高空作业较多，技术要求严格。

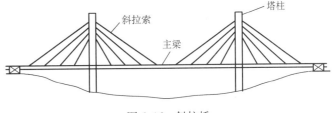

图 6-16 斜拉桥

（5）悬索桥 又称为吊桥，主要由缆索、桥塔、锚锭、吊索和加劲梁等组成（见图 6-17），主缆为主要承重构件，受力特点为外荷载从梁经过系杆传递到主缆，再到两端锚锭。主要材料为预应力钢索、混凝土、钢材。悬索桥的结构自重较轻，跨越能力比其他桥型大，适宜于大跨径桥梁，常用于建造跨越大江大河或跨海的特大桥。主要特点：主缆采用高强钢材，受力均匀，具有很大的跨越能力；悬索桥的缺点是整体刚度小，抗风稳定性差；需要极大的锚锭，费用高，施工难度大。

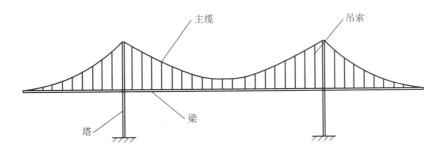

图 6-17 悬索桥

2. 按跨径分类

按跨径分为特大桥（桥梁总长 $L \geqslant 500\mathrm{m}$，计算跨径 $l_0 \geqslant 100\mathrm{m}$）、大桥（桥梁总长 $100\mathrm{m} \leqslant L < 500\mathrm{m}$，计算跨径 $40\mathrm{m} \leqslant l_0 < 100\mathrm{m}$）、中桥（桥梁总长 $30\mathrm{m} < L < 100\mathrm{m}$，计算跨径 $20\mathrm{m} \leqslant l_0 < 40\mathrm{m}$）、小桥（桥梁总长 $8\mathrm{m} \leqslant L \leqslant 30\mathrm{m}$，计算跨径 $5\mathrm{m} \leqslant l_0 < 20\mathrm{m}$）。

3. 按桥面位置分类

按桥面位置分为上承式桥、下承式桥和中承式桥。上承式桥的桥面布置在桥跨结构上面；下承式桥的桥面布置在桥跨结构下面；中承式桥的桥面布置在桥跨结构中间。

4. 按主要承重结构所用的材料分类

按主要承重结构所用的材料分为木桥、钢桥、圬工桥（包括砖、石、混凝土桥）、钢筋混凝土桥和预应力钢筋混凝土桥。

（1）木桥　用木料建造的桥梁。其优点有可就地取材、构造简单、制造方便；缺点有容易腐朽、养护费用大、消耗木材、易引起火灾。多用于临时性桥梁或林区桥梁。

（2）钢桥　桥跨结构用钢材建造的桥梁。钢材强度高，跨越能力较大，构件制造最适合工业化，运输和安装较为方便，架设工期较短，破坏后易修复和更换，但钢材易锈蚀，养护困难。

（3）圬工桥　用砖、石或素混凝土建造的桥。这种桥常做成以抗压为主的拱式结构，有砖拱桥、石拱桥和素混凝土拱桥等。由于石料抗压强度高，可就地取材，以石拱桥用得较多。

（4）钢筋混凝土桥　又称为普通钢筋混凝土桥，桥跨结构采用钢筋混凝土建造的桥梁。钢筋混凝土桥可就地取材，维修简便，行车噪声小，使用寿命长，并可采用工业化和机械化施工。与钢桥相比，钢材用量与养护费用均较少，但桥梁自重大，在跨越能力、施工难易度和速度方面常不及钢桥优越。

（5）预应力钢筋混凝土桥　桥跨结构采用预应力混凝土建造的桥梁。利用钢筋或钢丝（索）预张力的反力，可使混凝土在受载前预先受压，在运营阶段不出现拉应力（称为全预应力混凝土），或有拉应力而未出现裂缝或控制裂缝在允许宽度内（称为部分预应力混凝土）。这种结构能充分利用材料的性能，从而可节约钢材，减轻结构自重，增大桥梁的跨越能力；改善了结构受拉区的工作状态，提高结构的抗裂性，提高结构的刚度和耐久性；在使用荷载阶段，具有较高的承载能力和疲劳强度；可采用悬臂浇筑法或悬臂拼装法施工，不影响桥下通航或交通；便于装配式混凝土结构的推广。但其施工工艺较复杂、质量要求较高，需要专门的施工设备。由于预应力技术和设备的日臻完善和工厂化生产的普及，预应力钢筋混凝土在桥梁工程中得到广泛使用。

5. 按跨越方式分类

按跨越方式分为固定式桥、开启桥、浮桥、漫水桥等。固定式桥是指一经建成后各部分构件不再拆装或移动位置的桥梁。开启桥是指上部结构可以移动或转动的桥梁。浮桥是指用浮箱或船只等作为水中的浮动支墩，在其上架设贯通的桥面系统以沟通两岸交通的架空建筑物。漫水桥又称为过水桥，是指洪水期间允许桥面漫水的桥梁。

6. 按施工方法分类

混凝土桥梁可分为整体式施工桥梁和节段式施工桥梁。整体式是在桥位上搭脚手架，立模板，然后现浇成为整体结构。节段式是在工厂（或工场、桥头）预制成各种构件，然后运输，吊装就位，拼装成整体结构；或在桥位上采用现代先进施工方法逐段现浇而成整体结构。节段式施工一般用于大跨径预应力混凝土悬臂梁桥、T形刚构桥、连续梁桥、拱桥及斜拉桥、悬索桥的施工。

7. 按用途分类

按用途，分为公路桥、铁路桥、公铁两用桥、农用桥、人行桥、水运桥（渡槽）和管线桥等。

6.4 桥梁的规划设计

6.4.1 桥梁设计的基本原则

我国的桥梁设计必须遵守安全、适用、经济和美观的基本原则。

（1）安全 所设计的桥梁结构，在制造、运输、安装和使用过程中应有足够的强度、刚度、稳定性和耐久性，并有安全储备。根据桥上交通和行人情况，桥面应考虑设置人行道（或安全带）、缘石、护栏、栏杆等设施，以保证行人和行车安全。桥上还应设有照明设施，引桥纵坡不宜陡，地震区桥梁应按抗震要求采取防震措施。

（2）适用 桥梁宽度应能满足车辆和人群的交通流量要求，并应满足规划年限内交通量增长的需要；桥下应满足泄洪、通航（跨河桥）或通车（旱桥）等要求；桥梁两端要方便车辆进出，防止出现交通堵塞；要便于后期检查和维修。桥梁既要满足交通运输本身的需要，也要考虑到支援农业，满足农田排灌的需要；通航河流上的桥梁应满足航运的要求；靠近城市、村镇、铁路及水利设施的桥梁还应结合各有关方面的要求，考虑综合利用。在特定地区，桥梁还应满足特定条件下的特殊要求（如地震、国防等）。

（3）经济 在桥梁设计中，经济性一般是首先考虑的因素。在保证工程质量和运用安全可靠的前提下，总造价要最经济。应遵循因地制宜、就地取材和便于施工的原则，综合考虑发展远景和将来的养护维修，使其造价和养护费用综合最省。

（4）美观 一座桥梁，尤其是城市桥梁和游览地区的桥梁，应外形优美，结构布置合理，空间比例和谐，与周围环境相协调。合理的结构布局和轮廓、良好的施工质量是美观的主要因素。

此外，桥梁设计应积极采用新结构、新材料、新工艺和新设备，不断提高我国桥梁建设水平。

6.4.2 桥梁设计程序

1. 前期工作

（1）工程必要性论证 评估桥梁建设在国民经济中的作用。铁路桥梁一般从属于路网规划，本身不做单独研究。公路桥梁有的从属于国家规划干线，该不该修建则是时机问题，两者都是以车辆流量为研究对象。因此要对拟建桥地点及其附近的渡口车辆流量，包括通过的车数、车型、流向进行调查。对桥梁通车后可能引入的车流进行科学的分析，得出每日车流量，作为立项的依据。超过一定的日流量修建桥梁才是必要的。根据车辆流向研究，桥梁应该修在有利于解决流向最大的地区。城市桥梁则从属于城市规划，也必须确定通过桥梁的可能日流量。无论是铁路运量指标或者公路的车辆流量指标，都是确定桥梁建设标准的重要指标。

（2）工程可行性论证　根据前期调查的运量或流量确定线路等级，并确定车道数、桥面宽及荷载标准、允许车速、桥梁坡度和曲线半径、抗震标准、航运标准、航运水位、航道净空、船舶吨位、航道数量及位置等。初测自然条件，了解周围环境问题后进行纸上定线，在实地桥位两岸设点，用测距仪测得跨河距加以校正，并进行现场核查。本阶段的地质工作以收集资料为主，辅以在两岸适当布置钻孔进行验证。要探明覆盖层的性质、岩面高低、岩性及构造，有无大的构造、断层，并从地质角度对各桥位做出初步评价。要求对各桥位周围环境进行调查。

本阶段的水文工作一般要求提供设计流量，历史最高、最低水位，百年一遇洪水位，常水位情况及流速资料。考虑上游是否有水库及拟建水库的影响。要通过资料或试验，论证河道是否稳定、主槽的摆动范围，以及桥梁建成后本河段上下游是否会产生不利影响。例如，建桥后形成的壅水是否影响上游防汛水位；上下游流速减速所形成的淤积，对下游沙洲进退有何影响；对下游分汊河道（有沙州的河道分为左、右二支，称为分汊河道）的分流比有何影响，对河道形状可能产生的改变。要测定船舶在桥梁中轴线上下游的走行轨迹。这些问题在预可行性研究报告阶段可以只提供分析成果，而在可行性研究报告阶段必须通过水工模型试验加以论证。

至少应该选择两个以上的桥位进行比选。遇到某些特殊情况时，还需要在大范围内提出多个桥位进行比选。以桥位与路网的关系、工程造价、城市规划、航运条件、自然条件、地质条件、施工难度、工程规模、对周围设施及环境的影响等方面经综合比较，选定一个桥位作为推荐桥位。

（3）经济可行性论证　公路桥梁一般通过收取车辆过桥费取得回报，回报率一般偏低。尤其是特大桥，投资大，取得全部回报的时间长。要分析桥梁建设对全社会的经济发展和社会效益的作用。铁路干线上的特大桥的经济、社会效益更是全国性的，其回报很难由直接投资者收回。因此一些大桥、特大桥的投资只能是国家或地方政府的行为。对资金来源，预可行研究报告阶段要有所设想，可行性研究报告阶段则必须予以落实。通过国外贷款、发行债券、民间集资等渠道筹措资金则必须得到有关部门的批准。

2. 初步设计

在初步设计阶段，要通过进一步的水文工作提供基础设计、施工所需要的水文资料，施工期间各月可能的高、低水位和相应的流速（各个墩位处同一时期流速有所不同），以及河床可能的最大冲刷和施工时可能的冲刷等。在初勘中一般要求在桥轴线上的陆地及水上布置必要的钻孔，以了解控制岩层构造情况，确定岩性、岩石强度及基岩风化程度，覆盖层的力学指标及地下水位情况等。

桥梁方案比选是初步设计阶段的工作重点，一般都要按照"适用、经济、安全、美观"的原则，进行多个方案比选。各方案均要提供桥式布置图，图上必须标明桥跨布置、高程、上下部结构形式及工程数量。对推荐方案，要提供上下部结构的结构布置图，以及一些主要部位及特殊部位的细节处理图；要编制施工组织设计，包括主要结构的施工方案、施工设备清单，砂、石料源，施工安排及工期等。各方案都要根据工程量、施工组织设计及标准定额编列概算，以便进行不同方案工程费用这一项目的比较。初步设计概算不能大于前期工作已批准的"估算"的10%，否则方案应重新编制。根据具体情况，对概算适当调整，可以作为招标时的"标底"。在主管部门审批初步设计文件时若对推荐方案提出了必须修改的意见，则需根据审批意见，另外编制"修改初步设计"报送主管部门审批。

在初步设计阶段，要提出设计、施工中需要进一步通过试验寻求解决的技术难题的科研项目及经费计划，待主管部门审批初步设计文件时一起审批，批准后才能实施。

3. 技术设计

在技术设计阶段，要进行补充勘探。在进行补充勘探时，水中基础必须每墩布置必要的钻孔，岸上基础的钻孔也要有一定的密度，基础下到岩层的钻孔应加密，要通过勘探充分判断土层的变化。

技术设计阶段的主要内容是对选定的桥式方案中的各个结构总体、细部的技术问题做进一步研究解决。在初步设计中批准的科研项目也要在这一阶段中予以实施，得出结果。技术设计阶段要对结构各部分的设计给出详尽的设计图，包括结构断面、配筋、细节处理、材料清单及工程量等。技术设计的最后工作是调整概算（修正概算）。

4. 施工设计

在施工设计阶段，要进一步根据施工需要进行补充钻探，特别是对于重要的基础。支承在岩层内的基础要探明岩面高程的变化。根据批准的技术设计绘制让施工人员能按图施工的施工详图。绘制施工详图过程中对断面不宜做大的变动，但对细节处理及配筋，特别是钢筋布置则允许做适当改进性的变动。根据施工设计资料，施工单位编制工程预算。施工单位在编制施工设计时，如对技术设计有所变更，则要对变更部分负责，并要得到监理的认可。施工设计文件必须符合施工实际，满足施工条件及施工环境，能够直接施工。

以上介绍的是大型桥梁工程项目的设计程序及其内容。中小型桥梁的设计程序一般没有大型桥梁复杂，视各部门的具体情况而定，但建设必须考虑它的必要性与可行性，必须严格按建设程序办事，避免和减少盲目性。

6.4.3 桥梁纵横断面和平面设计

1. 野外勘测与调查研究

调查研究桥梁的具体任务是了解桥上的交通种类和它的要求，如车辆的荷载等级、实际交通量和增长率、需要的车道数目或行车道的宽度及人行道的要求等。

一般来讲，大、中桥选择2~5个桥位，进行各方面的综合比较，然后选择出最合理的桥位。大、中桥桥位的选择原则上应服从路线的总方向，路桥综合考虑。一方面，要力求降低桥梁的建筑和养护费用；另一方面，要从桥梁本身的经济性和稳定性出发，尽量选择在河道顺直、水流稳定、河面较窄、地质良好、冲刷较少的河段上，并防止因冲刷过大而发生桥梁倒塌的危险，一般应尽量避免桥梁与河流斜交，以免增加桥梁长度而提高造价。小桥涵的位置则应服从路线走向，当遇到不利的地形、地质和水文条件时，应采取适当技术措施，不应因此而改变路线。测量桥位附近的地形，并绘制地形图，供设计和施工应用。

通过钻探调查桥位的地质情况，并将钻探资料制成地质剖面图，作为基础设计的重要依据。为使地质资料更接近实际，可以根据初步拟订的桥梁分孔方案将钻孔布置在墩台附近。

调查和测量河流的水文情况，为确定桥梁的桥面标高、跨径和基础埋置深度提供依据，其内容包括：河道性质，了解河道是静水河还是流水河，有无潮水，河床及两岸的冲刷和淤积，以及河道的自然变迁和人工规划的情况，北方地区还要了解季节河的具体性质；测量桥位处河床断面；调查了解洪水位的多年历史资料，通过分析推算设计洪水位；测量河床比降，调查河槽各部分的形态标高和粗糙率等，计算流速、流量等有关的资料，通过计算确定设计水位下的平均流速和流量，结合河道性质可以确定桥梁所需要的最小总跨径；选择通航孔的位置和墩台基础形式及埋置深度；向航运部门了解和协商确定设计通航水位和通航净空，根据通航要求与设计洪水位，确定桥梁的分孔跨径与桥跨底缘设计标高。

对大桥工程，应调查桥址附近风向、风速，以及桥址附近有关地震的资料。

调查了解其他与建桥有关的情况，如当地建筑材料（砂、石料等）的来源，水泥、钢材的供应情况等。调查附近旧桥的使用情况，有关部门和当地群众对新桥有无特殊要求，如桥上是否需要铺设电缆或输水、输气管道等。调查施工场地的情况，是否需要占用农田，桥头有无须拆除或迁移的建筑物等，这些都要尽可能避免或尽量减少损失。了解当时及附近的运输条件，这些情况对施工起着重要作用。了解桥梁施工机械、动力设备与电力供应，这些还影响设计与施工方案的确定。

上述各项野外勘测与调查研究工作，有的可同时进行，有的则需交错进行。例如，为进行桥位地形测量、地质钻探和水文调查，需要先有桥位或比较桥位；为选择桥位，必须有一定的地形、地质和水文资料等。因此，各项工作必须互相渗透，交错进行。根据调查、勘测所得的资料，可以拟出几种不同的桥梁比较方案。方案比较可以包括不同的桥位、不同的材料、不同的结构体系和构造、不同的跨径和分孔、不同的墩台和基础形式等，从中选出最合理的方案。

2. 纵断面设计

（1）总跨径的确定　桥梁的总跨径一般根据水文计算确定。由于桥梁墩台和桥头路堤压缩了河床，使桥下过水断面减少，流速加大，引起河床冲刷。因此，桥梁总跨径必须保证桥下有足够的排洪面积，使河床不致产生过大的冲刷，平面宽滩河流（流速较小）虽然允许压缩，但必须注意壅水对河滩路堤及附近农田和建筑物的危害。

（2）桥梁分孔　桥梁总跨径确定后，需进一步进行分孔布置，桥梁分孔是个非常复杂的问题。对于一座较大的桥梁，根据通航要求、地形和地质情况、水文情况，以及技术经济和美观的条件来确定孔数及各孔的跨径。桥梁的分孔关系到桥梁的造价。最经济的跨径就是要使上部结构和墩台的总造价最低，因此当桥墩较高或地质不良、基础工程较复杂而造价较高时，桥梁跨径就选得大一些；当桥墩较矮或地基较好时，跨径就可选得小一些。在实际工作中，可对不同的跨径布置进行粗略的方案比较，来选择最经济的跨径和孔数。在通航河流，当通航净宽大于按经济造价所确定的跨径时，一般通航桥孔的跨径由通航净宽确定，其余的桥孔跨径则选用经济跨径；对于变迁性河流，考虑航道可能发生变化，需多设几个通航孔；从备战要求出发，需要将全桥各孔的跨径做成一样，并且跨径不要太大，以便于抢修和互换。在有些体系中，为了结构受力合理和用材经济，分跨布置时要考虑合理的跨径比例。

跨径选择还与施工能力有关，有时选用较大的跨径虽然在技术上和经济上是合理的，但由于缺乏足够的施工技术能力和机械设备，也不得不放弃而改用较小跨径。总之，对于大中型桥梁来说，分孔问题是设计中最基本、最复杂的问题，必须进行深入全面的分析，才能定出比较完美的方案。

（3）确定桥面标高及桥下净空　桥面的标高或在路线纵断面设计中已经规定，或根据设计洪水位、桥下通航需要的净空来确定。对于非通航河流，梁底一般应至少高出设计洪水位（包括壅水和浪高）0.5m，高出最高流冰水位0.75m；支座底面至少高出设计洪水位0.25m，高出最高流冰水位0.5m。对于无铰拱桥，拱脚允许被设计洪水位淹没，但一般不超过拱圈矢高的2/3，拱顶底面至设计洪水位的净高不小于1.0m。对于有漂流物和流冰阻塞及易淤积的河床，桥下净空应分情况适当加高。在通航及通行木筏的河流上，桥跨结构之下，自设计通航水位算起，应能满足通航净空的要求。

（4）确定纵坡　桥梁当受到两岸地形限制时，允许修建坡桥，但大中型桥梁的桥面纵坡不宜大于4%，位于市镇混合交通繁忙处桥面纵坡不得大于3%。

3. 横断面设计

桥梁横断面设计主要是确定桥面的宽度和桥跨结构横截面的布置。桥面宽度取决于行人和车辆的交通要求。我国公路桥面行车道净宽标准分为五种：2×净−7.5、2×净−7.0、净−9、净−7和净−4.5，数字的大小代表行车道的净宽度，以m为单位。桥上人行道的宽度为0.75m或1.0m，大于1m时按0.5m的倍数增加。不设人行道的桥梁，可以根据具体情况设置栏杆和安全带。与路基同宽的小桥和涵洞可以设缘石或栏杆。漫水桥可以不设人行道，但可以设置护栏。

城市桥梁及大中型城市近郊的公路桥梁的桥面净空尺寸，应结合城市实际交通量和今后发展的要求确定。在弯道上的桥梁应按路线要求予以加宽。

人行道及安全带应至少高出行车道面200mm，对于具有2%以上纵坡并高速行车的桥梁，最好应高出行车道面300~350mm，当采用平设的人行道时，应设置可靠的隔离栅，以确保行人和行车的安全。

公路和城市桥梁，为了利于桥面排水，应根据不同类型的桥面铺装，设置从桥面中央倾向两侧的横向坡度，坡度一般为1.5%~3%。

4. 平面布置

桥梁的线型及桥头的引道要保持平顺，使车辆能平稳地通过。高速公路和一级公路上的大、中桥及各级公路上的小桥的线形与公路的衔接，应符合路线布设的规定。大中型桥梁的线形一般为直线，当桥面受到两岸地形限制时，允许修建曲线桥。曲线的各项指标应符合路线的要求。从桥梁本身的经济性和施工方便来说，尽可能避免桥梁与河流或与桥下路线斜交，但对于中小型桥梁，为了改善线形，或城市桥梁受原有街道的制约，也可以修建斜桥，但其斜度一般不大于45°，通航河流上不宜大于5°。

6.4.4　桥梁设计的方案比选

根据桥梁分孔的原则，可对所设计的桥梁拟订可能实现的图示，尽可能多地给定桥型和布置形式，每一个图示可在跨度、高度和矢度等方面大致按比例画在同样大小的桥址断面图上。经过综合分析和判断，剔除在经济技术上明显不足的图示，将剩余图示进一步研究比较。

提供所选图示的技术经济指标，主要包括主要材料（钢材、木材、水泥）用量、劳动力数量、全桥总造价、工期、养护费用、运营条件、施工难度等。对于各个图示的指标进行进一步的比较，详细分析每一种方案的优缺点，综合考虑安全、适用、经济、美观等原则，选定符合当前条件的最佳方案。

6.5 桥梁施工技术

6.5.1 桥梁上部结构的施工方法

1. 固定支架就地浇筑法

固定支架就地浇筑施工是桥梁施工中应用较早的一种施工方法，多用于桥墩较低的简支梁桥和中小跨连续梁桥。

固定支架就地浇筑法是在桥位处搭设支架，在支架上浇筑桥体混凝土，达到强度后拆除模板、支架。就地浇筑法施工无须预制场地，不需要大型起吊、运输设备，梁体的主筋可不中断，桥梁的整体性好。其缺点主要是工期长，施工质量不容易控制；预应力混凝土梁因混凝土的收缩、徐变所引起的应力损失比较大；施工中的支架模板耗用量大，施工费用高；搭设支架影响排洪、通航，施工期间可能受到洪水和漂流物的威胁。

近年来，随着钢脚手架的应用和支架构件趋于常备化及桥梁结构的多样化发展，如变宽桥、弯桥和强大预应力系统的应用，在长大跨桥梁中采用固定支架就地浇筑施工可能是经济的，因此扩大了该法应用范围。

2. 悬臂施工法

悬臂施工法是从桥墩开始，两侧对称进行现浇梁段或将预制节段对称进行拼装。前者称为悬臂浇筑施工，后者称为悬臂拼装施工，有时也将两种方法结合使用。

悬臂施工法的主要特点：桥梁在施工过程中产生负弯矩，桥墩也要求承受由施工产生的弯矩，因此悬臂施工宜在营运状态的结构受力与施工状态的受力状态比较接近的桥梁中选用，如预应力混凝土 T 形刚构桥、变截面连续梁桥和斜拉桥等；非墩桥固接的预应力混凝土梁桥，采用悬臂施工法时应采取措施，使墩、梁临时固接，在施工过程中有结构体系的转换存在；采用悬臂施工法的机具设备种类很多，就挂篮而言，也有桁架式、斜拉式等多种类型，可根据实际情况选用；悬臂浇筑施工简便，结构整体性好，施工中可不断调整位置，常在跨径大于 100m 的桥梁上选用；悬臂拼装法施工速度快，桥梁上、下部结构可平行作业，但施工精度要求比较高，可在跨径 100m 以下的大桥中选用；悬臂施工法可不用或少用支架，施工不影响通航或桥下交通。

3. 转体施工法

转体施工法是将桥梁构件先在桥位处岸边（或路边及适当位置）预制，待混凝土达到设计强度后旋转构件就位的施工方法。转体施工时桥梁构件的静力组合不变，桥梁支座位置就是施工时的旋转支承和旋转轴，桥梁完工后，按设计要求改变其支撑情况。转体施工可分为平转、竖转和平竖结合的转体施工。

转体施工法的主要特点：可以利用地形，方便预制构件；施工期间不断航，不影响桥下交通，可在跨越通车线路上进行施工；施工设备少，装置简单，容易制作并便于掌握；节省施工用料（与缆索无支架施工相比，可节省木材80%，节省施工用钢60%）；减少高空作业，施工工序简单，施工迅速；当主要构件先期合龙后，给后期施工带来方便；适合于单跨和三跨桥梁，可在深水、峡谷中建桥采用，也可在平原区及城市跨线桥采用；应用于大跨径桥梁将取得较好的技术经济效益，转体重量轻型化、多种工艺综合利用，是大跨径及特大跨径桥梁采用转体施工法的竞争优势。

4. 顶推施工法

顶推施工法是在沿桥纵轴方向的台后设置预制场地，分节段预制，并用纵向预应力筋将预制节段与施工完成的梁体连成整体，然后通过水平千斤顶施力，将梁体向前顶推出预制场地，之后继续在预制场地进行下一节段梁的预制，循环操作直至施工完成。

顶推施工法的特点：可以使用简单的设备建造长大桥梁，施工费用低，施工平稳无噪声，可在水深、山谷和高桥墩上采用，也可在曲率相同的弯桥和坡桥上采用；主梁分段预制，连续作业，结构整体性好；由于不需要大型起重设备，所以施工节段的长度一般可取用10~20m，桥梁节段固定在一个场地预制，便于施工管理，改善施工条件，避免高空作业；模板、设备可多次周转使用，在正常情况下，节段的预制周期7~10d；施工中梁的受力状态变化很大，施工阶段梁的受力状态与运营时期的受力状态差别较大，因此在梁截面设计和布索时要同时满足施工与运营的要求，由此而造成用钢量较高；施工时可采取加设临时墩、设置前导梁和其他措施，以减少施工内力；宜在等截面梁上使用，当桥梁跨径较大时，选用等截面梁会造成材料用量不经济，也增加施工难度，因此以中等跨径的桥梁为宜，桥梁的总长也以500~600m为宜。

5. 逐孔施工法

逐孔施工法是中等跨径预应力混凝土连续梁中的一种施工方法，它使用一套设备从桥梁的一端逐孔施工，直到对岸，包括临时支承组拼预制节段的逐孔施工法、移动支架逐孔现浇施工法及整孔吊装或分段节段施工法等。

逐孔施工法的主要特点：不需要设置地面支架，不影响通航和桥下交通，施工安全、可靠；有良好的施工环境，保证施工质量，一套模架可多次周转使用，具有在预制场生产的优点；机械化、自动化程度高，节省劳力，降低劳动强度，上下部结构可以平行作业，缩短工期；通常每一施工梁段的长度取用一孔梁长，接头位置一般可选在桥梁受力较小的部位；移动模架设备投资大，施工准备和操作都较复杂；宜在桥梁跨径小于50m的多跨长桥上使用。

6. 横移施工法

横移施工法是在拟安置结构的位置旁预制该结构，并横向移运该结构物，将它安置在规定位置上的一种施工方法。

横移施工法的主要特点：在整个操作期间与该结构有关的支座位置保持不变，即没有改变梁的结构体系；在横向移动期间，临时支座需要支承该结构的施工重量。

7. 提升与浮运施工法

提升施工法是在未来安置结构物以下的地面上预制该结构并把它提升就位的方法。浮运施工法是将桥梁在岸上预制，通过大型浮运至桥位，利用船的上下起落安装就位的方法。

使用该方法的要求：在该结构下面需要有一个适宜的地面；被提升结构下的地面要有一定的承载力；拥有一台支撑在一定基础上的提升设备；该结构应该是平衡的，至少在提升操作期间是平衡的；采用浮运施工法要有一系列的大型浮运设备。

6.5.2 桥梁下部结构的施工

1. 桥梁墩台

（1）砌筑墩台　石砌墩台是用片石、块石及粗料石以水泥砂浆砌筑的，具有可就地取材和经久耐用等优点。在石料丰富的地区建造墩台时，在施工期间允许的条件下，为节约水泥，应优先考虑石砌墩台方案。

（2）装配式墩（柱式墩、后张法预应力墩)台　装配式墩台的优点是结构形式轻便、建桥速度快、预制构件质量有保证等。装配式墩台施工适用于山谷架桥、跨越平缓无漂流物的河沟、河滩等的桥梁，特别是在工地干扰多、施工场地狭窄、缺水与沙石供应困难的地区，其效果更为显著。

2. 桥梁基础

（1）扩大基础　扩大基础又称为明挖基础，属于直接基础，是将基础底板直接设在承载地基上，这样来自上部结构的荷载通过基础底板直接传递给承载地基。

（2）桩及管柱基础　当地基浅层土质较差，持力土层埋藏较深，需要采用深基础才能满足结构物对地基强度、变形和稳定性要求时，可采用桩基础。桥梁基础中用得较多的是钢筋混凝土桩和预应力混凝土桩。应根据地质条件、设计荷载、施工设备、工期限制及对附近建筑物产生的影响等来选择桩基的施工方法。管柱基础是由钢筋混凝土、预应力混凝土或钢制成的单根或多根管柱上连钢筋混凝土承台，支撑并传递桥梁上部结构和墩台全部荷载于地基的结构物。柱底一般落在坚实土层或嵌入岩层中，适用于深水、岩面不平整、覆盖土层厚薄不均的大型桥梁基础。

（3）沉井基础　又称为开口沉箱基础，是由开口的井筒构成的地下承重结构物。若为陆地基础，则在地表建造，由取土井排土以减少刃脚土的阻力，一般借自重下沉；若为水中基础，可用筑岛法或浮运法建造，在下沉过程中，如侧摩阻力过大，可采用高压射水法、泥浆套法或井壁后压气法等加速下沉。

（4）地下连续墙基础　用槽壁法施工筑成的地下连续墙体作为土中支撑单元的桥梁基础。通过专门的挖掘机采用泥浆护壁法挖成长条形深槽，再下钢筋笼和灌注水下混凝土，形成单元墙段，它们相互连接而成连续墙。其厚度一般为 0.3 ~ 2.0m，随深度而异，最大深度已达 100m。

（5）锁口钢管桩基础　是由锁口相连的管桩围成的闭合式管桩基础。锁口缝隙灌以水泥砂浆，使管桩围墙形成整体，管内充混凝土，围墙内可填以砂石、混凝土或部分填充混凝土，必要时顶部可连接钢筋混凝土承台。

6.5.3 施工控制

1. 施工控制的重要性

桥梁施工自开工到竣工过程中，将受到许多确定和不确定因素（误差）的影响，包括设计计算、材料性能、施工精度、荷载、大气温度等方面在理想状态与实际状态之间存在的差异，施工中如何从各种受误差影响而失真的参数中找出相对真实的值，对施工状态进行实时识别（监测）、调整（纠偏）、预测，对设计目标的实现是至关重要的。上述工作一般需以现代控制论为理论基础来进行，所以称为施工控制。

桥梁施工控制不仅是桥梁施工技术的重要组成部分，还是实施难度相对较大的部分。桥梁施工控制是确保桥梁施工宏观质量的关键，也是桥梁建设的安全保证。对桥梁施工过程实施控制，确保在施工过程中桥梁结构的内力和变形始终处于容许的安全范围内，确保成桥状态（包括成桥线形与成桥结构内力）符合设计要求。

2. 桥梁施工控制的内容

桥梁施工控制主要有几何（变形）控制、应力控制、稳定控制和安全控制。

（1）几何（变形）控制 桥梁结构在施工过程中要产生变形，且结构的变形将受到诸多因素的影响，极易使桥梁结构在施工过程中的实际位置偏离预期状态，使桥梁难以顺利合龙，或成桥线形与设计要求不符，所以必须对桥梁实施几何控制，使其结构在施工中的实际位置与预期状态之间的误差在允许范围内和成桥线形符合设计要求。

（2）应力控制 桥梁结构在施工过程中及成桥状态的受力情况是否与设计相符合，是施工控制要明确的重要问题。通常通过结构应力监测来了解实际应力状态，若发现实际应力状态与理论应力状态的差别超限，要查找原因和调控，使之在允许范围内变化。

（3）稳定控制 桥梁结构的稳定性关系到桥梁结构的安全。因此在桥梁施工中不仅要严格控制变形和应力，还要严格控制施工各阶段构件的局部稳定和整体稳定性。目前主要是通过桥梁结构的稳定分析计算（稳定安全系数），并结合结构应力、变形情况来综合控制其稳定性。

（4）安全控制 桥梁施工安全控制是上述变形控制、应力控制、稳定控制的综合体现，上述各项得到了控制，安全也就得到了控制。由于桥梁结构形式不同，直接影响施工安全的因素也不一样，在施工控制中需根据实际情况，确定其安全控制重点。

6.6 桥梁建筑造型与美学

桥梁作为人类建造的结构物，不仅具有交通功能，还能满足人们到达彼岸的心理希望，同时也是生活环境中使人印象深刻的标志性结构物，常常成为审美的对象和文化的遗产。因此，对桥梁造型的美学要求，即桥梁结构本身的协调、和谐，以及桥梁和周围环境的协调，应是桥梁设计中必须考虑的主要因素。

（1）协调与统一 指桥梁与桥位处的自然景观和附近的人工建筑物一起，要求桥梁建筑造型要达到与环境的协调。桥梁建筑本身由若干部分组成，其各自功能和造型不同，必然在和谐和秩序中得到有机统一。一般来说，要避免不同结构体系混杂使用，主桥和引桥应是相一致或相近的体系，下部桥墩造型力求简单统一，以免显得杂乱无章。

（2）主从与重点 桥梁建筑从功能特点考虑有主体和附属之分，而从结构受力体系来说，有主要受力构件和次要受力构件之分。主桥与引桥、主孔与边孔、主体与附属存在主从差异，这种差异与对立使桥梁建筑形成一个完整协调的有机整体。首先从布孔上考虑，如果一座桥梁有主孔与边孔之分，则主孔不但跨径大、标高高，而且有时为了适应大跨而采用不同的结构形式，突出了主孔位置和造型，视觉重点突出，引人注意，从而获得主从分明的效果。斜拉桥、悬索桥的结构图形简洁，主塔将竖向及斜向心理引诱线引向塔顶，形成人们瞩目的重要部位，突出了高耸挺拔、气势夺人的塔作为主体的主导地位，配以轻柔的拉索、无限延伸的水平加劲梁，视觉上主从分明，构成了索结构桥型所独有的形态和美感。

(3) 对称与均衡对称 对称桥梁建筑造型是最常见的表现形式，以桥梁中线为对称轴，桥梁结构对称，孔数相同，跨度及结构尺度均对称。对称的造型统一感好，规律性强，易使人产生庄严、整齐的美感，同时也能简化施工、降低造价。均衡是指在非对称的构图中，以不等的距离形成力量（体量）的平衡感。均衡具有变化的美，其结构特点是生动活泼，有动感。有些桥梁受地形、河流主航道、主河槽的影响无法采用对称布置，只能采用布孔不对称或结构不对称的形式。对于布孔不对称的情况，为了达到造型上的均衡性，可采用斜塔、疏密与长度不等的拉索和大小相差悬殊的跨径来调整布孔上的不对称而达到均衡的目的，从而使桥梁在构造、功能和景观协调一致。

(4) 比例与尺度 比例是指桥梁建筑物各部分数量关系之比，是相对的，不涉及具体尺寸，它包括三个方面的内容：一是桥梁结构各部分本身的三维尺寸的关系；二是桥梁结构整体与局部或局部与局部之间的三维尺寸关系；三是桥梁结构实体部分与空间部分的比例关系。桥梁建筑中各部分尺寸比主要服从于结构刚度、变形和经济要求，但应使人们从视觉上获得协调、匀称及满意的感受。主梁实体部分与桥下空间部分的比例关系是虚实比例关系，当桥下净空或桥面标高要求固定时，可通过调节跨度来增加或减少梁高，使桥梁的虚实透视存在一个最佳比例。

与比例不同，尺度涉及真实尺寸的大小，但是一般又不是指要素真实尺寸的大小，而是指建筑要素给人感觉上的大小和实际大小之间的关系。如果两者一致，则建筑形象正确地反映了建筑物的真实大小；如果不一致，则表明建筑形象歪曲了建筑物的真实大小，通常称为建筑物失掉了应有的尺度感。

比例和尺度是密切相关的建筑造型特征，如果一座桥梁某些部分的尺度不当或比例失调，都会影响它的整体形象，只有各部分的比例和尺度达到匀称和协调，才能构成优美形象。

(5) 稳定与动势 安全稳定是桥梁建筑的最基本使用要求，同时桥梁建筑必须给人以稳定可靠的感觉，即使在力学上是充分安全合理的，但如果给使用者以不安全感觉，也很难让人感受到其造型之美。所以，只有当人在直观上能感受到桥梁的强度和稳定性时，其形式美和功能美才得以在人的心理上产生统一。

桥梁是一个承重结构，人们首要的心理活动是通过视觉看出它是如何承受荷载的，荷载是如何传递的，简洁的承载和传力结构会形成一个紧凑严密、蕴藏着巨大力量的结构物。任何一座设计合理、造型优美的桥梁都会显示出安静、自信、坚固的形象，给人一种坚定不可动摇的稳定感。

人们观赏桥梁结构物是多视角的。在桥上高速行驶的车或移动的人，其视点会发生变化，视点的变化使观看到的实际桥梁建筑形象呈现规律地变化，仿佛是桥梁在运动，给人一种动感；当人们在桥外沿着桥梁水平方向目视多跨桥梁，由于其跨越方向的延伸长度要比宽度和高度大得多，自然就会感到桥梁结构上的强烈运动延伸的动态趋势。此外，拱桥外形在纵向与竖向的起伏变化及弯桥在水平面的蜿蜒变化，均会给人以深刻的感受。

（6）韵律与节奏　韵律与节奏是重要的造型手法，设计者可将桥梁构成一个系统的整体，通过有规律的重复或有秩序的变化形成韵律和节奏，激发人们的美感。几乎所有的桥梁结构都具有韵律和节奏的因素，从栏杆设计到灯柱的布置、从结构细部到分孔规律，一般都蕴涵着韵律和节奏的效果。

桥梁建筑韵律形式主要有连续韵律和变韵律。桥梁建筑部分重复连续出现，如等跨连续拱桥的曲线造型成动态趋势，虚实交替，可以形成强烈的韵律感。连续的部分按一定的秩序变化，逐渐加长或缩短、变宽或变窄、变密或变疏等，大跨拱桥上腹拱的变化是一种渐变韵律。多孔拱桥的重复又形成连续的韵律，形成一种韵律美。某些多跨桥梁，各孔跨径和桥下净高以中孔最大，向两边渐小，形成规律性变化，通过渐变韵律的美学表现，呈现出赏心悦目的效果。

6.7　桥梁的管理与养护

6.7.1　国内外公路桥梁养护概述

公路桥梁承载能力降低、通行能力不足，不能满足迅速发展的交通事业的需求，是世界各国普遍面临的问题。公路桥梁原设计标准低、结构构件老化、各种材料强度降低也早已引起了世界各国的普遍关注。美国、日本、丹麦等发达国家在公路桥梁的检测、评定、技术改造及管理系统等方面做了大量的研究工作。

1981年4月，联合国经济合作与发展组织（OCED）主持召开了关于"道路桥梁维修与管理"的会议，会议提出了桥梁养护方面有待研究的六个问题：如何正确评价现有桥梁的实际承载能力与安全度；如何及早检查发现桥梁产生的损坏及异常现象，正确地检定结构物的损坏程度，从而采用合理的维修加固方法；桥梁损坏与维修加固的实际应用；桥梁维修加固新技术；桥梁设计与维修管理的关系；桥梁维修加固的展望。

在1991年第二届混凝土耐久性国际学术会议上，Metha教授在其报告中指出："混凝土破坏的原因按重要性递降顺序排列是：钢筋腐蚀、寒冷气候下的冻害、侵蚀环境下的物理化学作用""20世纪40年代以来，混凝土建筑工业的迅猛发展，硅酸盐水泥组成的变化导致坍落度大的混凝土拌合物易发生中和作用。用这种混凝土制作的构件强度能满足要求，但从钢筋保护和混凝土耐冻、耐腐蚀的角度看，则不满意，即目前更多的混凝土结构比50年前更不耐久"。

在桥梁检测方面，无损检测是诸多检测方法中使用最普遍的，主要有涡流检测、磁粉渗透检测、X射线检测和超声检测四种。目前这些技术又有了新的发展，如声发射、磁分子、磁漏、Barkhausen噪声、涡流、γ或X射线照相和层析摄像仪、全息摄影、冲击反射和回弹锤、远红外热像仪、微波吸收、中子射线照相和散射、核磁共振、光干涉、流体渗透、脉冲雷达、超声波、X射线衍射、共振超声光谱仪和振动模态分析等。混凝土的探伤或半探伤检测技术也已比较成熟，如拉拔试验（间接抗剪、抗拉强度）、拉伸试验（抗拉强度）、折断试验（抗折模量）、Windson试验（抗贯入）、Tescon试验（应力–应变关系）、Cores试验（强度）、成熟度法（温度与时间关系）和渗透性试验（氯离子、电和气体渗透）等。用超导材料技术进行混凝土结构钢筋锈蚀度的检测方法是目前的研究热点。

在桥梁评定方面，各国都根据具体情况制定了分级排序的国家标准，基本方法大同小异，都是采用模糊分级的方法。美国主要采用桥梁缺陷分级标准——美国联邦公路管理局（FHWA）对每座桥梁收集90个项目的数据，将桥梁缺陷分为10级（0~9）。英国主要采用桥梁检测优先级标准——依据桥龄分级、桥型分级、薄弱部位分级、交通量分级、路线重要性分级等进行整体评分，将检测优先级分为5级（1~5），等级数越小的桥梁越应予以优先检测。日本、加拿大主要采用了荷载效应的修正法进行承载能力评定（目前正向专家系统评估方向发展）。

在桥梁技术改造方面，美国及西欧的一些国家先后编制了桥梁加固与维修指南，成立了专业施工队伍，使桥梁技术改造向专业化、标准化方向发展。常见的加固技术主要有增大截面和配筋加固、粘贴钢板（筋）加固、改变结构受力体系加固、桥面补强层加固、增加辅助构件加固、体外预应力加固、粘贴复合材料（如碳纤维）加固等。

在桥梁养护管理系统方面，美国、日本、丹麦等国家先后建立了完善的桥梁养护管理计算机系统，并通过系统研究形成了一套完整的桥梁检测、评定与技术改造体系。

改革开放以来，我国公路桥梁建设取得了飞速发展，现有桥梁已超过了100万座。但据全国桥梁普查资料，中小跨径桥梁居多，且大部分分布在技术标准低、通行能力差的县乡公路上，约有1/3处于三、四类的状况。除此之外，属于荷载标准低、桥面窄、不能满足通行要求的约占桥梁总长的15%。

多年以来，我国的桥梁工作者对公路桥梁的检测、评定、技术改造进行了大量的研究工作，并取得了一定的成绩。

在桥梁检测方面，我国在大量引进并相继开发了混凝土强度和缺陷超声波检测设备、智能化红外成像测试设备、智能钢筋及保护层测量仪和钢筋锈蚀电位测量设备等先进设备，为我国公路桥梁检测，特别是钢筋混凝土桥梁材质状况的检测提供了更加先进、更加科学的保障。

在桥梁评定方面，交通部早在1988年就颁布了《公路桥梁承载能力评定方法（试行）》。该方法主要是基于荷载试验评定方法，对桥梁承载能力的检算基本上是按当时的有关公路桥梁设计规范进行，并根据桥梁的调查、检算及荷载试验情况，采用桥梁检算系数对检算结果进行适当的修正。近年来，国内外一些学者在桥梁承载能力评定方法方面做了大量的研究，先后提出了"以计算为主的评定方法""基于桥梁质量检查的评定方法""动态法测定桥梁承载能力"及"荷载试验与计算分析相结合的方法"等方法。我国学者还通过努力，使我国所特有的双曲拱桥、组合梁桥等有了专门的完整评定方法。我国于2011年JTG/T J21—2011《公路桥梁承载能力检测评定规程》，又于2015年发布了JTG/T J21-01—2015《公路桥梁荷载试验规程》。

在桥梁加固方面，产、学、研密切合作，结合工程实践展开了大量研究工作，并取得了丰硕的理论成果，颁布了混凝土结构及公路桥涵养护的一系列规范。

近年来，新材料、新工艺的大量出现也为我国桥梁技术改造提供了更加广阔的研究空间。我国在桥梁的检测、评定与加固方面取得了飞速的进步。但同西方发达国家相比，在以下四个方面仍存在着较大差距：桥梁检测手段和仪器设备的开发研制；桥梁检测、评定、加固的系统化及标准化；加固维修材料和工艺设备；相关技术标准、应用规程及施工指南的制定。因此，桥梁养护工作者仍需加倍努力，缩短差距，使我国桥梁养护早日走上可持续发展之路。

6.7.2 桥梁养护维修与加固改造

为保证桥梁的正常运营，尽量保持和延长桥梁的使用年限，对桥梁结构进行日常养护维修是非常必要的。当桥梁结构物无法满足承载能力、通行能力（如荷载标准提高、原结构严重损伤从而使承载能力降低、桥面过窄妨碍车辆畅通）、防洪等要求时，则需对桥梁结构进行必要的加固、拓宽等技术改造。因此，桥梁竣工验收并交付使用后要进行两方面的工作：一是日常的养护维修；二是针对桥梁在运营过程中实际存在的问题与新的使用要求，进行必要加固改造。具体来说，桥梁养护的工作内容主要有以下几方面：技术状况检查；建立和健全完善的桥梁技术档案；桥梁构造物的安全防范；桥梁构造物的经常保养、维修和加固。

1. 桥梁的养护维修

桥梁的养护维修是为保持桥涵及其附属物的正常使用而进行的经常性保养及维修作业，预防和修复桥涵灾害性损坏与提高桥涵质量、服务水平而进行的改造。桥涵的养护按其工程性质、规模大小、技术难易程度划分为小修保养、中修、大修、抢修工程四类。

（1）小修保养工程 是指对公路桥涵及其工程设施进行预防性保养和修补轻微损坏部分，使其经常保持完好状态的工程项目。由基层管理机构在年度小修保养定额经费内，按月（旬）排计划，经常进行。

（2）中修工程 是指对公路桥涵及其工程设施的一般性磨损和局部损坏进行定期的维修与加固，使其恢复原状的小型工程项目。由基层管理机构按年（季）安排计划并组织实施。

（3）大修工程 是指对桥涵及其工程设施的较大损坏进行周期性综合修理，以全面恢复到原设计标准，或在原技术等级范围内进行局部改善和个别增建，以逐步提高通行能力的工程项目。

（4）抢修工程 是指当桥涵因水毁等自然灾害及超载、意外事故造成交通中断或者严重影响通行的破坏而采取迅速恢复交通的工程措施。

小修保养和中修工程主要是对危害桥梁正常运营的部分进行修缮。例如，桥面照明系统、桥面铺装层、桥面伸缩缝装置、桥面防水设施、桥梁主体结构（如钢筋混凝土桥梁等的裂缝等）、桥梁支座、桥梁墩台身及基础、桥梁防护构造等的缺陷，都会影响桥梁的正常运营及使用年限，严重的甚至会导致桥梁承载能力的降低。因此，在桥梁使用过程中对其进行日常的维修养护是一项非常重要的工作，而这项工作具有普遍性，涵盖了一～五类所有的桥梁。大修工程主要针对病害严重、技术状况较差的桥梁，如三、四类桥梁，所以部分大修工程可归类为加固改造工程。桥梁的加固改造工作重点往往是针对桥梁的承重结构，但同时也必须对上述影响桥梁正常使用的部分进行维修整治。

2. 桥梁的加固

桥梁加固是对有缺陷的桥梁主要承重构件进行补强，改善结构性能，恢复和提高桥梁结构的安全度，提高其承载能力和通过能力，以延长桥梁的使用寿命，使整个桥梁结构可满足规定的承载力要求，并满足规定的使用功能需求。桥梁加固一般是针对低等级的桥梁，个别的是针对荷载等级的桥梁或者是临时需要通过超重车的桥梁。有些时候，加固补强和桥梁拓宽、桥梁抬高等技术改造工程同时进行，满足并适应发展了的交通运输的要求。

桥梁结构的安全性包括结构的强度、刚度、稳定性及耐久性等指标，即桥梁结构必须满足承载能力要求及正常使用功能要求：桥梁结构应具有足够的强度，以承受作用于其上的荷载，使桥梁结构的构件或其连接不致破坏；结构各部分应具有足够的刚度，以使其在荷载作用下不产生影响正常使用的变形；构件的截面必须有适当大小的尺寸，以使其在受压时不发生屈曲而丧失稳定性。对桥梁结构不仅要保证结构具有整体强度、刚度及稳定性，还必须保证结构各组成部分具有足够的强度、刚度及稳定性，同时结构物必须具备良好的使用性能与耐久性。但是，桥梁结构由于所受荷载的随机性、材料强度的离散性、制造与安装质量的不确定性及理论计算的近似性等原因，其实际安全度往往是一个不确定值。有的桥梁因建造年代久远，设计荷载标准偏低，重车增多后而不适应；有的桥梁因采用了不恰当的结构形式或采用了不合理的设计计算方法，导致桥梁结构实际受力状态与力学图式不尽相符；有的桥梁在施工时因质量控制不严、管理不当造成不应有的缺陷；有的桥梁因不注意日常养护维修而导致结构产生缺陷；有的桥梁因使用不当而不能维持正常的工作条件等。

3. 桥梁的技术改造

桥梁的技术改造是一个综合性的概念，包括桥梁的加固补强、桥梁拓宽、桥梁抬高、桥梁平面线形改善等工作。利用既有桥梁结构，通过特定的技术措施，使既桥梁结构荷载等级提高、通行能力增强、使用性能得到改善的，统称为桥梁技术改造。不过，桥梁技术改造的重点是指除加固补强以外的技术改善工作，本书中的含义即为此，并简称"改造"。桥梁技术改造基本上与公路养护中的桥梁"新改建工程"中的改建工程含义基本一致。

思 考 题

1. 什么是桥梁结构？桥梁结构由哪几部分组成？

2. 桥墩和桥台的作用是什么？两者的区别是什么？

3. 支座的作用是什么？

4. 什么是低水位、高水位、设计洪水位？

5. 什么是净跨径、总跨径、计算跨径？

6. 什么是桥梁高度、桥梁建筑高度？

7. 桥梁按照主要受力构件分为哪几类？各自的特点是什么？

8. 简述桥梁结构设计的基本原则。

9. 桥梁结构设计基本程序是什么？

10. 如何确定桥梁的总跨径？

11. 如何对桥梁合理进行分孔？

12. 桥梁平面线形确定的过程中应该考虑哪些因素？

13. 桥梁建筑的美学原则体现在哪几方面？

14. 桥梁结构上部施工的主要施工方法有哪些？

15. 桥梁结构有哪些基础形式？

16. 什么是桥梁施工控制？桥梁施工控制包括哪些内容？

17. 桥梁加固的含义是什么？桥梁技术改造的含义是什么？

参 考 文 献

[1] 范立础. 桥梁工程：上册 [M]. 3 版. 北京：人民交通出版社股份有限公司, 2017.

[2] 顾安邦, 向中富. 桥梁工程：下册 [M]. 3 版. 北京：人民交通出版社股份有限公司, 2017.

[3] 邵旭东, 等. 桥梁工程 [M]. 5 版. 北京：人民交通出版社股份有限公司, 2019.

[4] 中华人民共和国交通运输部. 公路桥涵设计通用规范：JTG D60—2015 [S]. 北京：人民交通出版社股份有限公司, 2015.

[5] 中华人民共和国交通运输部. 公路钢筋混凝土及预应力混凝土桥涵设计规范：JTG 3362—2018 [S]. 北京：人民交通出版社股份有限公司, 2018.

[6] 中华人民共和国交通运输部. 公路桥涵施工技术规范：JTG/T 3650—2000 [S]. 北京：人民交通出版社股份有限公司, 2020.

隧道工程与城市轨道交通工程 第7章

7.1 概述

隧道是一种地下工程结构物，通常是指修筑在地下（或水下）或山体内部，两端有出入口，供车辆、行人、水流及管线等通过的通道。隧道一般包括交通运输方面的铁路、公路、航运和人行隧道，城市地下铁道和海底、水底隧道，军事工程方面的各种国防坑道，水利发电工程方面的各种水工隧道或隧洞。

7.1.1 隧道工程的发展历史

隧道因人类生活和生产的需要而产生，并随着人类文明和科学技术的发展而发展，至今已有 300 万年以上的历史。其发展历史可大致分为以下四个时代：

（1）原始时代 指从人类出现到公元前 3000 年的新石器时代。此时的隧道是用兽骨、石器等工具开挖而成的洞穴，修建于可以保持自身稳定而不需支撑的地层中。这是人类出于生存本能利用隧道来防御自然威胁的穴居时代。

（2）远古时代 指从公元前 3000 年到 5 世纪时的古代时期，即所谓的文明黎明时代。可以说，这个时代隧道的开发技术形成了现代隧道开发技术的基础。例如，公元前 2200 年间的古巴比伦王朝为连接宫殿和神殿而修建了长约 1km、横贯幼发拉底河的水底隧道，断面为 3.6m × 4.5m，施工期间将幼发拉底河水流改道，采用明挖法建造，是一种砖砌建筑。在罗马时代也修筑了许多隧道工程，有的至今还在利用。这个阶段主要是为生活和军事防御目的而利用隧道的时代。

（3）中世纪时代 指从 5 世纪到 14 世纪的 1000 年左右时间。这个时期正是欧洲文明的低潮期，建设技术发展缓慢，隧道技术没有进一步的发展。但由于对铜、铁等金属资源的需求，进行了矿石开采。这主要是采矿工业技术开始的时代。

（4）近代和现代 指从 16 世纪以后的产业革命开始的时代。这个时期由于炸药的发明和工程应用，加速了隧道技术的发展，其应用范围迅速扩大，如有益矿物的开采、灌溉、运河、公路和铁路交通隧道，以及随着城市的发展而修建的地下铁道、上下水道等。

据现有资料记载，我国最早的交通隧道是位于今陕西汉中市褒谷口内的"石门"隧道，建于东汉明帝永平九年（公元 66 年），是供马车和行人通行的。用于通道的还有安徽毫县城内的古地下道，是我国最早的城市地下道，建于宋末元初（约 13 世纪）。

世界上最早的隧道为前述古巴比伦国王为连接宫殿和神殿而在幼发拉底河下修建的人行隧道。而古代最大的隧道建筑物是建于公元前 36 年那不勒斯与普佐利（今意大利境内）之间的婆西里勃隧道，它是在凝灰岩中凿成的垂直边墙无衬砌隧道，至今仍可使用。

约公元 7 世纪，我国发明了火药，后传入欧洲。17 世纪初（1627 年），奥地利的工业家首先将火药用于开矿，1679 年火药用于法国拉恩开得克运河隧道开挖，获得极大成功，使隧道开挖技术得到了飞速发展。19 世纪的产业革命推动了建设技术的发展，隧道开挖出现了各种新方法。1818 年布鲁内尔（Brunel）发明了盾构，英国的科克伦（Co-Chrane）利用以压缩空气平衡软弱地层涌水压力的原理发明了用压缩空气开挖水底隧道的方法，1896 年英国人格雷特黑德（Greothead）首次实现了用压缩空气和盾构修建水底隧道。在欧洲，最早应用凿岩机和硝化甘油炸药来开挖岩石隧道的是贯穿阿尔卑斯山的辛普伦隧道。

我国古代在地下工程方面也具有卓著的成绩。金属矿石开采在当时已相当发达，公元 1271—1368 年就有深达数百米的盐井。为封建统治者修建的墓穴，如长沙的楚墓、洛阳的汉墓、西安的唐墓、明十三陵之一的定陵等都是规模较大的地下工程。我国第一条铁路隧道是 1890 年清朝修建而成的台湾狮球岭隧道，1903 年我国建成第一座长度超过 3km 的兴安岭隧道。

新中国成立后，由于经济发展的需要，我国的隧道建设技术有了快速发展，近年来更是呈现突飞猛进之势。

7.1.2　我国隧道工程的发展现状

1. 交通隧道

交通是国家基础建设重要的设施，在国民经济发展中占有十分重要的地位。我国交通隧道随着交通建设的高速发展而不断增加。

目前我国铁路隧道在数量和总长度上已处于世界领先地位。据不完全统计，到 2020 年年底为止，已建成的隧道达 16798 座，总延长 19630km，长度大于 20km 的隧道有 11 座。其中，有不少具有标志性的工程项目，如位于京广铁路衡（阳）—广（州）段的大瑶山隧道，全长 14294m，是目前我国已建成的最长双线电气化铁路隧道；位于西（安）—（安）康线上的秦岭Ⅰ、Ⅱ线铁路隧道是两座平行的单线隧道，全长 18456m，是 20 世纪我国最长的铁路隧道；位于兰新铁路增建二线上的乌鞘岭隧道，全长 20050m，也是两座单线隧道，该隧道在软岩深埋复杂应力隧道的修建技术上取得突破；青藏铁路风火山隧道是目前世界上海拔最高的多年冻土隧道，昆仑山隧道是目前世界上最长的多年冻土隧道，全长 1686m。除此之外，我国还兴建了不少高速铁路隧道，如武广、郑西、石太等客运专线，部分地段建设环境和地质情况相当复杂，对建设技术提出了新的要求。

我国第一条水底隧道是 1971 年 6 月建成通车的上海黄浦江打浦路隧道，现今黄浦江下已建成多条水底隧道将浦东和浦西连接起来，广州的珠江、宁波的甬江下也都已建成水底地铁和公路隧道。"万里长江第一隧"的武汉长江水下隧道，全长 3.63km，工程概算投资 20.5 亿元，为双线双车道。我国大陆第一条海底隧道——厦门翔安海底隧道全长 8.695km，其中海底隧道长 6.05km，最深潜海约 70m，隧道总投资 31.97 亿元，主线设计时速为 80km。世界上最长的海底隧道当数日本的青函海底隧道（全长 53.85km，海底部分长 23.3 km）和英法海底隧道（全长 50.5km，海底部分长 37.9km）。

20 世纪 80 年代前，我国公路隧道的建设发展相对迟缓，隧道数量不多，也很少设计长大隧道。改革开放后，为了实现截弯、降坡、提速、提高运营安全及实现长期运营收益等，相继修建了一批长大公路隧道。近年来，由于高速公路建设的蓬勃发展，公路隧道的数量、单洞长度都有了迅猛增长。截至 2019 年年底，我国公路隧道总数已达 19067 座，总长度约 18966km。隧道单洞长度也越来越长，我国部分长度超过 5km 的公路隧道见表 7-1。其中，陕西秦岭终南山隧道全长约 18100m，是世界第二、亚洲第一的公路隧道。

表 7-1　我国部分长度超过 5km 的公路隧道

隧道名称	隧道长度/m	营运条件
美菰林隧道	5600	双洞、单向、双车道
雪峰山隧道	7000	双洞、单向、双车道
泥巴山隧道	10000	双洞、单向、双车道
秦岭终南山隧道	18100	双洞、单向、双车道
西山隧道	13654	双向、双车道
虹梯关隧道	13122	双向、双车道
麦积山隧道	12228	双向、双车道
云山隧道	11500	双向、双车道
包家山隧道	11200	双向、双车道
宝塔山隧道	10391	双向、双车道
五指山隧道	9290	双向、双车道
佛岭隧道	8803	双向、双车道

目前世界上最长的公路隧道是挪威西部的拉达尔（Aurland-Laerdal）隧道，长度达 24.5km。其次为我国陕西省的秦岭终南山公路隧道，长 18.1km。世界上部分长度大于 10km 的公路隧道见表 7-2。

表 7-2　世界上部分长度大于 10km 的公路隧道

隧道名称	国家及地区	隧道长度/m
勃朗峰（Mt. Blance）	法国—意大利	11600
弗雷儒斯（Frejus）	法国—意大利	12901
圣哥达（St. Gothard）	瑞士	16918
阿尔贝格（Arlberg）	奥地利	13927
格兰萨索（Gran Sasso）	意大利	10173
关越 I（Kan – Etsu）	日本	10920
关越 II（Kan – Etsu）	日本	11010
居德旺恩（Gudvanga）	挪威	11400
Folgefonn	挪威	11100
拉达尔（Aurland Laerdal）	挪威	24500
坪林（Pinglin）	中国台湾	12900
Hida	日本	10750
秦岭终南山隧道	中国陕西	18100
甘塔斯隧道	阿尔及利亚	14680
Le Tunnel Est	法国	10000

2. 水利水电隧道

水利水电工程的建设中，有大量的隧道及地下工程。我国自 20 世纪 70 年代中期以后，建成了许多著名的水电工程，如二滩、黄河小浪底、葛洲坝、长江三峡水电工程及四川紫坪铺水利工程等。水利水电系统中，隧道及地下工程建设的一个明显特点是工程规模的大型化，表现为引水隧洞埋深增加，导流及泄洪洞断面增大、跨度增大、边墙增高，隧洞承压水头增大等。如二滩水电站导流洞断面积达 $403m^2$，天湖抽水蓄能电站的水头高达 1074m，锦屏二级引水隧洞埋深达 2600m（与目前世界上最大埋深的法国谢栏引水隧洞埋深 2620m 相近），大伙房水库输水工程隧洞长达 85.32km，开挖洞径达 8m，隧道穿越 50 余座山峰、50 多条河谷、29 条断层。

3. 城市地下工程

城市地下空间的开发利用，目前较为广泛的有高层建筑物的地下室、平战结合的人防工程、大型地下商场及地下商业街等。如成都市顺城街地下商业街，位于成都市中心繁华商业区，全长 1300m，分单、双两层，总建筑面积 $41000m^2$，宽为 18.4~29.0m，中间步行道宽 7.0m，两边为店铺，有 30 个出入口，另有设备（通风、排水等）和生活设施房间、火灾监控中心办公室等。

此外，利用地下工程具有恒温恒热、受地面干扰小、防灾抗灾能力强等特点，我国修建了许多地下核电站及地下储库，如地下粮库、油库、金库等。位于山东青岛的黄岛地下油库，于 1974 年 9 月投入使用，填补了我国地下储油的空白。地下储气、储油工程的开发也为建设大断面洞室提出了新的需求，已经投入运营的汕头 LPG（液化石油气）地下水封岩洞储气库，最大开挖断面达 $304m^2$。

7.1.3 隧道工程的优势及其发展前景

1. 采用隧道的优势

1）在城市修建隧道工程，可以大大减少地面交通占地，节省宝贵的城市空间，形成立体交通。

2）在山岭地区，隧道可以大幅减少展线、缩短线路长度，降低线路的最大坡度，减少曲线道路数目，改善线形等。

3）在江河、海峡及港湾等地区，隧道可不影响水路通航（优于桥梁），同时大大缩短原有的路程。

4）隧道可以减少对地表植被的破坏，保护原有的生态环境及景观。

5）隧道可减少深挖路堑，避免高架桥和挡土墙等。

6）隧道可减少线路受自然因素（如风、雨、雪、沙尘、塌方及冻害等）的影响，延长线路使用寿命，降低事故发生率。

2. 隧道工程的发展前景

随着我国经济的不断发展，综合国力不断增强，建设技术不断进步，我国隧道工程具有非常广阔的发展前景。早在 2003 年，国际隧道协会主席阿希斯就曾指出，中国已成为世界上最大的隧道工程市场，并有望迅速发展成为国际隧道建设方面的强国。截至 2021 年年底，我国运营铁路隧道总数 17532 座，总长 21055km，运营公路隧道 23268 座，总长 24698.9km，我国隧道的数量和总长度均居世界第一。

目前，我国的隧道工程建设已进入蓬勃发展时期，工程技术也正不断赶超世界先进水平。但随着工程规模的日益扩大、工程复杂程度的日益增加，机遇与挑战并存，隧道工作者们应抓住机遇、迎接挑战，研究解决工程中出现的难题，努力提高我国的隧道建设水平。

7.2 隧道的分类

隧道分类方法很多，从不同角度来区分，就有不同的分类方法。按地质条件，可分为岩石隧道和土砂隧道；按埋深，可分为浅埋隧道和深埋隧道；从所处的位置，可分为山岭隧道、水底隧道和城市隧道；按施工方法，可分为矿山法、明挖法、盾构法、沉埋法、掘进机法隧道等；按断面形式，可分为圆形、马蹄形、矩形隧道等；按车道数，可分为单车道、双车道和多车道隧道。在工程规划、设计和建设中，隧道主要按照隧道长度、断面积大小和用途进行分类。

7.2.1 按照隧道长度分类

依各行业的不同，可按行业"规范"的规定进行划分。假设 L 为隧道长度，它是指两端洞门墙墙面与路面的交线同路线中线交点之间的距离。

按照 JTG 3370.1—2018《公路隧道设计规范》，公路隧道按其长度可分为：特长隧道，$L>3000\text{m}$；长隧道，$3000\text{m} \geqslant L>1000\text{m}$；中隧道，$1000\text{m} \geqslant L>500\text{m}$；短隧道，$L \leqslant 500\text{m}$。

按照 TB 10003—2016《铁路隧道设计规范》，铁路隧道按其长度可分为：特长隧道，$L>10000\text{m}$；长隧道，$10000\text{m} \geqslant L>3000\text{m}$；中隧道，$3000\text{m} \geqslant L>500\text{m}$；短隧道，$L \leqslant 500\text{m}$。

7.2.2 按照隧道断面积大小分类

按国际隧道协会（ITA）定义的断面数值划分标准，设 A 为隧道的断面积，则可分为以下五类：特大断面隧道，$A>100\text{m}^2$；大断面隧道，$100\text{m}^2 \geqslant A>50\text{m}^2$；中等断面隧道，$50\text{m}^2 \geqslant A>10\text{m}^2$；小断面隧道，$10\text{m}^2 \geqslant A>3\text{m}^2$；极小断面隧道，$A \leqslant 3\text{m}^2$。

7.2.3 按照用途分类

1. 交通隧道

交通隧道是应用最为广泛的一种隧道，其作用是提供一种克服障碍物和高差的交通运输及人行的通道，主要包括铁路隧道、公路隧道、水底隧道、地下铁道、航运隧道及人行隧道六种。

（1）铁路隧道　铁路隧道是专供火车运输行驶的通道。我国是一个多山国家，山地、丘陵、高原等山区面积约占全国面积的2/3。当铁路穿越这些地区时，由于铁路限坡平缓，常难上升到越岭所要求的高度，铁路还要求限制最小曲线半径，常限于山地、丘陵地形而无法绕行，故修建能够克服高程和平面障碍的隧道是一种合理选择。它能够缩短线路并使线路顺直、减小坡度、改善运营条件、提高牵引定数和行车速度。如宝成线宝鸡至秦岭段45km的线路上就设有48座隧道，占线路总延长的37.75%，山地、丘陵地区铁路隧道的作用由此可见一斑。

（2）公路隧道　公路隧道是专供公路运输使用的地下工程结构物。因为公路对坡度和最小曲线半径的限制没有铁路那样严格，在山区修建公路时为了避开修建费用昂贵的隧道而常常选择盘山绕行的方式，所以过去公路隧道并不多。而随着社会经济的发展，高速公路大量出现，对道路的修建技术提出了较高的标准，要求线路顺直、坡度平缓、路面宽敞等，故隧道方案越来越受到重视，它在缩短运行距离、提高运输能力及减少交通事故等方面都起到了十分重要的作用。另外，为避免平面交叉，利于高速行车，保护环境、景观及一些古建筑，一些城市也常采用修建隧道方式通过。

（3）水底隧道　水底隧道是修建于水面以下、供汽车和火车运输行驶的通道。当交通线路跨越江、河、湖、海、洋时，一般可选择架桥、轮渡和隧道等方案。但桥梁两端的引道常需占用宝贵的城市用地或需修建结构复杂的长引桥，轮渡则需要较高净空且限制通行量，若这些问题不能得到有效的解决，则可选用水底隧道方案。水底隧道具有较明显的优点，如不影响河道通航，引道占地少，不受气候影响，战时不易暴露且防护层较厚等；其缺点是造价较高。在我国为横跨黄浦江，上海已修建了多条水底隧道，广州地铁穿越珠江、武汉地铁穿越长江都修建了水底隧道。

（4）地下铁道　地下铁道修建于城市地层中，是解决大城市交通拥挤、车辆堵塞等问题，且能大量、快速、安全、准时输送乘客的一种城市交通设施。它充分利用城市地下空间，将部分客流转入地下，大大改善了城市的交通状况，并可减少交通事故。目前，我国北京、上海、广州、深圳、南京、西安等大型城市都已建成了地下轨道交通系统。

（5）航运隧道　航运隧道是专供轮船运输行驶而修建的通道。当运河需要跨越分水岭时，克服高程障碍成为十分困难的问题。解决该问题的有力手段是修建运河隧道，把分水岭两边的河道沟通起来，这样既可缩短航程，又可省掉修建船闸的费用，船只可迅速而顺直地驶过，大大地改善了航运条件。

（6）人行隧道　人行隧道是修建于闹市区穿越街道或跨越铁路、高速公路、专供行人通过的地下通道。它可缓解地面交通压力，提高交通运送能力，减少交通事故的发生。

2. 水工隧道

水工隧道（也称为隧洞）是水利工程和水力发电枢纽的一个重要组成部分。根据用途可以分为以下四种：

（1）引水隧道　引水隧道是进行水资源调动或把水引入水电站发电机组而产生动力资源的通道。引水隧道有的全部充水而内壁承压，有的只是部分过水从而承受大气压力和部分水压，因而可分别称为有压隧洞和无压隧洞。

（2）尾水隧道　尾水隧道是将发电机组排出的废水送出去的通道。

（3）导流隧道（泄洪隧道）　导流隧道是水利工程中的一个重要组成部分，其作用是疏导水流并补充溢洪道流量超限后的泄洪功能。

（4）排沙隧道　排沙隧道是水库建筑物的一个组成部分，其作用是冲刷水库中淤积的泥沙，把泥沙裹带送出水库；放空水库里的水，以便水库检查或修缮。

3. 市政隧道

市政隧道是城市中修建在地面以下、用来放置各种不同市政设施的孔道。市政隧道可节省宝贵的地面面积，不会扰乱高空位置和影响市容，对保障城市的正常运转有着重要的作用。按照市政隧道的用途，又可将其分为以下几种：

（1）给水隧道　给水隧道是为铺设自来水管网系统而修建的隧道。城市给水管路是满足人们基本生存需求的重要保障，将其安放于地下孔道，既不占用地面空间，又可避免遭受人为的破坏。

（2）污水隧道　污水隧道是为城市污水排送系统修建的隧道。对环境污染严重的城市污水需引入到污水处理厂以净化返用，其余仍有部分污水需要排放到城市以外的河流中去。这种隧道可以采用本身导流排送，隧道形状多采用卵形；也可以在孔道中安放排污管，由管道进行排污。排污隧道的进口处多设有拦渣隔栅，把漂浮的杂物拦在隧道之外，不致涌入造成堵塞。

（3）管路隧道　城市生产和居民生活所需的煤气、暖气、热水等能源供给都需要由供给管路来实现，一般都将这些管路安放在地下孔道中，并采取防漏及保温措施，实现能源的安全输送。

（4）线路隧道　线路隧道是为安放电力和通信系统修建的地下孔道，多数是沿着街道两侧敷设的。修建线路隧道，可以保证电力及通信电缆不为人们的活动所损伤或破坏，又可避免悬挂高空而有碍市容景观。

在现代化的城市中，也可将以上四种具有共性的市政隧道合建成一个大隧道，称为"共同沟"，也称为"地下城市管道综合走廊"。它将原本架设在地面、敷设在地下的各种公用类管线集中于一体，内设检修通道便于维护，可避免市政管线维修时道路反复开挖的问题，是保持城市可持续发展能力的重要基础设施。1993年，上海规划建设了我国第一条现代共同沟——浦东新区张杨路共同沟。在上海世博园区，配合水电气配套工程，铺设了全长6.6km的地下共同沟。

（5）人防隧道　人防隧道是为战时的防空目的而修建的避难隧道。在受到空袭威胁时，市民可以进入其中以得到庇护。人防隧道除应设有排水、通风、照明和通信设备外，还应考虑保障人们生存的储备饮水、粮食和必要的救护设备。在洞口处还需设置防爆装置，以阻止冲击波的侵入。此外，为做到应急要求，人防隧道应多口联通、互相贯穿，以便人们在紧急时刻可以随时找到出口。

4. 矿山隧道

在矿山开采中，常设一些为采矿服务的隧道（也称为巷道），从山体以外通向矿床，并将开采到的矿石运输出来。矿山隧道主要有以下几种：

（1）运输隧道　在采矿工程中，需向山体开凿隧道通到矿床，并逐步开辟巷道，通往各个开采面。前者称为主巷道，是地下矿区的主要出入口和主要的运输干道。后者分布如树枝状，分向各个采掘面，此类巷道多用临时支撑，仅供作业人员进行开采工作的需要。

（2）给水隧道　给水隧道的作用是送入清洁水为采掘机械使用，并通过泵将废水及积水排出洞外。

（3）通风隧道　矿山隧道开采过程中，地层中的有害气体、采掘机械排出的废气、工作人员呼出的气体等都会使巷道内的空气变得污浊。另外，若地层中的气体含有瓦斯，在其含量达到一定程度时，将会发生危险，使人窒息或引起爆炸。因此，必须设置通风巷道，排除有害及污浊气体，补充新鲜空气。

本章主要讨论交通隧道，其他用途的隧道不再赘述。

7.3　隧道设计

隧道工程的设计要求与其他建筑物基本相同，均为安全、经济和适用。但由于隧道是埋置于地层中的结构物，所以设计时必须考虑其区别于一般地面结构物的特殊性，还要考虑通风、照明、排水及安全设施等部分的设计，并使施工尽量简便且安全。

埋置于地下是隧道工程最主要的特点，相对于地面结构物隧道更易受到地质条件的影响，所以精准地地质勘察、合理地选择隧道位置就非常重要，这也是整个工程经济合理的前提之一。隧道工程的另一显著特点是受施工方法的影响较大，如钻爆法开挖能造成围岩的松动，先墙后拱法与先拱后墙法施工时衬砌的构造不同等。

隧道工程的设计首先应考虑隧道修建位置的选择，其次是隧道形式与结构的设计（包括几何设计与结构构造设计等）及隧道的施工设计等。本节将只对隧道选址、隧道的几何设计及结构构造进行介绍。

7.3.1　隧道选址

从地形上讲，修建交通道路会遇到的障碍主要有高程障碍与平面障碍两种，隧道方案就是克服这些地形障碍的有利方式。对于高程障碍，隧道方案能使线路更加平缓顺直、缩短运程，在长期运营中可提高行驶速度，且不会受到天气等外界因素的干扰，还可作为战时良好的掩护场所；而对于平面障碍，修建隧道，直穿山体而过，虽初期工程量略大一些，但道路线路顺直，无陡坡、急弯，运程缩短，且不像沿河傍山绕行方案易受坡体塌方的威胁，运营条件得以改善。

确定采用隧道方案后，首先要解决隧道选址问题。隧道位置的合理选择，要求工程师根据隧道勘察所得的工程地质及水文地质资料，综合考虑地形、环境保护等因素，制订出多个隧道路线方案；再对这些方案进行技术经济比较，从中选出技术可行、经济合理的一条最优路线。下面将简单介绍按地形及地质条件进行隧道选址时的基本方法及指导思想。

1. 越岭隧道的位置选择

当道路的路线要从一条水系过渡到另一条水系时，就必须跨越高程很大的分水岭，通常将为穿越分水岭而修建的隧道称为越岭隧道。我国山川众多，越岭隧道是最常见的隧道形式之一。

（1）隧道平面位置的选择　当线路必须跨越分水岭时，分水岭的山脊线上总会有高程较低处，称为垭口。一般情况下，常常有若干个垭口可以通过。越岭隧道平面位置的选择，主要是指隧道线路穿越分水岭的不同高程及不同方向的垭口选择，即垭口是选定越岭隧道线路方案的控制点。选择时重点考虑在路线总方向上的垭口、地质条件及隧道长度，此外，还需考虑线路两侧展线的难易程度、线形和工程量的大小。一般优先考虑在路线总方向上或其附近的低垭口，这时展线较好、隧道也较短；也可选择虽远离线路总方向，但其两侧具有良好展线条件的垭口。

（2）隧道立面位置的选择　在隧道平面位置确定后，需要考虑隧道立面位置的选择，即隧道高程（或标高）的选择。隧道高程选取越高，则隧道长度越短，工程量越小，施工期越短，但两端的引线需迂回盘绕以达到必要的高程，运营条件也会变差。相反，若隧道高程较低，则隧道变长，相应的工程量增加、施工期变长，但无须太多的引线，路线顺直平缓，技术条件好，运营条件也较好。所以最终隧道立面位置的确定，需要综合考虑施工、造价、运营等多个因素，从而确定最优方案。

越岭隧道选址的原则可总结为：逢山穿洞，宁长勿短，早进晚出——避免洞口深挖；宁里勿外，宁深勿浅，避软就硬——避免不良地质。

2. 傍山隧道的位置选择

工程中有时为了改善线形、提高车速、缩短里程，也常沿河傍山修建隧道，称为傍山隧道。因傍山隧道一般埋藏较浅，易造成各种病害，山坡处还可能会有滑坡、泥石流等不良地质现象，故施工中应尤为重视这些条件对山体和洞身稳定的影响。对傍山隧道，多年总结出来的工程经验为"宁里勿外"，即沿河谷线隧道的位置应稍向山体内侧靠为好。这样可使隧道有足够的覆盖厚度，还可避免隧道结构受到偏压作用，有利于山体稳定。当然也不能过分内靠，过分内靠会使隧道增长，土石方工程量陡增。

3. 不良地质地段隧道的位置选择

隧道是埋置在地层内的结构物，受地层岩体的包围，故在隧道选址时，必须紧密结合地质资料，弄清隧道线路附近是否存在不良地质区域。若存在，则其对隧道位置的选择往往起决定性作用。地质条件好的地层，不仅有利于施工及营运，还可节省投资；地质条件较差地段，则应尽量避免穿越，以免造成施工和运营的困难，降低隧道的安全性，增大工程造价。当不能避开而必须通过不良地质区域时，必须采取有效、可靠的工程处理措施，确保隧道施工及运营期间的安全。

常见的不良地质条件有滑坡、崩坍、错落、松散堆积层、泥石流、瓦斯区、岩溶区、含盐及含煤、地下水发育等地质条件。

4. 隧道洞口的位置选择

洞口是隧道的重要组成部分，它既是环境较差的洞身和地表的衔接处、工作人员和设施的出入口，又因其处于岩体表层，易受风化影响，稳定性较差。所以，在确定隧道位置时，洞口位置的选择是其中至关重要的一环。洞口位置选择的好坏，将直接影响隧道施工及运营安全、工期和造价等。所以在位置选择时不能顾此失彼，应该给予同样的重视，当隧道总体走向确定后，两端洞口仍可左右前后稍做调整，以得到最佳位置。

根据多年的工程实践经验，人们总结出了洞口位置选择的指导思想，即"早进晚出"。它是指在为了施工和运营的安全，隧道宜长不宜短，应早一点进洞，晚一点出洞，尽量避免大挖大刷，破坏山体稳定。当然，所谓的"早""晚"是相对的，并不是进洞越早越好，隧道也不是越长越好，而应更着眼于解决隧道的安全问题。在一般情况下，这个指导思想是合理可行的、符合工程实际的。

此外，为了保证洞口的稳定和安全，边坡及仰坡不宜开挖过高，应避免山体扰动过度及新的岩体暴露面过大。还应注意尽量使洞口位于隧道线路与地形等高线相垂直的地方，使隧道从正面进入山体，有利于改善洞口结构物的受力条件，使其免受较大的偏侧压力（见图 7-1a）。特别是土质松软、岩层破碎、构造不利的傍山隧道，更应注意这个问题。道路隧道一般不宜设计斜交洞口（见图 7-1b）。若只能为斜交时，应尽可能使斜交角度不小于 45°，

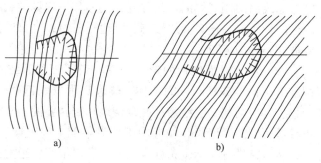

图 7-1　两种洞口平面示意图

a）正交洞口　b）斜交洞口

或考虑降低垂直等高线方向的开挖高度。

总而言之，选取洞口位置时，首先，要按照洞口的地形和地质条件控制其边坡和仰坡的高度及坡角；其次，选择地质条件良好、有利于排水的区域；最后，结合施工条件、工期、造价及洞口的相关工程（如桥涵、通风设施等）等因素进行综合考虑。现在人们也越来越重视考虑周边环境的洞口景观设计，工程与自然环境也更为协调。图7-2所示为秦岭终南山公路隧道洞口，图7-3所示为大相岭泥巴山隧道洞口设计的效果图。

图7-2　秦岭终南山公路隧道洞口

图7-3　大相岭泥巴山隧道洞口

7.3.2　隧道的几何设计

由于隧道线路是道路整体线路中的一个区段，隧道设计必然要首先满足道路明线段所规定的各种技术指标；其次由于隧道的结构、施工、运营环境等均不同于明线，隧道设计还需附加上其所独有的一些技术要求。这些附加的技术要求可从隧道的几何设计与结构构造设计两方面进行阐述。

隧道的几何设计，即隧道几何形式与尺寸的设计，是指交通工具（汽车或列车等）行驶与隧道各个几何元素的关系，主要包括隧道的平面、纵断面、横断面设计，隧道洞外连接线的设计等。

1. 隧道平面设计

隧道平面是指隧道中心线在水平面上的投影，一般应根据地质、地形、路线走向、通风等因素来确定隧道的平曲线线形。原则上，不论是公路隧道还是铁路隧道，应当尽可能采用直线线形，尽量不用或少用曲线线形，因为其不利因素较多，主要有：

1）若为曲线线形，在施工阶段会使洞内的施工测量变得复杂、精度降低；在运营阶段，为了保证正常的行车条件，需要定期检查线路的平面和水平，相对于直线隧道而言，曲线隧道的检修作业量增大了、作业难度提高了。

2）按技术标准规定，曲线线形的隧道需加大隧道的断面尺寸，这不仅会增加开挖的土石数量，还会加大支护结构的工程量，增加工程造价。另外，如果隧道各段曲线的曲率不同，则断面相应增大的尺寸也不同，隧道断面的不断变化会造成开挖及支护的尺寸不一致，提升了技术上的复杂程度。

3）当线路为曲线时，洞身弯曲，增大了洞壁与气流之间的阻力，不利于隧道中有害气体的排除，降低了隧道自身的通风条件。

4）若车辆运行于曲线线形隧道中，空气阻力会大于直线线形隧道，则运营效率降低；同时，沿曲线行驶的车辆会产生离心力，再加上隧道内的空气一般较为潮湿，使得钢轨或路面的磨损加速，线路养护费用也相应增加。

5）当隧道为曲线线形时，洞内可视条件较直线线形隧道差。

因而就铁路隧道而言，线路越直越好，这样列车行驶距离短、速度快，可提高线路的运营效率。但有时由于地质原因或是受地形的限制，必须采用曲线线形。如原设计为直线线形的隧道，在施工中遇到溶洞等难以处理的不良地质状况，不得不改线绕行时，会设置部分曲线隧道；当沿河傍山隧道绕行于山嘴时，为了避免直穿时隧道太长，或是为了便于开辟辅助性的施工横洞，会设置与地形等高线相接近的曲线隧道，如图7-4所示。另外，单向行驶的长隧道，如果在出口一侧放入大半径平曲线，面向驾驶者的出口墙壁亮度是逐渐增加的，尤其在出口处阳光可以直接射入及洞门面向大河、大海等亮度高的场合，此时曲线线形是设计所希望的。

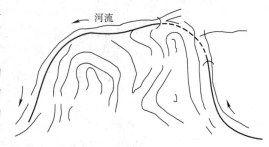

图7-4 曲线隧道示意图

公路隧道采用曲线设计时，《公路隧道设计规范》规定，不宜采用设超高的平曲线，并不应采用设加宽的平曲线。当由于特殊条件限制隧道平面线形设计而必须设超高的曲线时，其超高值不宜大于4.0%，技术指标应符合现行JTG D20—2017《公路路线设计规范》的有关规定。

2. 隧道纵断面设计

隧道纵断面是指隧道中心线展直后在垂直面上的投影。隧道纵断面设计的主要内容包括纵断面线路坡型的选择、坡度大小及坡段长度的确定，对于存在坡度改变的隧道，在变坡点前后还要设置竖曲线连接。

（1）坡型的选择 隧道线路处于地层内部，除地质条件有变化之外，其纵断面线路坡型基本不受外界因素的影响，一般可选用简单的单面坡（单向坡）或人字坡（双向坡）。单面坡是指从洞口向隧道一端上坡或下坡，人字坡是指从隧道中间向洞口两端下坡，如图7-5所示。

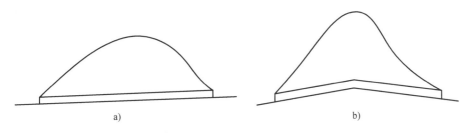

图7-5 隧道纵坡类型示意图
a）上行单面坡隧道 b）人字坡隧道

隧道内的纵坡形式一般宜采用单面坡。单面坡的优点：可以争取高程，多用于线路的紧坡地段或展线地区；由于两端洞口之间有高差，其自然通风条件较好；单面坡在施工及测量上都较人字坡更为简易和方便。单面坡的缺点：当采用两端同时相向施工时，总有一端为下坡进洞，即向下开挖，这样地层中的天然水及施工用水不能自动排出洞外，若不采取有力措施抽水外排，水会自然向下流到下部开挖工作面，恶化工作环境且干扰开挖工作；隧道施工中向洞外运渣时，空车下坡，重车上坡，运输效率低下。

人字坡的优缺点与单面坡基本相反，比较适用于长大隧道，通常是在越岭隧道、地下水发育的隧道中优先采用。因为越岭隧道不要求争取高程，而垭口两端都是沟谷地带，采用两端均向下的人字坡比较适用。相对于单面坡而言，人字坡的其他优点：易于排水，排水措施得以简化，因为水会自然流向两端的洞口；施工中均为重车下坡，空车上坡，运输效率高，适用于出渣量很大的隧道。人字坡的缺点：不利于运营通风，车辆排出的有害气体会聚集在两坡中间的顶峰处，即使采用机械通风，有时也难以排除干净。

（2）坡度大小及坡段长度的确定 坡型的选择会影响到隧道的通风、排水及施工运营等，排水及通风等问题同样也是控制隧道纵坡大小的主要因素。考虑到隧道排水的需要，隧道不宜选用平坡，纵坡越大，水流越快，因而对其有一个最小坡度的限制。对于通风而言，纵坡越大，越不利于通风，有文献表明，当纵坡大于2%时，车辆排出的有害物质迅速增加，所以从尽量减少隧道中有害气体的角度出发，一般对纵坡有最大坡度的限制。另外，纵坡过大会给施工运渣及运营中的车辆带来负担，提高了对车辆牵引力的要求。

《公路隧道设计规范》规定，隧道内纵面线型应考虑行车安全、营运通风规模、施工作业效率和排水要求，隧道纵坡不应小于0.3%，一般不大于3%；受地形等条件限制时，高速公路、一级公路和中短隧道可适当加大，但不宜大于4%；短于100m的隧道纵坡可与该公路隧道外路线的指标相同。

关于坡段长度，不宜太短也不宜太长。坡段太短，则意味着纵坡变换过大过频，既不能保证行车的安全视距和驾车的舒适性，也增大了施工及运营维护的难度。坡段太长，如一直上坡或一直下坡，都会降低车辆行驶的安全性。当顺坡设排水沟时，若坡段太长，水沟也不易布置，常会出现流量太大或沟槽太深的问题，有时为此还需分级分段排水，同样增加了运营和维护的工作量。

（3）坡道连接的规定　在坡度变化的连接点（变坡点）处，线路断面会呈现凹形或凸形，不利于行车。为了缓和坡度的突变，在变坡点前后需设竖曲线连接，且在《公路隧道设计规范》中规定了纵坡变更的凹形竖曲线及凸形竖曲线的最小半径和最小长度。此外，隧道洞外连接线应与隧道线形相协调，并符合相关行业规范的规定。隧道内的纵坡一般宜采用单面坡；对于长大隧道、地下水丰富而抽水设备不足的隧道、施工出渣量很大的隧道，采用人字坡往往比较有利。

3. 隧道横断面设计

这里的横断面设计主要介绍隧道净空断面的确定。隧道净空是指隧道衬砌的内轮廓线所包围的空间，包括隧道建筑限界、通风及其他所需的断面积，其断面形状和尺寸应根据围岩压力求得最经济值。围岩压力是指围岩作用于支护上的压力。从广义上讲，将支护与围岩看作一个共同体，二次应力的全部作用力视为围岩压力。隧道建筑限界是为了保证隧道内各种交通的正常运行与安全，而规定在一定宽度和高度范围内不得有任何障碍物的空间限界。

建筑限界因行业的独特性而有所不同，在相关行业规范中均有明确的规定，如公路隧道的建筑限界由行车道、路肩、路缘带、人行道或检修道的宽度，以及车道、检修道或人行道的净高等组成，如图7-6所示。《公路隧道设计规范　第一册　土建工程》（JTG 3370.1—2018）规定了各级公路隧道建筑限界的高度，高速公路、一级公路及二级公路为5.0m，三、四级公路则为4.5m。各级公路隧道建筑限界横断面基本宽度应按表7-3选取。

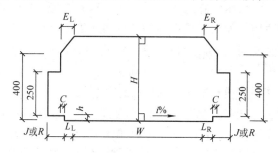

图7-6　公路隧道建筑限界（单位：cm）

H—建筑限界高度　W—行车道宽度　L_L—左侧向宽度　L_R—右侧向宽度　C—余宽　J—检修道宽度

R—人行道宽度　h—检修道或人行道的高度　E_L—建筑限界左顶角宽度　E_R—建筑限界右顶角宽度

注：当$L_L \leqslant 1$m时，$E_L = L_L$，当$L_L > 1$m时，$E_L = 1$m；当$L_R \leqslant 1$m时，$E_R = L_R$，当$L_R > 1$m时，$E_R = 1$m。

表7-3　两车道公路隧道建筑限界横断面组成及基本宽度　　（单位：m）

| 公路等级 | 设计速度/（km/h） | 行车道宽度 W | 侧向宽度 L | | 余宽 C | 检修道 J 或人行道 R | | 建筑限界基本宽度 |
			左侧 L_L	右侧 L_R		左侧	右侧	
高速公路、一级公路	120	3.75×2	0.75	1.25	0.5	1.00	1.00	11.50
	100	3.75×2	0.75	1.00	0.25	0.75	0.75	10.75
	80	3.75×2	0.50	0.75	0.25	0.75	0.75	10.25
	60	3.50×2	0.50	0.75	0.25	0.75	0.75	9.75

（续）

公路等级	设计速度/ (km/h)	行车道宽度 W	侧向宽度 L		余宽 C	检修道 J 或人行道 R		建筑限界基本宽度
			左侧 L_L	右侧 L_R		左侧	右侧	
二级公路	80	3.75 ×2	0.75	0.75	0.25	1.00	1.00	11.00
	60	3.50 ×2	0.50	0.50	0.25	1.00	1.00	10.00
三级公路	40	3.50 ×2	0.25	0.25	0.25	0.75	0.75	9.00
	30	3.25 ×2	0.25	0.25	0.25	0.75	0.75	8.50
四级公路	20	3.00 ×2	0.50	0.50	0.25			7.50

注：三车道、四车道隧道除增加车道数外，其他宽度同上表中数值；增加车道的宽度应不小于3.5m。

隧道行车限界是指为了保证行车安全，在一定宽度、高度的空间范围内任何物件不得侵入的限界。隧道中的照明灯具、通风设备、交通信号设备、运行管理设施等都应安装在限界之外。

高速公路和一级公路隧道内应设置检修道，宽度一般为0.75m，可以满足小型检修工具车通行的需要。由于隧道中行车时墙效应的存在，即墙壁的存在使驾驶员担心与墙发生冲撞，行车时多向左侧偏离，故在隧道中车道的两侧应留有足够的侧向宽度，以消除或减小墙效应的不良影响。

公路隧道净空除包括建筑限界外，还包括照明、通风、排水、防灾、监控、运行管理等附属设施所需的空间及富余量和施工允许误差等，使最终确定的隧道断面满足安全、经济、合理的要求。公路等级和设计速度相同的一条公路上的隧道断面宜采用相同的内轮廓。图7-7所示为一般公路隧道断面的内轮廓。

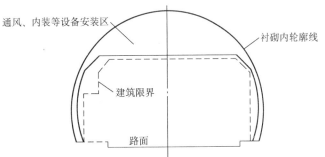

图7-7 一般公路隧道断面的内轮廓

7.3.3 隧道结构构造

隧道的结构构造可分为主体构造物与附属构造物。主体构造物是指为了保持隧道岩体的稳定和行车安全而修建的人工永久建筑，由洞身衬砌结构及洞门组成。洞身衬砌的平面、纵断面、横断面形状由道路隧道的几何设计确定，衬砌断面的轴线形状和厚度则取决于衬砌结构的计算。当山体坡面有发生崩坍和落石的可能性时，往往还需要接长洞身或修筑明洞。洞门的构造形式由多方面因素决定，如岩体的稳定性、通风方式、照明方式、地形地貌及周边环境条件等。附属构造物是指保证隧道正常使用所需的各种辅助设施，是为了运营管理、维修养护、给水排水、供蓄发电、通风与照明、通信、安全等而修建的各种构造物，如铁路隧道中供过往行人及维修人员避让列车而设置的避车洞，长大隧道中为加强洞内空气更换而设置的机械通风设施及必要的消防、报警装置等。

1. 洞身衬砌

隧道开挖之后，为了保持周围岩体的稳定性，一般需要进行支护和衬砌。山岭隧道的衬砌结构形式主要根据隧道所处的地质地形条件，考虑其结构受力的合理性、施工方法和施工技术水平等因素进行确定。随着人们工程实践经验的积累和对衬砌结构认识水平的不断提高，衬砌形式也发生了很大变化，大致可分为整体式混凝土衬砌、装配式衬砌、锚喷式衬砌和复合式衬砌等。

在这四种支护方式中，相对于前两种传统的衬砌方法，后两种有着本质上的区别。传统的支护结构总是在开挖后进行临时支撑，使开挖工作面推进到相当远后，即经过一段相当长的时间后才能逐步拆除支撑进行衬砌，这将导致隧道周围一定范围内的岩体遭到破坏，衬砌只能被动地承受围岩压力而形成极大的围压，故其厚度一般很大，开挖断面也大大超过有效断面，既拖延工期也增加了工程造价。锚喷支护在开挖断面一经形成就可及时而迅速地支护，随挖随喷。工程实践已证明，锚喷支护较传统的现浇混凝土衬砌方式更为优越。同时由于锚喷结构能及时支护和有效地控制围岩的变形，防止岩块坠落和坍塌的发生，充分发挥围岩的自承能力，所以比模筑混凝土衬砌的受力更为合理。锚喷支护能大量节省混凝土、木材和劳动力，加快施工进度，降低施工造价，并有利于施工机械化程度的改进和劳动条件的改善等，因而现已大量应用于公路及铁路隧道中。

（1）整体式混凝土衬砌 隧道开挖后，以较大厚度和刚度的整体模筑混凝土作为隧道的结构。为了防止在开挖施工中发生围岩掉块、坍塌等不良现象，一般需采用支撑和临时支护（传统上为各类支撑，如木支撑、钢支撑等），随着锚喷技术的应用，现多改为锚喷支护结构。但这种支撑或支护多作为临时支护，而不作为结构的组成部分。锚喷支护作为临时支撑不予拆除，从而很好地保护了围岩面，使其不会进一步破坏，也可提高永久衬砌的安全度。

整体式衬砌按工程类别、围岩类别的不同而采用不同的衬砌厚度，其形式有直墙式和曲墙式两种。当存在较大的偏压、冻胀力、倾斜的滑动推力，或施工中出现大量坍方，以及处于 7 度以上地震区等情况时，应根据荷载特点有针对性地进行个别设计。

1）直墙式衬砌。直墙式衬砌形式通常适用于地质条件较好，以垂直围岩压力为主而水平围岩压力较小的情况，主要适用于Ⅰ～Ⅲ级围岩。直墙式衬砌由上部拱圈、两侧竖直边墙和下部铺底（或底板）三部分组合而成，如图7-8所示。

2）曲墙式衬砌。曲墙式衬砌适用于地质条件较差、有较大的水平围岩压力的情况。为了抵抗较大的水平压力而把边墙也做成曲线形，通常在Ⅲ级以下的围岩中使用。曲墙式衬砌由上部拱圈、两侧曲边墙和下部铺底（或底板）三部分组成。当地质条件较差时，

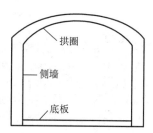

图7-8 直墙式衬砌断面

为抵御底部的围岩压力和防止衬砌沉陷，一般需要在底部设置仰拱，可使衬砌形成一个环状的封闭整体结构，以提高衬砌的承载能力。图7-9所示为曲墙式衬砌断面。

（2）装配式衬砌 装配式衬砌是将衬砌分为若干块构件，将这些构件在现场或工厂预制，然后运至隧道内用机械将其拼装成一环接着一环的衬砌。目前装配式衬砌多用在盾构法施工的城市地下铁道和水底隧道中，它的优点是拼装成环后立即受力，便于机械化施工，改善劳动条件，节省劳力。但在铁路与公路隧道中由于装配式衬砌要求有一定的机械化设备、

施工工艺复杂、衬砌的整体性及抗渗性差而未能推广使用。

（3）锚喷式衬砌 喷射混凝土是利用高压空气将掺有速凝剂的混凝土混合料通过混凝土喷射机与高压水混合喷射到岩面上迅速凝结而成的，锚喷结构是喷射混凝土、锚杆、钢筋网喷射混凝土等结构组合而成的，可根据不同围岩的稳定状况，采用一种或几种结构的组合。锚喷式衬砌是指锚喷结构既作为隧道临时支护，又作为隧道永久结构的形式。如前面所提及的，它具有隧道开挖后衬砌及时、施工方便和经济的显著特点，特别是纤维喷射混凝土技术显著改善了喷射混凝土的性能，在围岩整体性较好的军事工程、各类用途的使用期较短及重

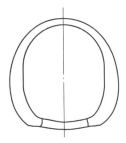

图7-9 曲墙式衬砌断面

要性较低的隧道中广泛使用。在公路、铁路隧道设计规范中，都有根据隧道围岩地质条件、施工条件和使用要求可采用锚喷衬砌的规定。

（4）复合式衬砌 复合式衬砌是目前隧道工程常采用的衬砌形式，是指把衬砌分成两层或两层以上，可以是同一种形式、方法和材料施作的，也可以是不同形式、方法、时间和材料施作的。目前大都采用内外两层衬砌。按内外衬砌的组合情况，可分为锚喷支护与混凝土衬砌两种。通常，可根据围岩条件的不同采用不同的断面形式和支护、衬砌参数。复合式衬砌是先在开挖好的洞壁表面喷射一层早强的混凝土（有时也同时施作锚杆），凝固后形成薄层柔性支护结构（一般称为初期支护），它既能允许围岩有一定的变形，又能限制围岩产生有害变形，厚度多为50～200mm；待初期支护与围岩变形基本稳定后再施作内层衬砌。为了防止地下水流入或渗入隧道内，一般可在外衬与内衬之间设防水层，其材料可采用软聚氯乙烯薄膜、聚异丁烯片、聚乙烯等防水卷材，或用喷涂防水涂料等。图7-10所示为公路隧道复合式衬砌断面。

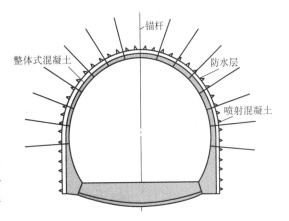

图7-10 公路隧道复合式衬砌断面

2. 洞门

洞门是隧道两端的外露部分，也是联系洞内衬砌与洞口外路堑的支护结构。洞门的作用：保证洞口边坡及仰坡的稳定性；引离地表水流，可把水流引入侧沟排走，确保运营安全；减少洞口土石方开挖量；装饰洞口。洞口是隧道唯一的外露部分，是展示隧道正面外观的标志性建筑物，因此，洞门应与隧道规模、使用特性、周围建筑物、地形条件等相协调。城市附近、风景旅游区内的隧道更应配合当地的环境，给予艺术处理，进行美化。

洞门附近的岩（土）体通常都比较破碎松软，易于失稳，造成崩塌。为了保护岩（土）体的稳定和使车辆不受崩塌、落石等的威胁，确保行车安全，应该根据实际情况，选择合理的洞门形式。因隧道所处的地形、地质条件不同，洞门形式也有所不同，主要有以下几种：

（1）环框式洞门 当洞口石质坚硬、整体性好（Ⅰ级围岩），路堑开挖后仰坡极为稳定，且地形陡峻无排水要求时，可仅修建洞口环框，环框与洞口衬砌用混凝土整体浇筑。图7-11所示为环框式洞门。

（2）端墙式（一字式）洞门 端墙式洞门是最常见的洞门形式，如图7-12所示。它适

用于地形开阔、石质较稳定（Ⅰ～Ⅲ级围岩）的地区，由端墙和洞门顶排水沟组成。

图7-11 环框式洞门

图7-12 端墙式洞门

（3）翼墙式（八字式）洞门 当洞口地质条件较差（Ⅳ级及以下围岩），山体的纵向推力较大时，可在端墙式洞门的单侧或双侧设置翼墙，形成翼墙式洞门，如图7-13所示。翼墙是为了增加端墙的稳定性而设置的，也对路堑边坡起到支撑作用。

（4）柱式洞门 当地形陡峻，仰坡下滑的可能性大，又受地形或地质条件限制，不能设置翼墙时，可在端墙中部设置2个（或4个）断面较大的柱墩，以增加端墙的稳定性，如图7-14所示。

图7-13 翼墙式洞门

图7-14 柱式洞门

（5）喇叭口式洞门 为减缓高速列车的空气动力学效应，对单线高速铁路隧道，一般设喇叭口洞口缓冲段，同时兼作隧道洞门，如图7-15所示。

除了上述形式外，还有台阶式洞门、削竹式洞门及斜交式洞门等，可根据洞口的地形、地质条件、隧道长度及所处位置等选取合适的洞门形式。图7-16所示为台阶式洞门。

图 7-15　喇叭口式洞门

a)

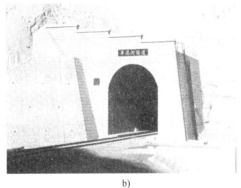
b)

图 7-16　台阶式洞门

3. 明洞

明洞是隧道的一种变化形式，用明挖法进行修筑。明洞一般修筑在隧道的进出口处，当遇到地质条件差且洞顶覆盖层较薄、用暗挖法难以进洞时，或洞口路堑边坡上有落石而危及行车安全时，或铁路、公路、河渠必须在铁路上方通过，且不宜做立交桥或涵渠时，均需要修建明洞。

明洞在外形上与一般隧道相同，具有拱圈（或顶板）、边墙和底板。明洞的净空同样必须满足隧道建筑限界要求，与隧道相同。明洞与地表相连处也设有洞门、排水设施等。明洞的洞门一般做成直立端墙式洞门。

明洞的结构形式应根据地形、地质、经济、运营安全及施工难易等条件进行选择，采用较多的为拱式明洞和棚式明洞两种。

隧道进出口两端的接长明洞或在路堑边坡不稳定地段修建的独立明洞等，多采用拱式明洞的形式。拱式明洞由拱圈、边墙和仰拱（或铺底）组成，它的内轮廓与隧道相一致，但结构截面的厚度要比隧道大一些，如图 7-17 所示。拱式明洞的优点是整体性好，能承受较大的垂直压力和侧压力。

当山坡坍方、落石数量较少，山体侧压力不大，或有些傍山隧道，其地形的自然横坡比较陡，当外侧没有足够的场地设置外墙及基础或为确保明洞稳定时，可考虑采用棚式明洞。

图 7-17 拱式明洞

棚式明洞常见的结构形式有盖板式、刚架式和悬臂式三种，图 7-18 所示为盖板式明洞。

4. 附属构造物

为了保证隧道正常使用，除了上述主体构造物外，还要修建一些附属构造物，包括防排水、电力、通风及通信设施等。

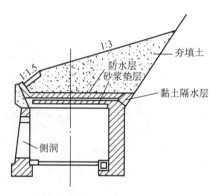

图 7-18 盖板式明洞

不同用途的隧道在附属设施上也有一定的差异。如铁路隧道，当列车通过时，为了保证洞内行人、维修人员及维修设备的安全，需在隧道两侧边墙上交错、均匀地修建人员躲避及放置设备的洞室，称为避车洞。

对于公路隧道，其附属构造物还包括内装、顶棚及路面等。采用适当的材料对墙面进行内装，可使墙面在长期的运营过程中保持必要的亮度，以改善隧道内的环境，提高能见度和吸收噪声，确保行车安全。顶棚对提高照明效果有利，经顶棚的发射光可使路面产生二次反射，能增加路面亮度；顶棚可以美化隧道，还是背景的一部分，尤其是在有坡度处和变坡点附近对驾驶员识别障碍物和察觉隧道内异常现象颇有帮助。隧道内的路面作为发现障碍物的背景，比墙面和顶棚有更大的作用，要求路面具有高的漫反射率，颜色鲜亮，这样才有良好的照明效果。路面的材料主要有混凝土和沥青混凝土两种。

在公路隧道中，还应设置紧急停车带，它是专供紧急停车使用的停车位置，可为故障车辆离开干道进行避让提供场所，避免发生交通事故、引起混乱和影响通行能力。

7.4 隧道施工

隧道施工是按照隧道设计的成果实现隧道工程的过程，通常是指修建隧道及地下洞室的施工方法、施工技术和施工管理的总称。隧道施工方法，根据地质及水文地质条件、隧道埋置深度、断面形式和尺寸及技术条件等因素而有不同的选择。浅埋隧道施工常用明挖法，即先将地面挖开修筑衬砌，再回填；深埋隧道施工常用暗挖法，即不开挖地面，完全从地下开挖坑道和修筑衬砌。暗挖法施工又可分为矿山法和盾构法两大类。矿山法即通常采用的钻眼爆破法，此法因最先用于矿山巷道的开挖而得名，山岭隧道常采用矿山法施工。盾构法是使用盾构装置修筑隧道的方法，通常在建造水底隧道和地下铁道时采用。随着制造技术的发展，隧道掘进机（tunnel boring machine，TBM）在长大隧道施工中得到了广泛应用。本节先对隧道施工的特点及分类进行简要介绍，再对隧道施工的常用方法及特殊条件下的施工方法进行初步说明。

7.4.1　隧道施工的特点及分类

由于隧道工程位于天然地质体之中，其工程地质条件和水文地质条件十分复杂，再加之各种隧道的工程特性各异，使得隧道工程的施工难度大、工期长。在进行隧道施工时，必须充分考虑隧道工程的特点，才能在保证隧道安全的条件下，快速、优质、低价地建成隧道建筑物。隧道工程的施工特点可归纳为如下几点：

（1）隐蔽性大、地质情况不易掌握　由于整个工程埋设于地下，因此工程地质和水文地质条件对隧道施工的成败起着重要的甚至是决定性的作用。许多工程在施工期间出现事故多是由于工程地质和水文地质条件没有查清。因此，在进行施工设计前，要在勘测阶段做好详细的地质调查和勘探，尽可能准确地掌握隧道工程范围内岩体的赋存环境及各种物理力学特性，并依此初步选定合理的施工方法、施工措施及相配套的施工机具等。尽管如此，在长大隧道的施工中，还应采取试验导坑、水平超前钻孔、声波探测等技术措施，进一步查清开挖面前方的地质条件，以备出现前所未料的地质情况时，能够尽快地调整施工方案。

（2）施工工作面有限　隧道呈长条形状，正常情况下只有进、出口两个工作面，施工速度较慢、工期较长，往往使一些长大隧道成为控制项目竣工的关键工程。因此，开挖竖井、斜井、横洞、前期小导洞等辅助工程来增加工作面往往是加快隧道施工速度的常用方法。此外，隧道断面较小，工作场地狭长，一些施工工序只能顺序作业，而另一些工序又可以沿隧道纵向展开，平行作业。因此，要求做好隧道工程的施工组织与管理工作，避免相互干扰。

（3）作业环境恶劣　由于作业面位于基本封闭的空间中，地下施工环境较差，而在施工中爆破产生的有害气体、运装机械排出的有害气体等还可能使环境更为恶化。因此，必须采取有效措施加以改善，使施工场地符合建筑环境标准，以保证施工人员的身心健康，提高劳动生产率。通常采用的措施有人工通风、照明、防尘、消声、排水等。

（4）工作地点偏远　隧道施工工地一般都位于偏远的深山峡谷之中，往往远离既有交通线，在规划隧道工程时应当考虑到其交通运输问题。

（5）建成后修改困难　由于隧道埋设于地下，一旦建成就难以更改，所以施工前必须审慎规划和设计，施工中则要做到不留后患。

上述为修建隧道的困难之处，当然，隧道工程也有很多有利的因素，如施工受气候变化、昼夜更替等影响较小。

7.4.2　隧道施工的常用方法

长期以来，世界各国的隧道工作者在实践中已经创造出能够适应各种围岩的多种隧道施工方法，如图7-19所示。本小节将简要介绍传统矿山法、新奥法、明挖法、盾构法、全断面掘进机法、沉管法等常用方法。

1. 传统矿山法

传统矿山法多数情况下都需要采用钻眼爆破进行开挖。有时，为了强调新奥法与传统矿山法的区别，一般将新奥法从矿山法中分离出来。传统矿山法不强调采用锚喷支护，而大量采用钢、木支撑；不强调要及早闭合支护环；很少采用复合式衬砌，而是大量采用刚度较大的单层衬砌；不进行施工量测等。近年来，由于施工机

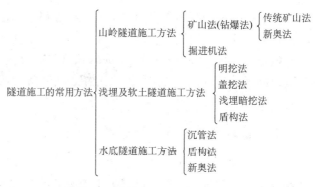

图 7-19　隧道施工的常用方法

械的发展，以及传统矿山法明显不符合岩石力学的基本原理和不经济，已逐渐由新奥法所取代。只有在一些缺少大型机械的中、短隧道中，或不熟悉新奥法的施工单位中还采用传统的矿山法。按开挖方式的不同，传统矿山法又可分为全断面法、台阶法、侧壁导坑法等。

2. 新奥法

它是 1963 年由奥地利学者 L. 腊布兹维奇教授命名的"新奥地利隧道施工法（new austrian tunneling method）"，简称"新奥法（NATM）"。新奥法是应用岩体力学的理论，以维护和利用围岩的自承能力为基点，采用锚杆和喷射混凝土为主要支护手段，适时地进行支护，控制围岩的变形和松弛，使围岩成为支护体系的组成部分，并通过对围岩和支护体系的量测、监控来指导隧道和地下工程的设计和施工。

新奥法三要点为锚喷支护、光面爆破和现场监测。新奥法施工总体上遵循以下原则：开挖多采用光面爆破、预裂爆破，并尽量采用全断面或较大的断面开挖，以减少对围岩的扰动；隧道开挖后，尽量利用围岩的自承能力，充分发挥围岩自身的支承作用；根据围岩特征采用不同的支护类型和参数，及时施作密贴于围岩的柔性喷射混凝土和锚杆作为初期支护，以控制围岩的变形和松弛；在软弱破碎围岩地段，使断面及早闭合，以有效发挥支护体系的作用，保证隧道的稳定；衬砌原则上是在围岩与初期支护变形基本稳定的条件下修筑的，围岩和支护结构形成一个整体，因而提高了支护体系的安全度；尽量使隧道断面周边轮廓圆顺，避免棱角突变处应力集中；通过施工中对围岩和支护的动态观察、量测，合理安排施工程序，进行设计变更及日常的施工管理。

3. 明挖法

明挖法施工是指从地面向下开挖，并在欲建地下铁道结构的位置进行结构的修建，然后在结构上部回填土及恢复路面的施工方法；或者从地面向下开挖，用大号型钢架于两侧钢桩或连续墙上，以维持原来路面的交通运行。后一种明挖法也称为路面覆盖式基坑法，我国称为盖板法。常用的明挖方法有敞口放坡明挖、板桩法、地下连续墙施工法三种。一般来说，明挖法多用在平坦地形及埋深小于 30m 的场合，而且可以适应不同类型的结构形式。在城市地下工程中，特别是在浅埋的地下铁道工程中，明挖法获得了广泛应用。随着埋深的增加，明挖法的工程费用、工期都将增大。此外，明挖法对地面交通和沿线的环境影响比盾构法和浅埋矿山法大，因此，采用明挖法时，应充分考虑各种施工方法的特征，选择最能发挥其特长的施工方法。

采用明挖法修筑隧道，主要问题是深度的设置。一般而言，根据地质状态，隧道建成后

的地层有可能发生位移时要充分研究其影响，并在设计上采用相应的措施。特别是在图 7-20 所示的软弱地层厚度变化大时，可能沿纵向产生地层的不均匀下沉，从而造成结构纵向的异常变形。此外，有饱和的松散砂土时，地震会诱发砂层液化，从而使结构物受到较大的应力等。这些问题在隧道规划时必须给予足够的关注。

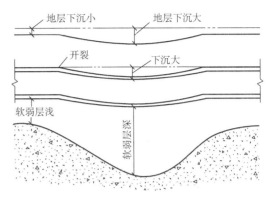

图 7-20　地层下沉和隧道变形

明挖法隧道采用的结构形式是多种多样的，但一般都是箱形的、纵向连接的结构，中间构件多采用柱结构或壁结构。箱形结构的侧壁多采用连续墙作为主体结构的一部分。箱形结构的断面形状，视隧道的使用目的不同，有各种各样的形式，如图 7-21 所示。

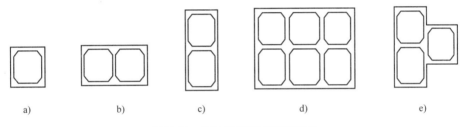

图 7-21　明挖法隧道的断面形状
a）单洞　b）单排双洞　c）对排双洞　d）对排六洞　e）三洞

4. 盾构法

盾构法（shield method）是使用"盾构"机械在围岩中推进，一边防止土砂崩坍，一边在其内部进行开挖、衬砌作业修建隧道的方法。用盾构法修建的隧道称为盾构隧道。盾构法施工如图 7-22 所示。首先，在隧道某段的一端建造竖井或基坑，以供盾构安装就位。盾构从竖井或基坑的墙壁开孔出发，在地层中沿着设计轴线，向另一竖井或基坑的孔洞推进。盾构推进中所受到的地层阻力，通过盾构千斤顶传至盾构尾部已拼装的隧道衬砌结构上，再传到竖井或基坑的后靠壁上。盾构机是这种施工方法中的独特施工机具，它是一个既能支承地层荷载，又能在地层中推进的圆形、矩形或马蹄形等特殊形状的钢筒结构。在钢筒前部设置各种类型的支撑和开挖土体的装置，在钢筒中部周圈内面安装顶进所需的千斤顶，钢筒尾部是具有一定空间的壳体，在盾尾内可以拼装 1~2 环预制的隧道衬砌环。盾构每推进一环距离，就在盾尾支护下拼装一环衬砌，并及时向紧靠盾尾后面的开挖坑道周边与衬砌环外周之间的空隙中压注足够的浆体，以防止围岩松弛和地面下沉。在盾构推进过程中不断从开挖面排出适量的土方。

盾构法施工是在闹市区的软弱地层中修建地下工程最好的施工方法之一。随着近年来盾构机械设备和施工工艺的不断发展，适应大范围的工程地质和水文地质条件的能力大为提高，各种断面形式的盾构机械、特殊功能的盾构机械（急转弯盾构、扩大盾构、地下对接盾构等）的相继出现，其应用不断扩大，这为城市地下空间的利用提供了有力的技术支持。

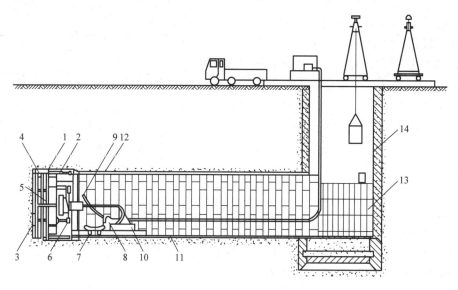

图 7-22 盾构法施工示意图

1—盾构 2—盾构千斤顶 3—盾构正面网格 4—出土转盘 5—出土皮带运输机 6—管片拼装机 7—管片 8—压浆泵
9—压浆孔 10—出土机 11—由管片组成的隧道衬砌结构 12—在盾尾空隙中的压浆 13—后盾管片 14—竖井

2006 年通车的上海上中路越江隧道是我国采用盾构法施工的直径较大的工程，其外径达到 11.36m，采用直径超大型泥水平衡盾构掘进。图 7-23 所示为泥水平衡盾构机。

图 7-23 泥水平衡盾构机

　　盾构法施工的优点：除竖井施工外，施工作业均在地下进行，既不影响地面交通，又可减少对附近居民的噪声和振动影响；隧道的施工费用受埋深的影响小；盾构推进、出土、拼装衬砌等主要工序循环进行，易于管理，施工人员较少；穿越江、河、海道时，不影响航运，且施工不受风雨等气候条件影响；在土质差、水位高的地方建设埋深较大的隧道时，盾构法有较高的技术经济优越性；土方量较小。

　　盾构法施工存在的主要问题：当隧道曲线半径过小时，施工较困难，目前开发出的急转弯盾构有效地克服了这一难题；在陆地建造隧道时，如隧道埋深太浅，施工困难很大，而在水下时，如覆土太浅，则不够安全；施工中采用全气压方法来疏干和稳定地层时，对劳动保护要求较高，施工条件差，目前已多用局部气压代替；施工过程中引起的隧道上方一定范围内的地表下沉尚难完全防止，特别在饱和含水松软的土层中，要采取严密的技术措施才能把下沉控制在很小的限度内；在饱和含水地层中，施工所用的拼装衬砌对达到整体结构防水性的技术要求较高。

5. 全断面掘进机法

隧道全断面掘进机施工法是用隧道掘进机切削破岩，开凿岩石隧道的施工方法，始于20世纪30年代。隧道掘进机是世界上长大隧道施工最有效、最先进的大型综合性施工机械之一，图7-24所示为开敞式隧道掘进机。美国罗宾斯公司在1952年开始生产第一台掘进机。20世纪70年代以后，掘进机有了较快的发展，开挖直径范围为 $1.8 \sim 11.5 \mathrm{m}$。在中硬岩中，用掘进机开挖 $80 \sim 100 \mathrm{m}^2$ 大断面隧洞，平均掘进速度为每月 $350 \sim 400 \mathrm{m}$。美国芝加哥卫生管理区隧洞和蓄水库工程，在石灰岩中开挖直径 $9.8 \mathrm{m}$ 的隧洞，最高月进尺可达 $750 \mathrm{m}$。美国奥索引水隧洞直径 $3.09 \mathrm{m}$，在页岩中开挖，最高月进尺达 $2088 \mathrm{m}$。目前，它正朝着机械、电气、液压和自动化一体化、智能化的方向发展。随着掘进机技术的迅速发展和机械性能的日益完善，隧道掘进机施工也得到了迅速发展。

图7-24　开敞式隧道掘进机

掘进机施工方法对于长大隧道的施工，与钻爆法相比有其显著的优点：

（1）安全性能高　掘进机开挖断面一般为圆形，开挖面平整，承压稳定性好，可减少支护的工作量。在土质或软弱地层施工，可采用护盾式掘进机，作业人员在驾驶室或护盾内工作，大大提高了施工作业的安全性。

（2）掘进速度快　根据现有使用效果看，在均质岩层中，掘进速度一般可达软岩层 $2 \mathrm{m/h}$，中硬岩层 $1 \mathrm{m/h}$，硬岩层 $0.5 \mathrm{m/h}$。高速掘进是TBM的最大优点，国内外最大月成洞超过 $1000 \mathrm{m}$ 的例子很多。

（3）经济效益明显　据统计，在作业条件适宜时，总成本可降低 $20\% \sim 30\%$；用工少，一般掘进机施工所需总人数为 $40 \sim 45$ 人即能达到月进尺 $200 \mathrm{m}$，而用钻爆法施工欲达到月成洞 $200 \mathrm{m}$ 则需700人（三班制），更为重要的是用掘进机施工还可以大大减轻劳动强度。

（4）排渣容易　机械法破碎的土屑和岩渣多成中块或粉状，粒度均匀，可由带式运输机直接排出，并由于可集中控制操作，有实现远距离操作和自动化的可能性。

除了以上优点外，还要注意到由于掘进机机体庞大，运输不便，通常只适用于长洞的开挖，并且本机直径不能调整，对具有坍塌、岩爆、软弱地层、涌水及膨胀岩等不良地质条件及岩性变化的适应性差，使用有局限性。

目前，虽然钻爆法仍是当前山岭隧道施工的最普遍方法，掘进机也不能完全取代钻爆法施工，但用掘进机施工的隧道数量呈不断上升趋势。从1954年第一台TBM投入施工至今，世界上各种地下工程中约有700多项工程采用了TBM。著名的英吉利海峡隧道就是采用隧道掘进机法施工的，曾创下月掘进1719m的纪录。我国2000年8月通车的秦岭铁路隧道Ⅰ号线采用掘进机施工，在我国铁路隧道中属于首次。

6. 沉管法

用沉管法（immersed tunneling method）修筑的隧道称为沉管隧道，简单地说，就是在水底预先挖好沟槽，把在陆上预制的适当长度的管体，浮运到沉放现场，顺序地沉放于沟槽中，并回填覆盖而成的隧道，此工法称为沉管法。图7-25所示为沉管法施工的示意图。沉管法是修建水底隧道通常采用的方法之一。沉管隧道的施工大体上分为节段制作、沉管段施工、竖井及引道施工等部分，其主要特点是：隧道深度与其他隧道相比，在只要不妨碍通航的深度下就可设置，故隧道全长可以缩短；管段是预制的，结构的质量好、水密性高、施工效率高、工期短；因有浮力作用在隧道上，对地层承载力的要求不高，故也适用于软弱地层；对断面形状无特殊要求，可按用途自由选择，特别适应较宽的断面形式；沉管的沉放虽然需要时间，但基本上可在1~3日内完成，对航运的限制较小；不需要沉箱法和盾构法的压缩空气作业，在相当水深的条件下能安全施工。但在挖掘沟槽时，沉管法存在妨碍水上交通和弃渣处理等问题。

图7-25　沉管法施工示意图

依现场地点的条件、用途、断面大小等，沉管隧道的施工有各种各样的方式。大体来说有不需修建特殊的船坞、用浮在水上的钢壳箱体作为模板制造节段的"钢壳方式"和在干船坞内制造箱体、而后浮运、沉放的"干船坞方式"。

自1910年美国建成世界上第一条沉管隧道——底特律河铁路隧道起，世界上已建和在建的各种类型的沉管隧道已超过150条。1995年通车的我国宁波甬江水底隧道就采用了沉管法施工，2003年6月规模居亚洲第一的上海外环沉管隧道（8车道）建成通车，而2017

年 7 月规模居世界第一的港珠澳大桥海底隧道的贯通，则标志着我国沉管隧道设计与施工水平均已达到国际领先水平。

7.4.3　不良地质条件下的隧道施工

隧道有时会穿越一些特殊及不良地质地段，如断层、膨胀土围岩、溶洞、黄土、松散地层、岩爆、流砂、瓦斯、高地应力等。这些不良地质条件常常会导致工期延长、工程质量下降、工程造价剧增，引发安全事故，导致设备损坏、人员伤亡等，因此有必要对不良地质条件下隧道的施工技术进行研究与总结。根据大量工程实践经验，不良地质条件下隧道的施工应遵循以下几点原则：

1）施工前应详细分析工程的地质和水文地质资料，深入细致地做施工调查，制订相应的施工方案和措施及相应的紧急预案，备足有关机具及材料，认真编制和实施施工组织设计，做到有备无患。

2）不良地质洞段隧道施工，在施工时总体上应以"先治水、短开挖、弱爆破、强支护、早衬砌、勤检查、稳步前进"为指导原则。以安全为前提选择和确定施工方案，且综合考虑隧道地质条件、尺寸、断面形式、埋深、施工设备、工期等因素。

3）特殊地质地段应防止围岩松弛而使地压力作用在衬砌结构上，导致衬砌出现开裂、下沉。当拱脚、墙基松软时，浇筑混凝土前应采取措施加固基底。衬砌混凝土应采用高强度等级或早强水泥。仰拱施工应在边墙完成后尽快进行，使衬砌结构尽早封闭，构成环形改善受力状态。

4）通过自稳时间短的不良地质地段时，为保证围岩稳定可采用超前锚杆、超前小钢管、管棚、地表预加固地层和围岩预注浆等辅助施工措施，对地层进行预加固、超前支护或止水。

5）为了掌握施工中围岩和支护的力学动态及稳定程度，应实施现场监控量测，充分利用监控量测指导施工，协助确定施工工序，保证施工安全。对软岩浅埋隧道需进行地表下沉观测，以及时调整施工方案、预测洞室的稳定状态。

6）当采用构件支撑做临时支护时，支撑要有足够的强度和刚度，能承受开挖后的围岩压力。当围岩极为松软破碎时，应先护后挖，暴露面应用支撑封闭严密。支撑作业应迅速、及时，以充分发挥构件支撑的作用。根据现场条件，还可结合管棚或超前锚杆等支护，形成联合支撑。

7）对于极松散围岩和自稳性极差的围岩，当采用先支护后开挖的施工方式仍不能开挖成型时，应设法加固围岩，提高其自稳性，如采用压注水泥砂浆或化学浆液的方法。

7.5　城市轨道交通工程

人类为克服交通堵塞、环境污染等"城市病"而加快发展以城市轨道交通为骨干的城市客运公共交通，已成为人们的共识。城市轨道交通的特点是快捷、安全、准时、容量大、能耗低、污染轻。为了建设生态型城市，应把摊大饼式的城市发展模式改变为伸开的手掌形模式。因为城市呈伸开的手掌状发展，就可能使市区外围与绿地、树林等疏密相间。手掌状城市发展的骨架就是城市轨道交通。城市轨道交通是对环境友好的"绿色交通"。

高频率发车、低候车时间是城市轨道变通与城市间铁路（干线铁路）在运营方式上的最大区别。城市轨道交通按运量大小可分为城市快速铁路、地铁和轻轨三大类。城市快速铁路连接城市郊区与中心区，在郊区采取全立交的地面或高架方式，进入市中心区后钻入地下。由于城市快速铁路速度快、运量大、站间距离长、运价比较低，它将成为生态型城市轨道交通中的"主力军"。地铁在大城市中心区具有独特的优势，人们可以不受高楼林立、车辆拥堵的阻隔，实现快速流动。轻轨的客运量介于地铁和公共汽车之间，因其造价较低，建设周期短而被许多大中型城市所接受。

7.5.1　城市地下铁道

1863 年，世界上第一条用蒸汽机车牵引的地下铁道线路在英国伦敦建成通车。由于列车在地下隧道内运行，尽管隧道里烟雾熏人，但当时的伦敦市民甚至皇亲显贵们都乐于乘坐这种地下列车，因为在拥挤不堪的伦敦地面街道上乘坐公共马车，其条件和速度还不如地下列车。

世界上第一条地下铁道的诞生，为人口密集的大都市如何发展公共交通取得了宝贵的经验。特别是到 1879 年电力驱动机车的研究成功，使地下客运环境和服务条件得到了空前改善，地铁建设显示出强大的生命力。从此以后，世界上一些著名的大都市相继建造地下铁道。1863—1899 年，英国的伦敦和格拉斯哥、美国的纽约和波士顿、匈牙利的布达佩斯、奥地利的维也纳及法国的巴黎共 5 个国家的 7 座城市率先建成了地下铁道。1925—1949 年，其间经历了第二次世界大战，各国都着眼于自身的安危，地铁建设处于低潮，但仍有日本的东京、大阪，苏联的莫斯科等少数城市在此期间修建了地铁。莫斯科地铁系统的建筑风格和客运效率是举世闻名的，每个车站都由著名的建筑师设计，并配有许多雕塑作品，艺术水平较高，使旅行者有身临宫殿之感，而所有地铁终点站都与公共汽车、无轨电车和轻轨系统相衔接，有几个车站还与铁路火车站相连接，为旅客提供了方便的换乘条件。

1965 年 7 月 1 日，北京市开始兴建第一条地下铁道，即地铁 1 号线，一期工程全长 23.6km，于 1969 年 10 月 1 日建成通车。地铁 2 号线于 1984 年 9 月通车试运营。随着市民对轨道交通的需求越来越迫切，2002 年、2003 年，地铁 13 号线和八通线分别全线通车，由此北京地铁运营总长已经达到 114km，2007 年，日运量也上升到了 220 万人次，运送乘客占到北京公共交通客运总量的 6%，成为北京公共客运的骨干力量。随着城市地面交通压力日益增大，北京轨道交通建设也紧锣密鼓地进行。2008 年奥运会前，已经建设完成地铁 5 号线、10 号线一期和轨道交通机场线。截至 2020 年年底，北京的轨道交通开通运营的总里程达到 799.4km。

图 7-26　上海地铁 1 号线新闸路站站台

上海地铁 1 号线工程（见图 7-26）于 1995 年 5 月建成通车，线路总长为 21km，年客运总量约 3.6 亿人次，为上海市发展大运量快速客运交通开创了先例。截至 2021 年年底，上海市轨道交通开通运营的总里程已达 834km。

西安地铁规划到 2023 年有 23 条线 形成"棋盘加放射形"的城市快速轨道交通线网布局。

2006 年开始建设的地铁 2 号线北起草滩镇陈家堡，南至长安区韦曲镇，线路整体呈南北走向。2011 年 10 月，2 号线一期工程通车运行，这是我国西北地区修建的第一条城市地铁。

从上述世界地铁建设发展概况可以看出，20 世纪 50 ～ 90 年代，世界范围内的城市地下铁道有了迅速发展。其主要原因是：在第二次世界大战后以和平和发展为主流的年代里，亚洲、拉丁美洲、东欧的城市化进程加快，数百万人口的城市不断增加；发达国家中的小汽车激增与城市街道有限通行能力之间的矛盾日益突出，空气严重污染，使这些城市都面临着如何在较长的距离内，以最有效而快速的方式来输送大量乘客的问题。实践证明，只有通过建造地下铁道系统，才能解决这一难题。据统计，截至 2019 年年底，全球共有 75 个国家和地区的 520 座城市开通城市轨道交通，运营里程超过 28198km。截至 2020 年年底，全国（不含港澳台）有 45 个城市开通城市轨道交通运营线路 244 条，线路总里程约为 7969.7km，其中，地铁运营线路 6280.8km，占比 78.8%，当年新增运营线路长度约为 1233.5km。

7.5.2 城市轻轨交通

1. 轻轨交通的发展

轻轨交通是一种中等运量的城市轨道交通客运系统，它的客运量在地铁与公共汽车之间。轻轨可分为两类：一类为车型和轨道结构类似地铁，运量比地铁略小的轻轨交通称为准地铁；另一类为运量比公共汽车略大，在地面行驶，路权可以共用的新型有轨电车。它是在传统的有轨电车基础上发展起来的新型快速轨道交通系统，由于其造价低、无污染、乘坐舒适、建设周期较短而被许多国家的大、中城市所接受，近年来得到不断发展和推广。

有轨电车已有 100 多年的历史。在 1881 年德国柏林工业博览会期间，展示了一列 3 辆电车编组的小功率有轨电车，只能乘坐 6 人，在 400m 长的轨道上往返运行。这是世界上第一辆有轨电车，它给世人提供了富有创意的启示。

世界上第一个投入商业运行的有轨电车系统是 1888 年美国弗吉尼亚州的里磁门德市。此后，有轨电车系统发展很快，20 世纪 20 年代，美国的有轨电车线总长达 25000km。到 30 年代，欧洲、日本、印度和我国的有轨电车有了很大发展。1908 年，我国第一条有轨电车在上海建成通车，1909 年，大连也建成了有轨电车，在随后的年代里，我国的北京、天津、沈阳、哈尔滨、长春、鞍山等城市都相继修建了有轨电车，在当时我国城市的公共交通中发挥了骨干作用。虽然旧式有轨电车行驶在城市道路中间，与其他车辆混合运行，又受路口红绿灯的控制，运行速度很慢，正点率低，而且噪声大，加、减速性能较差，但是仍不失为居民出行的便捷交通工具。

新型有轨电车之所以被国际上许多城市接受，除了其造价较低，客运量适中外，还有以下主要特点：

1）新型有轨电车是以钢轮和钢轨为走行系统的交通方式，其车辆的牵引动力为电力，可以是直流传动、交流传动或线性电动机传动等。经过对世界各国现代有轨电车的调查研究，结合我国城市交通的具体情况，为适应各大城市不同运量的运输需要，新型有轨电车基本可以为四轴单铰接车、六轴单铰接车及八轴双铰接车三种基本类型。

2）作为中等运量公共交通客运方式的新型有轨电车，其单向高峰小时输送旅客能力为10000 ～ 30000 人次，介于地铁和公共汽车的客运能力之间，对中等城市组成公交骨干线路，大城市作为公交辅助线路是一种比较经济的客运方式。

3）新型有轨电车的线路可以为地面、地下和高架。铺设在地面上的轨道，根据道路条件，分为混合车道、半封闭式的专用道及全封闭专用车道。在新建有轨交通工程中，主要采用后两种专用道。

4）新型有轨电车的车站设施一般比较简单，地面车站的主要建筑就是装有风雨棚的站台。站台高度与车厢地板面相当，有利于乘客上下，减少停站时间。

5）对环境影响小。新型有轨电车是以电为动力，对环境无污染，若线路布局得当，还将能塑造出一种有现代化明快气息的新景观。

6）行车安全有保障。现代有轨交通系统通常都要考虑行车指挥系统和信号装置，以保证行车安全，如果运行速度高，行车密度大，还要设置自动闭塞信号系统。

2. 我国城市轻轨建设

（1）我国城市轻轨建设的有利条件

1）轻轨交通造价低廉，符合我国国情。在我国现行轨道交通中，造价较高的地铁为每公里 6 亿~8 亿元，而已建、在建、拟建的轻轨铁路的每公里造价为 1.5 亿~3.5 亿元，仅为地铁造价的 1/4~1/2。例如，属轻轨交通性质的上海轨道交通 3 号线和北京轨道交通 13 号线（西直门—东直门城市铁路），前者造价每公里 3.4 亿元，约为上海地铁 1 号线造价的 1/2；后者造价每公里 1.5 亿元，仅为北京地铁复八线造价的 1/4。昆明轻轨交通 1 号线约为每公里 1.69 亿元，仅为广州地铁 1 号线造价的 1/4。目前，我国大中城市的建设资金普遍不足，轻轨铁路相对较低的造价为我国城市轻轨交通大发展提供了可能。

2）我国的有轨电车线路和铁路枢纽线路可以改造为轻轨铁路。我国的鞍山、大连、长春等城市还保留着有轨电车线路，可将其改造为轻轨铁路。同时还有 29 个大型铁路枢纽，可以将其中运输不太繁忙的线路改造为轻轨铁路，为城市交通服务。

3）我国大中城市现代化改造为发展轻轨交通创造契机。以中心城市为核心，发展分散组团式的城市布局规划已成趋势。为此，不仅需要解决中心城的交通问题，还要解决中心城与边缘集团及卫星城间，卫星城与卫星城间的交通，这就为轻轨交通的发展提供了客观需求。我国拥有 400 万人口的大城市 19 座，200 万~400 万人口地级以上城市有 42 座，50 万~100 万人口的城市有 86 座，为我国轻轨交通的发展提供了广阔天地。

（2）我国城市轻轨建设展望　我国现已规划及可能修建轻轨交通的城市约 61 座，线路约 297 条，23 座城市的在建线路长度超过 100km，总长度约 7085.8km。预计到 2025 年，中国式智慧城轨基本建成，跻身世界先进智慧城轨国家行列；到 2035 年，进入世界先进智慧城轨国家前列，中国式智慧城轨乘势领跑发展潮流；到 2050 年，我国将建成轻轨线路约 15000km。城市轻轨铁路将与地下铁道、市郊（城市）铁路及其他轨道交通构成一个城市的快速轨道交通体系，它们互联互通，乘客在不

图 7-27　武汉轨道交通 1 号线友谊路站站台

同规模的综合换乘枢纽可方便换乘不同车次。我国的武汉（见图 7-27）、西安（见图 7-28）

已经建立起了城市轻轨系统。

图 7-28　西安机场城际铁路

　　轻轨交通对国民经济增长具有积极的推动作用，将产生巨大的社会和经济效益。它将直接带动总额相当于轻轨交通建设投资额 1 倍以上相关产业的发展，并带来相当于轻轨交通建设投资额 2 倍以上的经济效益。

思 考 题

1. 简述隧道的定义及其分类。
2. 结合教材，并查阅相关文献，简述隧道工程的优势、发展现状及发展前景。
3. 如何进行隧道的几何设计？
4. 隧道结构由哪些部分组成？其中，隧道衬砌与洞门各可分为哪几种类型？
5. 隧道施工的特点是什么？指导隧道设计和施工的原则有哪些？
6. 简述隧道常用的施工方法。
7. 什么叫作地铁？查阅相关文献，简述地铁交通的优势及发展前景。
8. 什么叫作轻轨？查阅相关文献，简述轻轨交通的优势及发展前景。

参 考 文 献

[1] 郑晓燕，胡白香. 新编土木工程概论 [M]. 北京：中国建材工业出版社，2007.

[2] 徐礼华. 土木工程概论 [M]. 武汉：武汉大学出版社，2005.

[3] 叶志明. 土木工程概论 [M]. 5 版. 北京：高等教育出版社，2020.

[4] 覃仁辉. 隧道工程 [M]. 重庆：重庆大学出版社，2005.

[5] 朱永全，宋玉香. 隧道工程 [M]. 4 版. 北京：中国铁道出版社，2021.

[6] 郭陕云. 论我国隧道和地下工程技术的研究和发展 [J]. 隧道建设，2004 (5)：1 - 5.

[7] 李毅，王林. 土木工程概论 [M]. 武汉：华中科技大学出版社，2008.

[8] 王毅才. 隧道工程 [M]. 北京：人民交通出版社，2000.

[9] 施仲衡. 地下铁道设计与施工 [M]. 西安：陕西科学技术出版社，2006.

[10] 张凤祥，朱合华，傅德明. 盾构隧道 [M]. 北京：人民交通出版社，2004.

[11] 何承义. 隧道工程 [M]. 哈尔滨：哈尔滨地图出版社，2006.

[12] 高少强，隋修志. 隧道工程 [M]. 北京：中国铁道出版社，2003.

［13］陈秋南，安永林，李松. 隧道工程［M］. 2 版. 北京：机械工业出版社，2017.

［14］丁大钧，蒋永生. 土木工程概论［M］. 2 版. 北京：中国建筑工业出版社，2010.

［15］王波. 土木工程概论［M］. 北京：化学工业出版社，2010.

［16］吴献. 土木工程概论［M］. 北京：中国建筑工业出版社，2009.

［17］刘俊玲，庄丽. 土木工程概论［M］. 北京：机械工业出版社，2009.

［18］霍达. 土木工程概论［M］. 北京：科学出版社，2007.

［19］沈祖炎. 土木工程概论［M］. 2 版. 北京：中国建筑工业出版社，2016.

［20］中华人民共和国交通运输部. 公路隧道设计规范 第 册 土建工程. JTG 3370. 1—2018［S］. 北京：人民交通出版社股份有限公司，2019.

［21］国家铁路局. 铁路隧道设计规范：TB 10003—2016［S］. 北京：中国铁道出版社，2017.

［22］交通运输部. 2020 年全国城市轨道交通运营数据速报［J］. 城市轨道交通研究，2021，24（1）：10.

［23］何肖，顾保南. 我国大陆各城市轨道交通线路旅行速度统计分析：基于中国城市轨道交通协会数据分析的研究报告之七［J］. 城市轨道交通研究，2020，23（1）：1 – 5.

［24］陈建芹，冯晓燕，魏怀，等. 中国水下隧道数据统计［J］. 隧道建设（中英文），2021，41（3）：483 – 516.

［25］孙恒，李超杰，张帅坤. 全球 $\phi 9m$ 以上大直径岩石隧道掘进机数据统计［J］. 隧道建设（中英文），2020，40（9）：1370 – 1390.

［26］孙恒，冯亚丽. 全球超大直径隧道掘进机数据统计［J］. 隧道建设（中英文），2020，40（6）：921 – 928.

［27］田四明，王伟，巩江峰. 中国铁路隧道发展与展望（含截至 2020 年年底中国铁路隧道统计数据）［J］. 隧道建设（中英文），2021，41（2）：308 – 325.

建筑给水排水工程 | 第 8 章

8.1 建筑给水工程

8.1.1 建筑给水工程的分类与组成

建筑给水工程根据使用用途一般可以分为建筑生活给水系统、建筑消防给水系统、工业生产给水系统和中水给水系统。

1）建筑生活给水系统主要供给人们日常生活用水，其水质、水量和水压必须符合国家规定的生活用水水质标准及水量水压要求。它通常又可以分为给水系统和热水系统，有时根据使用要求还设有直饮水系统。

2）建筑消防给水系统主要满足建筑物、构筑物使用的各类消防设施用水要求，其水质根据要求相对不很严格，但必须满足建筑物、构筑物的防火规范所要求的水量和水压。

3）工业生产给水系统主要供给工业生产设备和工业生产工艺的用水，其水质、水量和水压要求一般由工业设备的要求和生产工艺的类别而定。

4）中水给水系统主要将各种生活、生产中的污废水和雨水收集后进行处理，在达到使用水质要求后，用于城市、小区绿化用水，建筑物内的厕所冲洗，洗车等。

以上系统使用广泛，既可以独立设置，也可以按使用条件和要求分类组合设置。建筑给水系统由进户引入管、水表节点、给水干管、给水支管、给水附件、加压设备和用水设备等组成。用水附件主要有调节水量、水压，控制水流流向，维修试水使用的各类阀门等。加压设备主要有水泵、气压给水设备、变频加压装置、无负压设备等。建筑给水系统常规组成如图 8-1 所示。

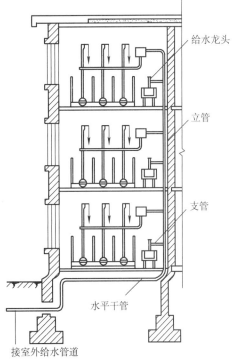

图 8-1 建筑给水系统常规组成示意图

8.1.2 给水方式与管网布置

建筑给水系统按照加压方式主要有以下五种：

（1）直接给水方式（简单给水方式） 由城市给水管网直接供给建筑物使用，不需另设加压或储水设备的供水方式。这种方式的优点是给水系统简单、维修管理方便、投资少、节约能源；缺点是建筑物内的供水完全受城市给水系统的限制，使用安全性、可靠性较差。一般城市供水条件较好的地方，水量、水压能经常满足要求，多层建筑常采用这种方式。

（2）单设高位水箱的给水方式 在直接给水方式的基础上，在建筑物顶部设有高位水箱的给水方式。这种方式除具有直接给水方式的优点外，还储备有一定的调节水量，当城市给水系统水量不足或者停水时，建筑物内不至于立即停水，还能持续供水一段时间。该方式供水的优点是安全可靠性较好，缺点是高位水箱设置于建筑物顶部，不仅增加了建筑物的屋面荷载，增加投资，也影响了建筑物的立面和外观。一般当城市水量、水压周期性不足时，对水压要求较高的建筑物常采用这种方式。

（3）单设水泵的给水方式 这种方式是将水泵直接与城市给水管网连接，一般用在城市给水系统水压经常不足时使用，缺点是影响城市给水管道稳定性，近年来使用较少。

（4）设水泵、储水池、高位水箱联合供水方式 当城市给水系统水量、水压经常不足，但又不允许水泵从城市给水系统直接取水时使用，优点是系统安全可靠，缺点是造价高、占地面积大。一般高层建筑或者对用水要求较高的场所常采用这种方式。

（5）设气压给水装置的给水方式 它主要由水泵和气压水罐组成。气压给水装置是利用密闭气压水罐内空气的可压缩性来储存、调节水量，并加压供水的装置，其作用相当于高位水箱，优点是可以设置在建筑物的任何位置高度上，安装方便，一般自动控制，但运行费用较高。这种给水方式近年来在高层建筑和要求较高的场所使用较多。

建筑给水系统具体使用何种给水方式要综合考虑各种因素，主要有城市给水系统的供水状况（如水量、水压、水质）、建筑物的类别与高度、卫生设备及消防设备的设置要求等。一般情况下，建筑给水方式的设置首先要保证给水系统使用安全可靠，维修管理方便；其次应充分利用城市给水管网的水量、水压、水质；最后在满足使用要求前提下，给水系统应简单、经济合理。

按照给水系统中的水平干管的敷设位置，建筑给水系统一般可分为下行上给式、上行下给式、环状式和中分式。这四种方式既可单独使用，也可根据建筑物类别要求联合使用。这四种布置方式的特征、适用范围和优缺点见表8-1。

表8-1 管网布置方式的比较

名　称	特征及适用范围	优　缺　点
下行上给式	水平配水干管敷设在底层（明装、埋设或沟敷）或地下室顶板下。居住建筑、公共建筑和工业建筑在利用外网水压直接供水时多采用这种方式	图式简单、明装时便于安装维修，与上行下给式布置比较为最高层配水点流出压力较低，埋地管道检修不便
上行下给式	水平配水干管敷设在顶层天花板下或吊顶内，对于非冰冻地区，也有敷设在屋顶上的，对于高层建筑也可设在技术夹层内。设有高位水箱的居住建筑、公共建筑、机械设备或地下管线较多的工业厂房多采用这种方式	与下行上给式布置比较为最高层配水点所需流出水头要求稍高，安装在吊顶内的配水干管可能因漏水、结露损坏吊顶和墙面，要求外网水压稍高一些，管材消耗稍多一些
环状式	水平配水干管或配水立管互相连接成环，组成水平干管环状或立管环状，在有两个引入管时，也可将两个引入管通过配水立管和水平配水干管相连接，组成贯穿环状。高层建筑、大型公共建筑和工艺要求不间断供水的工业建筑常采用这种方式，消防管网有时也要求环状	任何管段发生事故时，可用阀门关断事故管段而不中断供水，水流通畅，水头损失小，水质不易因滞流变质，安全性好，但管网造价较高

（续）

名　　称	特征及适用范围	优　缺　点
中分式	水平配水干管敷设在中间技术层内或某中间层吊顶内，向上向下两个方式供水；屋顶用作露天茶座或设有中间技术层的高层建筑常多采用这种形式	管道安装在技术层内便于维修，有利于管道排气，不影响屋顶多功能使用；需要增加技术层或某中间层层高

8.1.3　建筑热水给水系统

目前，宾馆、酒店和高档住宅，建筑内部都设有热水供给系统。通常是在小区动力中心或者建筑物内设专用锅炉房和热交换间，由加热设备将水加热后通过管道系统输送到建筑物内各个热水用水点。

建筑内部热水供给系统主要由热媒系统（第一循环系统）及热水系统（第二循环系统）两大循环系统组成，如图8-2所示。

热媒系统主要由热源、水加热器、凝结水箱、凝结水泵和热媒管网组成。锅炉产生的蒸汽或高温水经过热媒管网送至水加热器加热冷水，通过水加热器的蒸汽或高温水降温冷凝后回流入凝结水箱，冷凝水再通过水泵加压进入锅炉循环使用。

建筑热水给水系统主要由热水供水管网（见图8-2中11）和回水管网（见图8-2中12）组成。冷水在加热器中加热到一定温度后进入供水管网供各用水点使用。为保证各用水点随时都有规定水温的热水，一般设置热水循环水泵机械循环，被加热的冷水则由对应分区的给水系统供给。

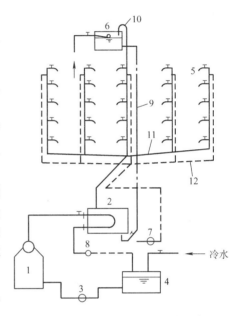

图 8-2　下行上给式热水给水系统示意图

1—锅炉　2—水加热器　3—凝结水泵
4—凝结水箱　5—用水点　6—高位水箱
7—循环水泵　8—疏水器　9—冷水管
10—透气管　11—热水管　12—循环回水管

8.1.4　建筑消防给水工程

建筑消防给水工程按灭火方式可分为消火栓给水系统和自动喷水灭火系统。

建筑消火栓给水系统是将建筑给水系统中的水用于建筑物的灭火系统。该系统一般适用于能够用水灭火的各类建筑，使用较广，也是建筑物最常用、最基本的灭火系统。通常在消防压力和水量不足时还需加压，设置消火栓水泵。建筑消火栓灭火系统一般由水枪、水带、消火栓、消防管道、消防水池、高位消防水箱、水泵接合器、消防水泵等组成。消火栓给水系统如图8-3所示，消火栓箱设备如图8-4所示。

自动喷水灭火系统是在建筑物内发生火灾时，能自动打开喷头喷水灭火并同时发出火警信号的灭火系统。在火灾初期，这种系统灭火效率较高，因此在人员密集、不宜疏散和外部增援灭火与救生困难、性质重要或火灾危险性较大的场所中设置。它一般由消防水池、自喷水泵、喷头、水流指示器、压力开关、末端试水装置、自喷管网、报警装置等组成。

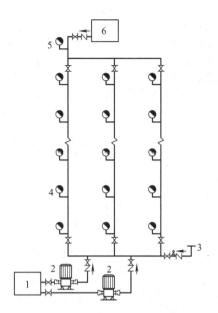

图 8-3 消火栓给水系统示意图

1—消防水池 2—消防水泵 3—水泵接合器

4—消火栓 5—试验消火栓 6—高位消防水箱

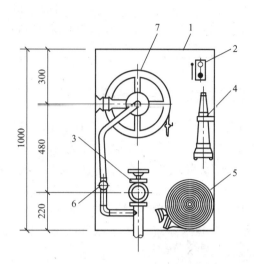

图 8-4 消火栓箱设备示意图

1—消火栓箱 2—消防按钮 3—消防栓 4—水枪

5—水带 6—阀门 7—消防软管卷盘

自动喷水灭火系统根据喷头形式、喷头的布置方式，以及灭火管网中平时是否充水而分为多种形式。例如，采用闭式洒水喷头的闭式系统，它又分为湿式系统、干式系统、预作用系统等；采用开式喷头的雨淋系统和水幕系统等。

8.2 建筑排水工程

8.2.1 建筑排水系统的分类与组成

建筑排水系统根据排除污废水的类别分为生活污水排水系统、工业废水排水系统及建筑雨水排水系统。生活污水排水系统主要排除人们日常生活方面的污废水。工业废水排水系统主要排除生产工艺、生产设备在生产过程中产生的污废水。工业废水排水系统按污染程度，又可分为生产污水排水系统和生产废水排水系统。前者污染较重，需经深度处理达到排放要求后才能排放，如制药厂产生的废水等；后者污染程度较轻，只需经简单处理（如降温）后即可回用或排放，如生产工艺中的冷却用水等。建筑雨水排水系统主要收集和排除建筑屋顶及其周围的雨水和雪水。

建筑排水系统根据各类排水系统是单独排放还是合流排放，分为分流制排水系统和合流制排水系统。采用分流制和合流制方式主要由排水的性质、污染程度、城市排水体制的设置方式及有利于综合利用与处理的要求确定。

建筑排水系统应能迅速及时地将污水、废水、雨水排至建筑物外，而排水管道系统中的气压稳定，管道中的有毒有害气体不能进入室内。建筑排水系统主要由卫生器具和生产设备的受水器、排水管道系统、通气管道系统、清通设备和提升设备等组成，如图 8-5 所示。

建筑排水管道系统为使排水迅速、管道中气压稳定、减少噪声和防止有害有毒气体进入室内，一般常设通气管道。按排水立管与通气立管的设置情况，排水管道系统主要分为两类：

（1）单立管排水系统（仅设伸顶通气管系统）　它是主要利用排水立管本身及其连接的横支管进行气流交换，不单独设专用通气立管的系统，如图8-6a所示。这种方式在多层建筑和排水点较少的建筑应用较多。

（2）双立管排水系统（专用通气立管系统或环形通气立管系统）　排水和通气分别单独设置的管道系统，通常用于要求较高的多层建筑和高层建筑中，如图8-6b所示。

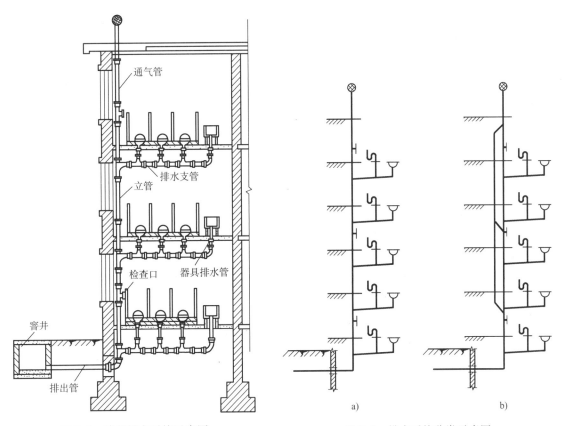

图8-5　建筑排水系统示意图

图8-6　排水系统分类示意图
a）单立管排水系统　b）双立管排水系统

8.2.2　建筑排水管道的布置与敷设原则

1）排水畅通，安全可靠。

2）管道短，管道转弯最少。

3）排水管道不得布置在食堂、餐饮、配电室的上方；如受条件所限必须穿越时，必须采取措施。

4）排水管道不得穿越沉降缝、伸缩缝、烟道、风道，如受条件所限必须穿越，须采取相应的防护措施。

5）排水立管尽量靠近排水量大、杂质最多的排水点，立管尽量不转弯。

6）排水立管尽量远离卧室等重要房间，尽量靠近外墙布置，以减少出户埋地管的长度。

7）在管道的适当位置，设置方便的检查口和检修口。

8）造价低，安装维护方便。

9）通气管应伸出屋面一定高度，以保证生活污水和含有毒有害气体迅速排除。

10）污水立管、通气管与排水管及卫生器具的连接方式应满足国家规范要求。

8.2.3 建筑雨水排水工程

建筑雨水排水系统主要是迅速及时排除建筑物屋面上的雨水、雪水，否则将影响建筑物使用和人们的日常生活，严重时还可造成巨大灾害。

建筑雨水排水系统按雨水管道设置在建筑物内部还是外墙上，可分为外排水系统和内排水系统，具体使用何种方式，主要根据建筑类别、屋顶面积、建筑结构形式及当地气候条件和对生产生活的要求而定，也可以两种系统同时使用。一般地说，外排水系统较简单，维护方便，但影响建筑物立面和外观，使用年限短，而内排水系统较复杂，但建筑物立面和外观不受影响。

（1）建筑外排水系统 建筑外排水系统是指屋顶不设雨水斗，建筑物内部不设雨水管道的系统。按屋面设不设天沟，外排水系统又分为不设天沟的普通外排水系统和天沟外排水系统。

（2）建筑内排水系统 建筑内排水系统是指在屋面设雨水斗和建筑物内部有雨水管道的系统。内排水系统主要由雨水斗、连接管、悬吊管、雨水立管、排出管、检查井和埋地出户管等组成。降水一般沿屋面流入雨水斗，经连接管、悬吊管流入雨水立管，再经排出管流入室外雨水检查井，或经埋地管排至室外雨水检查井。有时，在排出管与检查井之间还要设排气井，以便排除雨水在立管中所携带的空气和消除雨水从屋面落至排水管时所具有的势能，使雨水能平稳地排至检查井（主要用于压力流雨水系统）。

建筑雨水排水系统按设计流态，可分为重力流雨水排水系统和压力流雨水排水系统。前者主要利用重力排放，管网流态是无压流态；后者主要利用虹吸压力排放，管网流态是有压流态。

———— 思 考 题 ————

1. 建筑给水系统如何分类？

2. 建筑给水系统管网的布置方式有哪几种？

3. 建筑排水系统如何分类？

4. 建筑排水管道的布置与敷设原则是什么？

参 考 文 献

[1] 陈耀宗，等. 建筑给水排水设计手册 [M]. 北京：中国建筑工业出版社，1992.

[2] 住房和城乡建设部工程质量安全监管司，中国建筑标准设计研究院. 全国民用建筑工程设计技术措施：给水排水 [M]. 北京：中国计划出版社，2009.

[3] 中华人民共和国住房和城乡建设部. 建筑给水排水设计标准：GB 50015—2019 [S]. 北京：中国

计划出版社，2019.

［4］李圭白，蒋展鹏，范瑾初. 城市水工程概论［M］. 北京：中国建筑工业出版社，2002.

［5］中华人民共和国公安部. 建筑设计防火规范（2018 年版）：GB 50016—2014［S］. 北京：中国计划出版社，2018.

［6］核工业第二研究设计院. 给水排水设计手册 第 2 册：建筑给水排水［M］. 2 版. 北京：中国建筑工业出版社，2001.

9.1 供暖

9.1.1 概述

建筑物内获得热量并保持一定的室内温度，以达到适宜的生活环境或工作条件的技术，叫供暖，又称为采暖。供暖系统由热媒制备（热源）、热媒输送和热媒利用（散热设备）三个主要部分组成。

常用的热源有热电厂（见图9-1）、区域锅炉房、工业与城市余热、核能、地热等。常用的热媒有水、蒸汽和空气等（见图9-2）。常用的供暖系统散热设备有散热器（见图9-3）、暖风机、风机盘管等。

图9-1　热电厂

图9-2　热水管网

从开始供暖到结束供暖的期间称为供暖期。供暖期天数应按累计年日平均温度稳定低于或等于供暖室外临界温度的总日数确定。对一般民用建筑和工业建筑，供暖室外临界温度宜采用5℃。各地的供暖期天数及起止日期可从有关资料查取。我国幅员辽阔，各地设计计算用供暖期天数不一，东北、华北、西北、新疆、西藏等地区的供暖期均较长，少的也有100多天，多的可达200天以上。

根据热媒性质不同，供暖系统可分为热水供暖系统、蒸汽供暖系统、热风供暖系统和烟气供暖系

图9-3　散热器

统等。热水供暖系统的热能利用率较高、输送时无效损失较小、散热设备表面温度低、散热均衡、不易腐蚀，而且系统操作方便、运行安全、系统蓄热能力高、适于远距离输送。因此，民用建筑应供用热水供暖系统。

9.1.2　供暖方式发展概况

火的使用、蒸汽机的发明、电能的应用及新型能源的使用，使人类利用能源的历史经历了四次重大突破，也带来了供暖工程技术的不断发展。

1. 火的使用

我国在西安半坡村挖掘出土的新石器时代先民的房屋中，就发现有火的使用，其中长方形灶坑、双连灶形火炕、屋顶排烟小孔都形成了原始供暖的雏形（见图9-4）。从已出土的古墓中发现，汉代就有带炉箅的炉灶和带烟道的局部供暖设备。这些利用烟气供暖的方式，如火炉、火墙和火炕等（见图9-5），在我国北方农村至今仍被广泛使用。

图9-4　火炕供暖系统

图9-5　古代烟气供暖系统

2. 蒸汽机的发明

最初的集中供暖形式是利用中心火炉的烟气通过地下烟道向各房间供暖，或是用热风火炉把加热后的空气送入各房间取暖。蒸汽机发明以后，促进了锅炉制造业的发展，20世纪初在一些欧洲国家出现了以热水或蒸汽作为热媒，由一个集中设置的锅炉向一栋建筑物各房间供暖的集中供暖系统（见图9-6）。

20世纪初期，一些工业发达的国家开始利用发电厂汽轮机的排气，供给生产和生活用热，其后逐渐成为现代化的热电厂。

我国随着经济建设的发展，供热事业逐步发展起来，普遍采用了以小型锅炉房作为热源向一幢或数幢房屋供暖的供暖系统。一些大型工业企业先后建立了热电站，铺设和架设了用以满足生产用热和供暖用热的供热管网。另外，不少家庭采用灵活的天然气壁挂锅炉进行供暖（见图9-7）。

3. 电能的应用

我国早期的城市集中供暖是从北京开始的，北京第一热电站是在1959年新中国成立十周年大庆前夕建成的，并于当年向东西长安街十大建筑及部分工厂企业供暖。现在我国的供暖事业得到了迅速发展。在东北、西北、华北地区，许多民用建筑和多数工业企业设置了集中供暖系统，很多城镇也实现了集中供暖。

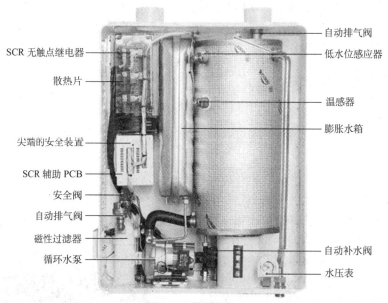

SCR 无触点继电器

散热片

尖端的安全装置

SCR 辅助 PCB

安全阀

自动排气阀

磁性过滤器

循环水泵

自动排气阀

低水位感应器

温感器

膨胀水箱

自动补水阀

水压表

图 9-6　供暖锅炉

4. 新型能源的使用

近年来，太阳能（见图 9-8）、原子能、地热等新能源研制的科技成果不断出现。20 世纪 80 年代，在西北地区、北京、天津等地就建造了一批太阳能供暖建筑。近年来，内蒙古等地区的太阳能已发挥了很好的作用。目前已有多个省市和地区开展了地热能的勘探和开发利用。

图 9-7　壁挂锅炉

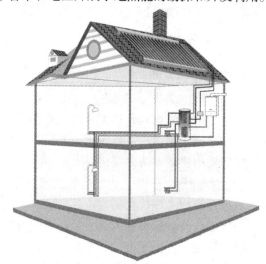

图 9-8　太阳能供暖系统图

9.1.3　常用供暖系统

1. 热水供暖系统

按不同的分类标准，热水供暖系统可以划分为不同的类型。

（1）按系统中水的循环动力分类　热水供暖系统分为重力（自然）循环系统和机械循

环系统。

重力循环系统（见图9-9a）中水靠其密度差循环。水在锅炉中受热，温度升高，体积膨胀，密度减少，加上来自回水管冷水的驱动，使水沿供水管上升，流到散热器中。在散热器中热水将热量散发给房间，水温降低，密度变大，沿回水管回到锅炉重新加热，这样周而复始地循环，不断把热量从热源送到房间。为了顺利排除空气，水平供水干管标高应沿水流方向下降，因为重力循环系统中水流速度较小，可以采用气水逆向流动，使空气从管道高点所连膨胀水箱排除。重力循环系统不需要外来动力，运行时无噪声，调节方便，管理简单。由于重力循环系统的作用压头小，所需管径大，所以只宜用于没有集中供热热源、对供热质量有特殊要求的小型建筑物中。

机械循环系统（见图9-9b）中水的循环动力来自于循环水泵。膨胀水箱多接到循环水泵的入口侧。在此系统中膨胀水箱不能排气，所以在系统供水干管末端设有储气罐，进行集中排气。干管向储气罐侧倾斜。机械循环系统是集中供暖系统的主要形式。

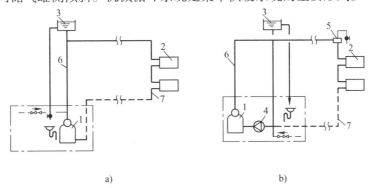

a)   b)

图9-9 按系统循环动力分类的热水供暖系统

a）重力循环系统 b）机械循环系统

1—锅炉 2—散热器 3—膨胀水箱 4—循环水泵 5—储气罐 6—供水管 7—回水管

（2）按供水温度分类 热水供暖系统分为高温水供暖系统和低温水供暖系统。各国高温水与低温水的界限不一样。我国将供水温度高于100℃的系统称为高温水供暖系统；供水温度低于100℃的系统称为低温水供暖系统。高温水供暖系统由于散热器表面温度高，易烫伤皮肤，烤焦有机灰尘，卫生条件及舒适度较差，但可节省散热器用量，并且供回水温差较大，可减小管道系统管径，降低输送热媒所消耗的电能，节省运行费用。高温水供暖系统主要用于对卫生要求不高的工业建筑及其辅助建筑中。低温水供暖系统的优缺点正好与高温水供暖系统相反，是民用及公用建筑的主要采暖系统形式。

（3）按建筑物布置管道的条件分类 热水供暖管道系统可分为上供下回式、上供上回式、下供下回式、下供上回式和中供式五种（见图9-10）。供暖工程中"供"是指供出热媒，"回"是指回流热媒。在对供暖系统分类和命名时，整个供暖系统或它的一部分可用"供"与"回"来表明垂直方向流体的供给指向。"上供"是热媒沿垂向从上向下供给各楼层散热器的系统；"下供"是热媒沿垂向从下向上供给各楼层散热器的系统。"上回"是热媒从各楼层散热器沿垂向从下向上回流；"下回"是热媒从各楼层散热器沿垂向从上向下回流。在中供式系统中，供水干管位于中间某楼层，从而将系统垂向分为两部分。上半部分系统可为下供下回式系统或上供下回式系统，而下半部分系统均为上供下回式系统。中供式系统可减轻竖向失调，但计算和调节较复杂。

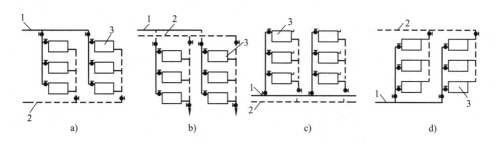

图 9-10 按供、回水方式分类的热水供暖系统

a) 上供下回式 b) 上供上回式 c) 下供下回式 d) 下供上回式

1—供水干管 2—回水干管 3—散热器

（4）按散热器的连接方式分类 热水供暖系统分为垂直式与水平式（见图9-11）。垂直式是指不同楼层的各散热器用垂直立管连接的系统；水平式是指同一楼层的散热器用水平管线连接的系统。垂直式供暖系统中一根立管可以在一侧或两侧连接散热器。

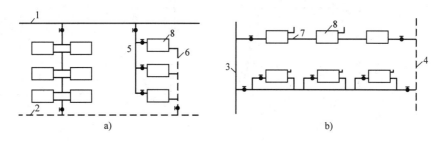

图 9-11 垂直式与水平式供暖系统

a) 垂直式 b) 水平式

1—供水干管 2—回水干管 3—水平式系统供水立管 4—水平式系统回水立管 5—供水立管

6—回水立管 7—水平支路管道 8—散热器

（5）按连接相关散热器的管道数量分类 热水供暖系统分为单管系统与双管系统（见图9-12）。单管系统是用一根管道将多组散热器依次串联起来的系统，双管系统是用两根管道将多组散热器相互并联起来的系统。多个散热器与其关联管一起形成采暖系统的基本组合体，主要有垂直单管式、垂直双管式、水平单管式和水平双管式。

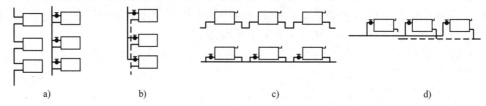

图 9-12 单管系统与双管系统的基本组合体

a) 垂直单管式系统 b) 垂直双管式系统 c) 水平单管式系统 d) 水平双管式系统

（6）按各并联环路水的流程分类 热水供暖系统分为同程式系统与异程式系统（见图9-13）。热媒沿各基本组合体流程相同的系统，即各环路管路总长度基本相等的系统称为同程式系统；热媒沿各基本组合体流程不同的系统称为异程式系统。

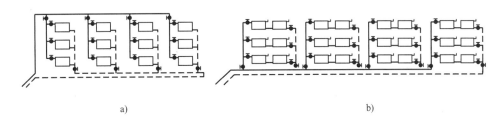

图 9-13　同程式系统与异程式系统
a）同程式系统　b）异程式系统

2. 蒸汽供暖系统

（1）按供汽压力分类　蒸汽供暖系统可分为高压蒸汽供暖系统（表压 $p > 0.07MPa$）、低压蒸汽供暖系统（表压 $p \leqslant 0.07MPa$）和真空蒸汽供暖系统（绝对压力 $p < 0.1MPa$）。根据供汽汽源的压力、对散热器表面最高温度的限度和用热设备的承压能力来选择高压或低压蒸汽供暖系统。工业建筑及其辅助建筑可用高压蒸汽供暖系统。真空蒸汽供暖系统的优点是热媒密度小，散热器表面温度低，便于调节供热量；其缺点是需要抽真空设备，对管道气密性要求较高。

（2）按立管的数量分类　蒸汽供暖系统可分为单管蒸汽供暖系统和双管蒸汽供暖系统。由于单管系统易产生水击和汽水冲击噪声，所以多采用垂直双管系统。

（3）按蒸汽干管的位置分类　蒸汽供暖系统可分为上供式、中供式和下供式。其蒸汽干管分别位于所供热媒的各层散热器上部、中部和下部。因为蒸汽、凝结水同向流动可以有效防止水击和噪声，所以上供式系统用得较多。

（4）按凝结水回收动力分类　蒸汽供暖系统可分为重力回水和机械回水。

（5）按凝结水系统是否通大气分类　蒸汽供暖系统可分为通大气的开式系统和不通大气的闭式系统。

（6）按凝结水充满管道断面的程度分类　蒸汽供暖系统可分为干式回水和湿式回水。

与热水供暖系统相比，蒸汽供暖系统有一些专用的设备。排除凝结水的设备有疏水器、水封和孔板式疏水阀。减压阀通过调节阀孔大小，对蒸汽进行节流，以达到减压的目的，并能自动地将阀后压力维持在一定范围内。二次蒸发箱的作用是在较低的压力下分离出用汽设备排出的凝结水或汽水混合物中的二次汽，并将其输送到热用户加以利用。安全水封用于闭式凝结水回收系统，系统工作时用罐、管内的水封将凝结水系统与大气隔绝，在凝结水系统超压时排水、排汽，起到安全作用。

3. 辐射供暖系统

依靠供暖部件与围护结构内表面之间的辐射换热向房间供暖方式称为辐射供暖。辐射供暖时房间各围护结构内表面的平均温度高于室内空气温度。通常称辐射供暖的供暖部件为采暖辐射板。辐射板按与建筑物的结合关系分为整体式、贴附式和悬挂式。

整体式又有埋管式和风道式之分（见图 9-14）。埋管式辐射板是将流通热媒的金属管或塑料管埋在建筑结构内，与其合为一体；风道式辐射板是利用建筑结构内的连贯空腔输送热媒向室内供暖。

贴附式辐射板是将辐射板贴附于建筑结构表面（见图 9-15）。

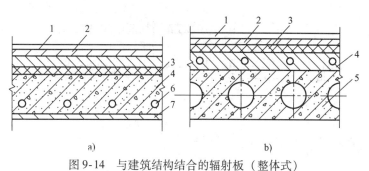
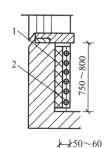

图9-14 与建筑结构结合的辐射板（整体式）

a) 埋管式 b) 风道式

1—防水层 2—水泥找平层 3—绝热层 4—埋管楼板

5—钢筋混凝土板 6—流通热媒的管道 7—抹灰层

图9-15 贴附于建筑结构
表面的辐射板（贴附式）

1—绝热层 2—管道

　　悬挂式辐射板分为单体式和吊棚式。单体式由加热管、挡板、辐射板和隔热层支撑的金属辐射板组成（见图9-16）。吊棚式辐射板是将流通热媒的管道、隔热层和装饰孔板构成的辐射面板，用吊钩挂在房间钢筋混凝土顶板之下（见图9-17）。

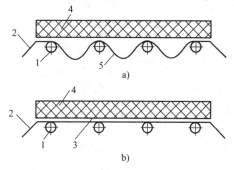

图9-16 悬挂式辐射板（单体式）

a) 波状辐射板 b) 平面辐射板

1—加热管 2—挡板 3—平面辐射屏

4—绝热层 5—波状辐射屏

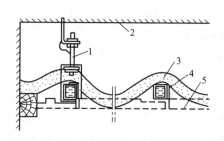

图9-17 悬挂式辐射板（吊棚式）

1—吊钩 2—顶板 3—绝热层

4—管道 5—装饰孔板

　　供暖辐射板还可以按其位置分为墙面式、地面式、顶面式和楼板式（见图9-18）。其中楼板式指的是水平楼板中的辐射板可同时向上、下两层房间供暖的情况。墙面式又分为窗下式、墙板式、踢脚板式。窗下辐射板有单面散热和双面散热两种。墙板式有外墙式（辐射板设在外墙的室内侧）和间墙式（辐射板设在内墙）之分。间墙式采暖辐射板有单面散热（向一侧房间供暖）和双面散热（向内墙两侧房间供暖）两种。

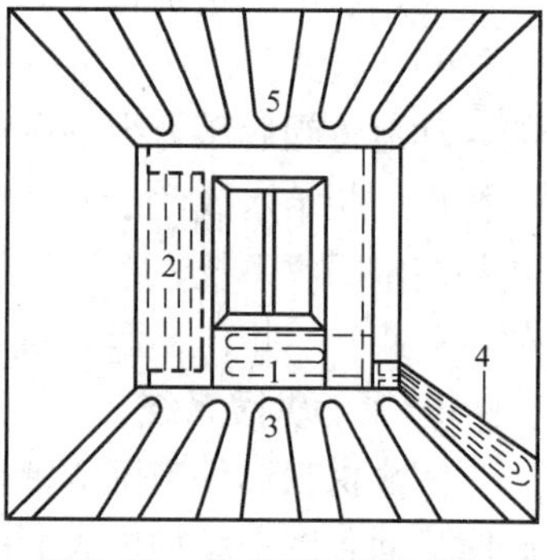

　　辐射板的加热管可采用平行排管式、蛇形排管式、蛇形盘管式等形式（见图9-19）。

　　电热膜是另一种供暖部件。它是通电后能发热、厚度为

图9-18 供暖辐射板的位置

1—窗下式 2—墙面式 3—地面式

4—踢脚板式 5—顶面式

0.24mm的半透明聚酯薄膜，是由特制的可导电油墨、金属载流条经印刷、热压在两层绝缘聚酯薄膜之间制成的一种特殊的加热产品。将其布置在建筑结构中可实现辐射供暖。电热膜

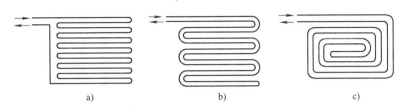

图 9-19　辐射板的加热管

a）平行排管式　b）蛇形排管式　c）蛇形盘管式

辐射供暖没有直接的燃烧排放物，便于控制，运行简便、舒适，适用于集中供暖热源不足、电价低廉的地区。

9.1.4　集中供暖

热源和散热设备分别设置，用热媒管网相连接，由热源向各个房间或各个建筑物供给热量的供暖系统。累年日平均温度稳定低于或等于 5℃ 的日数大于或等于 90d 的地区，宜采用集中供暖。

热源、供热管网和热用户三部分组成了集中供暖系统。根据热媒的不同，可分为热水供暖系统和蒸汽供暖系统；根据热源的不同，可分为热电厂供暖系统和区域锅炉房供暖系统等；根据供暖管道的不同，可分为单管制、双管制和多管制供暖系统。

9.2　通风

9.2.1　概述

所谓通风，就是把室内的污浊空气直接或经净化后排至室外，把新鲜空气补充进来，从而保持室内的空气条件，以保证卫生标准或满足生产工艺的要求。我们把前者称为排风，后者称为送风。按照通风动力的不同，通风系统可分为自然通风和机械通风两类。

自然通风依靠室外风力造成的风压和室内外空气温度差所造成的热压使空气流动，以达到交换室内外空气的目的。热压作用下的自然通风是由于室内空气温度高、密度小，会产生一种上升的力，使房间中的空气上升后从上部窗孔排出，而此时室外的冷空气就会从下边的门窗或缝隙进入室内，使工作区环境得以改善（见图 9-20）。风压作用下的自然通风是具有一定速度的风由建筑物迎风面的门窗吹入房间内，同时把房间中的原有空气从背风面的门、窗压出去（背风面通常为负压），这样也可使空气环境得到改善（见图 9-21）。

机械通风是依靠通风机产生的动力来迫使室内外空气进行交换的方式。由于作用压力的大小不像自然通风那样受自然条件的限制，能够随着需要的不同而选择不同的风机，因此，可以通过管道把空气按要求的送风速度送到指定的任意地点，也可以从任意地点按要求的吸风速度排除被污染的空气，适当地组织室内气流的方向，并且根据需要可对进风或排风进行各种处理。此外，机械通风调节通风量和稳定通风效果明显。但机械通风需要消耗电能，风机和风道等设备会占用一部分面积和空间，工程设备费和维护费较大，安装管理较为复杂。

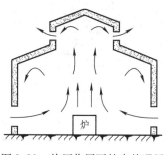

图 9-20 热压作用下的自然通风

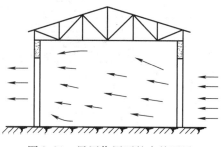

图 9-21 风压作用下的自然通风

9.2.2 通风设备发展概况

我国古代就已制造出简单的木质奢谷风车，它的作用原理与现代离心通风机基本相同。1862 年，英国的圭贝尔发明了离心通风机，其叶轮、机壳为同心圆形，机壳用砖制成，木质叶轮采用后向直叶片，效率仅为 40% 左右，主要用于矿山通风。1880 年，出现了矿井排送风的蜗型机壳和后向弯曲叶片的离心通风机，结构较为完善。1892 年，法国研制成横流通风机。1898 年，爱尔兰人设计出前向叶片的希洛克式离心通风机，并为各国所广泛采用。

9.2.3 常用通风系统

按照通风系统应用范围的不同，通风系统可分为局部通风、全面通风和事故通风等。

1. 局部通风

局部通风是指通风的范围限制在有害物形成比较集中的地方或人们经常活动的局部地点的通风方式。局部通风系统分为局部送风和局部排风两大类，它们都能利用局部气流，使室内空气环境得到改善。

局部送风是向局部地点送风，保证室内有良好空气环境的方式（见图 9-22）。对于面积较大、地点固定、人员较少的场所，就可以采用局部送风，形成合适的局部空气环境。局部送风系统分为系统式和分散式两种。

局部排风是在室内局部安装的排除污浊气体的系统（见图 9-23）。它能够尽量减少室内有害气体，有效改善空气环境。将局部排风罩直接设置在产生有害气体的设备上方，及时将有害气体吸入局部排风罩，然后通过风管与风机排至室外。

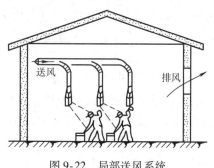

图 9-22 局部送风系统

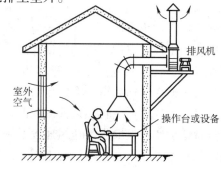

图 9-23 局部排风系统

2. 全面通风

全面通风是在房间内全面地进行通风换气的一种通风方式。当有害物源分散、室内面积较大、采用局部通风达不到室内卫生标准要求时，应采用全面通风。

全面排风是在整个室内全面均匀地进行排气的方式。全面排风系统既可以利用自然排风，也可以利用机械排风（见图9-24）。在产生有害物的房间设置全面机械排风系统，进风来自不产生有害物的其他房间和本房间的自然进风，这样能够造成一定的负压，可防止有害物向卫生条件较好的其他房间扩散。

全面送风是向整个房间全面均匀地进行送风的方式。与全面排风相同，全面送风也可以利用自然通风或机械送风来实现（见图9-25）。利用风把室外大量新鲜空气经过风道、风口不断送入室内，稀释室内空气中的有害物含量以满足要求。这时室内处于正压，室内空气通过门窗压至室外。

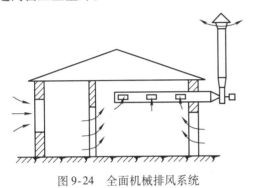

图9-24　全面机械排风系统　　　　　　图9-25　全面机械送风系统

3. 事故通风

事故通风是为防止在发生偶然事故或机械故障时，突然散发的有害气体或有爆炸性的气体造成人员、财产损失而设置的排气系统。它是保证安全生产和保障人们生命安全的一项重要措施。

9.2.4　烟气控制

通常火灾会引起烟气，产物有 CO_2、水蒸气、SO_2 等完全燃烧产物和 CO、氰化物、酮类、醛类等不完全燃烧的有毒物质。同时，燃烧会消耗大量氧气，导致空气中缺氧。烟气的存在会使光强度减弱，导致人的能见距离缩短。高温使火灾蔓延迅速，导致金属材料强度降低，从而引起建筑物倒塌。

烟气控制就是控制烟气合理流动，在建筑物内创造无烟或烟气含量极低的疏散通道或安全区。主要方法有阻断或阻挡、排烟和加压防烟。

1. 阻断或阻挡

墙、楼板、门等都具有隔断烟气传播的作用，建筑防火分区的隔断也对烟气具有隔断作用。另外，还可以使用顶棚下凸不小于500mm 的梁、挡烟垂壁和吹吸式空气幕的方法。挡烟垂壁可以是固定的，也可以是活动的。固定的挡烟垂壁比较简单，但影响房间高度；活动的挡烟垂壁在火灾发生时可自动下落，通常与烟感器联动。吹吸式空气幕是利用条状喷口送出一定速度、一定温度和一定厚度的幕状气流，用于隔断另一气流。这一种柔性隔断，既能有效阻挡烟气的流动，又允许人员自由通过。

2. 排烟

排烟就是利用自然或机械作用力，将着火区和疏散通道的烟气排出室外。自然排烟是利用热烟气产生的浮力、热压或其他自然作用力使烟气排出室外。自然排烟设施简单、投资少、日常维护工作少、操作容易，但排烟效果受室外很多因素影响与干扰，并不稳定。机械排烟是利用风机做功的排烟，实质上是一个排风系统。机械排烟不受外界条件的影响，能够保证有稳定的排烟量，但设施费用高，需要经常保养维修。

3. 加压防烟

加压防烟是用风机把一定量的室外空气送入一房间或通道内，使室内保持一定压力或门洞处有一定流速，避免烟气侵入。

9.3 空气调节

9.3.1 概述

1. 空气调节的概念和内容

空气调节就是提供足够量的新鲜空气，使房间或封闭空间的空气温度、湿度、洁净度和气流速度等参数达到一定要求，并保持所需要求的空气环境。

空气调节系统主要由空气处理设备、空气输送管道及空气分配装置等组成，根据需要，它能组成许多不同形式的系统（见图9-26）。空气处理设备主要是对空气进行加热、冷却、加湿、减湿、净化等处理。空气输送管道把经过处理的空气通过管道系统输送至工作区，并把室内需要处理的空气通过管道系统输送至空气处理设备。空气分配装置包括各种送风口和送风装置等。冷、热源设

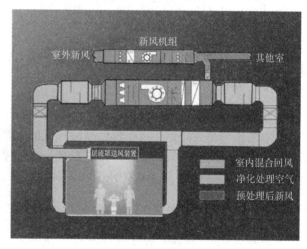

图9-26 空气调节系统

备是为空气处理设备输送冷量和热量的设备。电气控制装置由温度、湿度等空气参数的控制设备及元器件等组成。

2. 空气调节的类型

（1）按设置情况分类 可分为集中式空调系统、半集中式空调系统和全分散空调系统。集中式空调系统的所有空气处理设备（包括冷却器、加热器、过滤器、加湿器和风机等）均设置在一个集中的空调机房内，处理后的空气经风道输送到各空调房间。集中式空调系统又可分为单风管系统、双风管系统和变风量系统。半集中式空调系统除了设有集中空调机房外，还设有分散在空调房间内的空气处理装置。半集中式空气调节系统按末端装置的形式，又可分为末端再热式系统、风机盘管系统和诱导器系统。全分散空调系统又称为局部空调系统或局部机组。其特点是将冷（热）源、空气处理设备和空气输送装置都集中设置在一个空调机内，并可以按照需要，灵活布置在各个不同的空调房间或邻室内。全分散空调系统不需要集中的空气处理机房，常用的有单元式空调器系统、窗式空调器系统和分体式空调器系统。

（2）按负担室内负荷所用的介质分类 可分为全空气空调系统、全水调节系统、空气-水系统和冷剂系统。全空气空调系统是指空调房间的室内负荷全部出经过处理的空气来负担的空气调节系统。全水调节系统是指空调房间的热湿负荷全由水作为冷热介质来负担的空气调节系统。空气-水系统是由空气和水共同负担空调房间的热湿负荷的空调系统。冷剂系统是将制冷系统的蒸发器直接置于空调房间内来吸收余热和余湿的空调系统。

（3）根据集中式空调系统处理的空气来源分类 可分为封闭式系统、直流式系统和混合式系统。封闭式系统所处理的空气全部来自空调房间，没有室外新风补充，因此房间和空气处理设备之间形成了一个封闭环路。直流式系统所处理的空气全部来自室外，室外空气经处理后送入室内，然后全部排至室外。混合式系统是综合封闭式系统和直流式系统两者的利弊，采用混合一部分回风的系统。

（4）按风道中空气流速分类 可分为高速空调系统和低速空调系统。高速空调系统主风道中的流速可达 20~30m/s，由于风速大，所以风道断面可以减少，主要用于层高受限、布置风道困难的建筑物中。低速空调系统风道中的流速一般不超过 8~12m/s，所以风道断面和所占建筑空间都较大。

9.3.2 空气调节技术发展概况

1. 空气调节技术的产生

1901 年，威利斯·开利在美国建立了世界上第一所空调试验研究室。1902 年 7 月 17 日，开利博士在一家印刷厂设计了世界公认的第一套科学空调系统。1906 年，开利博士获得了"空气处理装置"的专利权，这就是世界上第一台喷淋式空气洗涤器，即喷水室（见图 9-27）。1911 年，开利博士得出了空气干球、湿球和露点温度间的关系，以及空气显热、潜热和比焓值间关系的计算公式，绘制了湿空气焓湿图，得到了美国机械工程师协会的广泛认可，成为空调行业最基本的理论，是目前所有空调计算的基础，也是空气调节史上的一个重要里程碑。1922 年，开利博士发明了世界上第一台离心式冷水机组（见图 9-28）。冷水机组是把整个制冷系统中的压缩机、冷凝器、蒸发器、节流阀等设备，以及电气控制设备组装在一起，为空调系统提供冷冻水的设备。

图 9-27 喷淋式空气洗涤器

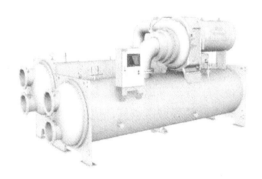
图 9-28 离心式冷水机组

1904 年，纺织工程师克勒谋设计和安装了美国南部约 1/3 纺织厂的空调系统，获取了 60 项专利。1906 年 5 月，克勒谋在一次美国棉业协会的会议上正式提出了"空气调节"（air conditioning）的术语，从而为空气调节首次命名。

2. 发展状况

随后 Daikin 公司首推的变频 VRV 系统，为中小型建筑安装集中式空调系统创造了条件（见图 9-29）；Sany 公司则在直燃式冷水机组上成绩卓著。世界各国大力发展可再生能源作为空调冷热源用能。地源热泵供暖空调是一种使用可再生能源的高效节能、环保型的工程系统（见图 9-30）。在美国地源热泵系统占整个空调系统的 20% 左右，瑞士 40% 的热泵为地源热泵，瑞典 65% 的热泵为地源热泵。

图 9-29 变频空调　　　　　　　　　　图 9-30 地源热泵机组

3. 我国状况

近年来，我国暖通空调学术界及工程界在空调冷源系统的节能方面做了大量的研究工作。研究工作主要是冷源系统的形式选择和对压缩式冷水机组、吸收式冷水机组的技术经济比较。一般认为：吸收式冷水机组节电而不节能，在我国的使用应区别对待，对于有余热可以利用的地区，应大力提倡使用吸收式冷水机组，而一般建筑物应采用蒸汽压缩式制冷。当然，在进行冷热源系统的选择时，还要考虑建筑物所在地的气象条件、电力供应状况、能源情况、空调系统有无采用余热回收的可能性等方面的问题。

我国目前在促进利用余热、自然能源和可再生能源的产品开发和应用、采用蒸发冷却和溶液除湿空调等自然冷却方式、蓄能空调产品的研制与应用，以及天然气在空调工程中的合理利用等方面有了很大的发展。

另外，为了改善室内空气品质，已普遍研究开发捕集效率高、廉价，而且便于自净的技术与设备，并加强对纤维过滤技术、静电过滤技术、吸附技术、光催化技术、负离子技术、臭氧技术、低温等离子技术等空气品质处理技术的研究。人们不但要关心室内空气环境的改善，而且要关心城市空气环境的改善。

9.3.3　常用空气调节系统

1. 普通集中式空调系统

普通集中式空调系统也属于全空气调节系统，是一种低速、单风道集中式空调系统。这种空调的服务面积大，处理空气多，常用于工厂、公共建筑（体育场馆、剧场、商场）等有较大空间可设置风管的场合。这种系统通常采用混合式系统形式，即处理的空气一部分来自室外新风，另一部分来自室内的回风（见图 9-31）。根据新风、回风混合过程的不同，工程中常见的有两种形式：一种是室外新风和回风在进入表面式冷却器前混合，称为一次回风式；另一种是室外新风和回风在表面式冷却器前混合，经过表面式冷却器处理后再与另一股回风混合，称为二次回风式。

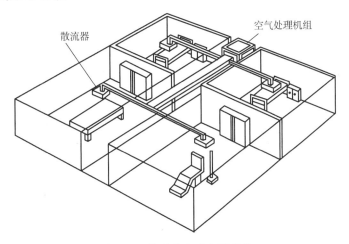

图9-31　普通集中式空调系统

2. 变风量空调系统

变风量空调系统（VAV）是通过特殊的送风装置来实现的，这种送风装置称为"末端装置"（见图9-32）。常用的末端装置有节流型、诱导型和旁通型三种。

典型的节流型末端装置有文氏管型变风量风口和条缝变风量风口两种。文氏管型变风量风口阀体呈圆筒形，中间收缩似文氏管的形状。条缝变风量风口的性能比文氏管型变风量风口更优越，风口呈条缝形，并可以多个串联在一起，与建筑配合形成条缝型送风，送风气流可形成贴附于顶棚的射流并具有良好的诱导室内气流的特性。

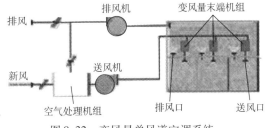

图9-32　变风量单风道空调系统

旁通型末端装置是指当室内负荷减小时，通过送风口的分流装置来减少送入室内的空气量，而其余部分旁通至回风管再循环。

诱导型末端装置常用的是顶棚内诱导型风口，其作用是用一次风高速诱导由室内进入顶棚内的二次风，经过混合后送入室内。当室内冷负荷最大时，二次风侧阀门全关，随着负荷减少，打开二次风门，以改变一次风和二次风的混合比来提高送风温度。

3. 风机盘管系统

风机盘管系统是目前在大多数办公楼、商用建筑中较多采用的空调系统。它是在每个空调房间内设有风机盘管（FC）机组。风机盘管既是空气处理输送设备，又是末端装置，再加上经集中处理后的新风送入房间，由两者结合运行，因此属于半集中式空调系统。

风机盘管机组是由冷热盘管（一般2~4排铜管串片式）和风机（多采用前向多翼离心式风机或贯流风机）组成。室内空气直接通过机组内部盘管进行热湿处理。风机的电动机多采用单相电容调速低噪声电动机。与风机盘管机组相连接的有冷、热水管路和凝结水管路。

风机盘管机组可分为立式、卧式和卡式等，可按室内安装位置选定，同时根据装潢要求做成明装或暗装（见图9-33）。

4. 局部空调机组

局部空调机组属于分散式空调方式，适用于少数分散房间有空调，或者各房间有不同的负荷变化的建筑物中。局部空调机组实际上是一个小型空调系统，采用直接蒸发或冷媒冷却方式，它结构紧凑，安装方便，使用灵活，是空调工程中常用的设备。局部空调机组按容量大小分为窗式、挂壁机和吊装机、立柜式；按制冷设备冷凝器的冷却方式分为水冷式和风冷式；按供热方式分为普通式和热泵式；按机组的整体性分为整体式和分体式。

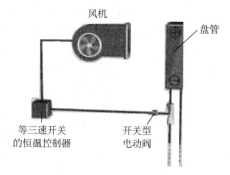

图9-33 风机盘管控制系统

思 考 题

1. 什么是供暖？常用的供暖系统有哪些？

2. 什么是通风？常用的通风系统有哪些？

3. 什么是空气调节？常用的空气调节系统有哪些？

参 考 文 献

[1] 黄中. 医院通风空调设计指南［M］. 北京：中国建筑工业出版社，2019.

[2] 王子云，龙恩深，吕思强. 暖通空调技术［M］. 北京：科学出版社，2020.

[3] 张华伟. 建筑暖通空调设计技术措施研究［M］. 北京：新华出版社，2020.

[4] 张华伟. 暖通空调节能技术研究［M］. 北京：新华出版社，2020.

[5] 余俊祥，高克文，孙丽娟. 疾病预防控制中心暖通空调设计［M］. 杭州：浙江大学出版社，2020.

[6] 余晓平. 暖通空调运行管理［M］. 杭州：浙江大学出版社，2020.

[7] 江克林. 暖通空调节能减排与工程实例［M］. 北京：中国电力出版社，2019.

[8] 董长进. 医院暖通空调设计与施工［M］. 哈尔滨：哈尔滨工业大学出版社，2018.

[9] 何为，陈华. 暖通空调技术与装置实验教程［M］. 天津：天津大学出版社，2018.

[10] 王文琪. 暖通空调系统自动控制［M］. 长春：东北师范大学出版社，2018.

[11] 顾洁. 暖通空调设计与计算方法［M］. 3版. 北京：化学工业出版社，2018.

[12] 尚少文. 暖通空调技术应用［M］. 沈阳：东北大学出版社，2017.

[13] 史洁，徐桓. 暖通空调设计实践［M］. 上海：同济大学出版社，2021.

[14] 郑庆红. 建筑暖通空调［M］. 北京：冶金工业出版社，2017.

[15] 葛凤华，王春青. 暖通空调设计基础分析［M］. 2版. 北京：中国建筑工业出版社，2017.

[16] 王志毅，黎远光，王志鑫. 暖通空调工程调试［M］. 长沙：中南大学出版社，2017.

土木工程施工技术 | 第10章

土木工程的施工范围广泛，内容极为丰富，包括土石方工程、基础工程、砌筑工程、钢筋混凝土工程、防水工程及装饰装修工程等。进行施工时，必须做好施工组织设计。

10.1 土方工程

土方工程是土木工程中的重要内容之一，涉及面十分广泛，包括建筑工程、道路工程、隧道工程等。道路工程、隧道工程等在其他章节已有介绍，本章以建筑工程为主。常见的土方工程有场地平整、基坑（槽）开挖、地坪填土、路基填筑及基坑回填等。

土方工程施工的特点是面大量大、劳动繁重、工期长、施工条件复杂。有些大型建设项目的场地平整，土方施工面积可达数十平方千米；有些大型基坑的开挖深度达 20～30m。土方工程多为露天作业，土、石是一种天然物质，成分较为复杂，施工中直接受到气候、水文和地质、地上和地下环境的影响，且不确定性因素较多。因此，在施工前应做好调查研究，并根据项目所在地的工程及水文地质情况，以及气候、环境等特点，制订合理的施工方案组织施工。

10.1.1 排水、降水施工

开挖低于地下水位的基坑时，地下水会不断渗入坑内；雨期施工时，地面水也会流入坑内。如果不及时排出坑内的水，不但会使施工条件恶化，而且可能导致边坡塌方和坑底地基土承载能力下降。因此，在基坑开挖前和开挖时，做好施工排水和降低地下水位工作，保持土体干燥十分必要。

基坑降水的方法有集水坑降水法和井点降水法。集水坑降水法一般用于降水深度较小且地层中无细砂、粉砂的情况。如降水深度较大，或地层中有流砂，或在软土地区，应尽量采用井点降水法。

1. 集水坑降水法

集水坑降水法是目前常用的一种降水方法。它是在基坑开挖过程中，在基坑底设置集水坑并沿基坑底的周围或中央开挖排水沟，使水流入集水坑中，然后用水泵抽走，如图10-1所示。

2. 井点降水法

井点降水，就是在基坑开挖前，在基坑四周埋设一定数量的滤水管（井），利用抽水设备抽水，使地下水位降落至基坑底以下，并在基坑开挖过程中不断抽水，使所挖的土始终保持干燥状态，如图10-2所示。

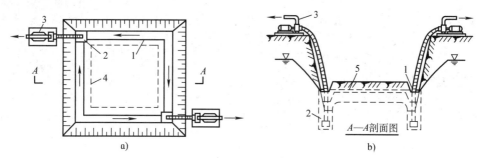

图 10-1 集水坑降水

a）平面图 b）剖面图

1—排水沟 2—集水坑 3—水泵 4—基础外缘线 5—地下水位线

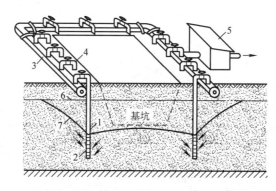

图 10-2 轻型井点降水

1—井点管 2—滤管 3—总管 4—弯联管

5—水泵房 6—原地下水位线 7—降低后的地下水位线

10.1.2 土方边坡与基坑支护

土方工程施工过程中，土壁主要依靠土体的内摩擦力和黏聚力来保持平衡，一旦土体在外力作用下失去平衡，就会出现土壁坍塌，即塌方事故，不仅妨碍土方工程施工，造成人员伤亡，还会危及附近建筑物、道路及地下管线的安全，后果严重。

为了防止土壁坍塌，保持土体稳定，保证施工安全，在土方工程施工中，对挖方或填方的边缘，应做成一定坡度的边坡。由于条件限制不能放坡或为了减少土方工程量而不放坡时，可设置基坑支护结构，以确保施工安全。

1. 土方边坡

土方边坡的大小，应根据土质条件、挖方深度或填方高度、地下水位、排水情况、施工方法、边坡留置时间、边坡上部荷载情况、相邻建筑的情况等因素综合考虑确定。

土方边坡坡度用挖方深度（或填方高度）H 与其边坡宽度 B 之比来表示，即土方边坡坡度 $=1/m=H/B$，m 称为坡度系数。边坡可以做成直线形边坡、阶梯形边坡及折线形边坡，如图 10-3 所示。

2. 基坑支护

当开挖基坑（槽）受地质或场地条件的限制不能放坡，或为减少放坡土方量，以及有

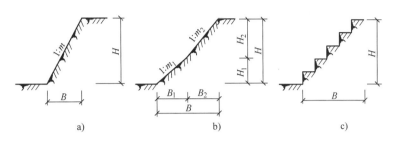

图 10-3　土方边坡
a）直线形　b）折线形　c）阶梯形

防止地下水渗入基坑（槽）的要求时，可采用加设支撑的方法，以保证施工的顺利和安全，并减少对相邻已有建筑物的不利影响。支撑方法有多种，一般按基坑（槽）开挖的宽度、深度或土质情况来选择。

（1）水泥土墙支护　水泥土墙是由水泥土搅拌桩或高压喷射旋喷桩组成的重力式支撑墙体。水泥土墙能起到止水帷幕的作用。水泥土墙是重力式围护墙，靠墙体的自重平衡墙后的土压力，适用于软弱土层。

作为基坑支护结构，水泥土墙有以下特点：水泥土墙不加支撑，土方开挖施工方便；由于水泥土渗透系数小，水泥土墙具有良好的隔水性能，起到止水帷幕作用；水泥土墙的材料强度低，采用自立式结构体系，基坑的位移量大；水泥土墙的质量由于施工因素的影响，其离散性较大。

（2）土钉墙支护　以土钉作为主要受力构件的边坡支护技术，它由密集的土钉群、被加固的原位土体、喷射的混凝土面层和必要的防水系统组成，又称为土钉墙。

土钉墙支护具有以下特点：材料用量和工程量少，施工速度快；施工设备和操作方法简单；施工操作场地较小，对环境干扰小，适合在城市地区施工；土钉与土体形成复合土体，提高了边坡整体稳定和承受坡顶荷载能力，增强了土体破坏的延性，利于安全施工；土钉墙支护位移小，对相邻建筑影响小；经济效益好。

（3）排桩墙支护　排桩墙支护即采用混凝土灌注桩或钢桩单独起支挡土体作用，或与土层锚杆或内支撑（钢结构或钢筋混凝土）共同起支挡土体作用。

混凝土灌注桩施工简单，布置灵活，造价便宜。钢桩可以多次重复使用，承载力高，打设方便，应用广泛。

（4）锚杆　锚杆是埋设在土层深处的受拉杆体，由设置在钻孔内的钢绞线或钢筋与注浆体组成。钢绞线或钢筋一端与支护结构相连，另一端伸入稳定土层中承受由土压力和水压力产生的拉力，维护支护结构稳定。

3. 流砂

采用集水坑降水法开挖基坑，当基坑开挖到地下水位以下时，有时坑底土会进入流动状态，随地下水涌入基坑，这种现象称为流砂现象。此时，基底土完全丧失承载能力，土边挖边冒，施工条件恶化，严重时会造成边坡塌方，甚至危及邻近建筑物。流砂现象易发生在细砂、粉砂及亚砂土中。流砂防治的主要途径是减小或平衡动水压力或改变其方向。

10.1.3 土方填筑与压实

为了保证填土的强度和稳定性，必须正确选择回填土料和填筑方法，以满足填土压实的质量要求。

1. 填土压实质量标准

填土压实后要达到一定的密实度要求。填土的密度要求和质量指标通常以压实系数 λ_c 表示。压实系数是土的施工控制干密度和土的最大干密度的比值。压实系数一般根据工程结构性质、使用要求及土的性质确定。

黏性土或排水不良的砂土的最大干密度宜采用击实试验确定。当无试验资料时，可按下式计算

$$\rho_{dmax} = \eta \frac{\rho_w d_s}{1 + 0.01 w_{op} d_s} \tag{10-1}$$

式中　ρ_{dmax}——压实填土的最大干密度；

　　　η——经验系数，黏土取 0.95，粉质黏土取 0.96，粉土取 0.97；

　　　ρ_w——水的密度；

　　　d_s——土粒相对密度；

　　　w_{op}——最优含水量（%）。可按当地经验取值或取 $w_{op} + 2$，其中 w_{op} 为土的塑限，对于粉土 w_{op} 取 14~18。

施工前，应求出现场各种填料的最大干密度，然后乘以设计的压实系数，求得施工控制干密度，作为检查施工质量的依据。

填土压实后土的实际干密度，可采用环刀法取样，其取样组数为：基坑回填每 20~50m³ 取样一组（每个基坑不少于一组）；基槽或管沟回填每层按长度 20~50m 取样一组；室内填土每层按 100~500m² 取样一组；场地平整填方每层按 400~900m² 取样一组。取样部位应在每层压实后的下半部。试样取出后，先测出土的湿密度并测定其含水量，然后按下式计算土的实际干密度 ρ_0

$$\rho_0 = \frac{\rho}{1 + 0.1 w} \tag{10-2}$$

式中　ρ——土的湿密度（g/cm³）；

　　　w——土的含水量（%）。

如用式（10-2）算得的土的实际干密度 $\rho_0 \geqslant \rho_d$（ρ_d 为施工控制干密度），则压实合格；若 $\rho_0 < \rho_d$，则压实不够，应采取相应措施，提高压实质量。

2. 填方土料的选择和填筑要求

含水量大的黏土、冻土、有机物含量（以质量计）大于 8% 的土和水溶性硫酸盐含量（以质量计）大于 5% 的土均不得用作回填土料。填土应分层进行，尽量采用同类土回填。换土回填时，必须将透水性较小的土置于透水性较大的土层之上，不得将各类土料任意混杂使用。填方土层应接近水平地分层压实。

3. 填土压实方法

填土压实方法有碾压法、夯实法和振动压实法。平整场地等大面积填土工程采用碾压法，较小面积的填土工程采用夯实法和振动压实法。

4. 影响填土压实质量的因素

影响填土压实质量的因素很多，其中主要有压实功、土的含水量及铺土厚度。

（1）压实功　压实功是指压实机械对被压实的土所做的功，其大小由压实机械的一次施压能量和压实遍数决定。同一种碾压或夯实机械施工时，一般以选择碾压或夯击遍数来确定压实功的大小。当土的含水量一定，随着所耗压实功的增加，土的密度增加量逐渐变小。因此，施工中保证基本的压实遍数是必要的，但过多增加遍数耗工虽多，效果却不明显。

（2）土的含水量　土的含水量对其压实效果起着重要作用。当土较干燥时，由于土颗粒之间的摩阻力较大，颗粒间不易挤压密实；当适当增加土的含水量时，水分在土颗粒间起到润滑作用，使摩阻力减小而易压实；当土的含水量过大时，由于土压实后并不能挤出土中水分，同样也会降低土的密度。当含水量为某一值时，在同样的压实功下所得到的密度最大，此含水量称为土的最优含水量，即处于最优含水量的土最容易压实。

（3）铺土厚度　铺土厚度是指分层填土压实时每层的铺土厚度。土在压实功的作用下，其应力随深度增加而逐渐减小。铺土过厚，要压很多遍才能达到规定的密实度；铺土过薄，则也要增加机械的总压实遍数。最优的铺土厚度应能使各层土均满足压实要求的情况下而总的机械功耗费最小。

10.1.4　土方工程机械化施工

土方工程工程量大，人工挖土不仅劳动繁重，而且劳动生产率低，工期长，成本较高。因此，在土方工程施工中应尽量采用机械化、半机械化的施工方法，以减轻繁重的体力劳动，加快施工进度，降低工程成本。

常用的土方工程机械有推土机、铲运机、单斗挖土机等。推土机能单独地进行挖土、运土和卸土工作。铲运机是一种能综合完成全部土方施工工序的机械。单斗挖土机常用的有正铲、反铲、拉铲和抓铲四种，如图 10-4 所示。

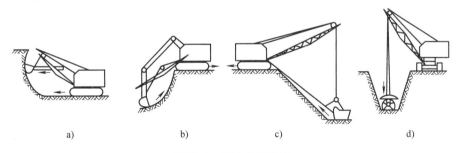

a)　　　　　　　b)　　　　　　　c)　　　　　　　d)

图 10-4　挖土机的种类

a）正铲挖土机　b）反铲挖土机　c）拉铲挖土机　d）抓铲挖土机

10.2　基础工程

在土木工程建设中，当天然地基的强度和变形不能满足工程要求时，需要对地基进行人工处理，以满足工程建设的需要。地基处理的方法很多，要根据工程的具体情况加以选用。当上部结构对变形与稳定的要求较高或有特殊要求时，或因技术、经济方面的原因，必须采用深基础。常用的深基础有桩基础、墩基础、沉井基础、地下连续墙等，其中桩基础应用最广。

桩基础是一种常用的深基础形式，它由桩和桩顶的承台组成。按桩的受力情况，桩分为摩擦桩和端承桩两类。摩擦桩桩上的荷载由桩侧摩擦力和桩端阻力共同承受；端承桩桩上的荷载主要由桩端阻力承受。

按桩的施工方法，桩分为预制桩和灌注桩两类。预制桩是在工厂或施工现场制成的各种材料和形式的桩（如木桩、钢筋混凝土方桩、预应力钢筋混凝土管桩等），用沉桩设备将桩打入（压入、旋入或振入）土中。灌注桩是在施工现场的桩位上用机械或人工成孔，然后在孔内浇注混凝土或钢筋混凝土而成。

10.2.1 钢筋混凝土预制桩

钢筋混凝土预制桩能承受较大的荷载，施工速度快，可以制作成各种需要的断面及长度，桩的制作及沉桩工艺简单，不受地下水位高低变化的影响。

较短的桩（10m以下），多在预制厂预制。较长的桩，一般情况下在打桩现场附近设置露天预制厂进行预制。钢筋混凝土预制桩应在混凝土达到设计强度标准值的75%时方可起吊，达到100%时方能运输和打桩。桩的运输应根据打桩进度和打桩顺序确定，一般情况采用随打随运的方法以减少二次搬运。预制桩堆放时场地应平整、坚实、排水良好，桩应按规格、桩号分层叠置，堆放层数不宜超过4层。

锤击沉桩也称为打入桩，是靠打桩机的桩锤下落到桩顶产生的冲击能而将桩沉入土中的一种沉桩方法，是预制钢筋混凝土桩最常用的沉桩方法。

（1）打桩机具 打桩用的机具主要包括桩锤、桩架及动力装置三部分。

（2）打桩施工

1）准备工作。清除妨碍施工的地上和地下的障碍物；平整施工场地；定位放线；设置供电、供水系统；安装打桩机具；确定打桩顺序等。桩基轴线的定位点应设置在不受打桩影响的地点，打桩地区附近需设置不少于两个水准点，在施工过程中可据此检查桩位的偏差及桩的入土深度。

2）打桩顺序。为了使桩能顺利地达到设计标高，保证质量和进度，减少因桩打入先后在邻桩造成的挤压和变位，防止周围建筑物破坏，打桩前应根据桩的规格、入土深度、桩的密集程度和桩架在场地内的移动方便来拟订打桩顺序。打桩顺序合理与否，影响打桩速度和打桩质量。当桩的中心距小于四倍桩径时，打桩顺序尤为重要。根据桩群的密集程度，可选用下述打桩顺序：自一侧向单一方向进行（见图10-5a）；自中间向两个方向对称进行（见图10-5b）；自中间向四周进行（见图10-5c）。

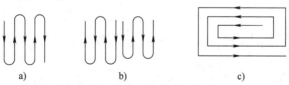

图10-5 打桩顺序

a）自一侧向单一方向进行 b）自中间向两个方向对称进行

c）自中间向四周进行

3）就位。打桩机就位后，将桩锤和桩帽吊起来固定在桩架上，然后吊桩并送入桩架导杆内，使桩尖对准桩位缓慢插入土中，这时桩的垂直度偏差不得超过0.5%。桩就位后在桩顶放上弹性衬垫，扣上桩帽，后将桩锤缓慢落在桩帽上。这时要求桩锤底面、桩帽上下面及桩顶应保持水平；桩锤、桩帽（送桩）和桩身中心线应在同一轴线上。在锤重作用下，桩将沉入土中一定深度，待下沉稳定后，再次校正桩位和垂直度后，即可开始打桩。

4）打桩。打桩宜重锤低击。桩开始打入时，应采用小落距，以便使桩能正常沉入土中，待桩入土到一定深度，桩尖不易发生偏移时，再适当增大落距，正常施打。打桩时速度应均匀，锤击间歇时间不应过长，同时应随时观察桩锤的回弹情况。如桩锤经常回弹较大，桩的入土速度慢，说明桩锤太轻，应更换桩锤；如桩锤发生突发的较大回弹，说明桩尖遇到障碍，应停止锤击，找出原因后进行处理。如果继续施打，贯入度突增，说明桩尖或桩身遭到破坏，打桩时要随时注意贯入度的变化。

贯入度是指每锤击一次桩的入土深度，而在打桩过程中常指最后贯入度，即最后一击桩的入土深度。实际施工中一般是采用最后10击桩的平均入土深度作为其最后贯入度。测量最后贯入度应在下列正常条件下进行：桩锤的落距符合规定，桩帽和弹性衬垫等正常，锤击没有偏心，桩顶没有破坏或破坏处已凿平。

打桩是隐蔽工程，为确保工程质量，分析处理打桩过程中出现的质量事故和为工程质量验收提供重要依据，施工中应对每根桩的施打做好原始记录。

（3）打桩的质量控制 打桩的质量控制包括两个方面的要求：一是能否满足贯入度及桩尖标高或入土深度要求，二是桩的位置偏差是否在允许范围之内。

打桩的控制原则：当桩尖位于坚硬、硬塑的黏土、碎石土、中密以上的砂土或风化岩等土层时，以贯入度控制为主，桩尖进入持力层深度或桩尖标高可做参考，当贯入度已达到，而桩尖标高未达到时，应继续锤击3阵，其每阵10击的平均贯入度不应大于规定的数值；桩尖位于其他软土层时，以桩尖设计标高控制为主，贯入度可做参考，打桩时，如控制指标已符合要求，而其他的指标与要求相差较大时，应会同有关单位研究处理。

10.2.2 混凝土及钢筋混凝土灌注桩

混凝土及钢筋混凝土灌注桩按成孔方法的不同分为泥浆护壁成孔灌注桩、干作业成孔灌注桩、套管成孔灌注桩、爆扩成孔灌注桩及人工挖孔灌注桩等。

1. 泥浆护壁成孔灌注桩

泥浆护壁成孔灌注桩是指采用泥浆保护孔壁排出土后成孔，泥浆在成孔过程中起护壁、携渣、冷却和润滑作用，以护壁作用为主。泥浆护壁成孔灌注桩的成孔方法有冲击钻成孔法、冲抓锥成孔法和潜水电钻成孔法三种。

水下混凝土浇注的方法很多，最常用的是导管法。导管法是将密封连接的钢管（或强度较高的硬质非合金管）作为水下混凝土的浇注通道，混凝土倾落时沿竖向导管下落。导管的作用是隔离环境水接触。导管底部以适当的深度埋在浇注的混凝土拌合物内，导管内的混凝土在一定的落差压力作用下，压挤下部管口的混凝土在已浇的混凝土层内部流动、扩散，以完成混凝土的浇注工作，形成连续密实的混凝土桩身，如图10-6所示。在安设导管时，导管底部与孔底之间应预留出300~500mm空隙。

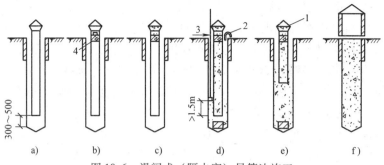

图 10-6 滑阀式（隔水塞）导管法施工

a）安设导管 b）悬挂隔水塞（或滑阀），使其与导管水面紧贴 c）灌入混凝土

d）剪断钢丝，隔水塞（或滑阀）下落孔底 e）连续浇注混凝土，上提导管 f）混凝土浇注完毕，拔出护筒

1—漏斗 2—浇注混凝土过程中排水 3—测绳 4—隔水塞（或滑阀）

2. 套管成孔灌注桩

套管成孔灌注桩是目前采用较广泛的一种灌注桩。按其成孔方法不同，可分为振动沉管灌注桩和锤击沉管灌注桩。这种灌注桩是采用振动沉管打桩机或锤击沉管打桩机将带有活瓣式桩尖，或预制钢筋混凝土桩尖的钢制桩管沉入土中，然后在钢管内放入钢筋骨架，边浇注混凝土，边振动或边锤击边拔出钢管而形成的。沉管灌注桩施工过程如图 10-7 所示。

套管成孔灌注桩施工时常发生断桩、缩颈桩、吊脚桩、夹泥桩、桩尖进水进泥砂等问题。

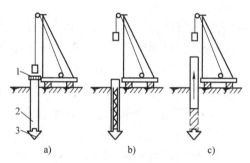

图 10-7 沉管灌注桩施工过程

a）钢管打入土中 b）放入钢筋骨架

c）随浇混凝土拔出钢管

1—桩帽 2—钢管 3—桩靴

（1）断桩 断桩是指桩身裂缝呈水平状或略有倾斜且贯通全截面，常见于地面以下 1～3m 不同软硬土层交接处。产生断桩的主要原因是桩距过小，桩身混凝土终凝不久，强度低，邻桩沉管时使土体隆起和挤压，产生横向水平力和竖向拉力使混凝土桩身断裂。避免断桩的措施：布桩不易过密，桩间距以不小于桩孔直径的 3.5 倍为宜；当桩身混凝土强度较低时，可采用跳打法施工；合理制订打桩顺序和桩架行走路线，以减少振动的影响。

（2）缩颈桩 缩颈是指桩身局部直径小于设计直径。缩颈常出现在饱和淤泥质土中。产生的主要原因是在含水量高的黏性土中沉管时，土体受到强烈扰动挤压，产生很高的孔隙水压力，桩管拔出后，超静孔隙水压力作用在所浇注的混凝土桩身上，使桩身局部直径缩小；或桩间距过小，邻近桩沉管施工时挤压土体使所浇注的混凝土桩身缩颈；或施工过程中拔管速度过快，管内形成真空吸力，且管内混凝土量少、和易性差，使混凝土扩散性差，导致缩颈。施工过程中应经常观测管内混凝土的下落情况，严格控制拔管速度，采取"慢拔密振"或"慢拔密击"的方法，在可能产生缩颈的土层施工时，采用反插法可避免缩颈。当出现缩颈时可用复打法进行处理。

（3）吊脚桩 吊脚桩是指桩底部的混凝土隔空，或混入泥砂在桩底部形成松软层。产生吊脚桩的主要原因是预制桩尖强度不足，在沉管时破损，被挤入桩管内，拔管时振动冲击未能将桩尖压出，拔管至一定高度时，桩尖才落下，但又被硬土层卡住，未落到孔底而形成吊脚桩；振动沉管时，桩管入土较深并进入低压缩性土层，灌完混凝土开始拔管时，活瓣桩尖被周围土包围而不张开，拔至一定高度时才张开，而此时孔底部已被孔壁回落土充填而形成吊脚桩。避免出现吊脚桩的措施：严格检查预制桩尖的强度和规格；沉管时用吊砣检查桩尖是否进入桩管或活瓣是否张开；如发现吊脚现象，应将桩管拔出，回填桩孔后重新沉入桩管。

（4）桩尖进水进泥砂　在含水量大的淤泥、粉砂土层中沉入桩管时，往往有水或泥砂进入桩管内，这是由于活瓣桩尖合拢后有较大的间隙，或预制桩尖与桩管接触不严密，或桩尖打坏所致。预防桩尖进水进泥砂的措施：及时修复或更换缝隙较大的活瓣桩尖；预制桩尖的尺寸和配筋均应符合设计要求；混凝土强度等级不得低于C30；在桩尖与桩管接触处缠绕麻绳或垫衬时，应使两者接触处封严；当发现桩尖进水或泥砂时，可将桩管拔出，修复桩尖缝隙，用砂回填桩孔后重新沉管。当地下水量大，桩管沉至接近地下水位时，可灌注 0.05 ~ 0.1m³ 封底混凝土，将桩管底部的缝隙用混凝土封住，灌 1m 高的混凝土后，再继续沉管。

10.3　脚手架及垂直运输设施

10.3.1　砌筑用脚手架

在建筑工程施工中，脚手架技术是伴随着建筑施工的要求而产生并发展的。随着大量高层建筑及一些新型建筑体系的涌现，施工用脚手架已经不仅仅局限于砌筑工程用脚手架了，而是对脚手架提出了一些新的要求。脚手架的支设对施工质量、进度，施工人员的安全和工程成本都有重大影响。

1. 多立杆式脚手架

作为稳定的结构体系，多立杆式脚手架的主要构件有立杆、纵向水平杆、横向水平杆、剪刀撑、横向斜撑、抛撑、连墙件等。多立杆式脚手架的基本形式有单排、双排两种，如图 10-8 所示。[3]

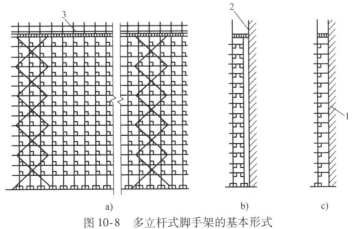

图 10-8　多立杆式脚手架的基本形式

a）正立面图　b）侧立面图（双排）　c）侧立面图（单排）

1—墙身　2—连墙杆　3—脚手板

2. 门式脚手架

门式脚手架是目前国际上应用较为普遍的脚手架之一。门架是门式脚手架的主要构件，由立杆、横杆及加强杆焊接组成，如图10-9所示。

3. 碗扣式钢管脚手架

碗扣式多功能脚手架用独创的带齿碗扣接头连接各种杆件钢管，接头构造如图10-10所示。

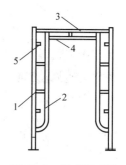

图 10-9　门式脚手架

1—立杆　2—立杆加强杆

3—横杆　4—横杆加强杆

5—锁销

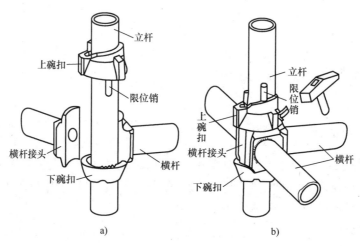

图 10-10　碗扣接头构造

a) 连接前　b) 连接后

10.3.2　垂直运输设施

砌筑工程需要使用垂直运输机械将各种材料（砖、砌块、砂浆）、工具（脚手架、脚手板、灰槽等）运至施工楼层。目前砌筑工程常用的垂直运输机械有轻型塔式起重机、井架、（低架）龙门架等。

1. 井架

井架是砌筑工程垂直运输的常用设备之一。它可采用型钢或钢管加工成的定型产品，也可用脚手架部件（扣件式钢管脚手架、框组式脚手架等）搭设。图10-11所示为普通型钢井架。

2. 龙门架

龙门架由两根立柱及横梁（天轮梁）组成。在龙门架上装设滑轮（天轮和地轮）、导轨、吊盘（上料平台）、安全装置（制动停靠装置和上极限限位器等）、起重索及缆风绳等构成一个完整的垂直运输体系（见图10-12）。

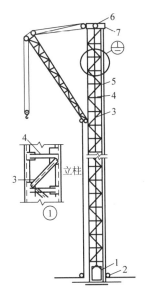

图 10-11　普通型钢井架

1—吊盘　2—导向滑轮　3—斜撑

4—平撑　5—立柱　6—天轮　7—缆风绳

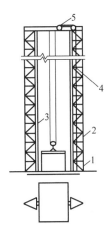

图 10-12　龙门架

1—地轮　2—立柱　3—导轨　4—缆风绳　5—天轮

10.4　砌筑工程

砌筑工程包括砖石砌体工程和砌块砌体工程，是建筑结构的主要结构形式之一。砖石砌筑在我国有着悠久的历史，它取材方便、技术简单、造价低廉，在工业和民用建筑及构筑物工程中广泛采用。但是砖石砌筑工程生产效率低、劳动强度高、难以适应现代建筑工业化的需要，所以必须研究改善砌筑工程的施工工艺，合理组织砌筑施工。

10.4.1　砖砌体施工

1. 砖墙砌体的组砌形式

实心砖墙常用的厚度有一砖、一砖半、二砖等，组砌形式通常有一顺一丁、三顺一丁、梅花丁，如图 10-13 所示。

2. 砌筑的材料要求和施工过程

砖的品种、强度等级必须符合设计要求，并应规格一致。用于清水墙、柱表面的砖，应边角整齐、色泽均匀。砌筑时，砖应提前 1 ~ 2d 浇水湿润。

（1）找平弹线　砌筑砖墙前，先在基础防潮层或楼面上用水泥砂浆找平，然后根据龙门板上的轴线定位钉或房屋外墙上（或内部）的轴线控制点弹出墙身的轴线、边线和门窗洞口的位置。

（2）摆砖样　在放好线的基面上按选定的组砌方式用干砖试摆，核对所弹出的墨线在门洞、窗口、墙垛等处是否符合砖的模数，以便借助灰缝进行调整，尽可能减少砍砖，并使砖墙灰缝均匀，组砌得当。

（3）立皮数杆　皮数杆是用来保证墙体每皮砖水平、控制墙体竖向尺寸和各部件标高的木质标志杆。根据设计要求、砖的规格和灰缝厚度，皮数杆上标明皮数及门窗洞口、过梁、楼板等竖向构造变化部位的标高。皮数杆一般立于墙的转角及纵横墙交接处，其间距一般不超过15m（见图10-14）。立皮数杆时要用水准仪抄平，使皮数杆上的楼地面标高线位于设计标高处。

（4）砌筑、勾缝　砌筑时为保证水平灰缝平直，要挂线砌筑。一般可在墙角及纵横墙交接处按皮数杆先砌几皮砖，然后在其间挂准线砌筑中间砖。砌筑时宜采用"三·一砖砌法"。勾缝是清水墙的最后一道工序，具有保护墙面和美观的作用。

3. 砖墙砌体的质量要求及保证措施

砖砌体的质量要求可概括为十六个字：横平竖直、灰浆饱满、错缝搭接、接槎可靠。

（1）横平竖直　即要求砖砌体水平灰缝平直、表面平整和竖向垂直等。因此，砌筑时必须立皮数杆、挂线砌砖，并应随时吊线、直尺检查和校正墙面的平整度和竖向垂直度。

砖砌体的灰缝应横平竖直，厚薄均匀。水平灰缝厚度和竖向灰缝的宽度一般为10mm，不应小于8mm，也不应大于12mm。根据门窗洞口、过梁、圈梁、层高等设计要求的标高，在保证砖砌体竖向整皮砌筑的前提下，可确定水平灰缝厚度和皮数杆上每皮砖的高度。

（2）灰浆饱满　砂浆的作用是将砖、石、砌块等块体材料黏结成整体以共同受力，并使墙体表面应力分布均匀，墙体能够挡风、隔热。砌体灰缝砂浆的饱满程度直接影响它的作用和砌体强度。因此，要求砖砌体水平和竖向灰缝砂浆应饱满，实心砖砌体水平灰缝的砂浆饱满度不得低于80%。检查时，每检验批抽查不少于5处，用百格网检查砖底面与砂浆的黏结痕迹面积，每处掀3块砖取平均值。为保证灰浆饱满，除要求工人的技术水平外，砖使用前应浇水湿润，砂浆应满足和易性要求。

（3）错缝搭接　砖砌体的砌筑应遵循"上下错缝，内外搭砌"的原则。其主要目的是避免砌体竖向出现通缝（上下两皮砖搭接长度小于25mm皆称为通缝），影响砌体整体受力。为此，应采用适宜的组砌形式，如一顺一丁。

（4）接槎可靠　接槎是指砌体不能同时砌筑时，临时间断处先、后砌筑的砌体之间的接合。接槎处的砌体的水平灰缝填塞困难，如果处理不当，会影响砌体的整体性和抗

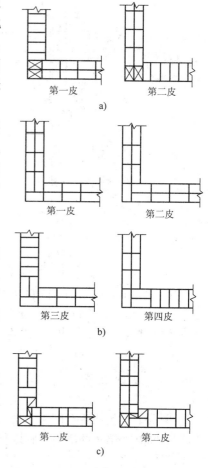

第一皮　第二皮
a)

第一皮　第二皮

第三皮　第四皮
b)

第一皮　第二皮
c)

图10-13　砖墙砌体的组砌形式
a）一顺一丁　b）三顺一丁　c）梅花丁

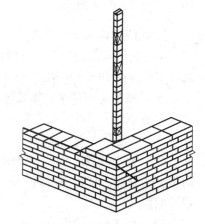

图10-14　皮数杆及挂线示意图

震性能。

砖砌体的转角处和交接处应同时砌筑。对不能同时砌筑而又必须留置的临时间断处，应砌成斜槎，斜槎的水平投影长度不应小于其高度的 2/3；对于非抗震设防及抗震设防烈度为 6 度、7 度的临时间断处，当不能留斜槎时，除转角处外，也可留直槎，但必须做成凸槎，并加设拉结钢筋（见图 10-15）。拉结钢筋的数量为每 120mm 墙厚放置 1 Φ6 的钢筋（120mm 厚墙放置 2 Φ6 的钢筋）；间距沿墙高不得超过 500mm；埋入长度从留槎处算起，每边均不应小于 500mm，抗震设防烈度为 6 度、7 度的地区不应小于 1000mm；末端应有 90° 弯钩。

砖砌体施工临时间断处补砌时，必须将接槎处表面清理干净，浇水湿润，并填实砂浆，保持灰缝平直。

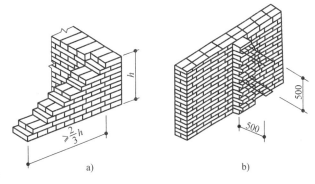

图 10-15　实心砖墙临时间断处留槎方式
a）斜槎　b）直槎

10.4.2　砌块砌筑

砌块作为一种墙体材料，具有对建筑体系适应性强、砌筑方便灵活的特点，应用日趋广泛。砌块可以充分利用地方材料和工业废料作原料，种类较多，可以用于承重墙和填充墙砌筑。用于承重墙砌筑的砌块一般有普通混凝土小型空心砌块、轻骨料混凝土小型空心砌块（简称小砌块）；用于填充墙砌筑的砌块有加气混凝土砌块、轻骨料混凝土小型空心砌块。

1. 材料要求和准备

砌块和砂浆的强度等级必须符合设计要求。砂浆宜选用专用的小砌块砌筑砂浆。

普通混凝土小砌块吸水率很小，砌筑前无须浇水，当天气干燥炎热时，可提前洒水湿润；轻骨料混凝土小砌块吸水率较大，应提前 2d 浇水湿润；加气混凝土砌块砌筑时，应向砌筑面适量浇水，但含水量不宜过大，以免砌块孔隙含水过多，影响砌体质量。

砌筑前，应根据砌块的尺寸和灰缝的厚度确定皮数和排数，对于加气混凝土砌块砌体，尚应绘制砌块排列图，尽量采用主规格砌块。砌筑时，小砌块的生产龄期不应小于 28d，并清除表面污物，承重墙体严禁使用断裂的小砌块。

2. 砌块的砌筑

砌块砌体砌筑时，应立皮数杆且挂线施工，以保证水平灰缝的平直度和竖向构造变化部位留设正确。水平灰缝采用铺灰法铺设，小砌块的一次铺灰长度一般不超过两块主规格块体的长度。竖向灰缝，对于小砌块应采用加浆方法，使其砂浆饱满；对于加气混凝土砌块，宜用内外临时夹板灌缝。

对于小砌块承重的砌体工程，底层室内地面以下或防潮层以下的砌体，应用强度等级不低于 C20 的混凝土灌实小砌块的孔洞。

砌筑填充墙时，墙底部应砌筑烧结普通砖或多孔砖，或普通混凝土小型空心砌块，或现浇混凝土坎台等，高度不小于 200mm。填充墙砌至接近梁、板底时，应留一定空隙，待填充墙砌筑完并至少间隔 7d 后，再用侧砖、立砖或砌块斜砌等方法补砌挤紧，并使砂浆填塞饱满。

当在砌块砌体内设置芯柱时，浇筑芯柱的混凝土宜选用专用的小砌块灌孔混凝土，当采用普通混凝土时，其坍落度不应小于90mm。当砌筑砂浆强度大于1MPa时，方可浇筑芯柱混凝土。浇筑芯柱混凝土时，应首先清除孔洞内的砂浆等杂物，并用水冲洗，再注入适量与芯柱混凝土相同的去石水泥砂浆，然后浇筑混凝土。

10.5 混凝土结构工程

混凝土结构工程按施工方法分为现浇混凝土结构工程和装配式混凝土结构工程。

现浇混凝土结构工程是在施工现场结构构件所在的设计位置架设模板，绑扎钢筋，浇筑混凝土，振捣成型，经过养护，待混凝土达到拆模强度后拆除模板，制成结构构件。现浇混凝土结构整体性好、抗震性好、施工时不需大型起重机械，但模板消耗量大、劳动强度高、施工受气候条件影响较大。

装配式混凝土结构工程是在预制构件厂或施工现场预先制作好结构构件，在施工现场用起重机械把预制构件安装到设计位置。除运输不便的大型混凝土构件需在施工现场预制外，大量的中小型构件均在预制工厂制作，工厂化、定型化、机械化生产可节约大量模板材料，且生产的构件质量较好。与现浇混凝土结构相比，装配式混凝土结构耗钢量大（增多了构件之间连接用钢材），而且施工时一般需要较大型的起重设备。

混凝土结构工程是由模板工程、钢筋工程和混凝土工程组成，在施工中这三个工种工程应紧密配合，合理组织施工，才能保证工程质量。混凝土结构工程的施工工艺如图10-16所示。

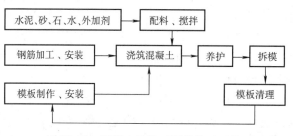

图 10-16　混凝土结构工程的施工工艺

10.5.1　模板工程

1. 模板系统的组成和要求

模板系统由模板和支撑两部分组成。模板作为混凝土构件成型的工具，它本身除了应具有与结构构件相同的形状和尺寸外，还要具有足够的强度、刚度和稳定性，以承受新浇混凝土的荷载及施工荷载。支撑是用来保证模板形状、尺寸及其空间位置正确，承受模板传来的全部荷载。

从经济和工效上要求模板系统构造简单、装拆方便，而从质量和安全上要求模板系统具有下列特点：保证工程结构和构件各部分形状、尺寸和位置等正确；具有足够的承载能力、刚度和稳定性，承受混凝土的自重和侧压力及施工荷载；模板的接缝不应漏浆；对清水混凝土工程和装饰混凝土工程，应能达到设计效果。

2. 模板的分类

模板的种类很多，按材料分为木模板、胶合板模板、钢模板、钢框胶合板模板、塑料复合模板、玻璃钢模板、铝合金模板等；按结构的类型分为基础模板、柱模板、楼板模板、楼梯模板、墙模板、壳模板和烟囱模板等；按施工方法分为现场装拆式模板、固定式模板和移动式模板。

3. 定型组合钢模板

组合钢模板是一种工具式模板，由钢模板和配件两大部分组成，配件包括连接件和支撑件。

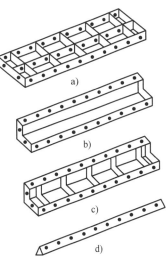

组合钢模板的优点是通用性强、装拆灵活、搬运方便、节省用工；浇筑的构件尺寸准确、棱角整齐、表面光滑；模板周转次数多；节约大量木材。其缺点是一次性投资大，浇筑成型的混凝土表面过于光滑，不利于表面装修等。

（1）钢模板的类型及规格　钢模板包括平面模板、阴角模板、阳角模板及连接角模板四种通用类型和多种专用类型，四种通用类型是最常使用的模板类型（见图10-17）。钢模板面板厚度一般为 2.50mm、2.75mm 或 3.00mm。钢模板采用模数制设计，宽度以 100mm 为基础，以 50mm 为模数进级（宽度超过600mm时，以 150mm 进级）；长度以 450mm 为基础，以 150mm 为模数进级（长度超过900mm 时，以 300mm进级）。通用模板的规格见表10-1。

图 10-17　钢模板类型
a）平面模板　b）阳角模板
c）阴角模板　d）连接角模板

表 10-1　组合钢模板通用模板规格　　　　　　　　　　　（单位：mm）

名称	类型代号	宽度	长度	肋高
平面模板	P	1200、1050、900、750	2100、1800、1500、1200、900、750、600、450	55
		600、550、500、450、400、350	1800、1500、1200、900、750、600、450	
		300、250、200、150、100	1500、1200、900、750、600、450	
阴角模板	E	150×150、100×150	1800、1500、1200、900、750、600、450	
阳角模板	Y	100×100、50×50		
连接角模板	J	50×50		

钢模板的代号为□××××。其中□为钢模板类型代号，前两个××为钢模板表面宽度的百位数和十位数，后两个××为钢模板表面长度的千位数和百位数。如 P3015 表示宽度为300mm、长度为1500mm 的平面模板；E1007 表示宽度为 100mm×150mm、长度为750mm 的阴角模板；Y0512 表示宽度为 50mm×50mm、长度为1200mm 的阳角模板；J0004 表示宽度50mm×50mm、长度为450mm 的连接角模。

（2）组合钢模板连接配件　定型组合钢模板的连接件包括 U 形卡、L 形插销、钩头螺栓、对拉螺栓、紧固螺栓和扣件等，如图10-18所示。U 形卡用于钢模板纵横向自由拼接，其安装距离不大于300mm，即每隔一孔卡插一个，安装方向一顺一倒相互错开，以抵消因打紧U形卡可能产生的位移。L形插销用于插入钢模板端部横肋的插销孔内，以加强两相邻模板接头处的纵向拼接刚度和保证接头处板面平整。钩头螺栓用于钢模板与内外钢楞的连接固定，安装间距一般不大于600mm，长度应与采用的钢楞尺寸相适应。紧固螺栓用于紧固内外钢楞，长度应与采用的钢楞尺寸相适应。对拉螺栓用于拉接两侧模板，保持两侧模板的设计间距，并承受混凝土侧压力及其他荷载，确保模板的强度和刚度。扣件用于钢楞与钢模板或钢楞之间的紧固连接，按钢楞的不同形状，分别采用蝶形扣件和"3"形扣件。

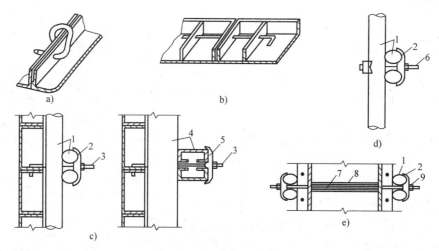

图10-18　钢模板连接配件

a）U形卡连接　b）L形插销连接　c）钩头螺栓连接　d）紧固螺栓连接　e）对拉螺栓连接

1—圆钢管楞　2—"3"形扣件　3—钩头螺栓　4—内卷边槽钢钢楞　5—蝶形扣件

6—紧固螺栓　7—对拉螺栓　8—塑料套管　9—螺母

（3）组合钢模板的支撑件　组合钢模板的支撑件包括柱箍、斜撑、梁卡具、钢楞、钢支柱、钢桁架、扣件式钢管支架、门式支架和碗扣式支架等。柱箍用于支撑和夹紧柱模板，可采用型钢等制成，如图10-19所示。使用时应根据柱模板尺寸、侧压力大小等选择柱箍形式和间距。

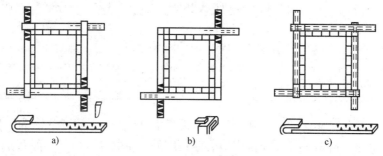

图10-19　柱箍

a）扁钢柱箍　b）角钢柱箍　c）槽钢柱箍

斜撑用于承受单侧模板的侧向荷载和调整竖向侧模的垂直度。

梁卡具用于固定矩形梁的侧模板，钢管制成的钢管卡具如图10-20所示。卡具可用于把侧模固定在底模板上，此时卡具安装在梁下部；卡具也可用于梁侧模上口的卡固定位，此时卡具安装在梁上方。

钢楞用于支撑钢模板和加强其整体刚度，可采用圆钢管、矩形钢管和内卷边槽钢等多种形式。

钢支柱用于承受水平模板传来的竖向荷载，有单管支柱、四管支柱等多种形式。图 10-21 所示为钢管支柱，由内外两节钢管组成，可以伸缩以调节支柱高度。在内外钢管上每隔 100mm 钻一个 $\phi14mm$ 销孔，调整

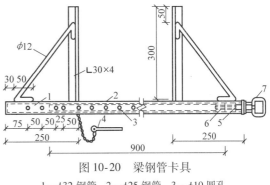

图 10-20　梁钢管卡具

1—$\phi32$ 钢管　2—$\phi25$ 钢管　3—$\phi10$ 圆孔
4—钢销　5—螺栓　6—螺母　7—钢筋环

好高度以后用 $\phi12mm$ 销子固定。支座底部垫木板，100mm 以内的高度调整可在垫板处加木楔调整。也可在钢管支柱下端装调节螺杆，用以调节 100mm 以内的高度。

钢桁架一般用于支撑楼板、梁等构件的底面模板，取代梁模板下的立柱。当跨度小、荷载小时，桁架可用钢筋焊成；当跨度或荷载较大时，桁架可用角钢或钢管制成，也可先制成两个半榀，再拼装成整体。每根梁下边设一组（两榀）桁架。当梁的跨度较大时，可以连续安装桁架，中间加支柱。桁架两端可以支撑在墙上、工具式立柱上或钢管支架上。当桁架支撑在墙上时，可用钢筋托具，托具由 $\phi8 \sim \phi12$ 钢筋制成。托具可预先砌入墙内或砌完墙后 $2 \sim 3d$ 打入墙内。

扣件式钢管支架、门式支架和碗扣式支架用作梁、楼板及平台等模板的支架，可采用扣件式、门式和碗扣式脚手架构件搭设而成。

（4）现浇混凝土结构模板

1）基础模板。基础模板如图 10-22 所示。当基础阶梯的高度不符合钢模板宽度的模数时，可加镶木板。杯形基础杯口处在模板的顶部中间装杯芯模板。

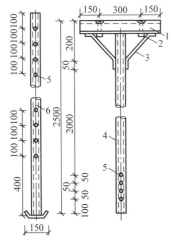

图 10-21　钢管支柱

1—垫木　2—$\phi12$ 螺栓　3—$\phi16$ 钢筋
4—内径管　5—$\phi14$ 孔　6—$\phi50$ 内径钢管

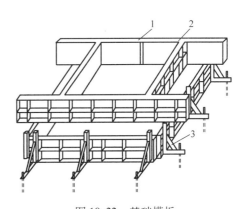

图 10-22　基础模板

1—扁钢连接杆　2—T 形连接杆　3—角钢三角撑

2）柱模板。柱模板由四块拼板围成，四角由连接角模连接，侧模板外设柱箍。柱箍除使四块拼板固定保持柱的形状外，还要承受由模板传来的新浇混凝土的侧压力。柱模板顶部开有与梁模板连接的缺口，底部开有清理孔。当柱较高时，可根据需要在柱中设置混凝土浇筑口（见图10-23）。

3）梁及楼板模板。梁模板由底模及两片侧模组成。底模与两片侧模间用连接角模板连接，侧模顶部用阴角模板与楼板模板相连。梁侧模承受混凝土侧压力，根据需要可在两片侧模之间设对拉螺栓或设钢管卡具（设在梁底部或梁侧模上口）。楼板模板由平面钢模板拼成，其周边用阴角模板与梁或墙模板连接。梁、楼板模板如图10-24所示。

（5）模板配板设计 为了保证模板架设工程质量，做好组合钢模板施工准备工作，在施工前应进行配板设计。模板的配板设计内容如下：

1）画出各构件的模板展开图。

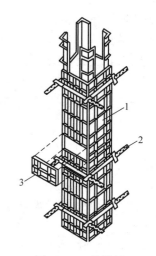

图10-23 柱模板
1—平面模板 2—柱箍
3—浇筑孔盖板

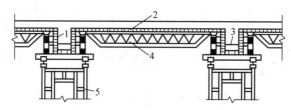

图10-24 梁、楼板模板
1—梁模板 2—楼板模板 3—对拉螺栓 4—伸缩式桁架 5—门式支架

2）绘制模板配板图。根据模板展开图，选用适当规格的钢模板布置在模板展开图上。在选择钢模板规格时，应尽量选用大规格的钢模板为主板，其他规格的钢模板作补充，以减少安装工作量；配板时根据构件的特点，钢模板可采用横向排列，也可采用纵向排列；可采用错缝拼接，也可采用齐缝拼接；配板时各模板面的交接部分可用木板镶拼（需尽量做到木板面积最小），也可采用专用模板；钢模板连接孔应对齐，以便使用U形卡；配板图上应注明钢模板的位置、规格型号、数量及预埋件、预留孔位置。模板配板图示例如图10-25所示。

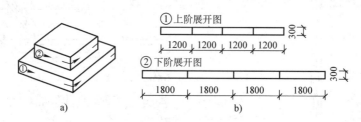

图10-25 模板配板图
a）整体示意图 b）上阶及下阶展开图

3）根据配板图进行支撑工具布置。根据结构形式、空间位置、荷载、模板配板图及施工条件（现有的材料、设备、技术力量）等布置支撑件（柱箍间距、梁卡具、对拉螺栓布置、钢楞、支撑桁架间距、支柱或支架的布置等），确定支模方案。

4）根据配板图和支撑件布置图，计算所需模板和配件的规格型号、数量，列出清单，进行备料。

4. 模板的拆除

模板的拆除顺序一般是先非承重模板，后承重模板；先侧板，后底板。大型结构的模板，拆除时必须事前制订详细方案。

10.5.2　钢筋工程

钢筋的工作性能与多方面因素有关。普通钢筋按生产工艺分为热轧钢筋、余热处理钢筋等；按化学成分可分为碳素钢钢筋和普通低合金钢钢筋。碳素钢钢筋按碳含量多少，又可分为低碳钢（碳的质量分数小于0.25%）、中碳钢（碳的质量分数为0.25%~0.7%）和高碳钢（碳的质量分数大于0.7%）钢筋。

钢筋直径不大于10mm时，通常以盘卷形式交货，每盘一般为一条钢筋；直径在12mm以上时，通常以直条形式交货，长度一般为6~12m。

钢筋进场应具有产品合格证、出厂试验报告，每捆（盘）钢筋均应有标牌。进场时必须进行验收，合格后方可使用。验收内容包括查对标牌、全数的外观检查，以及根据进场批次和产品的抽样检验方案抽取试样做力学性能、弯曲性能和重量偏差检验。在钢筋加工过程中，当钢筋出现脆断、焊接性能不良或力学性能显著不正常等现象时，应对钢筋进行化学成分检验或其他专项检验。

1. 钢筋连接

钢筋的连接方法有焊接连接、机械连接和绑扎连接三种。

（1）焊接连接　钢筋采用焊接连接，可以节约钢材，提高钢筋混凝土结构和构件质量，加快工程进度。钢筋常用的焊接方法有闪光对焊、电阻点焊、电弧焊、电渣压力焊、埋弧压力焊、气压焊等。

1）闪光对焊。钢筋闪光对焊是利用对焊机使两段钢筋接触，通以低电压的强电流，把电能转化为热能，当钢筋加热到接近熔点时，施加压力顶锻，使两根钢筋焊接在一起，形成对焊接头（见图10-26）。对焊应用于热轧钢筋的对接接长及预应力钢筋与螺纹端杆的对接。

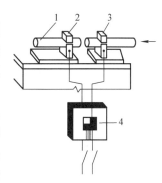

图10-26　钢筋对焊
1—钢筋　2—固定电极
3—可动电极　4—焊接变压器

2）电阻点焊。钢筋骨架和钢筋网片的交叉钢筋焊接采用电阻点焊。焊接时将钢筋的交叉点放入点焊机两极之间，通电使钢筋加热到一定温度后，加压使焊点处钢筋互相压入一定的深度（压入深度为两钢筋中较细者直径的1/4~2/5），将焊点焊牢。采用点焊代替绑扎，可以提高工效，便于运输，在钢筋骨架和钢筋网成型中优先采用。

3）电弧焊。电弧焊是利用弧焊机使焊条和焊件之间产生高温电弧，熔化焊条和高温电弧范围内的焊件金属，熔化的金属凝固后形成焊接接头。电弧焊广泛应用于钢筋接长、钢筋骨架焊接、装配式结构钢筋接头焊接及钢筋与钢板、钢板与钢板的焊接等。钢筋电弧焊接头主要有搭接焊、帮条焊和坡口焊三种形式。

4）电渣压力焊。电渣压力焊是利用电流通过渣池产生的电阻热将钢筋端部熔化，然后施加压力使钢筋焊接。这种方法多用于现浇钢筋混凝土结构竖向钢筋的接长，比电弧焊工效高，成本低，易于掌握。电渣压力焊可用手动电渣压力焊机或自动压力焊机。手动电渣压力焊机由焊接变压器、夹具及控制箱等组成，如图 10-27 所示。

5）气压焊。钢筋气压焊采用氧–乙炔火焰对钢筋接缝处进行加热，使钢筋端部加热达到高温状态，并施加足够的轴向压力而形成牢固的对焊接头。钢筋气压焊接方法具有设备简单，焊接质量好，不需要大功率电源等优点。

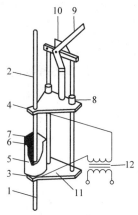

图 10-27　手动电渣
压力焊机

1、2—钢筋　3—固定电极
4—滑动电极　5—焊剂盒
6—导电剂　7—焊剂
8—滑动架　9—操纵杆
10—杆尺　11—固定架
12—变压器

（2）机械连接　钢筋机械连接是通过连接件的机械咬合作用或钢筋端面的承压作用，使两根钢筋能够传递力的连接方法。钢筋机械连接接头质量可靠，现场操作简单，施工速度快，无明火作业，不受气候影响，适应性强，而且可用于焊接性能较差的钢筋。在应用钢筋机械连接时，应由技术提供单位提交有效的形式检验报告。钢筋连接工程开始前及施工过程中，应对每批进场钢筋进行接头工艺检验。常用的机械连接接头有挤压套筒接头、锥螺纹套筒接头和直螺纹套筒接头等。

（3）绑扎连接　纵向钢筋绑扎连接是采用 20 号、22 号钢丝（火烧丝）或镀锌钢丝（铅丝）（其中 22 号钢丝只用于直径 12mm 以下的钢筋），将两根满足规定搭接长度要求的纵向钢筋绑扎连接在一起。钢筋绑扎连接时，用钢丝在搭接部分的中心和两端扎牢。

（4）纵向钢筋连接的要求　纵向受力钢筋的连接方式应符合设计要求，同一根纵向受力钢筋不宜设置两个及两个以上接头。钢筋的接头宜位于受力较小处，而且接头末端至钢筋弯起点的距离不应小于钢筋直径的 10 倍。

当纵向受力钢筋采用焊接接头或机械连接接头时，设置在同一构件内的接头宜相互错开。在长度为 $35d$（d 为被连接的纵向受力钢筋中较大的直径）且不小于 500mm 的连接区段内，纵向受力钢筋的接头面积百分率应符合设计要求；如设计无具体要求，应符合下列规定：

1）在受拉区不宜大于 50%。

2）接头不宜设置在有抗震设防要求的框架梁端、柱端的箍筋加密区；当无法避开时，对等强度高质量机械连接接头，不应大于 50%。

3）直接承受动力荷载的结构构件中，不宜采用焊接接头；当采用机械连接接头时，不应大于 50%。

当纵向受力钢筋采用绑扎搭接接头时，设置在同一构件内相邻纵向受力钢筋的绑扎搭接接头宜相互错开。在长度为 $1.3 l_1$（l_1 为搭接长度）连接区段内，纵向受力钢筋的接头面积百分率应符合设计要求。如设计无具体要求，应符合下列规定：

1）对梁类、板类及墙类构件，不宜大于 25%。

2）对柱类构件，不宜大于 50%。

3）当工程中确有必要增大接头面积百分率时，对梁类构件，不应大于 50%；对其他构件，可根据实际情况放宽。

2. 钢筋配料

钢筋配料是根据构件的配筋图计算构件各钢筋的直线下料长度、根数及质量，然后编制钢筋配料单，作为钢筋备料加工的依据。

构件配筋图中注明的尺寸一般是钢筋外轮廓尺寸（从钢筋外皮到外皮量得的尺寸），称为外包尺寸。在钢筋加工时，一般也按外包尺寸进行验收。钢筋加工前直线下料。如果下料长度按钢筋外包尺寸的总和来计算，则加工后的钢筋尺寸将大于设计要求的外包尺寸或者弯钩平直段太长，造成材料的浪费。这是由于钢筋弯曲时中轴线长度不变，外皮伸长，内皮缩短。只有按钢筋轴线长度尺寸下料加工，才能使加工后的钢筋形状、尺寸符合设计要求。

钢筋外包尺寸和轴线长度之间存在的差值，称为"量度差值"。钢筋的直线段外包尺寸等于轴线长度，两者无量度差值；而钢筋弯曲段的外包尺寸大于轴线长度，两者间存在量度差值。因此，钢筋下料时，其下料长度应为各段外包尺寸之和减去弯曲处的量度差值，再加上两端弯钩的增长值。

（1）钢筋中部弯曲处的量度差值 当钢筋做不大于90°的弯折，弯折处的弯弧内直径 D 取 $5d$（钢筋直径）时：如弯折30°，量度差值取 $0.3d$；如弯折45°，量度差值取 $0.5d$；如弯折60°，量度差值取 $1d$；如弯折90°，量度差值取 $2d$。

（2）钢筋末端弯钩时下料长度的增长值

1）HPB300 级钢筋末端作180°弯钩时，下料长度的增长值取 $6.25d$。

2）钢筋末端作135°弯钩时，下料长度的增长值取 $3d$。

3）钢箍下料长度：箍筋多用较细的钢筋弯成，其弯钩实际应增加长度各施工现场有所不同，表10-2 中的数据可供计算参考。

表10-2 箍筋两个弯钩增加长度 （单位：mm）

受力钢筋直径	箍筋直径				
	5	6	8	10	12
10～25	80	100	120	140	180
28～32	—	120	140	160	210

10.5.3 混凝土工程

混凝土工程分为现浇混凝土工程和预制混凝土工程，是钢筋混凝土工程的三个重要组成部分之一。混凝土工程质量好坏是保证混凝土能否达到设计强度等级的关键，将直接影响钢筋混凝土结构的强度和耐久性。

混凝土工程施工工艺流程包括混凝土的配料、拌制、运输、浇筑、振捣、养护等。其施工工艺流程如图 10-28 所示。

1. 混凝土的配料

混凝土的配合比是在试验室根据设计的混凝土强度等级初步计算的配合比经过试配和调整而确定的，称为试验室配合比。确定试验室配合比所用的骨料——砂、石都是干燥的，而施工现场使用的砂、石都具有一定的含水率，

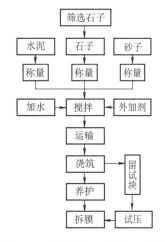

图 10-28 混凝土工程施工工艺流程

且含水率大小随季节、气候不断变化。如果不考虑现场砂、石含水率，还按着试验室配合比投料，其结果是改变了实际砂石用量和用水量，而造成各种原材料用量的实际比例不符合原来的配合比的要求，达不到设计的混凝土强度。为保证混凝土工程质量，保证按配合比投料，在施工时要按砂、石实际含水率对原配合比进行修正。

根据施工现场砂、石含水率，调整以后的配合比称为施工配合比。

假定试验室配合比为水泥：砂：石 $= 1 : x : y$，水胶比为 W/C，现场测得砂含水率为 w_{sa}，石子含水率为 w_g，则施工配合比为水泥：砂：石 $= 1 : x(1 + w_{sa}) : y(1 + w_g)$，水胶比 W/C 不变（但用水量要减去砂石中的含水率）。

2. 混凝土的拌制

（1）混凝土搅拌机 混凝土搅拌机按其搅拌机理分为自落式搅拌机和强制式搅拌机两类，见表10-3。自落式搅拌机搅拌筒内壁装有叶片，搅拌筒旋转，叶片将物料提升一定的高度后自由下落，各物料颗粒分散拌和，拌和成均匀的混合物，是重力拌和原理（见图10-29）。自落式混凝土搅拌机按其搅拌筒的形状不同分为鼓筒式、锥形反转出料式和双锥形倾翻出料式三种类型。强制式搅拌机的轴上装有叶片，通过叶片强制搅拌装在搅拌筒中的物料，使物料沿环向、径向和竖向运动，拌和成均匀的混合物，是剪切拌和原理。强制式搅拌机按其构造特征分为立轴式和卧轴式两类。

表10-3 搅拌机的分类

类型	鼓 筒 式	锥形反转出料式	双锥形倾翻出料式
自落式		搅拌 出料	工作位置 55° 出料位置
强制式			

（2）混凝土搅拌

1）加料顺序。根据投料顺序、时间的不同，混凝土分成一次投料法和分次投料法。一次投料法是将砂、石、水泥和水一起加入搅拌筒内进行搅拌。搅拌混凝土前，先在料斗中装入石子，再装水泥及砂；水泥夹在石子和砂中间，上料时减少水泥飞扬，同时水泥及砂子不致黏住斗底。料斗将砂、石、水泥倾入搅拌机同时加水。分次投料法是将砂、石、水泥和水等原材料分次投入搅拌。采用分次投料法搅拌时，应通过试验确定投料顺序、投料量及分段搅拌的时间等工艺参数。

2）搅拌时间。从砂、石、水泥和水等全部材料装入搅拌筒至开始卸料为止所经历的时间称为混凝土的搅拌时间。混凝土的搅拌时间是影响混凝土质量和搅拌机生产率的一

图10-29 自落式搅拌机

个主要因素。搅拌时间过短，混凝土搅拌不均匀，影响混凝土的强度；搅拌时间过长，混凝土的匀质性并不能显著增加，反而使混凝土和易性降低且影响混凝土搅拌机的生产率。

3. 混凝土的运输

混凝土的运输一般是指混凝土从施工现场外制备出料处运送至施工现场的过程。预拌混凝土长距离运输至工地现场宜采用混凝土搅拌运输车（见图 10-30）。

采用混凝土搅拌运输车运送混凝土时，为保证混凝土的配合比，要求搅拌运输车接料前排净罐内积水。在运输途中及等待卸料时，应保持搅拌运输车罐体正常转速，不得停转。卸料前，搅拌运输车罐体宜快速旋转搅拌 20s 以上后再卸料。当

图 10-30　混凝土搅拌运输车

在运输过程中混凝土坍落度损失较大不能满足施工要求时，可在运输车罐内加入适量的与原配合比相同成分的减水剂，严禁加水。减水剂的加入量应事先由试验确定，并做记录。加入减水剂后，搅拌运输车罐体应快速旋转搅拌均匀，达到要求的工作性能后再泵送或浇筑。

4. 混凝土的浇筑与振捣

将混凝土浇筑到模板内并振捣密实是保证混凝土工程质量的关键。对于现浇钢筋混凝土结构混凝土工程施工，应根据其结构特点合理组织流水施工，并根据总工程量、工期及分层分段的具体情况，确定每工作班的工作量。根据每班工程量和现有设备条件，选择混凝土搅拌机、运输及振捣设备的类型和数量进行施工，确保混凝土工程质量。

（1）混凝土浇筑前的准备工作

1）在浇筑混凝土之前，应进行钢筋和预埋件隐蔽工程验收，验收符合设计要求后方能浇筑混凝土。

2）验收完毕做好隐蔽工程验收记录。

3）为保证混凝土质量，要避免各种杂物混入新浇筑的混凝土中，影响混凝土材料质量和配合比。浇筑混凝土前，应将垫层上或模板内的杂物清除干净，表面干燥的地基、垫层、木模板上应洒水湿润。当现场环境温度高于 35℃ 时，宜对金属模板进行洒水降温。洒水后地基、垫层、模板不得积水。钢筋上如有油污，应清除干净。

4）做好混凝土供应、输送机具和运输准备。

5）做好施工组织工作和安全、技术交底。

（2）混凝土的浇筑　为确保混凝土工程质量，混凝土浇筑工作应注意以下几点：

1）混凝土的倾落高度。为避免发生离析现象，浇筑混凝土时，布料点宜接近浇筑位置，混凝土倾落高度（混凝土布料设备出口至本次浇筑的结构构件底面或混凝土浇筑面的垂直距离）应满足相关规定，否则应加设串筒、溜管或溜槽等装置，如图 10-31 所示。

2）混凝土分层浇筑。为了使混凝土能够振捣密实，浇筑时应分层浇灌、振捣，并在下层混凝土初凝之前，将上层混凝土浇筑并振捣完毕。

3）施工缝。浇筑混凝土应连续进行，如必须间歇，间歇时间应尽量缩短，应保证在先前浇筑的混凝土初凝前继续浇筑后面的混凝土。

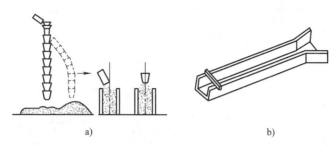

图 10-31 串筒与溜槽

a）串筒 b）溜槽

由于技术或组织上的原因，混凝土不能连续浇筑完毕，而且在间歇过程中混凝土可能初凝，在这种情况下应留置施工缝（新旧混凝土接槎处称为施工缝）。因为先浇筑的混凝土如果凝结，继续浇筑时，后浇筑混凝土的振捣，将破坏先浇筑的混凝土的凝结。

施工缝的位置应在混凝土浇筑之前确定，宜留在结构受剪力较小且便于施工的部位。柱留水平缝，梁、板应留垂直缝。

在留置施工缝处继续浇筑混凝土时，已浇筑混凝土的抗压强度不应小于 1.2MPa。在已硬化的混凝土表面上，应清除水泥薄膜和松动石子及软弱混凝土层，并加以充分湿润和冲洗干净，不得积水。在浇筑混凝土前，施工缝处宜先铺水泥浆或与混凝土成分相同的水泥砂浆一层。浇筑时混凝土应细致捣实，使新旧混凝土紧密结合。

（3）混凝土的振捣 混凝土浇筑进入模板后，由于骨料间的摩阻力和水泥浆的黏结作用，不能自动充满模板内部，而且存在很多孔隙，不能达到要求的密实度。而混凝土的密实性直接影响其强度和耐久性。所以在混凝土浇筑到模板内后，必须进行捣实，使之具有设计要求的结构形状、尺寸和设计的强度等级。

混凝土机械振捣的机具主要是插入式振动器、平板振动器和附着振动器等，施工现场主要使用插入式振动器和平板振动器。插入式振动器多用于振捣现浇基础、柱、梁、墙等结构构件和厚度较大的板混凝土，如图 10-32 所示。插点的布置如图 10-33 所示。平板振动器通常可用于配合振捣棒辅助振捣混凝土结构表面，也可单独用于厚度较小的板混凝土振捣。

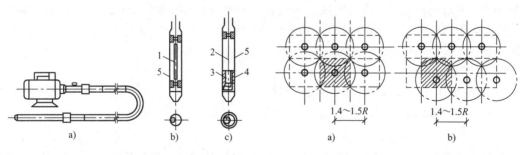

图 10-32 插入式振动器

a）插入式振动器 b）偏心式 c）行星式

1—偏心转轴 2—滚动轴 3—滚锥

4—滚道 5—振动棒外壳

图 10-33 插点的布置

a）行列式 b）交错式

（4）厚大体积混凝土的浇筑 厚大体积混凝土结构（如大型设备基础）体积大、整体性要求高。混凝土浇筑时工程量和浇筑区面积大，一般要求连续浇筑，不留施工缝。如必须留设施工缝时，应征得设计部门同意，并拟订施工技术方案。在施工时应分层浇筑振捣，并考虑水化热对混凝土工程质量的影响。

厚大体积混凝土浇筑时，为保证结构的整体性和施工的连续性，采用分层浇筑时，应保证在下层混凝土初凝前将上层混凝土浇筑完毕。一般有三种浇筑方案，如图 10-34 所示。

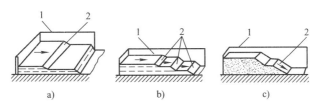

图 10-34　厚大体积混凝土浇筑方案
a）全面分层　b）分段分层　c）斜面分层
1—楼板　2—新浇混凝土

1）全面分层。图 10-34a 所示为全面分层浇筑方案。在整个模板内，将结构分成若干个厚度相等的浇筑层，浇筑区的面积为结构平面面积。浇筑混凝土时从短边开始，沿长边方向进行浇筑，要求在逐层浇筑过程中，第二层混凝土要在第一层混凝土初凝前浇筑完毕。全面分层浇筑方案一般适用于平面尺寸不大的结构。

2）分段分层。图 10-34b 所示为分段分层浇筑方案。当采用全面分层浇筑方案的浇筑强度很大，现场混凝土搅拌机、运输和振捣设备均不能满足施工要求时，可采用分段分层浇筑方案。浇筑混凝土时结构沿长边方向分成若干段，分段浇筑。每一段浇筑工作从底层开始，当第一层混凝土浇筑一段长度后，便回头浇筑第二层，当第二层浇筑一段长度后，回头浇筑第三层，如此向前呈阶梯形推进。分段分层浇筑方案适用于厚度不大而面积或长度较大的结构。

3）斜面分层。图 10-34c 所示为斜面分层浇筑方案。采用斜面分层浇筑方案时，混凝土一次浇筑到顶，由于混凝土自然流淌而形成斜面。混凝土振捣工作从浇筑层下端开始逐渐上移。斜面分层浇筑方案多用于长度较大的结构。

5. 混凝土的养护

混凝土的凝结硬化是水泥水化作用的结果，而水泥的水化作用只有在适当的温度和湿度条件下才能顺利进行。混凝土的养护就是创造一个具有适宜的温度和湿度的环境，使混凝土凝结硬化，逐渐达到设计要求的强度。现浇混凝土结构混凝土的养护主要采用保湿养护的方法。冬期混凝土可以采用蓄热法养护、综合蓄热法养护、电热法养护等。

保湿养护是在常温下（平均气温不低于 5℃）采用洒水、覆盖、喷涂养护剂等方式，使混凝土在规定的时间内保持足够的湿润状态。养护方式可根据现场条件、环境温湿度、构件特点、技术要求、施工操作等因素综合确定。保湿养护应在混凝土终凝后尽早开始。

混凝土的保湿养护时间规定如下：

1）采用硅酸盐水泥、普通硅酸盐水泥或矿渣硅酸盐水泥拌制的混凝土，不应少于 7d；采用其他品种水泥时，养护时间根据水泥性能确定。

2）采用缓凝型外加剂、大掺量矿物掺合料配制的混凝土，不应少于 14d。

3）抗渗性混凝土、强度等级 C60 及以上的混凝土，不应少于 14d。

4）后浇带混凝土的养护时间不应少于14d。

5）地下室底层和上部结构首层墙、柱，考虑到其施工时下部的基础底板或地下室结构会对其有很大的约束以致容易产生结构竖向裂缝，宜适当增加养护时间。

6）大体积混凝土养护时间应根据施工方案确定。

除上述规定，尚需满足温差控制要求方可结束养护。

6. 混凝土的质量检查

混凝土结构施工质量检查可分为过程控制检查和拆模后的实体质量检查。过程控制检查是为控制施工质量，在混凝土施工全过程中，按施工段和工序节点而及时进行的各项检查，包括自检、互检、交接检、专检（专职质量检查员检查）；拆模后的实体质量检查是在混凝土表面未做处理和装饰前进行的专检。

10.6 防水工程

防水工程包括屋面防水工程和地下防水工程。防水工程按其构造做法分为结构自防水和防水层防水两大类。结构自防水主要是依靠建筑物构件材料自身的密实性及某些构造措施（如坡度、埋设止水带等），使结构构件起到防水作用。

防水层防水主要是在建筑物构件的迎水面或背水面及接缝处，附加防水材料做成防水层，以起到防水作用，如卷材防水、涂膜防水、刚性材料防水层防水等。

防水工程又分为柔性防水和刚性防水。柔性防水有卷材防水、涂膜防水等；刚性防水有刚性材料防水层防水、结构自防水等。

10.6.1 屋面防水工程

屋面防水工程包括卷材防水屋面工程、涂膜防水屋面工程和刚性防水屋面工程。本小节主要介绍卷材防水屋面工程。

卷材防水属于柔性防水，包括沥青防水卷材、高聚物改性沥青防水卷材、合成高分子防水卷材三大系列。卷材又称为油毡，适用于防水等级为Ⅰ~Ⅳ级的屋面防水。

1. 沥青卷材防水工程

沥青卷材防水工程是用沥青胶结材料将卷材逐层黏结铺设在结构基层上而成的防水层。这是我国目前采用较为广泛的防水方法，但是由于其耐久性较差，对环境污染较为严重，使用时受到一定条件的限制。

（1）沥青卷材对材料的要求

1）沥青。卷材防水工程常用10号和30号建筑石油沥青及60号道路石油沥青，一般不使用普通石油沥青。普通石油沥青蜡含量较大，因而降低了石油沥青的黏结力和耐热度。沥青储存时应该按不同品种、牌号分别存放，避免阳光直接曝晒并要远离火源。

2）冷底子油。是利用30%~40%的石油沥青加入70%的汽油或者加入60%的煤油熔融而成。前者称为快挥发性冷底子油，喷涂后5~10h干燥；后者称为慢挥发性冷底子油，喷涂后12~48h干燥。冷底子油渗透性强，喷涂在基层表面上，可使基层表面具有憎水性并增强沥青胶结材料与基层表面的黏结力。

3）卷材。是采用低软化点的石油沥青浸渍原纸，然后用高软化点的石油沥青涂盖油纸两面，再撒上隔离材料制成。常用的卷材牌号为 200 号、350 号和 500 号三种。200 号卷材适用于简易防水、临时性防水、建筑物防潮等工程。350 号和 500 号卷材适用于叠层、多层防水工程，片状面卷材适用于单层防水工程。此外，还有玻璃布胎石油沥青卷材，是采用石油沥青浸涂玻璃纤维布的两面，再撒上隔离材料而成的无机纤维胎体的石油沥青防水卷材。其拉伸强度高于 500 号纸胎石油沥青卷材，柔韧性较好，耐腐蚀性较强，耐久性比纸胎石油沥青卷材提高一倍以上，适用于地下工程防水、防腐层、屋面防水层及金属管道防腐保护层等工程。

4）沥青玛蹄脂。是采用石油沥青配制的，为增强沥青玛蹄脂的抗老化能力，改善其耐热度、柔韧性和黏结力，节省石油沥青的用量，在配制沥青玛蹄脂时加入一定数量的填充料。填充料的掺量为 10%~25%，填充料普遍采用石灰石粉、白云石粉、滑石粉、云母粉、石英粉、石棉粉和木屑粉等。

（2）沥青卷材防水工程施工

1）基层施工。钢筋混凝土屋面板施工时，要求安放平稳牢固，板缝间必须嵌填密实。钢筋混凝土屋面板板面应刷冷底子油一道或铺设一毡二油卷材作为隔气层，以防止室内水汽渗入保温层。采用卷材铺隔气层时应满铺，搭接宽度不小于 50mm。

2）保温层施工。GB 50345—2012《屋面工程技术规范》增加了防火安全规定：屋面保温材料防火等级一般不低于 B2 级，外墙一般是 A 级。保温层材料，可为松散保温材料或整体保温材料，密度应小于 $10kN/m^3$，热导率小于 $0.29W/(m^2 \cdot K)$；应具有较好的防腐性能或经过防腐处理；含水率应符合设计要求，无设计要求时，应相当于该材料在当地自然风干状态的含水率；憎水性胶结材料不得超过 5%，水硬性胶结材料不得超过 20%。

松散保温材料应分层铺设，适当压实，每层虚铺厚度不宜大于 150mm，压实程度与厚度应事先根据设计要求试验确定，保温层压实后不得在上面行车或堆放重物。保温层厚度的允许偏差为 -5%~10%。

3）找平层施工。找平层采用 1:3 水泥砂浆、细石混凝土或 1:8 沥青砂浆进行施工。找平层表面应平整、粗糙，并按设计要求留设坡度，屋面转角处应留设半径不小于 100mm 的圆角或斜边长 100~150mm 的钝角垫坡，并应具有一定的强度和刚度，以保证卷材防水层铺设平整、黏结牢固，便于排水和承受施工荷载。找平层含水率应小于 9%，表面要求洁净。找平层宜设分格缝，缝的宽度为 20mm，留设在预制板支承边的拼缝处。其纵横向间距不宜大于 6m，分格缝应附加 200~300mm 宽的卷材，用沥青玛蹄脂粘贴覆盖。

4）卷材防水层施工。卷材应选用不低于 350 号的石油沥青纸胎卷材，对抗裂性和耐久性要求较高的卷材屋面防水层，可选用石油沥青麻布卷材或沥青玻璃布卷材。卷材在铺设前应保持干燥，表面散布物应预先清除干净并避免损伤卷材。卷材防水层的施工必须在屋面其他工程全部完工后进行。

铺设多跨或高低跨房屋的防水层时，应按先高后低、先远后近的顺序进行；铺设同一跨房屋防水层时，应先铺设排水比较集中的水落口、檐口、斜沟、天沟等部位及卷材附加层，按标高由低到高顺序进行。

卷材的铺贴一般常用实铺法，底层卷材面不留空白地，应满涂沥青玛蹄脂，其厚度严格控制在 2mm 以内，一般为 1~1.5mm。在基层屋面板的各端缝地方，应干铺宽度为 300mm 的卷材条一层，以防止防水卷材在端缝处被拉裂；在屋面转角、凸出屋面管道或墙根部位、天沟和水落口周围，应加铺1~2层卷材附加层，以加强防水效果。

卷材铺设的方向应根据屋面坡度或屋面是否存在振动而确定。当屋面坡度<3%时，卷材宜平行屋脊方向铺设。卷材铺设由檐口开始向屋脊方向进行，压边顺水流方向，搭接长度>70mm；接头顺主导风向，搭接长度>100mm。当屋面坡度>15%或屋面存在振动时，卷材应垂直屋脊方向铺设。卷材铺设由檐口开始向屋脊方向进行，压边顺主导风向，搭接长度>70mm；接头顺水流方向，搭接长度>100mm。每幅卷材应铺过屋脊的长度不小于200mm。当屋面坡度为3%~15%时，卷材铺设方向随意。卷材防水屋面坡度不宜超过25%。

5）保护层施工。卷材防水层铺设完毕经检查合格后，应立即进行绿豆砂保护层的施工，以免卷材表面遭到损坏。施工时，应选用色浅、耐风化、清洁、干燥、粒径为3~5mm的绿豆砂，加热至100℃左右，趁热将其均匀撒铺在已涂刷过2~3mm厚的沥青玛蹄脂的卷材防水层上，使绿豆砂1/2的粒径嵌入到沥青玛蹄脂中，未黏结的绿豆砂应随时清扫干净。

在屋面上做板材保护层或整体保护层时，防水层宜选用沥青麻布卷材或沥青玻璃布卷材，面层上应满涂一层沥青玛蹄脂。保护层与卷材之间应设隔离层。板材保护层或整体保护层均应分格，分格缝设置在屋面的坡面转折处、屋面与凸出屋面女儿墙、烟囱的交接处，但应与找平层的分格缝尽量错开。整体保护层的分格面积不宜大于9m²，板材保护层的分格面积可适当增大。材料的拼接缝隙宜用砂浆填实，并用稠水浆勾缝严密。分格缝采用油膏或用掺有石棉绒的沥青玛蹄脂嵌封。

2. 高聚物改性沥青卷材防水工程

高聚物改性沥青卷材防水工程是用氯丁橡胶改性沥青胶黏剂（CX—404胶）将以橡胶或塑料改性沥青的玻璃纤维布或聚酯纤维无纺布为胎芯的柔性卷材单层或双层铺设在结构基层上而形成的防水层。

（1）高聚物改性沥青卷材对材料的要求

1）SBS改性沥青柔性卷材。是以聚酯纤维无纺布为胎体，SBS橡胶改性石油沥青为浸渍涂盖层，塑料薄膜为防黏隔离层，经过选材、配料、共熔、浸渍、复合成型、卷曲、检验、分卷、包装等工序加工制成的柔性防水卷材。

2）塑性沥青聚酯卷材。是以聚酯纤维（或玻璃纤维）无纺布为胎体，以APP改性石油沥青为浸渍涂盖层，顶面撒布细砂，底面复合塑料薄膜加工制成的防水卷材。

3）胶黏剂。主要用于卷材与基层的黏接，用于排水口、管子根部等容易渗漏水的薄弱部位做增强密封处理，用于卷材接缝的黏结和卷材收头的密封处理等。

（2）高聚物改性沥青卷材防水工程施工

1）冷黏法施工。利用毛刷将胶黏剂涂刷在基层上，然后铺贴卷材，卷材防水层上部再涂刷胶黏剂保护层。冷黏法施工程序：清理干净的基层涂刷一层基层处理剂（基层处理剂为汽油稀释的胶黏剂），涂刷均匀一致，不允许反复涂刷。对于排水口、管子根部、烟囱底部等容易发生渗漏的薄弱部位应加设整体增强层。

卷材铺贴时首先应在流水坡度的下坡弹出基准线，边涂刷胶黏剂边铺贴卷材并及时用压辊压实，排出空气和异物。平面和立面相连接的卷材，应由下向上压缝铺贴，不得有空鼓现象。当立面卷材超过300mm时，应用氯丁系胶黏剂黏结或采用干木砖钉木压条与黏结复合的处理方法，以达到黏结牢固和封闭严密的效果。卷材纵横向的搭缝宽度为100mm，接缝可用胶黏剂黏合，可用汽油喷灯加热熔接。采用双层外露防水构造时，第二层卷材的搭接缝与第一层卷材的搭接缝应错开卷材幅宽的 $1/3 \sim 1/2$。接缝边缘和卷材的末端收头部位，应刮抹膏状胶黏剂进行黏合封闭处理，以达到密封防水的效果。卷材接缝及末端收头处理如图 10-35 所示。

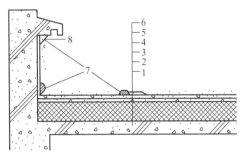

图 10-35 卷材接缝及末端收头处理

1—钢筋混凝土屋面板 2—保温层 3—水泥砂浆找平层
4—胶黏剂 5—卷材防水层 6—蛭石粉保护层或银色涂料
7—膏状胶黏剂 8—聚乙烯醇缩甲醛水泥砂浆

2）热熔施工。利用火焰加热器（如汽油喷灯或煤油焊枪）对卷材加热，待卷材表面熔化后，进行热熔接处理。热熔施工节省胶黏剂，适于气温较低时施工。热熔卷材时，火焰加热器距离卷材 0.5m 左右，加热要均匀，待卷材表面熔化后，缓慢地滚铺卷材进行铺贴；卷材尚未冷却时，应将卷材接缝边封好，再用火焰加热器均匀细致地密封。

10.6.2 地下防水工程

地下防水工程是对工业与民用建筑的地下工程、防护工程、隧道及地下铁道等建筑物和构筑物进行防水设计、防水施工和维护管理的工程。地下防水工程施工较为复杂，包括主体防水和细部构造防水。地下防水工程有水泥砂浆防水工程、防水混凝土工程、卷材防水工程和涂料防水工程四种。

1. 刚性防水工程

刚性防水工程是以水泥、砂、石为原料，掺入少量外加剂、高分子聚合物等材料，通过调整配合比，抑制或减少孔隙特征，改变孔隙特征，增加各原材料界面间的密实性等方法配制的具有一定抗渗能力的水泥砂浆、混凝土作为防水材料的防水工程。

（1）水泥砂浆防水工程 其防水层分为刚性多层抹面水泥砂浆防水层和掺防水剂水泥砂浆防水层，适用于使用时不会因结构沉降，温度、湿度变化及受振动而产生裂缝的地上和地下防水工程；不适用于受腐蚀、100℃ 以上高温作用及遭受反复冻融的砌体工程。

1）刚性多层抹面水泥砂浆防水工程。利用不同配合比的水泥浆和水泥砂浆分层分次施工，相互交替抹压密实，充分切断各层次毛细孔网，形成一多层防渗的封闭防水整体。

2）掺防水剂水泥砂浆防水工程。掺防水剂的水泥砂浆又称为防水砂浆，是在水泥砂浆中掺入占水泥质量 $3\% \sim 5\%$ 的各种防水剂配制而成的。常用的防水剂有氯化物金属盐类防水剂和金属皂类防水剂。

（2）防水混凝土工程 防水混凝土是通过调整混凝土配合比、掺外加剂或使用新品种水泥等方法，为提高混凝土的密实性、憎水性和抗渗性而配制的不透水性混凝土。防水混凝土分为普通防水混凝土、外加剂防水混凝土和膨胀水泥防水混凝土，适用于工业与民用建筑的地下防水工程和屋面防水工程。

1）普通防水混凝土是使用调整配合比方法，从而提高混凝土的密实度和抗渗能力的防水混凝土。普通防水混凝土中的水泥砂浆除起填充、润滑和黏结作用外，还在石子周围形成良好的砂浆包裹层，切断了石子表面形成的毛细管渗水通路，从而提高了混凝土的密实性及抗渗能力。

2）外加剂防水混凝土是依靠掺入少量的有机或无机物外加剂改善混凝土和易性，提高密实性和抗渗能力的防水混凝土。常用的外加剂有加气剂、减水剂、氯化铁和三乙醇胺等。

2. 地下卷材防水工程

地下卷材防水工程的卷材防水层应铺贴在整体的混凝土结构或钢筋混凝土结构的基层上、整体的水泥砂浆或整体的沥青混凝土找平层的基层上。卷材地下防水性能好，能抵抗酸、碱、盐的侵蚀，韧性好，但其耐久性差，机械强度低，出现渗漏现象修补困难。

卷材防水层应采用高聚物改性沥青卷材和合成高分子卷材，选用的基层处理剂、胶黏剂、密封材料等配套材料应与铺贴的卷材材性相容。

两幅卷材长边和短边的拼接宽度均不应小于100mm，上下两层和相邻两幅卷材的接缝应错开1/3幅宽，且两层卷材不得相互垂直铺贴。

（1）外贴法施工　首先在垫层四周砌筑永久性保护墙，高300～500mm，其下部应干铺卷材条一层，其上部砌筑临时性保护墙；其次铺设混凝土底板垫层上的卷材防水层，并留出墙身卷材防水层的接头；继而进行混凝土底板和墙身的施工，拆除临时保护墙，铺贴墙体的卷材防水层；最后砌筑永久保护墙。为使卷材防水层与基层表面紧密贴合，充分发挥防水效能，永久性保护墙按5m分段，并且保护墙与防水层间的空隙要用水泥砂浆填实。外贴法施工如图10-36所示。

（2）内贴法施工　首先在垫层四周砌筑永久性保护墙；然后在垫层上和永久性保护墙上铺贴卷材防水层，防水层上面铺15～30mm厚的水泥砂浆保护层；最后进行混凝土底板和墙体结构的施工。

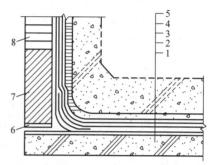

图10-36　外贴法施工

1—混凝土垫层　2—水泥砂浆找平层
3—卷材防水层　4—细石混凝土保护层
5—建筑结构　6—隔离卷材
7—永久保护墙　8—临时保护墙

10.7　装饰装修工程

装饰装修工程是为保护建筑物的主体结构、完善建筑物的使用功能和美化建筑物，采用装饰装修材料或饰物，对建筑物的内外表面及空间进行各种处理的施工过程。

装饰装修工程是整个建筑工程中的重要组成部分。主体工程的完工仅仅是完成了建筑物的基本骨架，远远没有能达到使用要求。只有通过装饰装修工程才能最终达到实用，完成设计目标。建筑装饰装修的主要作用：保护主体，延长其使用寿命；增强和改善建筑物的保温、隔热、防潮、隔声等使用功能；美化建筑物及周围环境，给人们创造一个良好的生活、生产的空间。

10.7.1　抹灰工程

将灰浆涂抹在建筑物表面的饰面工程称为抹灰工程。

抹灰工程按工程部位可分为室内抹灰和室外抹灰，按抹灰的材料和装饰效果可分为一般抹灰和装饰抹灰。一般抹灰采用的是石灰砂浆、混合砂浆、水泥砂浆、麻刀灰、纸筋灰和石膏灰等材料。装饰抹灰按所使用的材料、施工方法和表面效果可分为水刷石、斩假石、干粘石、假面砖等。

1. 一般抹灰工程

（1）一般抹灰的分级和组成　一般抹灰按工序和质量要求分为普通抹灰和高级抹灰两级。

普通抹灰由一层底层、一层中层、一层面层组成。抹灰应阳角找方，设置标筋，分层找平修整，表面压光，抹灰表面光滑、洁净，接槎平整，灰线清晰、顺直。

高级抹灰由一层底层、数层中层和一层面层组成。抹灰应阴阳角找方，设置标筋，分层找平修整，表面压光，抹灰表面光滑、洁净、颜色均匀，无抹纹，灰线平直方正，清晰美观。

一般抹灰应分层施工，以保证抹灰牢固、抹面平整，避免收缩过大造成的墙面开裂。底层的作用是使抹灰与基层牢固结合和初步找平，厚度一般为 5 ~ 7mm。中层的作用是找平墙面，厚度一般为 5 ~ 12mm。面层使抹灰表面光滑细致，起装饰作用，厚度为 2 ~ 5mm。

抹灰层平均总厚度应根据基层材料和抹灰部位而定。现浇混凝土顶棚、板条棚总厚度不大于 15mm；预制混凝土板顶棚及金属网顶棚不大于 20mm；内墙普通抹灰为 18mm，高级抹灰为 25mm；外墙抹灰总厚度不大于 20mm；勒脚及凸出墙面部分抹灰总厚度不大于 25mm；石墙抹灰总厚度不大于 35mm。

（2）一般抹灰的施工工艺流程　基层表面处理→湿润墙面→阴阳角找方→设置标筋→抹底层灰→抹中层灰→抹面层灰。

1）基层表面处理。为使抹灰砂浆与基层表面黏结牢固，防止抹灰层产生空鼓、脱落，抹灰前应对基层表面的灰尘、污垢、油渍、碱膜、跌落砂浆等进行清除。对墙面上的孔洞、剔槽等用水泥砂浆进行填嵌。门窗框与墙体交接处缝隙应用水泥砂浆或混合砂浆分层嵌堵。

不同材质的基层表面应相应处理，以增强其与抹灰砂浆之间的黏结强度。光滑的混凝土基层表面，应凿毛或刷一道素水泥浆（水胶比为 0.37 ~ 0.4），如设计无要求，可不抹灰，用刮腻子处理；板条墙体的板条间缝不能过小，一般以 8 ~ 10mm 为宜，使抹灰砂浆能挤入板缝空隙，保证灰浆与板条的牢固嵌接；加气混凝土砌块表面应清扫干净，并刷一道107胶的1∶4的水溶液，以形成表面隔离层，缓解抹面砂浆的早期脱水，提高黏结强度；木结构与砖石砌体、混凝土结构等相接处，应先铺设金属网并绷紧牢固，金属网与各基层间的搭接宽每侧不应小于100mm。

2）设置标筋。为有效地控制抹灰厚度，特别是保证墙面垂直度和整体平整度，在抹底、中层灰前应设置标筋，作为抹灰的依据。做灰饼前，应先确定灰饼的厚度。先用托线板和靠尺检查整个墙面的平整度和垂直度，根据检查结果确定灰饼的厚度，一般最薄处不应小于7mm。标筋是以灰饼为准在灰饼间做的灰埂，作为抹灰平面的基准。

3）做护角。为保护墙面转角处不易遭碰撞损坏，在室内抹面的门窗洞口及墙角、柱面的阳角处应做水泥砂浆护角。护角高度一般不低于2m，每侧宽度不小于50mm。

4）抹灰层施工。抹灰层施工采取分层涂抹，多遍成活。分层涂抹时应使底层水分蒸发，充分干燥后再涂抹下一层。水泥砂浆或混合砂浆抹灰层，应凝固后抹灰。石灰砂浆应待前层发白后方可抹灰，中层砂浆抹灰凝固前，应在层面上每隔一定距离交叉划出斜痕，以增加与面层的黏结力。

纸筋或麻刀灰罩面，应待石灰砂浆或混合砂浆底灰七、八成干后进行。若底灰过干应浇水湿润；罩面灰一般用铁抹子或塑料抹子分两遍抹成。石灰膏罩面是在石灰砂浆或混合砂浆底灰尚潮湿的情况下刮抹石灰膏，刮抹后约 2h 待石灰膏尚未干时压实赶平，使表面光滑不裂。

2. 装饰抹灰工程

装饰抹灰的种类较多，底层的做法基本相同（均为 1:3 的水泥砂浆打底），仅面层的做法不同。

（1）水刷石　先将底层湿润，薄刮水泥浆一层，随即用稠度为 50~70mm，配合比为 1:1.25 的水泥 2 号石子浆或 1:1.5 的水泥 3 号石子浆抹平压实，待其达到一定强度，用手指按压无陷痕时，即可用棕刷蘸水刷去面层水泥浆，使石子全部外露，紧接着用喷雾器由上往下喷水，将石子表面水泥浮浆冲掉，再用清水冲洗干净。

（2）剁斧石　在表面划毛的底层上，先嵌好分格木条，然后薄抹一层水泥浆黏结层，随即用 1:2.5~1:2 水泥石子浆（4 号石子内掺 30% 石屑）罩面。罩面层抹光后，用毛刷带水顺着剁纹方向轻刷一次，洒水养护 3~5d 后，即用剁斧将面层由上往下斩成平行齐直的剁纹。剁纹要求方向一致、深浅均匀，分格缝周边留出 15~40mm 不剁，待斩剁完后，拆除木格条，清除残屑，即能显出较强的琢石感。

（3）水磨石　在底层上先用水泥浆按设计要求黏好分格铜条、铝条或玻璃条，再在底层上刮水泥浆一遍，随即按设计要求的图案花纹，将不同色彩的水泥石子浆（1:2.5 水泥 2 号或 3 号石子浆）分别填入分格网中，抹平压实，厚度与嵌条齐平。待其半凝固后，即用磨石机洒水磨光，直至露出嵌条、石子均匀光滑、发亮为止。每次磨光后，用同色水泥浆填补砂眼，每隔 3~5d 再按同法磨第二遍或第三遍。最后，有的工程要求用草酸擦洗和打蜡。

（4）干粘石　将划毛的底层洒水湿透，再在其上抹一层 6mm 厚 1:3 水泥砂浆中层，随即抹一层 1mm 水泥浆黏结层，同时将配有不同颜色的 3 号石子或具有颜色的玻璃渣撒上，拍平压实，使石子嵌入深度不小于 1/2，但不能压出灰浆。也可用喷枪将石子均匀喷射于黏结层上，然后将表面搓平。为了改善砂浆的黏结性和强度，可在砂浆中掺入适量的聚合物，如聚乙烯醇缩甲醛（107 胶）或醋酸乙烯、顺丁烯二酸二丁酯共聚乳液（二元乳液）和少量的石灰膏。在冬期施工中，还应掺入 3% 的亚硝酸钠作防冻剂，温度过低时并应酌情掺入少量的氯化钠，但其掺量应严加控制，以防产生析盐泛白现象，影响墙面装饰效果。

10.7.2　饰面板（砖）工程

饰面板（砖）工程是将天然石饰面板、人造石饰面板和饰面砖、金属饰面板等安装或镶贴到墙面、柱面和地面上，形成装饰面层的施工过程。饰面板（砖）表面平整，边角整齐，具有各种不同色彩和光泽，装饰效果好，多用于高级建筑物的装饰和一般建筑物的局部装饰。

1. 饰面板工程

饰面板泛指天然大理石、花岗石饰面板和人造石饰面板。饰面板施工工艺有湿作业法、干挂法和直接粘贴法三种。

（1）湿作业法　施工工艺流程为：材料准备→基层处理、挂钢筋网→弹线→安装定位→灌水泥砂浆→整理、擦缝。

1）材料准备。饰面板材安装前，应分选检验并试拼，使板材的色调、花纹基本一致，试拼后按部位编号，以便施工时对号安装。对已选好的饰面板材进行钻孔剔槽，以便固铜丝或不锈钢丝。每块板材的上、下边钻孔数各不得少于两个，孔位宜在板宽两端 1/4~1/3 处，孔径约 5mm，孔深 15~20mm，直孔应钻在板厚度的中心位置。为使金属丝绕过板材穿孔时，不占板材水平接缝，应在金属丝绕过部位轻剔一槽，深约 5mm。

2）基层处理、挂钢筋网。把墙面清扫干净，剔出预埋件或预埋筋，也可在墙面钻孔固定金属膨胀螺栓。对于加气混凝土或陶粒混凝土等轻型砌块砌体，应在预埋件固定部位加砌黏土砖或局部用细石混凝土填实，然后用Φ6钢筋纵横绑扎成网片与预埋件焊牢。纵向钢筋间距 500~1000mm。横向钢筋间距视板面尺寸而定，第一道钢筋应高于第一层板的下口 100mm 处，以后各道均应在每层板材的上口以下 10~20mm 处设置。

3）弹线。弹线分为板面外轮廓线和分块线。外轮廓线弹在地面，距墙面 50mm。分块线弹在墙面上，由水平线和垂直线构成，是每块板材的定位线。

4）安装定位。根据预排编号的饰面板材，对号入座进行安装。第一皮饰面板材先在墙面两端以外皮弹线为准固定两块板材，找平找直，然后挂上横线，再从中间或一端开始安装。安装时先穿好钢丝，将板材就位，上口略向后仰，将下口钢丝绑扎于横筋上，将上口钢丝扎紧，并用木楔垫稳，随后用水平尺检查水平，用靠尺检查平整度，用线锤或托线板检查板面垂直度，并用铅皮加垫调整板缝，使板缝均匀一致。一般天然石材的光面、镜面板缝宽为 1mm，凿琢面板缝宽为 5mm。对于人造石饰面板的缝宽，水磨石为 2mm，水刷石为 10mm，聚酯型人造石材为 1mm。调整好垂直、平整、方正后，在板材表面横竖接缝处每隔 100~150mm 用石膏浆板材碎块固定。为防止板材背面灌浆时板面移位，根据具体情况可加临时支撑，将板面撑牢。

5）灌水泥砂浆。一般采用 1:2.5 的水泥砂浆，稠度为 80~150mm。灌注前，应浇水将饰面板及基体表面润湿，然后用小桶将砂浆灌入板背面与基层间的缝隙。灌浆应分层灌入。第一层浇灌高度≤150mm，并应不大于 1/3 板高。第一层浇灌完 1~2h 后，再浇灌第二层砂浆，高度 100mm 左右，即板高的 1/2 左右。第三层灌浆应低于板材上口 50mm 处，作为施工缝，以保证与上层板材灌浆的整体性。浇灌时应随灌随插捣密实，并注意不得漏灌，板材不得外移。当块材为浅色大理石或其他浅色板材时，应采用白水泥、白石屑浆，以防透底，影响饰面效果。一层面板灌浆完毕，待砂浆凝固后，清理上口余浆，隔日拔除上口木楔和有碍上层安装板材的石膏饼，然后按上述方法安装上一层板，直至安装完毕。

6）整理、擦缝。全部板材安装完毕后，洁净表面。室内光面、镜面板接缝应干接。接缝处用与板材同颜色水泥浆嵌擦接缝，缝隙嵌浆应密实，其颜色要一致。室外光面或镜面饰面板接缝可干接或在水平缝中垫硬塑料板条，待灌浆砂浆硬化后将板条剔出，用水泥细砂浆勾缝。干接应用与光面板同色的彩色水泥浆嵌缝。粗磨面、麻面、条纹面的天然石饰面板应用水泥砂浆接缝和勾缝，勾缝深度应符合设计要求。

（2）干挂法　干挂法根据板材的加工形式，分为普通干挂法和复合墙板干挂法（也称为 G·P·C 法）。干挂法一般适用于钢筋混凝土外墙或有钢骨架的外墙饰面，不能用于砖墙或加气混凝土墙的饰面。

1）普通干挂法。直接在饰面板厚度面和反面开槽或孔，然后用不锈钢连接器与安装在钢筋混凝土墙体内的膨胀金属螺栓或钢骨架相连接。饰面板背面与墙面间形成 80~100mm 的空气层。板缝间加泡沫塑料阻水条，外用防水密封胶作嵌缝处理。该种方法多用于 30m 以下的建筑外墙饰面。普通干挂法的构造如图 10-37 所示。

2）复合墙板干挂法。以钢筋细石混凝土作衬板，磨光花岗石薄板为面板，经浇筑形成一体的饰面复合板，并在浇筑前放入预埋件，安装时用连接器将板材与主体结构的钢架相连接。复合板可根据使用要求加工成不同的规格，常做成一开间一块的大型板材。加工时花岗石面板通过不锈钢连接环与钢筋混凝土衬板接牢，形成一个整体，为防止雨水的渗漏，上下板材的接缝处设两道密封防水层，第一道在上、下花岗石面板间，第二道在上、下钢筋混凝土衬板间。复合墙板与主体结构间保持一空腔。此种做法施工方便，效率高，节约石材，但对连接件质量要求较高。连接件可用不锈钢制作。花岗石复合墙板干挂法的构造如图10-38所示。这种方法适用于高层建筑的外墙饰面，高度不受限制。

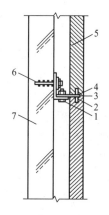

图 10-37　普通干挂法的构造

1—不锈钢连接器　2—不锈钢合缝销　3—嵌缝油膏
4—聚氯乙烯垫　5—花岗岩板　6—不锈钢膨胀螺栓
7—钢筋混凝土墙

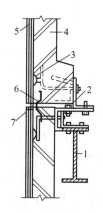

图 10-38　花岗石复合墙板干挂法的构造

1—钢大梁　2—锚固件　3—不锈钢连接环
4—复合钢筋混凝土板　5—花岗石
6—不锈钢连接环状二次封水　7— 一次封水

（3）直接粘贴法　适用于厚度在12mm以下的石材薄板和碎大理石板的铺设。黏结剂可采用强度等级不低于32.5MPa的普通硅酸盐水泥砂浆或白水泥白石屑浆，也可以采用专用的石材黏结剂（如 AH－03 型大理石专用黏结胶）。粘贴顺序为由下逐层向上。粘贴初步定位后，用橡皮锤轻敲表面，使板面平整并与水泥砂浆接合牢固。每层用水平尺靠平，每贴三层垂直方向用靠尺靠平。

2. 饰面砖工程

饰面砖工程即陶瓷面砖工程，主要包括釉面砖、外墙面砖、陶瓷锦砖和玻璃锦砖等。

（1）基层处理　饰面砖应镶贴在湿润、干净的基层上，同时应保证基层的平整度、垂直度和阴、阳角方正。为此，在镶贴前应对基体进行表面处理。对于纸面石膏板基层，可将板缝用嵌缝腻子嵌填密实，并在其上粘贴玻璃丝网格布（或穿孔纸带）使之形成整体。对于砖墙、混凝土墙或加气混凝土墙，可分别采用清扫湿润、刷聚合物水泥浆、喷甩水泥细砂浆或刷界面处理剂、铺钉金属网等方法对基层表面进行处理，然后贴灰饼，设置标筋，抹找平层灰，用木抹子搓平，隔天浇水养护。找平层灰浆对于砖墙、混凝土墙采用1∶3水泥砂浆，对于加气混凝土墙应采用1∶1∶6的混合砂浆。

釉面砖和外墙面砖镶贴前应按其颜色深浅进行分类，并用自制套模对面砖的几何尺寸进行分选，以保证镶贴质量。然后浸水润砖，时间4h以上，将其取出阴干至表面无水膜，最后堆入备用。

（2）镶贴施工方法

1）内墙釉面砖。镶贴前应在水泥砂浆基层上弹线分格，弹出水平、垂直控制线。在同一墙面上的横、竖排列中，不宜有一行以上的非整砖，非整砖行应安排在次要部位或阴角处。在镶贴釉面砖的基层上用废面砖按镶贴厚度上下左右做灰饼，并上下用托线板校正垂直，横向用线绳拉平，按1.5m间距补做灰饼。阳角处做灰饼的面砖正面和侧边均应吊垂直。镶贴用砂浆宜采用1∶2水泥砂浆，砂浆厚度6~10mm。为改善砂浆的和易性，可掺不大于水泥质量15%的石灰膏。釉面砖的镶贴也可采用专用胶黏剂或聚合物水泥浆，后者的配比为水泥∶107胶∶水=10∶0.5∶2.6。采用聚合物水泥浆不但可提高其黏结强度，而且可使水泥浆缓凝，利于镶贴时的压平和调整操作。

2）外墙面砖。外墙底、中层灰抹完后，养护1~2d即可进行镶贴施工。镶贴前应在基层上弹基准线，以基准线为准，按预排大样先弹出顶面水平线，然后每隔约1m弹一垂线。在层高范围内按预排实际尺寸和面砖块数弹出水平分缝、分层皮数线。一般要求外墙面砖的水平缝与窗台面在同一水平线上，阳角到窗口都是整砖。在镶贴面砖前应做标志块灰饼并洒水润湿墙面。镶贴外墙面砖的顺序是整体自上而下分层分段进行，每段仍应自上而下镶贴，先贴墙柱、腰线等墙面凸出物，再贴大片外墙面。

3）陶瓷锦砖和玻璃锦砖。由于锦砖的粘贴砂浆层较薄，故对找平层抹灰的平整度要求更高一些。弹线一般根据锦砖联的尺寸和接缝宽度（与线路宽度同）进行，水平线每联弹一道，垂直线可每2~3联弹一道。不是整联的应排在次要部位，同时要避免非整块锦砖的出现。当墙面有水平、垂直分格缝时，还应弹出有分格缝宽度的水平、垂直线。一般情况下，分格缝是用与大面颜色不同的锦砖非整联裁条，平贴嵌入大墙面，形成线条，以增加建筑物墙面的立体感。

镶贴施工应由两人协同进行。先浇水润湿找平层，刷一道掺有7%~10%的107胶的聚合物水泥浆，随即抹结合层砂浆，厚度2~3mm，应边抹灰边贴锦砖。因结合层砂浆已局部将弹好的控制线遮盖，为保持锦砖就位准确，可根据找平层上弹出的线用靠尺和抹子在结合层上补画线。水泥浆的水胶比控制在0.3~0.35。

镶贴后0.5~1h即可在锦砖纸面上用软毛刷刷水浸润，待纸面颜色变深便可揭纸，揭纸的方向应与铺贴面平行紧靠近锦砖表面，这样可避免锦砖小块被揭起。揭纸后及时清除锦砖表面的黏结物，发现掉粒及时补贴，有歪斜的拨正复位，并及时用拍板、木槌敲打平实，调整应在水泥初凝前完成。为保证锦砖缝隙完全被水泥浆填满，揭纸后可在表面用橡皮刮板刮些与原粘贴砂浆同颜色同稠度的砂浆，并撒上少许细砂，反复推擦，直至缝隙密实，表面洁净。擦缝后应及时清洗表面，隔日可喷水养护。

10.7.3 涂饰工程

涂饰工程是将水性涂料、溶剂型涂料涂覆于基层表面，在一定条件下形成与基层牢固结合的连续、完整固体膜层的材料。涂料涂饰是建筑物内外最简便、经济、易于维修更新的一种装饰方法。近年来我国建筑涂料工业得到了迅速发展，各种新型建筑涂料不断涌现，而且在实际应用中达到了良好的技术经济效果。建筑涂料主要具有装饰、保护和改善使用环境的功能。

1. 涂料种类

涂料按其成膜物质可分为有机涂料、无机涂料和有机－无机复合涂料，按其在建筑物上的使用部位可分为外墙涂料、内墙涂料、地面涂料等，按其膜层厚度可分为薄质涂料和厚质涂料。

2. 涂饰工程施工

（1）基层处理 要保证涂料工程的施工质量，使其经久耐用，对基层的表面处理是关键。基层处理直接影响涂料的附着力、使用寿命和装饰效果。不同的基层材料，表面处理的要求和方法也有所不同。

1）混凝土和抹灰表面。基层表面必须坚实，无酥板、脱层、起砂和粉化等现象。基层表面要求平整，如有孔洞、裂缝，须用同种涂料配制的腻子批嵌。对于施涂溶剂型涂料的基层，其含水率应控制在6%以内；对于施涂水溶性和乳液型涂料，其含水率应控制在10%以内，pH 在 10 以下。

2）木材表面。应先将木材表面的灰尘、污垢清除，并把木材表面的缝隙、毛刺等用腻子填补磨光。

3）金属表面。将灰尘、油渍、锈斑、焊渣、毛刺等清除干净。

（2）涂饰方法

1）刷涂。刷涂是用毛刷、排笔在基层表面人工进行涂料覆涂施工。刷涂的顺序是先左后右，先上后下，先难后易，先边后面。一般是两道成活，高中级装饰可增加1~2道刷涂。刷涂的质量要求是薄厚均匀，颜色一致，无漏刷、流淌和刷纹，涂层丰富。

2）滚涂。滚涂是利用软毛辊（羊毛或人造毛）、花样辊进行施工。滚涂的顺序基本与刷涂相同，先将蘸有涂料的毛辊按倒 W 形滚动，把涂料大致滚在墙面上，接着将毛辊在墙的上下左右平稳来回滚动，使涂料均匀滚开，最后用毛辊按一定方向滚动一遍。阴角及上、下口一般需事先用刷子刷涂。滚花时，花样辊应从左至右、从下向上进行操作。不够一个辊长的应留在最后处理，待滚好的墙面花纹干后，再用纸遮盖进行补滚。

3）喷涂。喷涂是利用喷枪（或喷斗）将涂料喷于基层上的机械施涂方法，适用于大面积施工，可通过调整涂料的黏度、喷嘴口径大小及喷涂压力获得平壁状、颗粒状或凹凸花纹状的涂层。

4）弹涂。弹涂是借助专用的电动或手动弹涂器，将各颜色的涂料弹到饰面基层上，形成直径 2~8mm、大小近似、颜色不同、互相交错的圆粒状色点或深浅色点相间的彩色涂层。需要压平或扎花的，可待色点两成干后轧压，然后进行罩面处理。弹涂饰面层黏结能力强，可用于各种基层，获得牢固、美观、立体感强的涂饰面层。

10.8 施工组织设计

10.8.1 概述

施工组织设计是规划和指导施工项目从施工准备到竣工验收全过程的一个综合性的技术经济文件。施工组织设计是施工准备工作的重要组成部分，又是做好施工准备工作的主要依据和重要保证。

1. 施工组织设计的任务

施工组织设计就是在各种不同因素的特定条件下，首先拟订若干个施工方案，然后进行技术经济比较，从中选择最优方案，包括选择施工方法与施工机械最优、施工进度与成本最优、劳动力和资源组织最优、全工地业务组织最优及施工平面布置最优等。

2. 施工组织设计的作用

施工组织设计的作用主要体现在：实现项目设计的要求，衡量设计方案施工的可能性和经济合理性；保证各施工阶段的准备工作及时进行；使施工按科学的程序进行，建立正常的生产秩序；协调各施工单位、各工种、各种资源之间的合理关系；明确施工重点，掌握施工关键和控制方法，并提出相应的技术安全措施；为组织物资供应提供必要的依据。

3. 施工组织设计的分类

施工组织设计按编制对象范围的不同分为施工组织总设计、单位工程施工组织设计和分部分项工程施工组织设计。

（1）施工组织总设计 是以整个建设项目或一个建筑群为对象编制的，用以指导全场性施工全过程的各项施工活动的技术、经济和组织的综合性文件。施工组织总设计一般是在初步设计或技术设计被批准后，由建设总承包单位组织编制。

（2）单位工程施工组织设计 是以一个单位工程为对象编制的，用以指导施工全过程的各项施工活动的技术、经济和组织的综合性文件。单位工程施工组织设计一般在施工图设计完成后，在拟建工程开工前，由单位工程施工项目技术负责人组织编制。

（3）分部分项工程施工组织设计 是以单位工程中复杂的分部分项工程或处于冬、雨期和特殊条件下施工的分部分项工程为对象编制的，用以具体指导其施工作业的技术、经济和组织的综合性文件。分部分项工程施工组织设计的编制工作一般与单位工程施工组织设计同时进行，由单位工程施工项目技术负责人或分部分项工程的分包单位技术负责人组织编制。

施工组织总设计、单位工程施工组织设计、分部分项工程施工组织设计之间有如下关系：施工组织总设计是指导全场性施工活动和控制各个单位工程施工全过程的综合性文件；单位工程施工组织设计是以施工组织总设计和企业施工计划为依据编制的，把施工组织总设计的有关内容在单位工程上具体化；分部分项工程施工组织设计是以施工组织总设计、单位工程施工组织设计和企业施工计划为依据编制的，把单位工程施工组织设计的有关内容在分部分项工程上具体化，是专业工程的作业设计。

10.8.2 施工组织设计的内容

施工组织设计的内容要根据工程对象和工程特点，并结合现有和可能的施工条件，从实际出发来确定。不同的施工组织设计在内容和深度方面不尽相同。一般包括如下几方面内容：

（1）工程概况 概要地说明本施工项目性质、规模、建设地点、结构特点、建筑面积、施工期限，本地区气象、地形、地质和水文情况，施工力量、施工条件、劳动力、材料、机械设备等供应条件。

（2）施工方案 依据工程概况，结合人力、材料、机械设备等条件，全面部署施工任务；安排总的施工顺序，确定主要工种的施工方法；对施工项目根据各种可能采用的几种方案，进行定性、定量的分析，通过技术经济评价，选择最佳施工方案。

（3）施工进度计划 施工进度计划反映了最佳施工方案在时间上的具体安排；采用计划的方法，使工期、成本、资源等方面，通过计算和调整达到既定的施工项目目标；施工进度计划可采用线条图或网络图的形式编制。在施工进度计划的基础上，可编制出劳动力和各种资源需要量计划和施工准备工作计划。

（4）施工（总）平面图 是施工方案及进度计划在空间上的全面安排。它是把投入的各种资源（如材料、构件、机械、运输道路、水电管网等）和生产、生活活动场地合理地部署在施工现场，使整个现场能进行有组织、有计划的文明施工。

（5）主要技术经济指标 是对确定的施工方案及施工部署的技术经济效益进行全面评价，用以衡量组织施工的水平。施工组织设计常用的技术经济指标有工期指标，劳动生产率指标，机械化施工程度指标，质量、安全指标，降低成本指标，节约"三材"（钢材、木材、水泥）指标等。

10.8.3 施工组织设计的编制依据

施工组织设计的编制依据一般有以下几个方面：

1）设计资料，包括设计任务书、初步设计（或技术设计）、施工图样和设计说明、施工组织条件设计等。

2）自然条件资料，包括地形、工程地质、水文地质和气象等资料。

3）技术经济条件资料，包括建设地区的建材工业及其产品、资源、供水、供电、通信、交通运输、生产及生活基地设施等资料。

4）工程承发包合同规定的有关指标，包括项目交付使用日期，施工中要求采用的新结构、新技术、新材料及与施工有关的各项规定指标等。

5）施工企业及相关协作单位可配备的人力、机械设备和技术状况，以及类型相似或近似项目的经验资料。

6）国家和地方有关现行规范、规程、定额标准等资料。

思 考 题

---

1. 简述场地平整土方量的计算步骤。
2. 什么是预制桩、灌注桩？其各自的特点是什么？施工中应如何控制？
3. 简述砖墙砌筑的施工工艺和施工要点。
4. 简述钢筋混凝土施工工艺过程。
5. 如何计算钢筋的下料长度？
6. 如何确定搅拌混凝土时的投料顺序和搅拌时间？
7. 试述施工缝留设的原则和处理方法。
8. 试述卷材防水屋面各构造层的做法及施工工艺。
9. 各抹灰层的作用和施工要求是什么？
10. 施工组织设计如何分类？其主要内容有哪些？

参 考 文 献

［1］赵学荣，陈烜. 土木工程施工［M］. 2 版. 北京：清华大学出版社，2020.

［2］刘宗仁. 土木工程施工［M］. 3 版. 北京：高等教育出版社，2019.

［3］胡长明. 土木工程施工［M］. 2 版. 北京：科学出版社，2017.

［4］中华人民共和国住房和城乡建设部. 混凝土结构工程施工规范：GB 50666—2011［S］. 北京：中国建筑工业出版社，2011.

有建设就有工程项目，有工程项目就需要进行工程项目管理。土木工程项目管理主要包括基本建设及其程序、工程建设法规、工程项目招标投标、施工项目管理、房地产开发、物业管理等内容。

11.1 基本建设和基本建设程序

11.1.1 基本建设

基本建设是指利用国家预算内拨款、自筹资金、国内外贷款及其他专项资金进行的以扩大生产能力（或增加工程效益）为主要目的新建、扩建、改建工程及相关工作，即指建筑、购置和安装固定资产的活动，以及与此相联系的其他有关工作。

1. 基本建设的分类

基本建设按建设项目性质分为新建、改建、扩建、恢复建和迁建；按投资额构成分为建筑安装工程投资、设备工具投资和其他基本建设投资；按建设用途分为生产性建设项目（如工业建设、水利建设、运输建设等）、非生产性建设项目（如住宅建设、卫生建设、公用事业建设等）；按建设规模和总投资的大小，可分为大型、中型、小型建设项目；按建设阶段分为预备项目、筹建项目、施工项目、建成投资项目、收尾项目等。

2. 基本建设的主要内容

1）建筑安装工程，包括各种土木建筑、矿井开凿、水利工程建筑、生产、动力、运输、实验等各种需要安装的机械设备的装配，以及与设备相连的工作台等装设工程。

2）设备购置，即购置设备、工具和器具等。

3）勘察、设计、科学研究实验、征地、拆迁、试运转、生产职工培训和建设单位管理工作等。

3. 基本建设的主要作用

1）实现社会主义扩大再生产。为国民经济各部门增加新的固定资产和生产能力，对建立新的生产部门，调整原有经济结构，促进生产力的合理配置，提高生产技术水平等具有重要的作用。

2）改善和提高人民的生活水平。在增强国家经济实力的基础上，提供大量住宅和科研、文教卫生设施及城市基础设施，对改善和提高人民的物质文化生活水平具有直接的作用。

11.1.2 基本建设程序

基本建设程序是指一个建设项目从酝酿提出到该项目建成投入生产或使用的全过程，各阶段建设活动的先后顺序和相互关系科学的程序。它客观地总结了基本建设的实践经验，正确地反映了基本建设全过程所固有的先后顺序的客观规律性，是从事建设工作的各有关部门和人员都必须遵守的原则。

按照建设项目发展的内在联系和发展过程，建设程序分成若干阶段，这些发展阶段有严格的先后次序，不能任意颠倒、违反它的规律。国内一般建设工程项目的建设程序如图 11-1 所示。

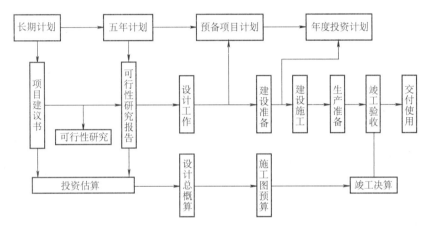

图 11-1 国内一般建设工程项目的建设程序

1. 项目建议书阶段

项目建议书是由建设单位向国家提出要求建设某一项目的建议文件，是建设程序中最初阶段的工作，是投资决策前对拟建项目的轮廓设想。

2. 可行性研究阶段

项目建议书批准后，应紧接着进行可行性研究。可行性研究是对建设项目在技术上是否可行和经济上是否合理进行科学的分析和论证，为项目决策提供依据。在可行性研究的基础上，编制可行性研究报告，并报告审批。可行性研究报告被批准后，不得随意修改和变更，是初步设计的依据。

3. 设计工作阶段

设计是对拟建工程的实施在技术上和经济上所进行的全面而详细的安排，是项目建设计划的具体化，是组织施工的依据。大型或技术上复杂而又缺乏设计经验的项目可分为初步设计、技术设计和施工图设计三个阶段。一般中小型项目进行两阶段设计，即扩大初步设计（是初步设计和技术设计的合并）和施工图设计。

（1）初步设计 是根据可行性研究报告的要求所做的具体实施方案，即编制拟建项目的方案图、说明书和总概算。它实质上是一项有规划性质的"轮廓"设计。目的是阐明在指定的时间、地点和投资控制数额内，拟建项目在技术上的可靠性和经济上的合理性。初步设计应当满足编制施工招标文件、主要设备材料订货和编制施工图设计的需要，是下一个阶段设计的基础。

（2）技术设计　是协调编制拟建项目的各有关图样、说明书和修正总预算，是初步设计的深化，使拟建项目的工作更具体、完善，对初步设计所采用的工艺流程和建筑结构中的重大问题做出进一步的明确或校正设备选型与数量。

（3）施工图设计　是为项目施工提供完整的设计图样和设计文件。它应完整地呈现建筑物外形、内部空间的分割、结构体系、构造状况，以及建筑群的组成和周围环境的配合，具有详细的构造与尺寸；还包括各种运输、通信、管道系统、建筑设备的设计；在工艺方面，应具体确定各种设备的型号、规格及各种非标准设备的施工图。在施工图设计阶段应编制施工图预算，此阶段在时间上应与建筑项目准备阶段搭界。

4. 建设准备阶段

建设准备阶段的工作较多，涉及面较广，主要有以下内容：编制建设实施计划，进行设计、施工单位的招标和组织设备、材料订货；开展征地、拆迁和"七通一平"（七通是指给水、排水、供电、道路、燃气、热力和通信，一平为场地平整）工作；签订各类合同、协议。这一阶段工作的质量，对保证项目一旦开工就能顺利进行起到决定性作用。这一阶段工作就绪，即可报批开工报告，申请正式开工。

5. 建设实施阶段

建设实施阶段包括施工单位的建筑安装工程的实施和建设单位为生产所做的准备工作。对于建筑安装企业来说，是生产阶段（施工阶段），这一阶段周期长，占用和耗费财力、物力和人力最多，各项工作要依靠参与项目建设的各个单位通力协作、共同完成。

生产准备是为项目转入经营生产的必要条件，其工作内容包括：

1）招收和培训生产人员，组织生产人员参加设备的安装、调试和工程验收。

2）组织建立生产管理机构，制定管理制度和有关规程。

3）进行工具、器具、备品、备件等的制造和订货。

4）签订有关原料、材料、协作产品、燃料、水、电、运输等协议及其他必需的生产准备。

6. 竣工验收阶段

竣工验收是为了检查竣工项目是否符合设计要求而进行的一项工作，是全面考核建设成本、检验设计和施工质量的重要步骤，也是项目由建设转入生产或使用的重要标志。通过竣工验收可以检查项目实际形成的生产能力或效益，也可以避免项目建成后继续消耗建设费用。竣工验收的程序可以分为两个阶段进行：

1）单项工程验收。一个单项工程完工后，可由建设单位组织验收。

2）全部验收。整个项目全部工程建成后，必须根据国家的有关规定，由负责验收的单位及其他相关部门共同组成验收委员会（或小组）进行验收。

正式验收前，建设单位组织设计、施工单位进行初验并系统整理图样、技术资料，正式验收时作为技术档案，移交建设单位。建设单位要编制好工程竣工决算报上级部门审查。

7. 后评估阶段

改革开放后，国家开始对一些重大建设项目，在竣工验收若干年后，规定要进行后评估工作。主要是为了总结项目建设成功或失误的经验教训，以供以后项目决策借鉴。

11.2　工程建设法规

11.2.1　概述

建设法规是指国家权力机关或其授权的行政机关制定的，由国家强制力保证实施的，旨在调整国家及其有关机构、企事业单位、社会团体、公民之间在建设活动中或建设行政管理活动中发生的各种社会关系的法律规范的统称。

1. 建设工程的法律法规

（1）建设工程法律　它是指由全国人民代表大会及其常务委员会通过的规范工程建设活动的法律规范，由国家主席签署主席令予以公布，如《中华人民共和国建筑法》《中华人民共和国合同法》《中华人民共和国政府采购法》《中华人民共和国城市规划法》等。

（2）建设工程行政法规　它是指由国务院根据宪法和法律制定的规范工程建设活动的各项法规，由总理签署国务院令予以公布，如《建设工程质量管理条例》《建设工程勘察设计管理条例》《建设工程安全生产管理条例》《安全生产许可证条例》和《建设项目环境保护管理条例》等。

（3）建设工程部门规章　它是指住房与城乡建设部按照国务院规定的职权范围，独立或同国务院有关部门联合根据法律和国务院的行政法规、决定、命令，制定的规范工程建设活动的各项规章，由部长签署建设部令予以公布，如《工程监理企业资质管理规定》等。

（4）地方性法规　它是指省、自治区、直辖市及省、自治区人民政府所在地的市和经国务院批准的较大的市的人民代表大会及其常委会，在其法定权限内制定的法律规范性文件，如《黑龙江省建筑市场管理条例》《内蒙古自治区建筑市场管理条例》《北京市招标投标条例》《深圳经济特区建设工程施工招标投标条例》等。地方性法规具有地方性，只在本辖区内有效。其效力低于法律和行政法规。

2. 建设法律关系的概念与构成要素

（1）建设法律关系的概念　建设法律关系是指由建设法律规范所确定和调整的一定社会关系之间的权利义务关系。法律的直接内容就是规定权利与义务，不同的权利和义务就形成了不同的法律关系。

（2）建设法律关系的构成要素

1）建设法律关系的主体，是指参加建设活动，受建设法律规范调整，在法律上享有权利、承担义务的人。建设法律关系主体可以是自然人、法人和其他组织。

2）建设法律关系的客体，是指建设法律关系的主体享有权利和承担义务所共同指向的对象。一般客体可分为物、行为和非物质财富。

3）建设法律关系的内容，即建设权利和建设义务。

3. 建设活动中常见的法律责任

1）付款、拖欠工程进度款。

2）侵权责任。常见的侵权责任有勘察设计中的侵权、施工中的侵权。

3）行政责任。常见的行政责任有违反管理法规的责任、违反其他行政管理法规的行为。

11.2.2 建设工程监理法律制度

建设工程监理的有关内容详见第 12 章。

11.2.3 建设工程合同法律制度

1. 建设工程合同法的概念

《合同法》第二百六十九条规定：建设工程合同是承包人进行工程建设，发包人支付价款的合同。在建设工程合同中，发包人委托承包人进行建设工程的勘察、设计、施工，承包人接受委托并完成建设工程的勘察、设计、施工任务，发包人为此向承包人支付价款。由此可以看出，建设工程合同实质上就是一种承揽合同，或者说是承揽合同的一种特殊类型。

2. 建设工程合同的种类

建设工程合同根据承包的内容不同，可分为建设工程勘察合同、建设工程设计合同与建设工程施工合同。

1）建设工程勘察合同，是指勘察人（承包人）根据发包人的委托，完成对建设工程项目的勘察工作，由发包人支付报酬的合同。

2）建设工程设计合同，是指设计人（承包人）根据发包人的委托，完成对建设工程项目的设计工作，由发包人支付报酬的合同。

3）建设工程施工合同，是指施工人（承包人）根据发包人的委托，完成建设工程项目的施工工作，发包人接受工作成果并支付报酬的合同。建设工程施工合同的内容包括工程范围、建设工期、中间交工工程的开工和竣工时间、工程质量、工程造价、技术资料交付时间、材料和设备供应责任、拨款和结算、竣工验收、质量保修范围和质量保证期、双方相互协作等条款。

3. 与建设工程合同相关的其他合同

建设工程合同除建设工程勘察、设计、施工合同之外，工程建设过程中还会涉及许多其他合同，如工程监理的委托合同、物资采购合同、货物运输合同、机械设备的租赁合同、保险合同等。

4. 建设工程合同的履行

（1）建设工程合同履行的原则

1）全面履行原则。当事人应按照合同约定全面履行自己的义务，即按合同约定的标的、数量、质量、价款或者报酬、履行期限、地点和方式等全面履行各自的义务。

2）诚实信用原则。当事人应当遵循诚实信用原则，根据合同性质、目的和交易习惯履行通知、协助和保密等义务。

（2）建设工程合同履行的担保　合同履行的担保是一种法律制度，是合同当事人为全面履行合同及避免因对方违约而遭受损失而定的保证措施。合同履行的担保是通过鉴定担保合同或在合同中设立担保条款来实现的。建设工程合同的担保形式主要有保证、抵押和定金。

5. 建设工程合同违约责任

违约责任是指当事人任何一方不履行合同义务或履行合同义务不符合约定而应当承担的法律责任。《合同法》规定的承担违约责任的原则是以补偿性为原则的。补偿性是指违约责任旨在弥补或者补偿因违约行为造成的损失。建设工程合同承担违约责任的方式主要有继续履行、采取补救措施、赔偿损失、支付违约金和定金罚责。

11.2.4　建设工程质量管理法律制度

建设工程质量直接关系到国民经济的发展和人民生命财产的安全，因此，必须加强对建设工程质量的规范，这是一个十分重要的问题。《建设工程质量管理条例》是《中华人民共和国建筑法》颁布实施后制定的第一部配套的行政法规。

《建设工程质量管理条例》调整的建设工程质量责任主体包括建设单位、勘察单位、设计单位、施工单位及工程监理单位。建筑材料、建筑构配件、设备的生产和供应单位，则应当适用《中华人民共和国产品质量法》的有关规定。

1. 建设工程质量监督

建设工程质量监督是指由政府授权的专门机构对建设工程质量实施的监督。其主要依据是国家颁发的有关法律、法规、技术标准及设计文件。

2. 工程质量事故报告制度

工程质量事故报告制度是《建设工程质量管理条例》确立的一项重要制度。建设工程发生质量事故后，有关单位应当在 24h 内向当地建设行政主管部门和其他有关部门报告。对重大质量事故，事故发生地的建设行政主管部门和其他有关部门应当按照事故类别和等级向当地人民政府和上级建设行政主管部门及其他有关部门报告。

《工程建设重大事故报告和调查程序规定》对重大事故的等级、重大事故的报告和现场保护、重大事故的调查等均有详细规定。事故发生后隐瞒不报、谎报，故意拖延报告期限，故意破坏现场，阻碍调查工作正常进行，无正当理由拒绝调查组查询或者拒绝提供与事故有关情况、资料，以及提供伪证的，由其所在单位或上级主管部门按照有关规定给予行政处分；构成犯罪的，由司法机关依法追究刑事责任。

3. 工程质量检举、控告、投诉制度

《中华人民共和国建筑法》《建设工程质量管理条例》均明确，任何单位和个人对建设工程的质量事故、质量缺陷都有检举、控告、投诉的权利。工程质量检举、控告、投诉制度是为了更好地发挥群众监督和社会舆论监督的作用，是保证建设工程质量的一项有效措施。《建设工程质量投诉处理暂行规定》对该项制度的实施做出了规定。

凡是新建、改建、扩建的各类建筑安装、市政、公用、装饰装修等建设工程，在保修期内和建设过程中发生的工程质量问题，均属工程质量投诉的范围。对超过保修期，在使用过程中发生的工程质量问题，由产权单位或有关部门处理。

11.2.5　建设工程安全生产法律制度

1. 概述

工程建设的安全生产是工程建设管理的一项重要内容。"管建设必须管安全"是工程建设管理的重要原则。建筑工程安全生产管理必须坚持安全第一、预防为主的方针，建立健全安全生产责任制度和群防群治制度。"安全第一、预防为主"，是建设工程安全生产管理依法必须坚持的基本方针。《中华人民共和国建筑法》和《安全生产法》是制定《建设工程安全生产管理条例》的基本法律依据。

根据《建设工程安全生产管理条例》第二条的规定，在中华人民共和国境内从事建设工程的新建、改建、扩建和拆除等有关活动及实施对建设工程安全生产的监督管理，必须遵守该条例。这里所称的建设工程，是指"土木工程、建筑工程、线路管道和设备安装工程及装修工程"。其中：

1）土木工程主要包括铁路、公路、隧道、桥梁、堤坝、电站、码头、飞机场等工程。

2）建筑工程主要是指房屋建筑工程，即有顶盖、梁柱、墙壁、基础，以及能够形成内部空间，满足人们生产、生活、公共活动的工程实体，包括厂房、剧院、旅馆、商店、学校、医院和住宅等工程。

3）线路管道和设备安装工程主要包括电力、通信、石油、燃气、给水、排水、供热等管道系统和各类机械设备、装置的安装活动。

4）装修工程主要包括对建筑物内外进行美化、舒适化、增加使用功能为目的的工程建设活动。

2. 建设单位的安全责任

1）建设单位应当向施工单位提供施工现场及毗邻区域内供水、排水、供电、供气、供热、通信、广播电视等地下管线资料，气象和水文观测资料，相邻建筑物和构筑物、地下工程的有关资料，并保证资料的真实、准确、完整。

2）建设单位不得对勘察、设计、施工、工程监理等单位提出不符合建设工程安全生产法律、法规和强制性标准规定的要求，不得压缩合同约定的工期。

3）建设单位在编制工程概算时，应当确定建设工程安全作业环境及安全施工措施所需费用。

4）建设单位不得明示或者暗示施工单位购买、租赁、使用不符合安全施工要求的安全防护用具、机械设备、施工机具及配件、消防设施和器材。

5）建设单位在申请领取施工许可证时，应当提供建设工程有关安全施工措施的资料。

6）建设单位应当将拆除工程发包给具有相应资质等级的施工单位。

3. 勘察、设计、工程监理及其他有关单位的安全责任

1）勘察单位应当按照法律、法规和工程建设强制性标准进行勘察，提供的勘察文件应当真实、准确，满足建设工程安全生产的需要。

2）设计单位应当按照法律、法规和工程建设强制性标准进行设计，防止因设计不合理导致生产安全事故的发生。设计单位应当考虑施工安全操作和防护的需要，对涉及施工安全的重点部位和环节在设计文件中注明，并对防范生产安全事故提出指导意见。采用新结构、新材料、新工艺的建设工程和特殊结构的建设工程，设计单位应当在设计中提出保障施工作业人员安全和预防生产安全事故的措施建议。设计单位和注册建筑师等注册执业人员应当对其设计负责。

3）工程监理单位应当审查施工组织设计中的安全技术措施或者专项施工方案是否符合工程建设强制性标准。工程监理单位在实施监理过程中，发现存在安全事故隐患的，应当要求施工单位整改；情况严重的，应当要求施工单位暂时停止施工，并及时报告建设单位。施工单位拒不整改或者不停止施工的，工程监理单位应当及时向有关主管部门报告。

4. 施工单位的安全责任

1）施工单位从事建设工程的新建、扩建、改建和拆除等活动，应当具备国家规定的注册资本、专业技术人员、技术装备和安全生产等条件，依法取得相应等级的资质证书，并在其资质等级许可的范围内承揽工程。

2）施工单位主要负责人依法对本单位的安全生产工作全面负责。

3）施工单位对列入建设工程概算的安全作业环境及安全施工措施所需费用，应当用于施工安全防护用具及设施的采购和更新、安全施工措施的落实、安全生产条件的改善，不得挪作他用。

4）施工单位应当设立安全生产管理机构，配备专职安全生产管理人员。

5）建设工程实行施工总承包的，由总承包单位对施工现场的安全生产负总责。

6）垂直运输机械作业人员、安装拆卸工、爆破作业人员、起重信号工、登高架设作业人员等特种作业人员，必须按照国家有关规定经过专门的安全作业培训，并取得特种作业操作资格证书后，方可上岗作业。

7）施工单位应当在施工现场入口处、施工起重机械、临时用电设施、脚手架、出入通道口、楼梯口、电梯井口、孔洞口、桥梁口、隧道口、基坑边沿、爆破物及有害危险气体和液体存放处等危险部位，设置明显的安全警示标志。安全警示标志必须符合国家标准。

8）施工单位应当根据不同施工阶段和周围环境及季节、气候的变化，在施工现场采取相应的安全施工措施。

9）施工单位应当将施工现场的办公、生活区与作业区分开设置，并保持安全距离；办公、生活区的选址应当符合安全性要求。职工的膳食、饮水、休息场所等应当符合卫生标准。施工单位不得在尚未竣工的建筑物内设置员工集体宿舍。

10）施工单位对因建设工程施工可能造成损害的毗邻建筑物、构筑物和地下管线等，应当采取专项防护措施。

11.2.6 环境保护法律制度

环境是指影响人类生存和发展的各种天然和经过改造的自然因素的总体。环境包括大气、水、海洋、土地、矿藏、森林、草原、野生生物、自然遗迹、人类遗迹、风景名胜区、城市和乡村等。

环境问题是指由于人类的活动或自然原因使环境条件发生不利于人类的变化，产生了影响人类的生产和生活，给人类带来灾害的问题。

1. 环境保护法的概念

环境保护法是国家制定或认可的、由国家强制力保证其执行的，调整因保护和改善环境而产生的社会关系的各种法律规范的总称。它所调整的社会关系十分复杂，环境法的立法体系不仅包括大量的专门环境法规，而且包括宪法、民法、劳动法、经济法等法律部门中有关环境保护的规范，具有较强的综合性。

2. 建设施工中环境保护的具体规定

有关建设项目环境保护的管理办法规定：建设单位和施工单位在施工过程中都要保护施工现场周边的环境，防止对自然环境造成不应有的破坏；防止和减轻粉尘、噪声、振动对周围居住区的污染和危害。建设项目竣工后，施工单位应当修整和恢复在建设过程中受到破坏的环境。

（1）施工单位的环境管理 施工单位应当遵守国家有关环境保护的法律规定，采取措施控制施工现场的各种粉尘、废气、废水、固定废弃物，以及噪声、振动对环境的污染和危害。应当采取下列防止环境污染的措施：

1）妥善处理泥浆水，未经处理不得直接排入城市排水设施和河流。

2）除设有符合规定的装置外，不得在施工现场熔融沥青或者焚烧油毡、油漆及其他会产生有毒有害烟尘和恶臭气体的物质。

3）使用密封式的圈筒或采取其他措施处理高空废弃物。

4）采取有效措施控制施工过程中的扬尘。

5）禁止将有毒有害废弃物用作土方回填。

6）对产生噪声、振动的施工机械应采取有效的控制措施，减轻噪声扰民。

建设工程施工由于受技术、经济条件限制，对环境的污染不能控制在规定范围内的，建设单位应当会同施工单位事先报请当地人民政府建设行政主管部门和环境行政主管部门批准。

（2）建筑施工噪声污染与防治

1）建筑施工单位向周围生活环境排放噪声，应当符合国家规定的环境噪声施工场界排放标准。

2）凡在建筑施工中使用机械、设备，其排放噪声可能超过国家规定的环境噪声施工场界排放标准的，应当在工程开工15日前向当地人民政府环境保护部门提出申报，说明工程项目名称、建筑者名称、建筑施工场所及施工期限、可能排放到建筑施工场界的环境噪声强度和所采用的噪声污染防治措施等。

3）排放建筑施工噪声超过国家规定的环境噪声施工场界排放标准、危害周围生活环境时，当地人民政府环境保护部门在报经县级以上人民政府批准后，可以限制其作业时间。

4）禁止夜间在居民区、文教区、疗养区进行产生噪声污染、影响居民休息的建筑施工作业，但抢修、抢险作业除外。生产工艺上必须连续作业的或者因特殊需要必须连续作业的，须经县级以上人民政府环境保护部门批准。

5）向周围生活环境排放建筑施工噪声超过国家规定的环境噪声施工场界排放标准的，确因经济、技术条件所限，不能通过治理噪声源消除环境噪声污染的必须采取有效措施，把噪声污染减少到最低程度，并与受其污染的居民组织和有关单位协商，达成协议，经当地人民政府批准，采取其他保护受害人权益的措施。

3. 建设项目的"三同时"制度

"三同时"制度是指一切新建、改建和扩建的基本建设项目（包括小型建设项目）、技术改造的项目、区域开发建设项目等可能对环境造成损害的工程建设项目中防治污染的设施，必须与主体工程同时设计、同时施工、同时投产使用。

防治污染的设施必须经原审批环境影响报告书的环境保护行政主管部门验收合格后，该建设项目方可投入生产或者使用。

11.3　工程项目招标投标

11.3.1　工程项目发包与承包

工程承包是一种商业行为，是商品经济发展到一定程度的产物。

建筑工程的发包是指建筑工程的建设单位（或总承包单位）将建筑工程任务（勘察、设计、施工等）的全部或一部分通过招标或其他方式，交付给具有从事建筑活动的法定从业资格的单位完成，并按约定支付报酬的行为。建筑工程的发包单位通常为建筑工程的建设单位，即投资建设该项建筑工程的单位（业主）。建筑工程实行总承包的，总承包单位经建设单位同意，在法律规定的范围内对部分工程项目进行分包的，工程的总承包单位即成为分包工程的发包单位。

建筑工程的承包是建筑工程发包的对称，是指具有从事建筑活动的法定从业资格的单位，通过投标或其他方式，承揽建筑工程任务，并按约定取得报酬的行为。建筑工程的承包单位，即承揽建筑工程的勘察、设计、施工等业务的单位，包括对建筑工程实行总承包的单位和承包分包工程的单位。

建筑工程的发包单位与承包单位订立的合同，是指有关建筑工程的承包合同，即由承包方按期完成发包方交付的特定工程项目，发包方按期验收，并支付报酬的协议。

11.3.2 工程项目招标

招标投标是市场竞争的一种方式，通常适用于大宗货物买卖。建设工程招标是指项目招标人发布公告或发出邀请函，对某一特定项目的建设地点、投资目的、任务数量、进度目标、质量标准等予以明示，提出一定的目标要求，并对自愿承包该项目者进行审查、评比和选定的过程。

1. 工程项目招标的范围

《中华人民共和国招标投标法》第三条规定：在中华人民共和国境内进行下列工程建设项目包括项目的勘察、设计、施工、监理以及与工程建设有关的重要设备、材料等的采购，必须进行招标：

1）大型基础设施、公用事业等关系社会公共利益、公众安全的项目。
2）全部或者部分使用国有资金投资或者国家融资的项目。
3）使用国际组织或者外国政府贷款、援助资金的项目。

2. 工程项目招标的方式

招标分为公开招标和邀请招标两种方式。

公开招标是指招标人以招标公告的方式邀请不特定的法人或者其他组织投标。实行公开招标最大的特点是招标人在公平竞争的基础上充分获得市场竞争的利益，有效减少在招标投标过程中的舞弊现象，是最系统、最完整、最规范的招标方式，是国际上最常见的招标方式。其优点是最大限度地体现招标的公平性、公正性和合理性。不过，公开招标也有时间长、工作量大、招标成本高等不足之处。

邀请招标又称为有限招标，也称为选择性招标，是指招标人事先根据一定的标准，承包商以投标邀请书的方式邀请特定的法人或者其他组织投标。采用邀请招标方式，须向三个以上（包括三个）的潜在投标人发出投标邀请书。被邀请的承包商通常是经过资格预审或以往的业务中被证明是有经验的、能胜任本项目的承包商。

邀请招标较公开招标节省招标成本和招标时间，正好弥补了公开招标方式的不足，是公开招标不可缺少的补充方式。由于该方式参与招标的承包商数量较少，范围有限，容易忽略或遗漏有些更好的承包商，也容易造成作弊现象。邀请招标方式主要适用于规模较小（工作量不大，总管理费报价不高）的工程项目。

3. 工程项目招标的程序

《中华人民共和国招标投标法》第九条规定：招标项目按照国家有关规定需要履行项目审批手续的，应当先履行审批手续，取得批准。工程的操作方主要是发包方，招标程序可分为招标准备阶段、招标阶段、定标成交阶段。具体程序如图11-2所示。

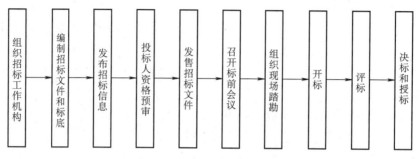

图 11-2　工程施工招标的一般程序

11.3.3　工程项目投标

工程项目投标是指项目投标人出于承包的意向，根据招标投标文件的具体要求，报送投标文件供招标人选择的过程。《中华人民共和国招标投标法》第二十五条规定：可以作为投标人参加投标的主体有法人、自然人（只限于科研项目）和其他组织。

工程项目投标包括从填写资格预审表开始，到正式投标文件交送业主为止的全过程，是组建投标机构，按要求办理投标资格审查，购买招标文件，研究招标文件、现场考察、调查投资环境，确定投标策略，制订施工方案、编制投标文件，报送投标书及保函的过程。工程施工投标的一般程序如图11-3所示。

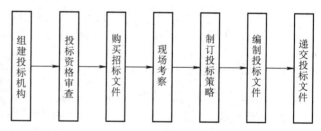

图 11-3　工程施工投标的一般程序

11.3.4　工程项目开标、评标和定标

1. 开标

《中华人民共和国招标投标法》规定：开标应当在招标文件确定的提交投标文件截止时间的同一时间公开进行；开标地点应当为招标文件中预先确定的地点。开标由招标人主持，邀请所有投标人参加。

开标应按下列程序进行：由招标人或其推选的代表检查投标文件的密封情况，也可由招标人委托的公证机构进行检查并公证；经确认无误后，由有关工作人员当众拆封，宣读投标人名称、投标价格和投标文件的其他内容。招标人在招标文件中要求的投标文件提交截止时间前收到的所有投标文件，开标时都应当众予以拆封、宣读。

2. 评标

开标后进入评标阶段。评标由招标人依法组建的评标委员会负责，评标委员会按照招标投标文件确定的标准和方法，对投标文件进行评审和比较，并对评标结果签字确认。实际中通常由招标方组织由项目法人、主要投资方、招标代理机构的代表及有关技术、经济、法律等方面专家组成一个评标机构，对各投标人的标书的有效性、标书所提供的技术方案的科学性、合理性、可行性，技术力量状况和质量保证措施的有效性等做出技术评审，对工程报价及各项费用构成的合理性做出经济评审，在此基础上做出评标报告，提出几名推荐中标人的名单，供发包人从中选择。

3. 定标

定标又称为决标，是指发包人从投标者中最终选定中标者作为工程承包人的活动。

1）招标单位应依据评标委员会的评标报告，并从其推荐的中标候选人中选定中标者。有时可以授权评标委员会直接定标。

2）在评标委员会提交评标报告后，招标单位应当在招标文件规定的时间内完成定标。定标后，招标单位须向中标单位发出《中标通知书》。

11.4　施工项目管理

11.4.1　概述

施工项目是指企业自工程施工投标开始到保修期满为止的全过程中完成的项目。施工项目管理是指企业运用系统的观点、理论和科学技术对施工项目进行的计划、组织、监督、控制、协调等全过程管理。

1. 施工项目管理目标

施工项目管理目标是指施工项目实施过程中预期达到的成果或效果。施工项目管理目标是多方位、多层次的，它是由许多目标构成的一个完整的目标体系，是企业目标体现的重要组成部分。其主要内容有施工项目进度目标、施工项目质量目标、施工项目成本目标、施工项目安全生产目标、文明施工与环境保护目标、其他管理目标（如施工生产、实现利润、工程款回收率目标等）。

2. 施工项目管理的主要内容

（1）施工项目管理规划　是指为了保证施工项目目标的实施，对施工项目实现过程中的人力、财力、物力、技术和组织等在时间和空间上做出的全面而经济合理的安排。

（2）施工项目的目标控制　是指项目管理人员在不断变化的动态环境中为保证计划目标的实现而采取的一系列检查和调整活动的过程。其目的就是高效地组织和协调人力、财力、物力及信息情报等资源，实现施工项目预定目标，生产和提供最理想的产品和服务。

（3）施工项目的组织协调　是一门管理技能和艺术，也是实现项目目标必不可少的方法和手段。在项目实施过程中，项目经理需要处理和调整众多复杂的业务组织关系。

（4）施工项目的合同管理　施工合同是工程建设的主要合同，是施工单位进行工程质量管理、进度管理、费用管理的主要依据。施工项目的合同管理主要是指对施工合同的依法订立过程和履行过程的管理，包括合同文本的选择，合同条件的协商与谈判，合同书的签署，合同履行、检查、变更和违约、纠纷的处理，总结评价等。

（5）施工项目的信息管理　是指对有关施工项目的各类信息的收集、储存、加工整理、传递与使用等一系列工作的总称。

（6）施工项目的文明施工与环境保护　加强文明施工管理，不仅能创造安全、整洁、文明、卫生的施工现场环境，而且能保证现场施工合理、有序地进行，提高劳动效率，降低工程成本，提高经济效益。

（7）施工项目的生产要素管理　施工项目的生产要素管理的根本目的在于节约能源，即要实现生产要素的优化配置和组合，以尽可能少的资源投入创造尽可能多的产出成果。

11.4.2　施工项目成本管理

成本是项目施工过程中各种耗费的总和。施工项目成本管理是指在保证满足项目工期和质量等所有其他项目目标要求的前提下，对项目实施过程中所发生的费用，通过计划、组织、控制和协调等活动实现预定的成本目标，并尽可能地降低成本费用的一种科学的管理活动，它主要通过技术（如施工方案的制订比选）、经济（如核算）和管理（如施工组织管理、各项规章制度等）活动达到预定目标，实现盈利的目的。

1. 施工项目成本构成

施工企业工程成本按照项目成本性质可分为项目直接成本和项目间接成本。

项目直接成本是指直接在该项目上消耗的人工、材料、机械台班数量及外包费用支付额，包括直接人工费、直接材料费、直接设备费及其他直接费用。

项目间接成本是指非直接在工程上消耗的一些费用，如在执行项目任务时发生的管理成本、保险费、融资成本等。

2. 施工项目成本管理内容

施工项目成本管理系统是建筑施工企业项目管理系统中的一个子系统，这一系统的具体工作内容包括成本预测、成本计划、成本控制、成本核算和成本分析等。

施工项目成本管理程序是指从成本估算开始，经过编制成本计划，采取降低成本的措施，进行成本控制，直到成本核算与分析为止的一系列管理工作步骤。

3. 成本控制措施

降低项目成本的方法有多种，综合起来可以采取组织措施、技术措施、经济措施，加强质量管理，控制返工率，加强合同管理等几个方面来控制成本。

11.4.3　施工项目技术管理

施工项目技术管理就是施工项目经理对所承包的施工项目的各项技术活动、技术工作，以及与技术相关的各种生产要素进行计划、实施、总结和评价的系统管理活动。

施工项目技术管理包括技术管理基础工作和技术管理基本工作两方面内容。技术管理基础工作包括：建立健全施工项目技术管理制度及建立完善技术责任制度；贯彻技术标准和技术规程；建立施工技术日志及工程技术档案；做好职工的技术教育和技术培训。技术管理基本工作包括：图样会审，编制施工组织设计及审批，技术交底，安全技术措施及环保措施，编制技术措施计划，以及贯彻执行、技术研发及应用。

11.4.4　施工项目质量管理

工程项目质量包括建筑工程产品实体和服务这两类特殊产品的质量。它是国家现行的有关法律、法规、技术标准、设计文件及工程合同中对工程的安全、使用、经济、美观等特性的综合要求。由于工程项目是在工程合同的限制性下完成的，因而工程项目的质量受合同条件的影响大。

工程项目质量的形成是一个有序的系统工程，其质量包括工程项目决策质量、工程项目设计质量、工程项目施工质量和工程项目维护、保修服务质量。

一个建设项目是由分项工程、分部工程和单位工程所组成，而工程项目的建设是通过若干工序来完成。所以，施工项目的质量控制是从工序质量到分项工程质量、分部工程质量、单位工程质量的系统控制过程。

影响施工项目质量的因素主要有五大方面，通常称为4M1E，指人（man）、材料（material）、机械（machine）、方法（method）和环境（environment）。事前对这五方面的因素严加控制，是保证施工项目质量的关键。

1）人的控制。人是指直接参与施工的组织者、指挥者和操作者。从人的技术水平、生理缺陷、心理行为、错误行为等方面来控制人的使用。

2）材料控制。材料控制包括原材料、成品、半成品、构配件等的控制。

3）机械控制。机械控制包括施工机械设备、工具等控制。

4）方法控制。方法控制包含施工方案、施工工艺、施工组织设计、施工技术措施等方面的控制。

5）环境控制。从工程技术环境、工程管理环境、劳动环境等诸多因素加以控制。

施工阶段是项目质量形成的阶段，也是施工质量控制的重点阶段。按顺序分为事前控制、事中控制和事后控制三个阶段。

11.4.5　施工项目安全管理

施工项目安全管理是指建筑施工企业按照国家有关安全生产法规和本企业的安全生产规章制度，以直接消除生产过程中出现人的不安全行为和物的不安全状态为目的的一种最基层的、具有终结性的安全管理活动。

施工项目安全管理是最低层次的安全管理活动，但又是组成企业安全管理活动的"细胞"，是其他高层次管理活动得以实施的保证，主要体现在以下几种措施：

1）强化安全。

2）落实安全生产责任制。

3）加强安全生产培训和教育，严守安全纪律。

4）完善安全防护措施，消除事故隐患。

5）坚持安全检查，消除事故隐患。

11.4.6　施工项目现场管理

《建设工程施工项目管理规范》定义的施工项目现场管理是指对施工现场内施工活动及空间所进行的管理。其目标是规范场容、文明施工、安全有序、整洁卫生、不扰民、不损害公众利益。

施工项目现场管理的任务是从签订工程承包合同之日起，以施工现场为管理对象，以成本、质量、工期、安全、环保等要求为目标，从事各项施工现场的组织管理工作，直到竣工验收交付使用为止。

施工项目现场管理的内容：

1）施工现场平面布置与管理。合理组织施工用地及科学设计施工总平面图，即按照施工部署、施工方案、施工进度的要求，对施工现场的各类设施等做出的周密规划和布置。施工现场平面管理是根据施工进度的不同阶段在施工过程中对平面布置调节的调整和补充，是对施工总平面图全面落实的过程管理。

2）施工现场文明施工管理，是指施工项目在现场的施工过程中，按照现代化施工的客观要求，保持文明的施工环境和良好的施工秩序的管理活动。

3）施工现场质量检查管理。工程建设现场施工阶段是建筑产品质量形成的主要阶段，必须严格按照企业质量体系的要求运行，在施工全过程中进行施工质量的检查与管理。

4）施工现场的合同管理，是指施工全过程中的合同管理，主要是总承包与业主之间的施工合同管理和总承包与分承包之间的合同管理。

5）正确实施施工现场管理与调度。

11.5 房地产开发

11.5.1 概述

1. 房地产与房地产业

一般认为房地产是指房产和地产的总称，是可开发的土地、建筑物及固着在土地、建筑物上不可分离的部分及其附带的各种权益。房地产由于其自己的特点即位置的固定性和不可移动性，又被称为不动产。

房地产业是指从事土地和房地产开发、经营、管理和服务的行业。

2. 房地产的特性

每一类拍卖标的物都有自己的特殊性，这种特殊性是与该类标的物的特性相联系的，房地产有以下一些特殊属性：

1）位置的固定性和不可移动性。房地产最重要的特性在于不可移动，位置固定。

2）使用的长期耐久性。

3）异质性。房地产的异质性又称为单一性，或产品的单件性，即不存在相同的房地产，任何一宗房地产都是唯一的。

4）保值增值性。

5）受环境影响性。

6）价值高及其他经济属性。

3. 房地产开发的概念

房地产开发是指在依据《城市房地产法》取得国有土地使用权的土地上进行基础设施、房屋建设的行为。

11.5.2　房地产开发项目的可行性研究

房地产开发项目的可行性研究是在具体项目投资决策之前，分析、计算和评价投资项目的技术方案、开发方案、经营方案的经济效果，研究项目的必要性和可能性，进行开发方案选择与投资方案决策的科学分析方法。

1. 可行性研究工作的阶段划分

可行性研究工作根据程序和工作研究的深度可分为投资机会研究、初步可行性研究、全面可行性研究三个阶段。

（1）投资机会研究　该阶段主要是对投资项目或投资方向提出建议，即在一定的地区和部门内，以自然资源和市场的调查预测为基础，寻找最有利的投资机会。投资机会研究相当粗略，主要依靠笼统的估计而不是依靠详细的分析。该阶段投资估算的精确度为 ±30%，研究费用一般占总投资的 0.2%~0.8%。如果机会研究认为可行的，就可以进行下一阶段的工作。

（2）初步可行性研究　也称为预可行性研究，在机会研究的基础上，进一步对项目建设的可能性与潜在效益进行论证分析。初步可行性研究阶段投资估算精度可达 ±20%，所需费用占总投资的 0.25%~1.5%。

（3）全面可行性研究　全面可行性研究是从市场、技术、环境、法律等各方面进行系统分析论证，也是做出投资与否决策的最关键步骤。这一阶段对建设投资估算的精度在 ±10%，所需费用，小型项目占投资的 1.0%~3.0%，大型复杂的工程占 0.2%~1.0%。

2. 可行性研究的主要内容

可行性研究的主要内容包括项目概况，开发项目用地的现场调查及动迁安置，市场分析和建设规模的确定，规划设计影响和环境保护，资源供给，环境影响和环境保护，项目开发组织机构、管理费用的研究及开发建设计划，项目经济及社会效益分析，结论及建议。

3. 房地产投资项目可行性研究的主要步骤

（1）筹划　是可行性研究开始前的准备工作，也是关键环节。主要包括提出项目开发设想，委托研究单位或组建研究机构，筹集研究经费，承担研究课题的部门要摸清项目研究的意图，项目提出的背景，研究项目的界限、范围、内容和要求，收集该研究课题的主要依据材料，制订研究计划。

（2）调查　主要从市场调查和资源调查两方面进行。市场调查应查明和预测市场的供给和需求量、价格、竞争能力等，以便确定项目的经济规模和项目构成。资源调查包括建设地点调查、开发项目用地现状、交通运输条件、外围基础设施、环境保护等方面的调查，为下一步规划方案设计、技术经济分析提供准确的资料。

（3）方案的选择和优化　在收集到的资料和数据的基础上，建立若干可供选择的方案，进行反复比较和论证，会同相关部门采用技术经济分析的方法，评选出合理方案。

（4）财务评价与不确定性分析　对经上述分析后所确定的最佳方案，在估算项目投资、成本、价格、收入等基础上，对方案进行详细的财务评价和不确定性分析。研究论证项目在经济上的合理性和盈利能力。由相关部门提出资金筹措建议和项目实施总进度计划。

（5）编写可行性研究报告并提交　经上述分析与评价，即可编写详细的可行性研究报告，推荐一个以上的可行方案和实施计划，并提出结论性意见、措施和建议。

11.5.3 房地产开发项目的准备

房地产开发项目实施前需要一定的准备工作，主要包括以下几个方面：

1）房地产开发项目的报建、规划申请与审批、开工申请与审批。

2）房地产开发项目规划设计。

3）房地产开发项目融资。房地产开发项目融资是整个社会融资系统中的一个重要组成部分，是房地产投资者为保证投资项目的顺利进行而进行的融通资金的活动。其实质是充分发挥房地产的财产功能，为房地产投资融通资金，以达到尽快开发、提高投资效益的目的。

4）房地产开发项目招标投标。

11.5.4 房地产开发项目的管理

房地产开发项目管理主要是在项目施工建设过程中对各项具体工程所进行的计划、指挥、检查、调整和控制，以及在工程建设过程中与社会各相关部门的联络、协调等工作。房地产开发项目管理就是把项目策划和工程设计图样付诸实施，取得投资效益的重要管理阶段。

房地产开发项目的管理主要包括项目的成本管理、工程管理、质量管理、进度管理、合同管理、工程技术管理、施工安全管理及市政配套协调管理等内容。其中成本管理、质量管理、进度管理是三大核心。

房地产开发项目管理的有关工作内容：取得开发建设用地；开发建设的法定手续审批阶段；合同文件的准备阶段；选择承包商阶段；现场监督、施工阶段；项目竣工验收阶段。

1. 房地产开发项目成本管理

房地产开发项目成本管理是指在投资决策阶段、设计阶段、开发项目发包阶段和建设实施阶段，把开发项目的投资控制在批准的投资限额以内，随时纠正发生的偏差，确保开发项目投资管理目标的实现，力求在开发项目中合理使用人力、财力、物力，以获得良好的经济效益、社会效益和环境效益。

房地产开发项目成本构成主要包括开发成本（包括土地费用、基础设施费、建筑安装费等）和销售成本（包括销售代理、广告宣传等）。

房地产开发项目成本管理的主要内容包括策划、设计阶段的成本管理，发包、施工阶段的成本管理和项目销售阶段的成本管理。

2. 房地产开发项目质量管理

房地产开发项目质量管理的主要内容包括施工前的准备阶段及施工过程中的质量管理。质量管理的主要途径是审核有关技术文件、报告或报表（进行全面监督、检查与控制的重要途径），现场质量监督，现场质量检验。

施工阶段质量监督控制手段主要有：

1）旁站监督。在施工过程中派工程技术人员在现场观察、监督与检查施工过程，注意并及时发现质量事故的苗头、影响质量的不利因素、潜在的质量隐患及出现的质量问题等，以便及时控制。对于隐蔽工程的施工，旁站监督尤为重要。

2）测量。施工前甲方技术人员应对施工放线等进行检查控制，不合格者不得施工；发现偏差及时纠正；中间验收时，对几何尺寸等不合格者，应指令施工单位处理。

3）实验。实验数据是判断和确定各种材料和工程部位内在品质的主要依据。

4）固定质量监控工作程序。规定双方必须遵守的质量监控工作程序，并按该程序进行工作，是进行质量监控的必要手段和依据。

5）指令文件。指令文件是运用甲方指令控制权的具体形式，是表达开发商对施工承包单位提出指示和要求的书面文件，用于向施工单位指出施工中存在的问题，提请施工单位注意，以及向施工单位提出要求或指示其做什么或不要做什么等。

6）利用支付手段。这是国际上较为通用的一种重要的控制手段，是开发商的支付控制权。而支付控制权就是对施工承包单位支付任何工程款项，均需由开发商批准。

3. 房地产开发项目进度管理

房地产开发项目进度管理是指对开发项目各建设阶段的工作内容、工作程序、持续时间和衔接关系编制计划，并将该计划付诸实施，且在实施过程中经常检查实际进度是否按计划要求进行，对出现的偏差分析原因，采取补救措施或调整、修改原计划，直至项目竣工、交付使用。

影响房地产开发项目的因素较多，主要有以下几个方面：

1）材料、设备的供应情况。

2）设计变更及修改会增加工作量，延缓工程进度。

3）劳动力的安排情况。要恰当安排工人，防止工人过多或过少。

4）气象条件。天气不好时安排室内施工与装修，天气情况好时，加快室外施工速度。

5）其他因素。如资金、经济危机等。

房地产开发项目进度管理的主要方法是筹划、控制和协调，其管理措施主要包括组织措施、技术措施、合同措施、经济措施、信息管理措施等。

11.6 物业管理

11.6.1 物业与物业管理

物业是指已建成并投入使用的各类房屋及与之相配套的设备、设施和场地。各类房屋可以是住宅区，也可以是单体的其他建筑，还包括综合商住楼、工业厂房、仓库等。与之相配套的设备、设施和场地，是指房屋室内外各类设备、公共市政设施及相邻的场地、庭院、干道。

根据使用功能的不同，物业可分为居住物业（如住宅小区、公寓、别墅、度假村等）、商业物业（如写字楼、商业大厦、商业广场、宾馆、酒店等）、工业物业（如工业厂房、仓库等）及其他物业（如车站、码头、医院、学校、体育场馆等）。物业的类型、使用功能的不同，其物业管理的内容、要求和特点都存在很大区别。

1. 物业的特性

世界上每个事物都有自己的属性，物业也不例外。分析和把握物业的属性，对于了解物业和物业管理的本质，掌握物业管理运作规律，搞好物业管理有着十分积极的意义。

（1）商品特性　物业的商品特性是由物业的价值、使用价值及商品经济的规律所决定的。物业的商品特性决定物业是可以保值的，这一特点主要来自物业作为房地产的价值能力。

（2）全属性 物业的全属性也就是物业的法律特性，主要反映的是物业的权属关系，也就是房地产物权。房地产物权在我国法律中是指物权人在法律规定的范围内享有的房屋的所有权及其占有土地的使用权。

（3）多样性 物业的多样性是指建筑物的多样性，建筑物的多样性由很多因素造成。

（4）永久性和长期性 物业的永久性是就土地而言的。土地是永存的，具有不可毁灭性，建筑物则可能灭失或逐渐损耗，直到丧失物理寿命。物业的长期性主要是就建筑物而言的。建筑物在建成后，正常情况下，其物理寿命期限可达到数十年甚至数百年，可供人们长期使用。所以，物业既可以一次性出售，也可以通过出租的方式零星出售，边流通边消费；其价值可以一次收回，也可以在较长时期中多次收回。

（5）固定性 物业的固定性主要是指物业在空间位置上相对固定和不可移动的特性。任何人都无法用物理移动的办法将已建成的某一物业从一地移到另一地，即使人们将地上建筑物与土地相分离，也只是改变物业用途，不能移动其在法律上的意义或实质上的物业位置。

（6）物业的配套性 物业的配套性是指物业以其各种配套设施，满足人们各种需要的特性。没有配套设施的物业不能满足人们的各种需要，人们的各种需求从客观上决定了物业的配套性。物业配套越齐全，其功能发挥就越充分。

2. 物业管理

物业管理的含义有广义和狭义之分。广义的物业管理概念泛指一切为了物业的正常使用、经营而对物业本身及其业主和用户所进行的管理和提供的服务。只要有房屋建筑，存在房屋居住、使用上的问题就必然有（广义）物业管理的行为来处理问题。现在通常使用的物业管理概念，主要是狭义的物业管理概念。它是指业主通过选聘物业服务企业，由业主和物业服务企业按照物业服务合同约定，对房屋及配套的设施设备和相关场地进行维修、养护、管理，维护物业管理区域内的环境卫生和相关秩序的活动。

物业管理的对象是物业，服务对象是人，是集管理、经营、服务为一体的有偿劳动，实行社会化、专业化、企业化经营之路，其最终目的是实现社会、经济、环境效益的同步增长。从物业管理的概念可以得出，物业管理具有服务性、社会性、专业性、经营性和综合性。

11.6.2 物业管理的基本内容和基本环节

1. 物业管理早期介入与前期物业管理

物业管理早期介入是指物业管理公司在接管物业之前，就参与物业的规划、设计和建设，从物业管理服务的角度提出意见和建议，以使建成后的物业能满足业主或使用人的要求。物业管理早期介入的咨询对象主要是房地产开发商或投资商，其费用应由开发商承担。

前期物业管理是指业主、业主大会选聘物业管理企业之前，由建设单位选聘物业管理企业实施的物业管理，即从物业承接查验开始至业主大会选聘物业管理企业为止的物业管理阶段。

2. 物业管理的基本内容

物业管理的根本宗旨是为全体业主和物业使用人提供并保持良好的生活、工作环境，尽可能满足他们的合理要求。尽管物业类型各有不同，但物业管理的基本内容是一样的，其基本内容按服务的性质和提供的服务方式可分为常规性的公共服务、针对性的专项服务和委托性的特约服务三大类。

（1）常规性的公共服务　是指物业管理中的基本管理工作，是物业管理企业面向所有住用人提供的最基本的管理与服务。常规性的公共服务主要包括房屋建筑主体的管理，房屋设备、设施的管理，环境卫生的管理，绿化管理，保安管理，消防管理，车辆道路管理，公众代办性质的服务。

（2）针对性的专项服务　是指物业管理企业为改善和提高住用人的工作、生活条件，面向广大住用人，为满足其中一些住户、群体和单位的一定需要而提供的各项服务工作。专项服务的内容主要有日常生活类，商业服务类，文化、教育、卫生、体育类，金融服务类，经纪代理中介服务。

（3）委托性的特约服务　特约服务是为满足物业产权人、使用人的个别需求受其委托而提供的服务，通常是指在物业管理委托合同中未要求，物业管理企业在专项服务中也未设立，而物业产权人、使用人又提出该方面的需求，此时物业管理企业应在可能的情况下尽量满足其需求，提供特约服务。如小区内老年病人的护理、接送子女上学、照顾残疾人的上下楼梯、为住用人代购生活物品等。

3. 物业管理的基本环节

物业管理包括早期介入，承接查验，入伙手续的办理，档案资料的建立，物业的装修与管理，物业的日常管理与维修养护等多个环节。

11.6.3　物业管理的组织机构

物业管理企业是指按法定程序成立并具有相应资质条件，专门从事永久性建筑物及其附属设备设施等物业及相关场地和周边环境的管理工作，具有独立的企业法人地位的经济实体。其性质属于第三产业中的服务行业。

1. 物业管理企业机构设置的原则

（1）目标原则　公司有自己的经营发展目标，组织机构的设置必须以公司的总体目标为依据。因目标设置机构，因机构设职设人，这是组织机构设置的目标原则。

（2）统一领导、分层管理原则　通过管理层与作业层的两层分离，做到"人事相宜"，组织全体员工为业主和使用人提供全方位的服务。

（3）分工协作原则　根据工作的性质、工作量，进行明确、合理的分工，把企业的任务和目标层层分解落实到每个部门、每个员工。同时，加强上下级之间纵向协作，改善各部门及岗位之间的横向协作关系。

（4）精干、高效、灵活的原则　物业管理的机构要精简、队伍要精干、工作要高效。同时，根据实际情况的变化，及时对机构做出必要的调整，以体现物业管理企业资质机构的灵活适应性。

2. 物业管理企业组织机构的类型

物业管理企业组织机构的基本类型一般有直线制、直线职能制、事业部制和矩阵制等几种形式。

（1）直线制　是企业管理机构最早、最简单的一种组织形式。这些公司下设专门的作业组，由经理直接指挥。采用这种类型的物业管理公司一般都是小型的专业化物业管理公司，以作业性工作为主。直线制的优点是责权统一，行动效率高；缺点是对领导者的要求比较高，要通晓多种专门知识，亲自处理许多具体业务。

（2）直线职能制　是在直线制的基础上吸收了职能制的长处的一种组织形式。各级组织单位除主管负责人外，还相应地设置了职能机构。这些职能机构有权在自己的业务范围内从事各项专业管理活动。一般的大中型物业管理公司都采用直线职能制组织形式。直线职能制既保持了直线制集中统一指挥的优点，又发挥了职能机构专业管理的作用。直线职能制的缺点主要表现在横向协调配合困难，不利于沟通信息，有些问题各部门要向直线领导机构和人员请示报告后才能处理，影响工作效率。

（3）事业部制　又称为分权组织，是大的企业系统中把那些具有相对独立的业务部门划分为独立的单位或分公司，使之独立核算，每个独立经营的单位都是在总公司的掌控之下的利益中心。事业部制的主要优点是各事业部在容许范围内独立经营，提高了管理的灵活性和对市场竞争的适应性，又具有较高的稳定性。事业部制的缺点是机构重叠，管理人员浪费，易造成事业部之间本位主义，影响事业部之间的合作。

（4）矩阵制　由纵向的职能系统和横向的子项目系统组成。参加项目的成员受双重领导，既受所属职能部门的领导，又受项目经理的领导。矩阵制的优点是加强了各职能部门之间的横向联系，具有加强的机动性和适应性。矩阵制的缺点主要表现在协调工作量大，处理不当容易产生矛盾，组织结构的稳定性差。

11.6.4　业主和业主委员会

1. 业主

房屋的所有权人为业主，在物业管理中业主又是物业管理企业所提供物业管理服务的主体。

业主在物业管理活动中，享有下列权利：

1）按照物业服务合同的约定，接受物业服务企业提供的服务。

2）提议召开业主大会会议，并就物业管理的有关事项提出建议。

3）提出制定和修改管理规约、业主大会议事规则的建议。

4）参加业主大会会议，行使投票权。

5）选举业主委员会成员，并享有被选举权。

6）监督业主委员会的工作。

7）监督物业服务企业履行物业服务合同。

8）对物业共用部位、共用设施设备和相关场地使用情况享有知情权和监督权。

9）监督物业共用部位、共用设施设备专项维修资金（以下简称专项维修资金）的管理和使用。

10）法律、法规规定的其他权利。

业主在物业管理活动中，履行下列义务：

1）遵守管理规约、业主大会议事规则。

2）遵守物业管理区域内物业共用部位和共用设施设备的使用、公共秩序和环境卫生的维护等方面的规章制度。

3）执行业主大会的决定和业主大会授权业主委员会做出的决定。

4）按照国家有关规定缴纳专项维修资金。

5）按时缴纳物业服务费用。

6）法律、法规规定的其他义务。

2. 业主委员会

业主委员会是物业管理区域内代表业主实施自治管理的组织，是由业主大会从业主中选举产生，经政府备案成立代表全体业主合法权益的业主大会的常设机构。其宗旨是代表物业的合法权益，实行业主自治与专业化管理相结合的管理体制，保障物业的合理与安全使用，维护本物业的公共秩序，创造整洁、优美、安全、舒适、文明的环境。业主委员会委员应当由热心公益事业、责任心强、具有一定组织能力的业主担任。业主委员会主任、副主任在业主委员会成员中推选产生。

业主委员会的职责：

1）组织召开业主大会会议，报告物业管理的实施情况。

2）代表业主与业主大会选聘的物业管理企业签订物业服务合同。

3）及时了解业主、物业使用人的意见和建议，监督和协作物业管理企业履行物业服务合同。

4）监督业主公约的实施。

5）业主大会赋予的其他职责。

—— 思 考 题 ——

1. 简述基本建设和基本建设程序的概念。

2. 简述基本建设程序的内容与步骤。

3. 设计工作阶段包括哪几个阶段？

4. 简述建设法规的概念及建设法律关系的构成要素。

5. 在我国建设工程领域中，现行主要适用的基本法律法规有哪些？举例说明。

6. 建设活动中常见的法律责任有哪些？

7. 简述建设工程监理的范围。

8. 简述建设工程合同的概念及种类。

9. 承担建设工程合同违约责任的原则及方式是什么？

10. 何谓工程项目招标、投标？

11. 工程项目招标、投标的程序分别是什么？

12. 工程项目招标有哪些方式？分别是什么？

13. 简述施工项目管理的主要内容。

14. 什么是施工项目成本管理？

15. 施工项目技术管理的基本工作包括哪些方面？

16. 影响施工项目质量的因素主要有哪五大方面？

17. 简述施工项目现场管理的概念及内容。

18. 简述房地产、房地产业的概念。

19. 简述房地产开发项目的可行性研究的内容。

20. 房地产开发项目的准备包括哪几方面？

21. 房地产开发项目管理的内容有哪些? 其中核心内容是哪三个?

22. 什么是物业管理? 物业管理有哪些基本环节?

参 考 文 献

[1] 张海贵. 现代建筑施工项目管理 [M]. 北京: 金盾出版社, 2001.

[2] 陈林杰. 房地产经营与管理 [M]. 北京: 机械工业出版社, 2007.

[3] 谭术魁. 房地产开发与经营 [M]. 上海: 复旦大学出版社, 2006.

[4] 徐广舒. 建设法规 [M]. 北京: 机械工业出版社, 2008.

[5] 谢希钢. 物业管理概论 [M]. 上海: 上海交通大学出版社, 2007.

[6] 戚瑞双. 房地产法律法规 [M]. 上海: 上海财经大学出版社, 2008.

[7] 徐洪灿. 物业管理实务 [M]. 北京: 中国人民大学出版社, 2008.

[8] 兰定筠. 新编建设工程合同法律法规及合同文本实用手册 [M]. 北京: 中国水利水电出版社, 2006.

[9] 陈群. 工程项目管理 [M]. 大连: 东北财经大学出版社, 2008.

[10] 丛培经. 工程项目管理 [M]. 5 版. 北京: 中国建筑工业出版社, 2017.

[11] 高正文. 建设工程法规与合同管理 [M]. 北京: 机械工业出版社, 2008.

12.1 建设工程监理制

从 1988 年开始,在我国建设领域实行了一项重大改革,这就是参照国际惯例,建设有中国特色的建设工程监理制度。建设工程监理制度是在建设工程领域实行社会化、专业化管理的结果,是建设领域由计划经济向市场经济转变的需要。

监理是指工程监理单位受建设单位委托,根据法律法规、工程建设标准、勘察设计文件及合同,在施工阶段对建设工程质量、进度、造价进行控制,对合同、信息进行管理,对工程建设相关方的关系进行协调,并履行建设工程安全生产管理法定职责的服务活动。建设监理的目的是促进建设者行为符合国家法律、法规、技术标准和有关政策,约束建设行为的随意性和盲目性,确保建设行为的合法性、科学性,并对建设进度、费用、质量目标进行有效的控制,实现合同的要求。

建设工程监理是随着市场经济的发育形成和发展起来的。起先,业主们越来越感到单靠自己来监督管理工程建设的局限性和困难性,专业化和劳动分工理论的建立,使建设监理的必要性逐步被人们认识。发展到今天,建设工程监理已贯穿于建设活动的全过程。世界银行、亚洲开发银行、非洲开发银行等国际金融机构,都把实行建设监理作为提供贷款的条件之一,建设监理成为工程建设必须遵循的制度。我国加强培训,积极实践,并参与国际建设监理竞争。1998 年 3 月 1 日起施行的《中华人民共和国建筑法》中,列入了有关建设监理的法律条文,2000 年 12 月 7 日中华人民共和国建设部与国家质量技术监督局联合发布了《建设工程监理规范》,2013 年 5 月 13 日对其进行了修订。建设监理制度向法制化、程序化发展,逐步成为工程建设管理组织体系中的一个重要组成部分。

12.1.1 建设工程监理的范围

下列建设工程必须实行监理:

1)国家重点建设工程,指依据《国家重点建设项目管理办法》所规定的对国民经济和社会发展有重大影响的骨干项目。

2)大中型公用事业工程,指项目总投资额在 3000 万元以上的供水、供电、供气、供热等市政工程项目,科技、教育、文化等项目,体育、旅游、商业等项目,卫生、社会福利等项目,其他公用事业项目。

3)成片开发建设的住宅小区工程,指建筑面积 5 万 m^2 以上的住宅建设工程。

4)利用外国政府或者国际组织贷款、援助资金的工程,包括使用世界银行、亚洲开发银行等国际组织贷款资金的项目；使用国外政府及其机构贷款资金的项目；使用国际组织或者国外政府援助资金的项目。

5）国家规定必须实行监理的其他工程，包括项目总投资额在3000万元以上关系社会公共利益、公众安全的交通运输、水利建设、城市基础设施、生态环境保护、信息产业、能源等基础设施项目，以及学校、影剧院、体育场馆项目。

12.1.2 建设工程监理的基本方法

工程建设监理的基本方法是系统性的，它由不可分割的若干个子系统组成。它们相互联系，相互支持，共同运行，形成一个完整的方法体系，这就是目标规划、动态控制、组织协调、信息管理和合同管理。

（1）目标规划 目标规划是以实现目标控制为目的的规划和计划，是围绕工程项目的投资、进度和质量目标进行研究、分解综合、安排计划、风险管理、制订措施等各项工作的集合。目标规划是目标控制的前提和基础，只有做好目标规划的各项工作，才能有效地实施目标控制。目标规划做得越好，目标控制的基础就越牢，目标控制的前提条件也就越充分。

（2）动态控制 动态控制工作贯穿于工程项目的整个监理过程中。动态控制就是在完成工程项目的过程中，通过对过程、目标和活动的跟踪，全面、及时、准确地掌握工程建设信息，将实际目标值和实际工程建设状况与计划目标值和计划工程建设状况进行对比。如果偏离了计划，就采取措施加以纠正，以便达到计划总目标的实现。这是一个不断循环的过程，直至项目建成交付使用。

（3）组织协调 协调的目的是实现项目目标。在监理过程中，当设计概算超过投资估算时，监理工程师要与设计单位进行协调，使设计与投资限额之间达成一致，既要满足建设单位对项目的功能和使用要求，又要力求使费用不超过限定的投资额度；当施工进度影响到项目动工时间时，监理工程师就要与施工单位进行协调，或改变投入，或修改计划，或调整目标，直到制订出一个较理想的解决方案为止；当发现承包单位的管理人员不称职，给工程质量造成影响时，监理工程师要与承包单位进行协调，以便更换人员，确保工程质量。

（4）信息管理 在实施监理过程中，监理工程师要对所需要的信息进行收集、整理、处理、存储、传递、应用等一系列工作，这些工作构成了信息管理。监理工程师在开展监理工作中要不断预测或发现问题，要不断地进行规划、决策、执行和检查，而做好其中的每项工作都离不开相应的信息。任何控制只有在信息的支持下才能有效进行。

（5）合同管理 监理企业在工程建设监理过程中进行合同管理，主要是根据监理合同的要求，对工程承包合同的签订、履行、变更和解除进行监督、检查，对合同双方的争议进行调解和处理，以保证合同的依法签订和全面履行。

12.1.3 建设单位、监理企业、承包单位之间的关系

虽然在工程承包合同中只有建设单位和承包单位两个签署主体，但在项目实施过程中，监理企业却是一个不可缺少的角色。

建设单位与监理企业之间是委托与被委托关系，他们之间通过合同来确定双方的权利、义务和责任，建设单位不得随意干涉监理企业的工作。监理企业必须坚持"公正、独立、自主"的原则开展工作。

建设单位与承包单位之间是发包与承包的关系。承包单位按合同约定的要求完成工程，取得利润。建设单位与承包单位各有相应的权利、义务和责任。

监理企业与承包单位之间是监理与被监理的关系，不存在经济法律关系。承包单位应按照承包合同的要求和监理企业的指示施工，接受监理企业的监督管理；而监理企业应认真、勤奋地工作，认为工程施工不符合工程设计要求、施工技术标准和合同约定的，有权要求承包单位改正。对应当监督检查的项目不检查或者不按照规定检查，给建设单位造成损失的，监理企业应当承担相应的责任。

在委托监理的工程范围内，建设单位和承包单位对对方的任何意见和要求（包括索赔要求），均必须首先向监理机构提出，由监理机构研究处置意见，再同双方协商确定。当建设单位和承包单位发生争议时，监理机构应根据自己的职能，以独立的身份判断，公正地进行调解。当双方争议由政府建设行政主管部门调解或仲裁机关仲裁时，应当提供作证的事实材料。

12.2 工程监理企业与注册监理工程师

12.2.1 工程监理企业

工程监理企业是指依法成立并取得国务院建设主管部门颁发的工程监理企业资质证书，从事建设工程监理活动的服务机构。

1. 监理企业的组织形式

按照我国现行法律法规的规定，我国的工程监理企业有可能存在的企业组织形式包括公司制监理企业、合伙监理企业、个人独资监理企业、中外合资经营监理企业与中外合作经营监理企业。

（1）公司制监理企业　监理公司是以盈利为目的，依照法定程序设立的企业法人。我国监理公司的种类有两种，即监理有限责任公司和监理股份有限公司。

（2）中外合资经营监理企业与中外合作经营监理企业　中外合资经营监理企业是指以中国的企业或其他经济组织为一方，以外国的公司、企业、其他经济组织或个人为另一方，在平等互利的基础上，根据《中华人民共和国中外合资经营企业法》签订合同、制定章程，经中国政府批准，在中国境内共同投资、共同经营、共同管理、共同分享利润、共同承担风险，主要从事工程监理业务的监理企业。中外合作经营监理企业是指中国的企业或其他经济组织同外国的企业、其他经济组织或个人，按照平等互利的原则和我国的法律规定，用合同约定双方的权利、义务，在中国境内共同举办的、主要从事工程监理业务的经济实体。

2. 监理企业的资质管理制度

（1）工程监理企业资质　工程监理企业资质是企业技术能力、管理水平、业务经验、经营规模、社会信誉等综合性实力指标。对工程监理企业进行资质管理的制度是我国政府实行市场准入控制的有效手段。

工程监理企业应当按照所拥有的注册资本、专业技术人员数量和工程监理业绩等资质条件申请资质，经审查合格，取得相应等级的资质证书后，才能在其资质等级许可的范围内从事工程监理活动。

工程监理企业的注册资本不仅是企业从事经营活动的基本条件，也是企业清偿债务的保证。工程监理企业所拥有的专业技术人员数量主要体现在注册监理工程师的数量，这反映企业从事监理工作的工程范围和业务能力。工程监理业绩则反映工程监理企业开展监理业务的经历和成效。

工程监理企业的资质按照等级分为综合资质、专业资质和事务所资质三个等级。其中，专业资质按照工程性质和技术特点分为14个工程类别。综合资质、事务所资质不分级别。专业资质分为甲级、乙级；其中，房屋建筑、水利水电、公路和市政公用专业资质可设立丙级。

（2）工程监理企业的资质申请　工程监理企业申请资质，一般要到企业注册所在地的县级以上地方人民政府建设行政主管部门办理有关手续。新设立的工程监理企业申请资质，应当先到工商行政管理部门登记注册并取得企业法人营业执照后，才能到建设行政主管部门办理资质申请手续。

申请工程监理企业资质，需要提交以下材料：工程监理企业资质申请表及相应电子文档；企业法人、合伙企业营业执照；企业章程或合伙人协议；企业法定代表人、企业负责人和技术负责人的身份证明、工作简历及任命文件；工程监理企业资质申请表中所列注册监理工程师及其他注册执业人员的注册执业证书；有关企业质量管理体系、技术和档案等管理制度的证明材料；有关工程试验检测设备的证明材料。

为贯彻落实国务院办公厅《关于促进建筑业持续健康发展的意见》（国办发〔2017〕19号），深入推进建筑业"放管服"改革，决定在浙江、江西、山东、河南、湖北、四川、陕西7个省份和北京、上海、重庆3个直辖市开展工程监理企业资质告知承诺制审批试点。

自2019年10月1日起，试点地区建设工程企业申请房屋建筑工程监理甲级资质、市政公用工程监理甲级资质采用告知承诺制审批。

企业可通过建设工程企业资质申报软件或登录本地区省级住房和城乡建设主管部门门户网站政务服务系统，以告知承诺方式完成资质申报。企业应对承诺内容真实性、合法性负责，并承担全部法律责任。

（3）工程监理企业资质审批程序　申请综合资质、专业甲级资质的，省、自治区、直辖市人民政府建设主管部门应当自受理申请之日起20日内初审完毕，并将初审意见和申请材料报国务院建设主管部门。国务院建设主管部门应当省、自治区、直辖市人民政府建设主管部门受理申请材料之日起60日内完成审查，公示审查意见，公示时间为10日。其中，涉及铁路、交通、水利、通信、民航等专业工程监理资质的，由国务院建设主管部门送国务院有关部门审核。国务院有关部门应当在20日内审核完毕，并将审核意见报国务院建设主管部门。国务院建设主管部门根据初审意见审批。

专业乙级、丙级资质和事务所资质由企业所在地省、自治区、直辖市人民政府建设主管部门审批。

12.2.2　注册监理工程师

注册监理工程师是指取得国务院建设主管部门颁发的《中华人民共和国注册监理工程师注册执业证书》和执业印章，从事建设工程监理与相关服务等活动的人员。

1. 监理工程师资格考试科目与注册

（1）监理工程师资格考试科目　监理工程师执业资格考试原则上每年举行一次，考试时间一般安排在 5 月下旬，考点在省会城市设立，考试设置 4 个科目，即"建设工程监理基本理论与相关法规""建设工程合同管理""建设工程质量、投资、进度控制""建设工程监理案例分析"。其中，"建设工程监理案例分析"为主观题，在试卷上作答；其余 3 科均为客观题，在答题卡上作答。考试以 2 年为一个周期。参加全部科目考试的人员须在连续 2 个考试年度内通过全部科目的考试。免试部分科目的人员须在 1 个考试年度内通过应试科目。

根据 2020 年 2 月 28 日颁布的《监理工程师职业资格考试实施办法》，监理工程师职业资格考试成绩实行 4 年为一个周期的滚动管理办法。在连续的 4 个考试年度内通过全部考试科目，方可取得监理工程师职业资格证书。

参加 4 个科目考试（级别为考全科）的人员必须在连续 4 个考试年度里面通过全部应试科目。参加 2 个科目考试（级别为免二科）的符合免试基础科目人员需要在连续 2 个考试年度里通过相应应试科目，才可以获得资格证书。

（2）监理工程师注册　监理工程师注册是政府对工程监理执业人员实行市场准入控制的有效手段。取得监理工程师资格证书的人员，经过注册方能以注册监理工程师的名义执业。监理工程师依据其所学专业、工作经历、工程业绩，按照《工程监理企业资质管理规定》划分的工程类别，按专业注册。每人最多可以申请两个专业注册。

根据《注册监理工程师管理规定》，监理工程师注册分为三种形式，即初始注册、延续注册和变更注册。

2. 监理工程师的法律地位

监理工程师的法律地位是由国家法律法规确定的，并建立在委托监理合同的基础上。这是因为：第一，《中华人民共和国建筑法》明确提出国家推行工程监理制度，《建设工程质量管理条例》赋予监理工程师多项签字权，并明确规定了监理工程师的多项职责，从而使监理工程师执业有了明确的法律依据，确立了监理工程师作为专业人士的法律地位；第二，监理工程师的主要业务是受建设单位委托从事监理工作，其权利和义务在合同中有具体约定。

监理工程师所具有的法律地位，决定了监理工程师在执业中一般应享有的权利和应履行的义务。注册监理工程师享有以下权利：使用注册监理工程师称谓；在规定范围内从事执业活动；依据本人能力从事相应的执业活动；保管和使用本人的注册证书和执业印章；对本人执业活动进行解释和辩护；接受继续教育；获得相应的劳动报酬；对侵犯本人权利的行为进行申诉。

注册监理工程师应当履行下列义务：遵守法律法规和有关管理规定；履行管理职责，执行技术标准、规范和规程；保证执业活动成果的质量，并承担相应责任；接受继续教育，努力提高执业水准；在本人执业活动所形成的工程监理文件上签字、加盖执业印章；保守在执业中知悉的国家秘密和他人的商业、技术秘密；不得涂改、倒卖、出租、出借或者以其他形式非法转让注册证书或者执业印章；不得同时在两个或者两个以上单位受聘或者执业；在规定的执业范围和聘用单位业务范围内从事执业活动；协助注册管理机构完成相关工作。

3. 监理工程师的法律责任

监理工程师的法律责任与其法律地位密切相关，同样是建立在法律法规和委托监理合同的基础上。因而，监理工程师法律责任的表现行为主要有两方面：一是违反法律法规的行为；二是违反合同约定的行为。

（1）违法行为 现行法律法规对监理工程师的法律责任专门做出了具体规定。例如，《中华人民共和国建筑法》第三十五条规定："工程监理企业不按照委托监理合同的约定履行监理义务，对应当监督检查的项目不检查或者不按照规定检查，给建设单位造成损失的，应当承担相应的赔偿责任。"

《中华人民共和国刑法》第一百三十七条规定："建设单位、设计单位、施工单位、工程监理企业违反国家规定，降低工程质量标准，造成重大安全事故的，对直接责任人员，处五年以下有期徒刑或者拘役，并处罚金；后果特别严重的，处五年以上十年以下有期徒刑，并处罚金。"

《建设工程质量管理条例》第三十六条规定："工程监理企业应当依照法律法规以及有关技术标准、设计文件和建设工程承包合同，代表建设单位对施工质量实施监理并对施工质量承担监理责任。"

这些规定能够有效地规范、指导监理工程师的执业行为，提高监理工程师的法律责任意识，引导监理工程师公正守法地开展监理业务。

（2）违约行为 监理工程师一般主要受聘于工程监理企业，从事工程监理业务。工程监理企业是订立委托监理合同的当事人，是法定意义的合同主体。但委托监理合同在具体履行时，是由监理工程师代表监理企业来实现的，因此，如果监理工程师出现过失，违反了合同约定，其行为将被视为监理企业违约，由监理企业承担相应的违约责任。当然，监理企业在承担违约赔偿责任后，有权在企业内部向有相应过失行为的监理工程师追偿部分损失。所以，由监理工程师个人过失引发的合同违约行为，监理工程师应当与监理企业承担一定的连带责任。其连带责任的基础是监理企业与监理工程师签订的聘用协议或责任保证书，或监理企业法定代表人对监理工程师签发的授权委托书。

（3）安全生产责任 安全生产责任是法律责任的一部分，来源于法律法规和委托监理合同。国家现行法律法规未对监理工程师和建设单位是否承担安全生产责任做出明确规定，所以目前监理工程师和建设单位承担安全生产责任尚无法律依据。由于建设单位没有管理安全生产的权力，因而不可能将不属于其所有的权力委托或转交给监理工程师，在委托监理合同中不会约定监理工程师负责管理建筑工程安全生产。

监理工程师虽然不管安全生产，不直接承担安全责任，但不能排除其间接或连带承担安全责任的可能性。如果监理工程师有下列行为之一，则应当与质量、安全事故责任主体承担连带责任：① 违章指挥或者发出错误指令，引发安全事故的；② 将不合格的建设工程、建筑材料、建筑构配件和设备按照合格签字，造成工程质量事故，由此引发安全事故的；③ 与建设单位或承包单位串通、弄虚作假、降低工程质量，从而引发安全事故的。

12.3 监理规划

12.3.1 概述

监理规划是监理企业接受业主委托并签订委托监理合同之后，在项目总监理工程师的主持下，根据委托监理合同，在监理大纲的基础上，结合工程的具体情况，广泛收集工程信息和资料的情况下制定，经监理企业技术负责人批准，用来指导项目监理机构全面开展监理工作的指导性文件。

建设工程监理规划的作用：

（1）指导项目监理机构全面开展监理工作　监理规划的基本作用就是指导项目监理机构全面开展监理工作。建设工程监理的中心目的是协助业主实现建设工程的总目标。实现建设工程总目标是一个系统的过程，它需要制订计划，建立组织，配备合适的监理人员，进行有效的领导，实施工程的目标控制。只有系统地做好上述工作，才能完成建设工程监理的任务，实施目标控制。因此，监理规划需要对项目监理机构开展的各项监理工作做出全面、系统的组织和安排。

（2）监理规划是建设监理主管机构对监理企业监督管理的依据　政府建设监理主管机构对建设工程监理企业要实施监督、管理和指导，对其人员素质、专业配套和建设工程监理业绩要进行核查和考评以确认其资质和资质等级，以使我国整个建设工程监理行业能够达到应有的水平。要做到这一点，除了进行一般性的资质管理工作之外，更为重要的是通过监理企业的实际监理工作来认定它的水平。而监理企业的实际水平可从监理规划和它的实施中充分地表现出来。

（3）监理规划是业主确认监理企业履行合同的主要依据　监理企业如何履行监理合同，如何落实业主委托监理企业所承担的各项监理服务工作，作为监理的委托方，业主不但需要而且应当了解和确认监理企业的工作。同时，业主有权监督监理企业全面、认真执行监理合同。而监理规划正是业主了解和确认这些问题的最好资料，是业主确认监理企业是否履行监理合同的主要说明性文件。

（4）监理规划是监理企业内部考核的依据和重要的存档资料　从监理企业内部管理制度化、规范化、科学化的要求出发，需要对各项目监理机构（包括总监理工程师和专业监理工程师）的工作进行考核，其主要依据就是经过内部主管负责人审批的监理规划。通过考核，可以对有关监理人员的监理工作水平和能力做出客观、正确的评价，从而有利于今后在其他工程上更加合理地安排监理人员，提高监理工作效率。

从建设工程监理控制的过程可知，监理规划的内容必然随着工程的进展而逐步调整、补充和完善。它在一定程度上真实地反映了一个建设工程监理工作的全貌，是最好的监理工作过程记录。因此，它是工程监理企业的重要存档资料。

12.3.2　监理规划的编写

监理规划是在总监理工程师和项目监理机构充分分析和研究建设工程的目标、技术、管理、环境及工程建设各参与方等方面的情况后制定的。监理规划要起到指导项目监理机构进行监理工作的作用，监理规划中就应当有明确具体的、符合该工程要求的工作内容、工作方法、监理措施、工作程序和工作制度，并具有可操作性。

1. 建设工程监理规划编写的依据

（1）工程建设方面的法律、法规　工程建设方面的法律、法规具体包括三个方面：国家颁布的有关工程建设的法律、法规；工程所在地或所属部门颁布的工程建设相关的法规、规定和政策；工程建设的各种标准、规范。

（2）政府批准的工程建设文件　政府批准的工程建设文件包括两个方面：政府工程建设主管部门批准的可行性研究报告、立项批文；政府规划部门确定的规划条件、土地使用条件、环境保护要求和市政管理规定。

（3）建设工程监理合同 在编写监理规划时，必须依据建设工程监理合同中的以下内容：监理企业和监理工程师的权利和义务，监理工作范围和内容，有关建设工程监理规划方面的要求。

（4）其他建设工程合同 在编写监理规划时，也要考虑其他建设工程合同关于业主和承建单位权利和义务的内容。

（5）监理大纲 监理大纲中的监理组织计划，拟投入的主要监理人员，投资、进度、质量控制方案，合同管理方案，信息管理方案，定期提交给业主的监理工作阶段性成果等内容都是监理规划编写的依据。

2. 建设工程监理规划编写的要求

（1）基本内容应当力求统一 监理规划的基本作用是指导项目监理机构全面开展监理工作。因此，对整个监理工作的组织、控制、方法、措施等将成为监理规划必不可少的内容。这样，监理规划的基本内容就可以确定下来。至于某一个具体建设工程的监理规划，则要根据监理企业与业主签订的监理合同所确定的监理实际范围和深度来加以取舍。

（2）具体内容应具有针对性 监理规划的基本内容应当统一，但各项具体的内容则要有针对性。这是因为，监理规划是指导某一个特定建设工程监理工作的技术组织文件，它的具体内容应与这个建设工程相适应。由于所有建设工程都具有单件性和一次性的特点，也就是说每个建设工程都有自身的特点，因此，不同的监理企业和不同的监理工程师在编写监理规划的具体内容时，必然会体现出自己鲜明的特色。

（3）监理规划应当遵循建设工程的运行规律 监理规划是针对一个具体建设工程编写的，而不同的建设工程具有不同的工程特点、工程条件和运行方式。这也决定了建设工程监理规划的内容必然与工程运行客观规律具有一致性，必须把握、遵循建设工程运行的规律。此外，监理规划要随着建设工程的展开不断进行补充、修改和完善。在建设工程的运行过程中，内外因素和条件不可避免地要发生变化，造成工程的实施情况偏离计划，往往需要调整计划乃至目标，这就必然造成监理规划在内容上也要相应地调整。

（4）总监理工程师是监理规划编写的主持人 监理规划应当在总监理工程师主持下编写，这是建设工程监理实施项目总监理工程师负责制的必然要求。

（5）监理规划一般要分阶段编写 监理规划的内容与工程进展密切相关，没有规划信息也就没有规划内容。因此，监理规划的编写需要有一个过程，需要将编写的整个过程划分为若干个阶段。监理规划编写阶段可按工程实施的各阶段来划分，前一阶段工程实施所输出的工程信息就成为后一阶段监理规划信息。在监理规划的编写过程中需要进行审查和修改，因此，监理规划的编写还要留出必要的审查和修改的时间。

（6）监理规划的表达方式应当格式化、标准化 需要选择最有效的方式和方法来表达监理规划的各项内容。图、表和简单的文字说明是采用的基本方法。所以，编写建设工程监理规划各项内容时应当采用什么表格、图示，哪些内容需要采用简单的文字说明等都应当做出统一规定。

（7）监理规划应该经过审核 监理规划在编写完成后需进行审核并经批准。监理企业的技术主管部门是内部审核单位，其负责人应当签认。监理规划是否要经过业主的认可，由委托监理合同或双方协商确定。

12.3.3 监理规划的内容及其审核

1. 建设工程监理规划的内容

建设工程监理规划应将委托监理合同中规定的监理企业承担的责任及监理任务具体化，并在此基础上制订实施监理的具体措施。

建设工程监理规划通常包括以下内容：工程概况；监理工作的范围、内容、目标；监理工作依据；监理组织形式、人员配备及进场计划、监理人员岗位职责；工程质量控制；工程造价控制；工程进度控制；合同与信息管理；组织协调；安全生产管理职责；监理工作制度；监理工作设施。

2. 建设工程监理规划的审核

建设工程监理规划在编写完成后需要进行审核并经批准。监理企业的技术主管部门是内部审核单位，其负责人应当签认。监理规划审核的内容主要包括以下几个方面：

（1）监理范围、工作内容及监理目标的审核　依据监理招标文件和委托监理合同，看其是否理解了业主对该工程的建设意图，监理范围、监理工作内容是否包括了全部委托的工作任务，监理目标是否与合同要求和建设意图相一致。

（2）项目监理机构结构的审核

1）组织机构。在组织形式、管理模式等方面是否合理，是否结合了工程实施的具体特点，是否能够与业主的组织关系和承包方的组织关系相协调等。

2）人员配备。人员配备方案应从以下几个方面审查：派驻监理人员的专业满足程度；人员数量的满足程度；专业人员不足时采取的措施是否恰当；派驻现场人员计划表。

（3）工作计划审核　在工程进展中各个阶段的工作实施计划是否合理、可行，审查其在每个阶段中如何控制建设工程目标及组织协调的方法。

（4）投资、进度、质量控制方法和措施的审核　对三大目标的控制方法和措施应重点审查，看其如何应用组织、技术、经济、合同措施保证目标的实现，方法是否科学、合理、有效。

（5）对安全生产管理、监理工作内容的审核　主要是审核安全生产管理的监理工作内容是否明确；是否制定了相应的安全生产管理实施细则；是否建立了对施工组织设计、专项施工方案的审查制度；是否建立了对现场安全隐患的巡视检查制度；是否建立了安全生产管理状况的监理报告制度；是否制定了安全生产事故的应急预案等。

（6）监理工作制度审核　主要审查监理的内、外工作制度是否健全。

12.4 建设监理组织

监理企业与业主签订委托监理合同后，在实施建设工程监理之前，应建立项目监理机构，并将项目监理机构的组织形式、人员构成及对总监理工程师的任命书通知建设单位。项目监理机构的组织形式和规模，应根据委托监理合同规定的服务内容、服务期限、工程类型、规模、技术复杂程度、工程环境等因素确定。

12.4.1　建立项目监理机构的步骤

1）确定项目监理机构目标。确定项目监理机构的总目标，并明确划分监理机构的分解目标。

2）确定监理工作内容。根据监理目标和委托监理合同中规定的监理任务，明确列出监理工作内容，并进行分类归并及组合。

3）项目监理机构的组织结构设计。选择组织结构形式，确定管理层次和管理跨度，划分项目监理机构部门，制定岗位职责和考核标准，选派监理人员。

4）制定工作流程和信息流程。应按监理工作的客观规律制定工作流程和信息流程，规范化地开展监理工作。

12.4.2　项目监理机构的组织形式

项目监理机构的组织形式是指项目监理机构具体采用的管理组织结构，应根据建设工程的特点、建设工程组织管理模式、业主委托的监理任务及监理企业自身情况而定。常用的项目监理机构的组织形式有直线制监理组织形式、职能制监理组织形式、直线职能制监理组织形式和矩阵制监理组织形式四种。

（1）直线制监理组织形式　这种组织形式的特点：项目监理机构中任何一个下级只接受唯一上级的命令；各级部门主管人员对所属

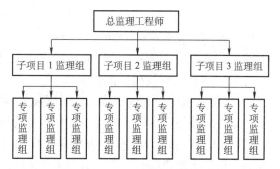

图 12-1　直线制监理组织形式

部门的问题负责，项目监理机构中不再另设职能部门。这种组织形式如图 12-1 所示。

（2）职能制监理组织形式　职能制监理组织形式是把管理部门和人员分为两类：一类是以子项目监理为对象的直线指挥部门和人员；另一类是以投资控制、进度控制、质量控制及合同管理为对象的职能部门和人员。监理机构内的职能部门按总监理工程师授予的权力和监理职责有权对指挥部门发布指令（见图 12-2）。

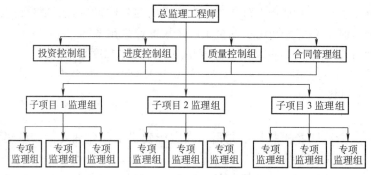

图 12-2　职能制监理组织形式

（3）直线职能制监理组织形式　直线职能制监理组织形式是吸收了直线制监理组织形式和职能制监理组织形式的优点而形成的一种组织形式。直线指挥部门拥有对下级实行指挥和发布命令的权力，并对该部门的工作全面负责；职能部门是直接指挥人员的参谋，他们只能对下级部门进行业务指导，而不能对下级部门直接进行指挥和发布命令（见图12-3）。

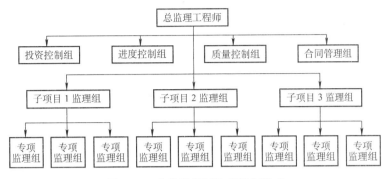

图 12-3 直线职能制监理组织形式

（4）矩阵制监理组织形式 矩阵制监理组织形式是由纵、横两套管理系统组成的矩阵性组织结构，一套是纵向的职能系统，另一套是横向的子项目系统（见图12-4）。

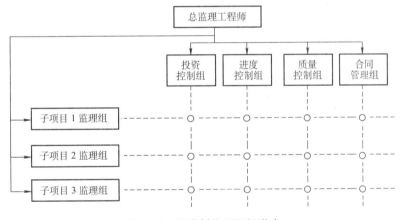

图 12-4 矩阵制监理组织形式

12.4.3 项目监理机构的人员配备及职责分工

1. 项目监理机构的人员配备

项目监理机构中配备监理人员的数量和专业应根据监理的任务范围、内容、期限，以及工程的类别、规模、技术复杂程度、环境等因素综合考虑，并应符合委托监理合同中对监理深度的要求，能体现项目监理机构的整体素质，满足监理目标控制的要求。

2. 项目监理机构各类人员的基本职责

根据 GB/T 50319—2013《建设工程监理规范》的规定，项目总监理工程师、总监理工程师代表、专业监理工程师和监理员应分别履行以下职责：

（1）总监理工程师职责 确定项目监理机构人员及其岗位职责；组织编制监理规划，审批监理实施细则；根据工程进展及监理工作情况调配监理人员，检查监理人员工作；组织召开监理例会；组织审核分包单位资格；组织审查施工组织设计、（专项）施工方案；审查开复工报审表，签发工程开工令、暂停令和复工令；组织检查施工单位现场质量、安全生产管理体系的建立及运行情况；组织审核施工单位的付款申请，签发工程款支付证书，组织审核竣工结算；组织审查和处理工程变更；调解建设单位与施工单位的合同争议，处理工程索赔；组织验收分部工程，组织审查单位工程质量检验资料；审查施工单位的竣工申请，组织工程竣工预验收，组织编写工程质量评估报告，参与工程竣工验收；参与或配合工程安全事故的调查和处理；组织编写监理月报、监理工作总结，组织处理监理文件资料。

总监理工程师不得将下列工作委托总监理工程师代表：组织编制监理规划，审批监理实施细则；根据工程进展及监理工作情况调配监理人员；组织审查施工组织设计、（专项）施工方案；签发工程开工令、暂停令和复工令；签发工程款支付证书，组织审核竣工结算；调解建设单位与施工单位的合同争议，处理工程索赔；审查施工单位的竣工申请，组织工程竣工预验收，组织编写工程质量评估报告，参与工程竣工验收；参与或配合工程质量安全事故的调查和处理。

（2）总监理工程师代表职责　按总监理工程师的授权，负责总监理工程师指定或交办的监理工作，行使总监理工程师的部分职责和权利。但其中涉及工程质量、安全生产管理及工程索赔等重要职责不得委托给总监理工程师代表。

（3）专业监理工程师职责　参与编制监理规划，负责编制监理实施细则；审查施工单位提交的涉及本专业的报审文件，并向总监理工程师报告；参与审核分包单位资格；指导、检查监理员工作，定期向总监理工程师报告本专业监理工作实施情况；检查进场的工程材料、构配件、设备的质量；验收检验批、隐蔽工程、分项工程，参与验收分部工程；处置发现的质量问题和安全事故隐患；进行工程计量；参与工程变更的审查和处理；组织编写监理日志，参与编写监理月报；收集、汇总、参与整理监理文件资料，参与工程竣工预验收和竣工验收。

（4）监理员职责　检查施工单位投入工程的人力、主要设备的使用及运行状况；进行见证取样；复核工程计量有关数据；检查工序施工结果；发现施工作业中的问题，及时指出并向专业监理工程师报告。

12.5　工程建设目标控制系统

12.5.1　工程建设三大控制目标

建设工程的投资、进度（或工期）、质量三大目标构成了建设工程的目标系统。为了有效地进行目标控制，必须正确认识和处理投资、进度、质量三大目标之间的关系，并且合理确定和分解这三大目标。

1. 三大控制目标概述

建设工程投资、进度、质量控制的含义既有区别，又有内在联系和共性。

（1）建设工程投资控制的含义　建设工程投资控制的目标，就是通过有效的投资控制工作和具体的投资控制措施，在满足进度和质量要求的前提下，力求使工程实际投资不超过计划投资。这一目标可用图12-5表示。

（2）建设工程进度控制的含义　建设工程进度控制的目标可以表达为：通过有效的进度控制工作和具体的进度控制措施，在满足投资和质量要求的前提下，力求使工程实际工期不超过计划工期。但是，进度控制往往更强调对整个建设工程计划总工期的控制，因而上述"工程实际工期不超过计划工期"相应地就表达为"整个建设工程按计划的时间动用"，对于工业项目来说，就是要按计划时间达到负荷联动试车成功，而对于民用项目来说，就是要按计划时间交付使用。

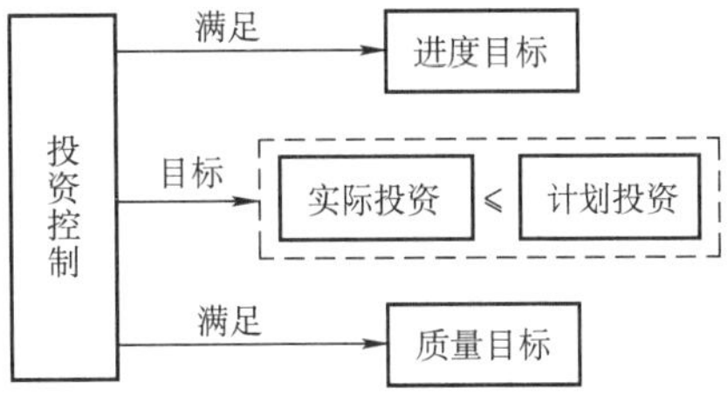

由于进度计划的特点，"实际工期不超过计划工期"的表现不能简单照搬投资控制目标中的表述。

图 12-5　建设工程投资控制的含义

进度控制的目标能否实现，主要取决于处在关键线路上的工程内容能否按预定的时间完成。当然，同时要不发生非关键线路上的工作延误而成为关键线路的情况。

（3）建设工程质量控制的含义　建设工程质量控制的目标，就是通过有效的质量控制工作和具体的质量控制措施，在满足投资和进度要求的前提下，实现工程预定的质量目标。

建设工程的质量首先必须符合国家现行的关于工程质量的法律、法规、技术标准和规范等有关规定，尤其是强制性标准的规定。因此，同类建设工程的质量目标具有共性，不因其业主、建造地点及其他建设条件的不同而不同。

建设工程的质量目标又是通过合同加以约定的，其范围更广、内容更具体。任何建设工程都有其特定的功能和使用价值。由于建设工程都是根据业主的要求而兴建，不同的业主有不同的功能和使用价值要求，即使是同类建设工程，具体的要求也不同。因此，建设工程的功能与使用价值的质量目标是相对于业主的需要而言的，并无固定和统一的标准。

2. 建设工程三大目标之间的关系

建设工程投资、进度、质量三大目标两两之间存在着既对立又统一的关系。

（1）建设工程三大目标之间的对立关系　一般来说，如果对建设工程的功能和质量要求较高，就需要采用较好的工程设备和建筑材料，就需要投入较多的资金；同时需要精工细作，严格管理，不仅增加人力的投入，而且需要较长的建设时间。如果要加快进度，缩短工期，则一方面，需要加班加点或适当增加施工机械和人力，这将直接导致施工效率下降，单位产品的费用上升，从而使整个工程的总投资增加；另一方面，加快进度往往会打乱原有的计划，使建设工程实施的各个环节之间产生脱节现象，增加控制和协调的难度，不仅有时可能"欲速不达"，而且会对工程质量带来不利影响或留下工程质量隐患。

因此，不能奢望投资、进度、质量三大目标同时达到"最优"，而必须将投资、进度、质量三大目标作为一个系统统筹考虑，反复协调和平衡，力求实现整个目标系统最优。

（2）建设工程三大目标之间的统一关系　对于建设工程三大目标之间的统一关系。从质量控制的角度，如果在实施过程中进行严格的质量控制，保证实现工程预定的功能和质量要求，则一方面，不仅可减少实施过程中的返工费用，而且可以大大减少投入使用后的维修费用；另一方面，严格控制质量能起到保证进度的作用。如果在工程实施过程中发现质量问题及时进行返工处理，虽然需要耗费时间，但可能只影响局部工作的进度，不影响整个工程的进度。

12.5.2　工程建设项目目标的管理

目标管理以被管理的活动目标为中心，通过把社会经济活动的任务转换为具体的目标及目标的制定、实施和控制来实现社会经济活动的最终目的。项目目标管理的程序大体可划分为以下几个阶段：

1）确立项目具体的任务及项目内各层次、各部门的任务分工。

2）把项目的任务转换为具体的指标或目标。目标管理中，指标必须能够比较全面、真实地反映出项目任务的基本要求，并能够成为评价考核项目任务完成情况的最重要、最基本的依据。由于指标只能从某一侧面反映项目任务的主要内容，不能代替项目任务本身，因此不能用目标管理代替其对项目任务的全面管理。除了要实现目标外，还必须全面地完成项目任务。指标是可以测定和计量的，这样才能为落实指标、考核指标提供可行的基础标准；指标必须在目标承担者的可控范围之内，这样才能保证目标能够真正执行并成为目标承担者的一种自我约束。

目标是指标实现程度的标准，它反映在一定时期某一主体活动达到的指标水平。同样的指标体系，由于对其具体达到的水平要求不同，就可构成不同的目标。对于企业来说，其目标水平应该是逐步提高的，但其基本指标可能会长期保持不变。

3）落实和执行项目所制定的目标。制定了项目各层次、各部门的目标后，就要把它具体地落实下去，其中主要应做好如下工作：一要确定目标的责任主体，即谁要对目标的实现负责，是负主要责任还是负一般责任；二要明确目标责任主体的职权、利益和责任；三要确定对目标责任主体进行检查、监督的上一级责任人和手段；四要落实实现目标的各种保证条件，如生产要素供应、专业职能的服务指导等。

4）对目标的执行过程进行调控。首先，要监督目标的执行过程，从中找出需要加强控制的重要环节和偏差；其次，要分析目标出现偏差的原因并及时进行协调控制。对于按目标进行的主体活动，要进行各种形式的激励。

5）对目标完成的结果进行评价。评价时要考察经济活动的实际效果与预定目标之间的差别，根据目标实现的程度进行相应的奖惩。一方面，要总结有助于目标实现的实际有效经验；另一方面，要找出还可以改进的方面，并据此确定新的目标水平。

12.6 建设工程监理合同

12.6.1 监理合同的特点与形式

1. 监理合同的特点

监理合同是委托合同的一种，除具有委托合同的共同特点外，还具有以下特点：监理合同的当事人双方应当是具有民事权利能力和民事行为能力、取得法人资格的企事业单位、其他社会组织，个人在法律允许的范围内也可以成为合同当事人；监理合同委托的工作内容必须符合工程项目建设程序，遵守有关法律、行政法规；委托监理合同的标的是服务。

2. 监理合同的形式

为了明确监理合同当事人双方的权利和义务关系，应当以书面形式签订监理合同，而不能采用口头形式。由于发包人委托监理任务有繁有简，具体工程监理工作的特点各异，因此，监理合同的内容和形式也不尽相同。经常采用的合同形式有以下几种：双方协商签订的合同；信件式合同；委托通知单；标准化合同。

12.6.2　GF—2012—0202《建设工程监理合同（示范文本）》的结构

建设工程监理合同的订立，意味着委托关系的形成，委托人与监理人之间的关系将受到合同约束。为了规范工程建设监理合同，住房和城乡建设部与国家工商行政管理总局于2012年3月发布了GF—2012—0202《建设工程监理合同（示范文本）》，该合同示范文本由协议书、通用条件、专用条件及附录组成。

（1）协议书　协议书不仅明确了委托人和监理人，而且明确了双方约定的委托工程建设监理与相关服务的工程概况，包括总监理工程师，签约酬金，服务期限，双方对履行合同的承诺，合同订立的时间、地点、份数等内容。协议书还明确了工程建设监理合同的组成文件。工程建设监理合同签订后，双方依法签订的补充协议也是工程建设监理合同文件的组成部分。

（2）通用条件　通用条件涵盖了工程建设监理合同中所用的词语定义与解释，监理人的义务，委托人的义务，签约双方的违约责任，酬金支付，合同的生效、变更、暂停、解除与终止，争议解决及其他（如外出考察费用、检测费用、咨询费用、奖励、守法诚信、保密、通知、著作权等）方面的约定。通用文件适用于各类工程建设监理，各委托人、监理人都应遵守通用条件中的规定。

（3）专用条件　由于通用条件适用于各行业、各专业工程建设监理，因此，其中的某些条款规定得比较笼统，需要在签订具体工程建设监理合同时，结合地域特点、专业特点和委托监理的工程特点，对通用条件中的某些条款进行补充、修改。

（4）附录　附录包括两部分，即附录 A 和附录 B。

12.6.3　建设工程监理合同履行

1. 监理人的义务

（1）监理的范围和工作内容

1）监理的范围。建设工程监理范围可能是整个建设工程，也可能是建设工程中一个或若干个施工标段，还可能是一个或若干个施工标段中的部分工程（如土建工程、机电设备安装工程、玻璃幕墙工程、桩基工程等）。合同双方需要在专用条件中明确建设工程监理的具体范围。

2）监理的工作内容。对于强制实施监理的建设工程，合同的通用条件约定了22项属于监理人需要完成的基本工作，也是确保建设工程监理取得成效的重要基础。

3）相关服务的范围和内容。委托人需要监理人提供相关服务（如勘察阶段、设计阶段、保修阶段服务及其他专业技术咨询、外部协调工作等），其范围和内容应在附录 A 中约定。

（2）项目监理机构和人员

1）项目监理机构。监理人应组建满足工作需要的项目监理机构，配备必要的检测设备。项目监理机构的主要人员应具有相应的资格条件。项目监理机构应由总监理工程师、专业监理工程师和监理员组成，且专业配套、人员数量满足监理工作需要。总监理工程师必须由注册监理工程师担任，必要时可设总监理工程师代表。

2）项目监理机构人员的更换。在建设工程监理合同履行过程中，总监理工程师及重要岗位监理人员应保持相对稳定，以保证监理工作正常进行。监理人可根据工程进展和工作需要调整项目监理机构人员。

（3）履行职责 监理人应遵循职业道德准则和行为规范，严格按照法律法规、工程建设有关标准及监理合同履行职责。

2. 委托人的义务

（1）告知 委托人应在其与施工承包人及其他合同当事人签订的合同中明确监理人、总监理工程师和授予项目监理机构的权限。如果监理人、总监理工程师及委托人授予项目监理机构的权限有变更，委托人也应以书面形式及时通知施工承包人及其他合同当事人。

（2）提供资料 委托人应按照附录B约定，无偿、及时地向监理人提供工程有关资料。在建设工程监理合同履行过程中，委托人应及时向监理人提供最新的与工程有关的资料。

（3）提供工作条件 委托人应为监理人实施监理与相关服务提供必要的工作条件。

（4）授权委托人代表 委托人应授权一名熟悉工程情况的代表，负责与监理人联系。委托人应在双方签订合同后7天内，将其代表的姓名和职责书面告知监理人。当委托人更换其代表时，也应提前7天通知监理人。

（5）委托人意见或要求 在建设工程监理合同约定的监理与相关服务工作范围内，委托人对承包人的任何意见或要求应通知监理人，由监理人向承包人发出相应指令。这样有利于明确委托人与承包单位之间的合同责任，保证监理人独立、公平地实施监理工作与相关服务，避免出现不必要的合同纠纷。

（6）答复 对于监理人以书面形式提交委托人并要求做出决定的事宜，委托人应在专用条件约定的时间内给予书面答复。逾期未答复的，视为委托人认可。

（7）支付 委托人应按合同（包括补充协议）约定的额度、时间和方式向监理人支付酬金。

3. 违约责任

（1）监理人的违约责任 监理人未履行监理合同义务的，应承担相应的责任，包括违反合同约定造成的损失赔偿和索赔不成立时的费用补偿。

（2）委托人的违约责任 委托人未履行本合同义务的，应承担相应的责任，包括违反合同约定造成的损失赔偿、索赔不成立时的费用补偿和逾期支付补偿。

4. 合同的生效、变更与终止

（1）建设工程监理合同生效 建设工程监理合同属于无生效条件的委托合同，因此，合同双方当事人依法订立后，合同即生效。除非法律另有规定，或者专用条款中另有约定。

（2）建设工程监理合同变更 在建设工程监理合同履行期间，由于主观或客观条件的变化，当事人任何一方均可提出变更合同的要求，经过双方协商达成一致后，可以变更合同。包括：建设工程监理合同履行期限延长、工作内容增加；建设工程监理合同暂停履行、终止后的善后服务工作及恢复服务的准备工作；相关法律法规、标准颁布或修订引起的变更；工程投资额或建筑安装工程费增加引起的变更；因工程规模、监理范围的变化导致监理人的正常工作量的减少。

（3）建设工程监理合同暂停履行与解除 除双方协商一致可以解除合同外，当一方无正当理由未履行合同约定的义务时，另一方可以根据合同约定暂停履行合同，直至解除合同。

（4）监理合同终止　以下条件全部成就时，监理合同即告终止：监理人完成合同约定的全部工作；委托人与监理人结清并支付全部酬金。注意：工程竣工并移交并不满足监理合同终止的全部条件。

思　考　题

1. 简述建设工程监理的基本方法。
2. 试论监理工程师的法律责任。
3. 建设工程监理规划有何作用？
4. 简述建立项目监理机构的步骤。
5. 建设工程投资、进度、质量控制的具体含义是什么？
6. 工程建设目标管理的程序大体可划分为哪几个阶段？

参 考 文 献

[1] 郭阳明，郑敏丽，陈一兵. 工程建设监理概论［M］. 3 版. 北京：北京理工大学出版社，2018.

[2] 关群，马海彬，何夕平. 建设工程监理［M］. 武汉：武汉大学出版社，2013.

[3] 任国亮，俞鑫. 建设工程监理［M］. 2 版. 北京：清华大学出版社，2020.

[4] 王莉，刘黎虹. 建设工程监理［M］. 北京：化学工业出版社，2020.

[5] 中华人民共和国住房和城乡建设部. 建设工程监理规范：GB/T 50319—2013［S］. 北京：中国建筑工业出版社，2013.

土木工程灾害及防治 | 第13章

13.1 概述

13.1.1 基本概念

1. 灾害

灾害是给人类和人类赖以生存的环境造成破坏性影响的事物总称，通常是指由于自然的、人为的或人与自然的原因，对人类的生存和社会发展造成损害，局部可以扩张、发展和演变成灾难的各种现象。它一般具有危害性、突发性、永久性、频繁性、不重复性、广泛性与区域性。

2. 土木工程灾害

土木工程是人类文明的体现，但是土木工程在带来文明的同时，也给人类带来了灾难。土木工程灾害是指由于人们的不当活动——选址、设计、施工、使用和维护导致所建造的土木工程不能抵御突发的荷载，而致使土木工程失效和破坏，乃至倒塌而造成的损失。这些土木工程包括所有的建筑，地上和地下的土木设施，铁路、隧道、水库及各种港口、矿山和工厂等。

土木工程灾害的特点：一是土木工程是造成灾害的主要载体，即所有灾害必须首先使土木工程失效或破坏，再进一步酿成巨大损失，包括人员伤亡、经济财产损失、生态环境破坏等；二是减轻这种灾害的主要手段和方法，必须依靠包括选址、施工、设计、加固、维护和保养等土木工程方法。

13.1.2 土木工程灾害的类型

1. 灾害及土木工程灾害的种类

灾害的种类多，分类方法也各不同，但按灾害的形成机制可归属为自然灾害和人为灾害两大类。自然灾害分为气象灾害、地质灾害、地震灾害、海洋灾害、生态灾害等；人为灾害分为个体行为灾害、社会行为灾害。此外，按灾害发生的过程分为一次性灾害和衍生灾害，按灾害发生特征分为突发性灾害和隐发性灾害等。

全世界每年都发生很多的灾害，严重的灾害会造成建筑物、构造物的毁坏，交通通信、供水供电等工程中断，并引发衍生灾害，造成大量人员伤亡、社会动荡，导致严重经济损失，甚至使一个区域、一个城市在顷刻之间消失。所以，土木工程中的灾害主要分为自然灾害和社会灾害。

2. 自然灾害

自然灾害是自然界中物质变化、运动造成的损害，包括地震灾害、风灾害、洪水灾害、泥石流灾害等。例如，强烈的地震可使上百万人口的一座城市在顷刻之间化为废墟，2008 年 5 月 12 日，四川汶川发生里氏 8.0 级地震，导致大批房屋倒塌，造成巨大人员伤亡（见图 13-1）。地震造成森林、植被、水体、土壤等自然环境破坏，滑坡、崩塌、泥石流、堰塞湖等衍生灾害隐患增多，水土流失更加严重，部分重要生态功能退化，地质环境稳定性变差等，这种继发性、持续性的链式破坏作用给灾后重建工作增加了很大的难度和制约性。

图 13-1　汶川地震

3. 人为灾害

人为灾害是由于人的过错或某些丧失理性的失控行为给人类自身造成的损害，包括火灾、燃气爆炸、地陷（人为地大量抽地下水造成），以及不适当的工程设施对环境造成的隐患，或者工程质量低劣造成工程事故等。例如，2001 年 9 月 11 日，美国纽约前世界贸易中心大厦在飞机撞击后起火，在很短的时间内造成两栋世界标志性摩天大楼的整体倒塌，给美国造成了巨大危害（见图 13-2）。

13.1.3　土木工程灾害的基本防治对策和措施

土木工程灾害防治的主要内容包括土木工程规划性防灾、工程性防灾、工程结构抗灾、工程技术减灾、工程结构在灾后的检测与加固。

1. 灾害监测

监视测量与自然灾害有关的各种自然因素变化数据的工作叫作自然灾害监测。监测工作的直接目的是取得自然因素变化的资料，用来认识灾害的发生规律和进行预防和预报。如监视地下岩石的运动和应力变化可以预测地震、滑坡等。

自然灾害的监测方式主要有航空遥感监测、地面台风监测、深部或地下孔点监测、水面和水下监测等。监测是为灾害预防、预报和治理提供技术依据的重要信息源。

图 13-2　纽约前世界贸易中心大厦火灾

2. 灾害预报

灾害预报是指根据灾害的周期性、重复性、灾害间的相关性、致灾因素的演变和作用、灾害发展趋势、灾源的形成、灾害载体的运移规律，以及灾害前兆信息和经验类比，对灾害未来发生的可能性做出估计或判断。灾害预报一般分为近期预报、中期预报和长期预报。

目前我国对自然灾害的监测能力总体来说还处于较低阶段，在自然灾害发生、发展规律的认识上还存在不足，所以使自然灾害不能准确预报，对人类的危害还不能完全避免。但随着科学技术的进步以及对灾害规律认识的提高，灾害预报水平也将会不断改善。

3. 防灾

防灾是在灾害发生前采取的避让性预防措施，这是最经济、最安全又十分有效的减灾措施。防灾措施主要有规划性防灾、工程性防灾、技术性防灾、转移性防灾和非工程性防灾等。

规划性防灾是指在进行设计规划和工程选址时尽量避开灾害危险区。工程性防灾是指在工程建设时，充分考虑灾害的影响程度进行设防，包括工程加固及避灾空地和避难工程、避灾通道的建设等。技术性防灾是指运用科学技术来抵抗灾害的侵袭，如工程结构中采用隔震、耗能减震及震动控制技术来避震。转移性防灾是指在灾害预报和预警的前提下，在灾害发生之前把人、畜及可动产转移至安全地方。我国海城地震、新滩滑坡、长江洪水、沿海台风等依赖成功的预报，及时采取了防灾措施，收到了显著的减灾效果。非工程性防灾措施是指通过灾害与减灾知识教育、灾害与防灾立法、完善防灾组织等达到防灾效果。

4. 抗灾

抗灾是指人类面对自然灾害的挑战做出的反应，如抗洪、抗震、抗风、抗滑坡和泥石流等的工程性措施，主要包括工程结构的抗灾与工程结构灾后的检测与加固等。

工程抗灾是防灾总体工作中的关键环节和重中之重。一般来说，无论灾害的预测、预报是否准确，防灾措施最终都必须体现在工程上。新的工程要严格按照抗震、防洪、防风、防火标准的要求进行设计，对现有不符合各类标准的工程要进行加固改造。

5. 救灾

救灾是灾害已经开始后迅速采取的减灾措施。救灾实际上是一场动员全社会、甚至国际社会力量对抗自然灾害的战斗，从指挥运筹到队伍组织，从抢救到医疗，从生活到公安，从物资供应到维护生命线工程，构成了一个严密的系统。救灾的效率与减灾的效益直接关联，为了取得最佳的救灾效益，灾害危险区应根据灾害特点和发展趋势，制订好综合救灾预案。

6. 灾后重建与恢复生产

灾后重建是指遭受毁灭性的自然灾害，如地震、洪水、飓风等之后，在特殊情况下的建设。如1976年唐山地震后，整个唐山变成了一座废墟，然而在党和国家的领导下，唐山人民经过30余年的艰苦努力，在废墟上又建起了一座崭新的唐山新城。

恢复生产是指在灾害发生后，经过努力减灾所进行的各种生产活动。这是减轻灾害损失，保证社会秩序稳定和人民生活正常化的重要措施，是灾后重建中的重要一环。

13.2 地震灾害及防治

13.2.1 基本概念

1. 地震

地震是地壳在某处岩层突然破裂，或因局部岩层坍塌、火山喷发等内、外营力作用下，集聚的构造应力突然释放，产生的震动弹性波从震源向四周传播引起地面的颠簸和摇动。

地震的发生一般都不是孤立的，在一定时间内，相继发生在相邻地区的一系列大小地震称为地震序列。在某一地震序列中，其中最大的一次地震叫作主震，主震之前发生的地震叫作前震，之后发生的地震叫作余震。地质构造运动中，在断层形成的地方大量释放能量，产生剧烈振动，此处叫作震源（见图13-3）。震源在地球表面的投影，或者说地面上与震源正对着的地方称为震中。震中到震源的垂直距离叫作震源深度；建筑物到震中之间的距离称为震中距；震源距是指建筑物到震源之间的距离。地震按震源深浅不同，可分为三种：一是浅源地震，其震源深度在60km以内；二是中源地震，其震源深度为60～300km；三是深源地震，其震源深度超过300km。

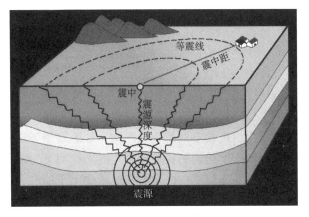

图13-3　地震构造示意图

地震引起的振动以波的形式向各个方向传播并释放能量。地层波包括两类：在地球内部传播的体波和只限于在地球表面传播的面波。体波包括纵波和横波两种，纵波介质质点的振动方向与波的前进方向一致，从而使介质不断地压缩和疏松，故也叫作压缩波或疏密波。横波介质质点的振动方向与波的前进方向相垂直，也称为剪切波。在观测波时，一般纵波都先于横波达到，因此又把纵波叫作P波（初波），把横波叫作S波（次波）。地震波的传播以纵波最快，横波次之，面波最慢。纵波使建筑物产生上下颠簸，横波使建筑物发生水平摇晃，面波使建筑物既产生上下颠簸又产生水平摇晃。一般在横波和面波都到达时振动最为激烈。由于面波的能量比体波大，所以造成建筑物和地表破坏主要以面波为主。大量震害调查表明，一般建筑物的震害都是由水平震动引起，因此由地震波引起的水平地震作用是最主要的震害作用。

2. 地震震级和烈度

地震震级是地震的基本参数之一，是按地震时所释放出的能量大小确定的等级标准。地震震级是根据地震仪记录的地震波振幅来测定的，一般采用里氏震级标准。震级（M）是距震中100km处的标准地震仪（周期0.8s，衰减常数约等于1，放大倍率2800倍）所记录的地震波最大振幅值的对数来表示的。

释放能量越大，地震震级也越大。地震震级分为9级，一般小于2.5级的地震人无感觉；2.5级以上人有感觉；5级以上的地震会造成破坏。一般将小于1级的地震称为超微震；大于或等于1级，小于3级的称为弱震或微震；大于或等于3级，小于4.5级的称为有感地震；大于或等于4.5级，小于6级的称为中强震；大于或等于6级，小于7级的称为强震；大于或等于7级的称为大地震；8级及8级以上的称为特大地震。

地震烈度是指某一地区的地面和各类建筑物遭受到一次地震影响的强弱程度。对于一次地震，表示地震大小的震级只有一个，但它对不同地点的影响是不一样的，一般来说，随距离震中的远近不同，烈度就有差异，距震中越远，地震影响越小，烈度就越低；反之，距震中越近，地震影响越大，烈度就越高。

为评定地震烈度，需要建立一个标准，这个标准就称为地震烈度表。它是以描述震害宏观现象为主的，即根据建筑物的损坏程度、地貌变化特征、地震时人的感觉、家具动作反应等方面进行区分。由于对烈度影响轻重的分段不同，以及在宏观现象和定量指标确定方面有差异，加上各国建筑情况及地表条件的不同，各国所制定的烈度表有所不同。

13.2.2 地震的类型

地震是地球内部构造运动的自然现象。地震按其成因分为构造地震、火山地震、陷落地震和诱发地震四种。

1. 构造地震

地壳是由各种岩层构成的。由于地球自身的运动及其他天体（如太阳、月亮等）对地球的引力作用，地球内部存在着大量的能量，这些能量使得地壳承受着巨大的作用力并处于虽然缓慢但连续不断的变动之中，地球表面板块的漂移、上升、下沉或倾斜就是这种变动的结果。地壳中的岩层在这种巨大的力作用下，将偏离其原来的平行状态，发生褶皱变形，当岩层中某些脆弱部位的岩石强度承受不了这种力作用时，岩层便发生突然的断裂和错动，形成断层，引发剧烈的振动，并以弹性波的形式将振动能量向地面传播，导致地面运动。这种由于地壳运动，推挤地壳岩层板块使其薄弱部位发生断裂错动而引起的地震叫作构造地震，也称为"断层地震"（见图13-4）。构造地震分布较广，危害也大，发生次数较多，约占发生地震总次数的90%。

1960年5月22日的智利地震是目前已记录到的最大构造地震，震级达8.9级，震中烈度为11度。这次地震发生在位于太平洋智利海沟、蒙特港附近海底，影响范围在南北800km长的椭圆内。这场超级强烈地震持续了将近3min之久，给当地居民带来了严重的灾难（见图13-5）。

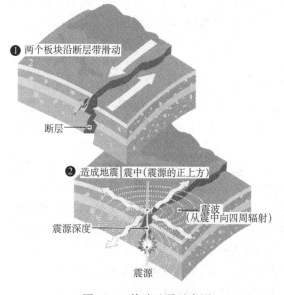

图13-4 构造地震示意图

图13-5 1960年智利地震

2. 火山地震

地球内部的温度很高，沿深度每增加100m，温度上升2~5℃，在地下100km深处的地温已达到1200~1300℃。因此，在高温下岩石呈熔融状态形成岩浆，如果地壳中有断裂等薄弱地带，岩浆在强大压力作用下，将沿这些断裂处喷出地表，形成火山爆发。火山在日本、印度尼西亚、南美等太平洋沿岸国家分布较多，在我国分布较少。岩浆向上喷出时的冲力很猛烈，能激起地面的振动，这便产生了火山地震。火山地震影响范围一般较小，数量约占地震总数的 7%。

有的火山爆发所拥有的能量，和一次大地震释放出的能量相差不多，有时甚至更大。如1914 年日本樱岛火山爆发，能量达到 4.6×1025 尔格，产生的震动则相当于 6.7 级地震。

3. 陷落地震

地表或地下岩层因洞穴大规模陷落和崩塌而引起的地震称为陷落地震。洞穴主要有石灰岩溶洞和矿山采空区。陷落地震很少造成破坏，震级也很小。

在石灰岩发育地区，由于地下水沿着石灰岩的裂隙渗透和流动，并溶蚀着石灰岩，裂隙就会逐渐扩大成暗沟、溶洞。当有些溶洞承受不了它上面岩石的重力时，溶洞顶板就会塌落下来，巨大的岩石块体的突然塌落，对下面的岩石产生强烈的冲击，因而引起周围岩石和地面的振动，产生小范围的地震。如果矿山开采后留下采空区，而这些矿坑的顶板岩层比较破碎，强度较低，有时矿柱和顶板承受不了巨大的地压，就会产生塌落，引起地震。在国外曾经发现过矿山塌陷地震震级最大可达 5 级，1972 年山西大同煤矿发生的采空区大面积顶板塌落，引起最大震级为 3.4 级的地震。

4. 诱发地震

由于水库蓄水或深井注水等引起的地面振动叫作诱发地震。目前世界上已记录到的最大的水库诱发地震为 6.5 级，1967 年 12 月发生在印度柯依纳水库，直接死亡人数约为 177 人，受伤人数超过 1700 人，大批房屋倒塌或损坏，成千上万的人无家可归。

13.2.3 地震的直接和间接灾害

1. 直接灾害

（1）地面的断裂错动和地裂缝 强烈地震时，显著的垂直位移造成断崖峭壁；过大的水平位移产生地形、地物的错位；挤压、扭曲造成地面的波状起伏和水平错动，这使道路中断、铁轨扭曲、桥梁断裂、房屋破坏，严重的可使河流改道，水坝受损，直接造成灾害。地裂缝是地震时最常见的现象，主要有两种类型：一种是强烈地震时由于地下断层错动延伸至地表而形成的裂缝，称为构造地裂缝；另一种是在河道、湖海岸边、陡坡等土质松软地方产生的地表交错裂缝，其大小形状不一，规模也较前一种小。

（2）喷砂、冒水 冒水是因为地震时，岩层发生了构造变动，改变了地下水的储存、运动条件，使一些地方地下水急剧增加。喷砂是含水层砂土液化的一种表现，即在强烈震动下，地表附近的砂土层失去了原来的黏结性，呈现了液体的性质，这种作用在含水较多的细砂中尤为明显。

（3）局部土地塌落 在石灰岩分布地区，地下溶洞十分发育，在矿区由于人类的生产活动也会存在空洞，大地震时都可能被震塌，地面的土石层也随之下沉，造成大面积陷落；在喷砂冒水严重的地方，也使地下出现洞穴，造成土地下沉，形成洼地。土地陷落的地方，当湖、海、河或地下水流入时，即可成灾。

（4）滑坡、塌方 在陡坡、河岸等处，强烈的地震作用往往造成土体失稳，从而形成塌方和滑坡。有时会造成破坏道路、掩埋村庄、堵河成湖、房屋倒塌等严重震害。

（5）建筑物的破坏 单层或多层砖房在地震中最容易遭到破坏，主要表现为墙体交叉裂缝、墙体外倾、部分墙体倒塌、内外墙连接破坏、楼盖或屋盖坠落、屋面上附属物的破坏、整体倒塌等形式。

（6）公路、铁路及桥梁的破坏　道路常见的破坏现象有路基路面开裂、隆起或凹陷、道路喷水冒砂、道路两旁滑坡或堆积物阻塞或冲毁路面等。轨道震害表现在平面和纵断面上的严重变形上，呈"蛇曲"或"波浪形"。路基震害主要是下沉、开裂、边坡塌滑和塌陷等。地下铁路破坏一般较轻微，相对安全。桥梁的震害表现在上部结构坠毁，支承连接件破坏，桥台、桥墩破坏，基础破坏等。

（7）构筑物的破坏　无筋砖烟囱的震害形式主要有水平裂缝、斜裂缝、竖向裂缝、扭转、水平错动及掉头倒塌等，而且常常是几种形式同时发生。钢筋混凝土烟囱的破坏形式主要有开裂、倾斜、弯曲、折断及坠落等。钢烟囱的抗震性能较好，破坏少。水塔震害主要发生在支撑上，很少有水柜和基础发生破坏的震害实例。

（8）地下结构的破坏　破坏形式为地层的破坏，如断裂、滑移、开裂导致的地下结构受剪断裂或严重破坏，地基土液化引起地下结构破坏、下沉或上浮，地下结构接头部位产生裂缝。

（9）码头及河岸堤防的破坏　在地震中，码头会出现倒塌、倾斜、滑移等破坏形式，河岸堤防主要出现表面龟裂、堤防位移及断裂等破坏形式。

2. 间接灾害

（1）火灾　在多种次生灾害中，火灾是最常见、造成损失最大的次生灾害。

（2）地震滑坡和泥石流灾害　在山区，地震时一般都伴有不同程度的坍塌、滑坡、泥石流灾害。

（3）地震海啸　地震海啸灾害是沿海地区极为严重的地震次生灾害。

13. 2. 4　防震减灾

1. 基本对策

目前，减轻地震灾害可分为地震预测预报、地震转移分散和工程抗震三个方面的宏观对策。

根据对地震地质、地震活动性、地震前兆异常和环境因素等多种情况，通过多种科学手段进行预测研究，做出可能发生地震的预报，称为地震预测预报。

把可能在人口密集的大城市发生的大地震，通过能量转移，诱发至荒无人烟的山区或远离大陆的深海，或通过能量释放把一次破坏性的大地震化为无数次非破坏性的小震，称为地震转移和分散。

工程抗震是目前较为有效的、最根本的措施。工程抗震是通过工程技术提高城市综合抗震能力和提高各类建筑的抗震性能，当突发性地震发生时，把地震灾害减少至较轻的程度。工程抗震的内容非常丰富，包括地震危险性分析和地震区划、工程结构抗震、工程结构减震控制等。

2. 建筑结构的抗震设防

抗震设防是指对建筑结构进行抗震设防并采取一定的抗震构造措施，以达到结构抗震的效果和目的。抗震设防的依据是抗震设防烈度，地震烈度按不同的频度和强度通常可划分为小震烈度、中震烈度和大震烈度。抗震设防烈度是按国家批准权限审定的作为一个地区抗震设防依据的地震烈度。一般情况下可采用中国地震烈度区划图的地震基本烈度；对做过抗震防灾规划的城市，可按批准的抗震设防区划进行抗震设防。

我国抗震设防的目标：在遭受低于本地区设防烈度（基本烈度）的多遇地震影响时，建筑物一般不受损失或不需修理仍可继续使用；在遭受本地区规定的设防烈度的地震影响时，建筑物（包括结构和非结构部分）可能有一定损坏，但不致危及人民生命和生产设备安全，经一般修理或不需修理仍可继续使用；在遭受高于本地区设防烈度的预估罕遇地震影响时，建筑物不致倒塌或发生危及生命的严重破坏。

3. 抗震设计的基本要求

（1）场地的选择　首先应根据工程需要，掌握地震活动情况、工程地质和地震地质的有关资料，做出综合分析，从而选择建筑场地。

（2）地基和基础　同一结构单元不宜设置在性质截然不同的地基土上，也不宜部分采用天然地基，部分采用桩基，当地基有软弱黏土、可液化土、新近填土或严重不均匀土时，应采取地基处理措施加强基础的整体性和刚性，以防止地震引起的动态和永久的不均匀变形。

（3）建筑的平面和立面布置　建筑的平面和立面布置宜对称、规则、力求使质量和刚度变化均匀，避免突然变化。

（4）抗震结构体系　抗震结构体系是抗震设计的重要环节，应根据建筑的重要性、设防烈度、房屋高度、场地、地基、基础、材料和施工等因素，以及经济技术、经济条件比较综合确定。

（5）结构构件及连接　结构及结构构件应具有良好的延性，力求避免脆性破坏或失稳破坏。连接及支撑系统应具有足够的强度和整体性。

（6）非结构构件　附着于楼、屋面结构构件的非结构构件应与主体结构有可靠的连接或锚固，围护墙应考虑对主体结构抗震有利或不利的影响，幕墙、装饰贴面与主体结构应有可靠的连接。

（7）隔震与消能　隔震与消能技术的采用，要根据建筑抗震设防类别、设防烈度、场地条件、结构方案及使用条件等，经对结构体系进行技术、经济可行性的综合对比分析后确定。

（8）材料与施工　除确保执行材料和施工的一般要求外，应在设计文件上注明抗震结构对材料和施工质量的特殊要求。

13.3　风灾及防治

13.3.1　基本概念

1. 风及其种类

风是大气层中空气形成的压力作用运动。由于地球表面不同地区的大气层所吸收的太阳能量不同，造成了各地空气温度的差异，从而产生气压差，气压差驱动空气从气压高的地方向气压低的地方流动，这就形成了风。自然界中常见的风包括阵风、旋风、海陆风、龙卷风、山谷风、台风、焚风、季风、干热风等。

阵风是指风速在短暂时间内突然出现忽大忽小变化的风。

旋风是由地面携带灰尘向空中飞舞的空气涡旋形成的螺旋状风。另外，发生在南半球及北印度洋的强热带气旋也叫作旋风。

海陆风是因海洋和陆地受热不均匀而在海岸附近形成的一种逐日变化的风系。在基本气流微弱时，白天风从海上吹向陆地，夜晚风从陆地吹向海洋。前者称为海风，后者称为陆风，合称为海陆风。

龙卷风是在极不稳定天气下由空气强烈对流运动而产生的一种伴随着高速旋转的漏斗状云柱的强风涡旋，其中心附近风速可达 $100 \sim 200m/s$，最大为 $300m/s$。

山谷风是由于山谷与其附近空气之间的热力差异而引起白天风从山谷吹向山坡，这种风称为谷风；到夜晚，风从山坡吹向山谷称为山风。山风和谷风总称为山谷风。

台风是热带气旋的一种现象。按世界气象组织定义：热带气旋中心持续风速达到12级（$32.7m/s$ 或以上）称为飓风或台风。飓风的名称使用在北大西洋及东太平洋，而北太平洋西部（赤道以北，国际日期线以西，东经100°以东）使用的近义字是台风。

焚风是出现在山脉背面，由山地引发的一种局部范围内的空气运动形式——过山气流在背风坡下沉而变得干热的一种地方性风。

季风是由于大陆和海洋在一年之中增热和冷却程度不同，在大陆和海洋之间大范围的、风向随季节有规律改变的风。

2. 风速和风力等级

风速就是风的前进速度。相邻两地间的气压差越大，空气流动越快，风速越大，风的力量自然也就大。所以通常都是以风力来表示风的大小。风速的单位用 m/s 或 km/h 来表示。根据风对地上物体所引起的现象将风的大小分为13个等级，称为风力等级，简称风级（见表13-1）。1946年以来，风力等级做了某些修改，增到18个等级（见表13-2）。我国目前仍习惯用到12级为止。

表13-1 0～12级风力等级表

风 级	名 称	风速/(m/s)	风速/(km/h)	陆地地面物象	海面波浪	浪高/m	最高/m
0	无风	0.0～0.2	<1	静，烟直上	平静	0.0	0.0
1	软风	0.3～1.5	1～5	烟示风向	微波峰无飞沫	0.1	0.1
2	轻风	1.6～3.3	6～11	感觉有风	小波峰未破碎	0.2	0.3
3	微风	3.4～5.4	12～19	旌旗展开	小波峰顶破裂	0.6	1.0
4	和风	5.5～7.9	20～28	吹起尘土	小浪白沫波峰	1.0	1.5
5	劲风	8.0～10.7	29～38	小树摇摆	中浪折ција峰群	2.0	2.5
6	强风	10.8～13.8	39～49	电线有声	大浪白沫离峰	3.0	4.0
7	疾风	13.9～17.1	50～61	步行困难	破峰白沫成条	4.0	5.5
8	大风	17.2～20.7	62～74	折毁树枝	浪长高有浪花	5.5	7.5
9	烈风	20.8～24.4	75～88	小损房屋	浪峰倒卷	7.0	10.0
10	狂风	24.5～28.4	89～102	拔起树木	海浪翻滚咆哮	9.0	12.5
11	暴风	28.5～32.6	103～117	损毁重大	波峰全呈飞沫	11.5	16.0
12	飓风	32.7～36.9	118～133	摧毁极大	海浪滔天	14.0	—

表 13-2　13～17 级及以上风力等级表

风　　级	风速/(m/s)	风速/(km/h)
13	37.0～41.4	134～149
14	41.5～46.1	150～166
15	46.2～50.9	167～183
16	51.0～56.0	184～201
17	56.1～61.2	202～220
17 级以上	≥61.3	≥221

13.3.2　风灾害

1. 引起灾害的常见风型

　　一般 6 级以下的风不会引起大的危害，6 级或 6 级以上较强的风有时会造成房屋、车辆、船舶、树木、农作物和通信、电力设施的破坏及人员伤亡，由此造成的灾害为风灾，对生活、生产带来严重影响。导致灾害的风型主要有暴风、台风、龙卷风等。

　　暴风是急骤的大风，可以带来风暴，风速为 103～117km/h。2009 年 6 月 3 日，永城市遭遇严重的风灾，最大风力达 11 级。暴风导致全市 29 个乡镇遭受不同程度的灾害，其中 12 个乡镇灾情严重。据统计，共造成 49 人伤亡，房屋受损、倒塌 1.3 万间，树木损坏 205 万株，小麦倒伏 45.6 万亩，直接经济损失达 5.4 亿元（见图 13-6）。

　　台风过境时常常带来狂风暴雨天气，引起海面巨浪，严重威胁航海安全。登陆后，可摧毁庄稼、毁坏各种建筑设施等，造成人民生命、财产的巨大损失。2009 年，台风"莫拉克"造成我国 500 多人死亡、近 200 人失踪、46 人受伤（见图 13-7）。

图 13-6　永城市暴风灾害

图 13-7　"莫拉克"台风灾害

　　龙卷风常发生于夏季的雷雨天气时，尤以下午至傍晚最为多见。龙卷风的直径一般为十几米到数百米，袭击范围小。龙卷风的生存时间一般为数分钟，最长为数小时。龙卷风风力巨大，在中心附近的风速可达 100～200m/s，破坏力极强，龙卷风经过的地方，常会发生拔起大树、掀翻车辆、摧毁建筑物等现象，有时把人吸走，危害十分严重。1999年 5 月 3 日，强劲龙卷风袭击了美国的俄克拉荷马州（见图 13-8）和邻近的堪萨斯州，共造成49人丧生，摧毁了2600间房屋，导致8000多建筑物受损，经济损失达12亿美元。

2. 结构物的风灾害

风对人类造成的灾害，有相当一部分是通过对构筑物的破坏而产生的。在众多的结构损坏和毁坏事故中，风损风毁事故占了很大比例，尤其是对于高耸结构和大跨结构，由于结构的柔度较大，对风的作用较敏感，更容易发生风灾。

图13-8 龙卷风袭击美国俄克拉荷马州

（1）对房屋建筑结构的破坏 主要表现在对多高层结构的破坏，对简易房屋，尤其是轻屋盖房屋的破坏，对外墙饰面、门窗玻璃及玻璃幕墙的破坏。2007年，台风"圣帕"造成福建、浙江、江西、湖南四省倒塌房屋1.6万间，损坏房屋4.5万间，直接经济损失达49.7亿元。

（2）对高耸结构的破坏 高耸结构主要涉及桅杆、烟囱、电视塔、风力发电塔架等塔式结构。其中桅杆结构更容易遭受风灾害，桅杆结构具有经济实用和美观的特点，但它的刚度小，在风荷载下便产生较大幅度的振动，从而容易导致桅杆的疲劳或破坏，且结构安全的可靠度较差。1963年，英国约克郡高386m的钢管电视桅杆被风吹倒；1988年，美国一座高610m的电视桅杆受阵风倒塌，造成3人死亡。

（3）对大跨结构的破坏 体育场馆、会展中心、汽车收费站等大跨结构也常遭受风灾。2004年，河南省体育中心围护结构在8~9级的瞬时风袭击下严重受损，屋盖中间约100m范围内的铝面板及其固定槽钢被风撕裂并吹落，雨棚吊顶被吹坏，三个$30m^2$的大型采光窗被整体吹落。

（4）对桥梁结构的破坏 风对桥梁的破坏作用也是非常巨大的。1940年，美国华盛顿州塔科马海峡建造的塔科马悬索桥，主跨853m，建好不到4个月，在一场风速不到20m/s的风灾下，产生上下和来回扭曲振动而倒塌。

（5）对电厂冷却塔的破坏 冷却塔也容易遭受风灾。1965年11月1日的一场平均风速为18~20m/s的大风把英国渡桥热电厂8个冷却塔中的3个吹毁。实践证明，在冷却塔群中，塔群所受风效应要比孤立单个塔严重得多。

（6）对输电系统等的破坏 供电线路的电杆埋深浅，在大风中容易被刮倒，造成停电事故，严重影响生产和生活。

（7）对港口设施的破坏 2002年8月31日，台风"鹿莎"席卷韩国全境，大量起重机等设备受损，釜山港遭受重创。

（8）对海洋工程结构的破坏 随着人类开发海洋步伐的加快，海洋工程结构越来越多，风灾对海洋石油钻井平台造成严重的威胁。2005年秋季的"卡特里娜"和"丽塔"两个飓风毁坏了墨西哥湾地区113座石油钻井平台及457条油气管道。

13.3.3 防风减灾

1. 风对结构的作用

风对结构物的作用产生了风压，这是由于风以一定速度运动遇到阻碍而对阻碍物产生了压力。将阻碍物上的风压沿表面积分就可得到风作用力，称为风荷载。风荷载有顺向风力、横向风力和扭力矩三个分力。这三个分量中，顺向风力是最主要的一种，工程均应考虑；横向风力对于细长结构，尤其是圆截面结构影响较大；对于柔性细长或不对称结构则应计算风扭力矩。由风荷载引起的结构内力、位移、速度和加速度的响应，称为风效应，其受到风的自然特性、结构的动力特性及风和结构的相互作用的影响。

一般情况下，顺风向是风振效应的主要作用。对于基本自振周期大于 0.25s 的工程结构，以及高度超过 30m 且高宽比大于 1.5 的高柔结构，由于风荷载引起的结构振动比较明显，而且随结构基本自振周期的增长，风振也随之增强，均应考虑风压脉动对结构发生顺风向风振的影响，原则上应考虑多个振型的影响，对此类结构应按结构的随机振动理论进行计算。因此，顺风向风振效应是结构风工程中必须重点考虑的效应。

横向风风振是由于不稳定的空气动力形成的，它对多数工程结构的效应比顺向风力小得多，但不可忽略。对于一些细长的柔性结构，如高耸塔架、烟囱、缆索等，横向风力会产生很大的动力效应，即风振。其性质要比顺风向风力复杂，包括漩涡脱落、驰振、颤振、抖振等空气动力现象。

2. 抗风设计的主要内容

（1）建筑结构的抗风设计　风荷载是建筑结构设计时要考虑的重要荷载。在现行 GB 50009—2012《建筑结构荷载规范》中，风荷载是用基本风压乘以风压高度变化系数、风荷载体型系数和风振系数来确定的，它包括静荷载和动荷载两方面。随着建筑业的发展，建筑结构形式多样，建筑结构群大量涌现，规范中的条文很难完全符合实际情况。因此，在现实操作中，主要依靠风洞试验来解决，特别是近年来高频动态底座天平技术的应用，较好地解决了动荷载的测量问题。

（2）建筑群的风环境　随着城市建筑结构高度的增加和不同形式建筑结构群的涌现，建筑结构的风环境问题越来越突出，这关系到建筑结构的安全性、行人的舒适性和城市环境的保护等。近年来，通过风洞试验或数值计算评估建筑结构群的风环境质量，从而逐步实现合理规划城市建设布局和相邻建筑结构位置的目的。

（3）桥梁结构的抗风设计　桥梁稳定性的设计包括静力稳定性和动力稳定性两个方面。扭转发散属于桥梁最典型的一种静力稳定性问题，颤振和抖振属于桥梁最主要的两种动力稳定性问题。空气静力失稳就是指结构在给定风速作用下，主梁发生侧向弯曲和扭转，进而导致风荷载的改变而增大结构的扭转，导致结构失稳。在气动力、弹性力和惯性力的耦合作用下桥梁结构产生的发散的振动叫作桥梁的颤振。这种振动会导致桥梁倒塌。桥梁的抖振是指在风湍流的作用下桥梁结构产生的一种强迫振动。这些都是桥梁结构抗风设计的主要方面。

工程结构抗风设计研究方法有风洞试验、工程数值仿真模拟和现场测试三种，它们互相补充，互相促进，其中风洞试验是一种主要的研究方法。

3. 工程结构风致振动控制

（1）主动控制技术　主动控制的过程依赖于外界激励和结构响应信息，并需要外部输入能量，提供"控制力"。主动控制装置通常由传感器、计算机、驱动设备三部分组成。现应用于工程结构中的主动控制系统有主动调谐质量阻尼器、主动拉索控制装置和主动挡风板。

（2）被动控制技术 被动控制也称为无源控制，它不需要外部输入能量，仅通过控制系统改变结构系统的动力特性达到减轻动力响应的目的。被动控制装置主要有耗能器、被动拉索、被动调谐质量阻尼器、调频液体阻尼器等。对于不同的结构，如果能选择适当的被动控制装置及其相应的参数，可以使其控制效果与主动控制效果相当。目前，被动控制技术在抗风减灾工程实践中的应用已经成熟，应用广泛。

（3）半主动控制技术 半主动控制技术结合了主动控制技术与被动控制技术的优点，既具有被动控制技术的可靠性，又具有主动控制技术的强适应性，而且构造简单，所需能量小，不会使结构系统发生不稳定，是一种极有发展前景的控制技术，也是目前国际控制领域研究的重点。

（4）混合控制技术 混合控制就是以上三类控制的结合。由于具备多种控制装置参与作用，混合控制能摆脱一些对主动控制和被动控制各自的限制，从而更好地达到控制效果。它相对于完全主动结构更复杂，但更具可靠性。现在，越来越多的高层建筑和高耸结构采用混合控制来抑制动力反应。

4. 防止风灾的主要措施

1）将各地区的风荷载特性作为重点来研究。例如，研究地区风压分布、地面粗糙度划分、高层建筑风效应、大跨建筑和桥梁结构风效应等，为制定和修正荷载及相关规范提供依据。

2）充分考虑风灾因素，加强工程结构的抗风设计。

3）建造防风固沙林和防风护岸植被，以减少风力对城市和海岸的破坏。

4）在经常受风灾危害的地区，建立预报、预警体制。

13.4 火灾及防治

13.4.1 火灾概述

1. 火灾含义及分类

火灾是指在时间和空间上失去控制的燃烧所造成的灾害。在各种灾害中，火灾是最经常、最普遍地威胁社会安全的主要灾害之一。

火灾根据可燃物的类型和燃烧特性，分为A、B、C、D、E、F六类。

A类——固体物质火灾。这种物质通常具有有机物质性质，一般在燃烧时能产生灼热的余烬。如木材、煤、棉、毛、麻、纸张等火灾。可选择水型灭火器、泡沫灭火器、磷酸铵盐干粉灭火器、卤代烷灭火器扑救。

B类——液体或可熔化的固体物质火灾。如煤油、柴油、原油、甲醇、乙醇、沥青、石蜡等火灾。可选择泡沫灭火器（化学泡沫灭火器只限于扑灭非极性溶剂）、干粉灭火器、卤代烷灭火器、二氧化碳灭火器扑救。

C类——气体火灾。如煤气、天然气、甲烷、乙烷、丙烷、氢气等火灾。可选择干粉灭火器、卤代烷灭火器、二氧化碳灭火器等扑救。

D 类——金属火灾。如钾、钠、镁、铝镁合金等火灾。可选择粉状石墨灭火器、专用干粉灭火器扑救，也可用干砂或铸铁屑末代替。

E 类——带电火灾。物体带电燃烧的火灾。带电火灾包括家用电器、电子元件、电气设备及电线电缆等燃烧时仍带电的火灾。可选择干粉灭火器、卤代烷灭火器、二氧化碳灭火器等扑救。

F 类——烹饪时引起的油脂火灾。可选择干粉灭火器等扑救。

火灾可分为特别重大火灾、重大火灾、较大火灾和一般火灾四个等级。特别重大火灾，是指造成 30 人以上死亡，或者 100 人以上重伤，或者 1 亿元以上直接财产损失的火灾；重大火灾，是指造成 10 人以上 30 人以下死亡，或者 50 人以上 100 人以下重伤，或者 5000 万元以上 1 亿元以下直接财产损失的火灾；较大火灾，是指造成 3 人以上 10 人以下死亡，或者 10 人以上 50 人以下重伤，或者 1000 万元以上 5000 万元以下直接财产损失的火灾。一般火灾，是指造成 3 人以下死亡，或者 10 人以下重伤，或者 1000 万元以下直接财产损失的火灾。其中，"以上"包括本数，"以下"不包括本数。

2. 火灾属性及特征

火灾是由燃烧而引起的一种灾害。这种灾害的属性按照物质运动变化产生燃烧的不同条件，可以分成自然性火灾和行为性火灾。

自然性火灾有直接发生的，如火山喷发、雷火等，也有条件性的次生火灾，如干旱高温下植物的自燃、地下煤炭的阴燃等。行为性火灾，除了人为破坏性火灾之外，经常而广泛地发生着无意识行为性火灾。因此克服人们的无意识行为，强化安全意识，从源头上防止行为性火灾至关重要。

火灾过程包括湍流流动、传热传质、相变和化学反应及其相互耦合的复杂的理化过程，涉及固态、液态和气态三相。对于固体可燃物而言，除明火引燃外，还可能发生由长期积存的物体内部积温而引起的阴燃和自燃。液体受高温散发出的气体，接触到火源引起的燃烧称为闪燃；液体挥发的蒸汽与空气形成的混合物遇火源能够闪燃的最低温度称为闪点。一般以 28℃作为易燃和可燃液体的界限。可燃气体、可燃蒸汽、可燃粉尘之类的气态物质，遇火立即燃烧，这类物质与空气的混合物达到一定比例会形成有爆炸性的混合物，遇火引起爆炸。

建筑火灾扩散的途径有：向横向延烧，即建筑物内门洞部位的分隔构件和构筑材料在火灾的热力作用下失效，使火势沿横向发展；向竖向延烧，即火势朝顶篷延烧，火势由窗口向上延烧，火势通过竖井扩大；向建筑构造、构件薄弱部位延烧。

近几十年来，我国的高层建筑发展非常迅速，高层建筑结构火灾的问题也日益突出。2003 年，湖南衡阳衡州大厦在大火中坍塌，坍塌的根本原因是大火燃烧时，在衡州大厦西部偏北的 5 根柱子损毁比较严重，这 5 根柱子承载能力下降，在重载下倒塌，继而引起衡州大厦的坍塌。

13.4.2 防火减灾

建筑防火包括火灾前的预防和火灾时的措施两个方面：前者主要为确定耐火等级和耐火构造，控制可燃物数量及分隔易起火部位等；后者主要为进行防火分区，设置疏散设施及排烟、灭火设备等。

1. 建筑物起火三要素

1）可燃物，如木质材料、可燃装修、家具衣物、窗帘地毯及生产、储存的易燃易爆物品等。

2）着火源，如烟头、火柴、厨房和锅炉房用火、电气设备事故的火花及雷击、地震灾害等，都能形成着火源。

3）助燃物，氧及氯、溴等。

因此，在建筑防火设计中应对以上三个方面进行有效的控制。

2. 材料的耐火性能

为了有效地预防建筑火灾和减少火灾的危害，或者便于灾后重建修复，必须合理地选择建筑材料。一般需要考虑材料的燃烧性能、导热性、隔热性能、高温物理力学性能、发烟性能、毒性性能等。

钢材属于不燃性材料。在火灾条件下没有防火保护层面的钢结构往往在十几分钟内发生倒塌破坏。混凝土的骨料决定它的耐火性能。花岗岩骨料混凝土在550℃破裂，石灰石骨料混凝土可达700℃。混凝土热容量大，热导率小，升温慢，是较好的耐火材料。对于一面受火的钢筋混凝土，温度升高时由荷载引起的钢筋蠕变加大，350℃以上更为明显。混凝土的水泥石由微裂缝逐渐扩展，到600℃以后混凝土的抗拉强度为零，钢筋的黏结强度也几乎丧失殆尽。

木材组分中半纤维素分解温度为200~300℃，木质素分解温度为250~500℃，主要生成物为木炭，纤维素分解温度约为310℃，生成物是发烟燃烧的气体，260℃为木材起火危险温度，当受热达到400~460℃，木材会自行起火。

塑料受高温后分解，然后燃烧。热塑性塑料达软化温度后熔化成黏稠状，滴落下来成为二次火源；热固性塑料不熔融，当温度达到分解点时会生成烃类化合物可燃气体、不燃性气体和碳化物，达到燃点后发生燃烧。

3. 建筑物防火措施

（1）耐火等级和材料选择　我国按建筑常用结构类型的耐火能力划分为四个耐火等级。建筑的耐火能力取决于构件的耐火极限和燃烧性能，在不同耐火等级中对两者分别做了规定。构件的耐火极限主要是指构件从受火的作用起，到被破坏（如失去支承能力）为止的这段时间（按小时计）。构件的材料依燃烧性能的不同有燃烧体（如木材等）、难燃烧体（如沥青混凝土、刨花板）和非燃烧体（如砖、石、金属等）之分。高层建筑必须为一级或二级。

建筑物应根据其耐火等级来选定构件材料和构造方式。如一级耐火等级的承重墙、柱须为耐火极限3h的非燃烧体（如用砖或混凝土做成180mm厚的墙或300mm×300mm的柱），梁须为耐火极限2h的非燃烧体，其钢筋保护层须厚30mm以上。设计时须保证主体结构的耐火稳定性，以赢得足够的疏散时间，并使建筑物在火灾过后易于修复。隔墙和吊顶等也应具有必要的耐火性能，内部装修和家具陈设应力求使用不燃或难燃材料，如采用经过防火处理的吊顶材料和地毯、窗帘等，以减少火灾发生和控制火势蔓延。

（2）防火间距和防火分区

1）防火间距。为防止火势通过辐射热等方式蔓延，建筑物之间应保持一定间距。建筑耐火等级越低越易遭受火灾的蔓延，其防火间距应加大。一、二级耐火等级民用建筑物之间的防火间距不得小于6m，三、四级耐火等级民用建筑物的防火距离分别为7m和9m。高层建筑因火灾时疏散困难，所以高层主体同一、二级耐火等级建筑物的防火距离不得小于13m，三、四级耐火等级建筑物的防火距离不得小于15m和18m。厂房内易燃物较多，防火间距应加大，如一、二级耐火等级厂房之间或它们和民用建筑物之间的防火距离不得小于10m，三、四级耐火等级厂房和其他建筑物的防火距离不得小于12m和14m。生产或储存易燃易爆物品的厂房或库房，应远离建筑物。

2）防火分区。防火分区是建筑中阻止烟火蔓延必须采用的预防措施，即采用防火墙等把建筑划为若干区域。一、二级耐火等级建筑长度超过150m要设防火墙，分区的最大允许面积为2500m²；三、四级耐火等级建筑的上述指标分别为100m、1200m²和60m、600m²。一、二级防火等级的高层建筑防火分区面积限制在1000m²或1500m²内，地下室则控制在500m²内。防火墙应为耐火极限4h的非燃烧体，上面如有洞口应装设甲级防火门窗，各种管道均不宜穿过防火墙。不能设防火墙的可设防火卷帘，用水幕保护。

（3）安全疏散和通风排烟　建筑设计中为了考虑安全疏散，公共建筑的安全出口一般不能少于两个，影剧院、体育馆等观众密集的场所，要经过计算设置更多的出口。楼层的安全出口为楼梯，开敞的楼梯间易导致烟火蔓延，妨碍疏散，封闭的楼梯间能阻挡烟气，从而利于疏散。防烟楼梯间设有前室，更有利于疏散。高层建筑须设封闭的或防烟的楼梯间，楼梯间应设计为两个疏散方向。超高层建筑应增设暂时安全区或避难层，还可设屋顶直升机机场，以便从空中疏散。同时，疏散通路上应设紧急照明、疏散方向指示灯和安全出口灯。

建筑物火灾时产生大量浓烟，不仅妨碍疏散，还会使人中毒甚至死亡。楼梯井、电梯井和管道井要能起排烟作用。地下建筑的烟则很难排出，因此，高层或地下建筑的走道、楼梯间及消防电梯前室等，应安排自然排烟或机械排烟设施。

（4）报警系统和灭火装置　一般建筑起火后10~15min开始蔓延，可迅速通过电话等人工报警和使用灭火器灭火。在大型公共建筑、高层建筑、地下建筑及火险大的厂房、库房内，还应设置自动报警装置和自动灭火装置。前者的探测器有感温、感烟和感光等类型；后者主要为自动喷水设备，不宜用水灭火的部位可采用二氧化碳、干粉或卤代烷等自动灭火设备。设有自动报警装置和自动灭火装置的建筑应设消防控制中心，对报警、疏散、灭火、排烟及防火门窗、消防电梯、紧急照明等进行整体控制和有效指挥。

4. 建筑防火构造

（1）防火墙　防火墙能在火灾初期和扑救火灾过程中，将火灾有效地限制在一定空间内，阻断火势蔓延。这方面在防火设计中应有严格的规定。

（2）防火门和防火窗　按不同情况的防火要求，对防火门、防火窗的耐火极限和开启方式等要有严格的规定。设置防火门的部位一般为疏散门或安全出口。防火门既是保持建筑防火分隔完整的主要物体之一，又常是人员疏散经过疏散出口或安全出口时需要开启的门。因此，防火门的开启方式、方向等均应符合紧急情况下人员迅速开启、快捷疏散的需要。

5. 建筑防火的主要内容

（1）总平面防火　在总平面设计中，应根据建筑物的使用性质、火灾危险性、地形、地势和风向等因素进行综合分析和合理布局，尽量避免建筑物之间构成火灾威胁和发生火灾爆炸后相互间可能造成严重后果，并且为消防车顺利扑救火灾提供条件。

（2）建筑物耐火等级　划分建筑耐火等级非常重要，它是建筑设计防火规范中规定的最基本的防火技术措施。它要求建筑物在火灾高温的持续作用下，墙、柱、梁、楼板、屋盖、吊顶等基本建筑构件能在一定的时间内不破坏、不传播火灾，从而起到延缓和阻止火灾蔓延的作用，并为人员疏散、抢救物资和扑灭火灾以及为火灾后结构修复创造条件。

（3）防火分区和防火分隔　在建筑物中采用耐火性较好的分隔构件将建筑物空间分隔成若干区域，一旦某一区域起火，则会把火灾控制在这一局部区域之中，从而防止火灾扩大蔓延。

（4）防烟分区　挡烟梁、挡烟垂壁、隔墙等是建筑物挡烟的基本构件。防烟分区能将烟气控制在一定范围内，并通过排烟设施将烟气排出，便于人员安全疏散和消防扑救。

（5）室内装修防火　在防火设计中应采用燃烧性能符合要求的装修材料。要求室内装修材料尽量做到不燃或难燃，减少火灾的发生和降低火灾的蔓延速度。

（6）安全疏散　建筑物发生火灾时，应尽快撤离室内人员，及时抢运室内物资。为此要求建筑物应有完善的安全疏散设施，为安全疏散创造良好的条件。

（7）工业建筑防爆　工业建筑中，使用和产生的可燃气体、可燃蒸气、可燃粉尘等物质能够与空气形成爆炸危险性的混合物，遇到火源就能引起爆炸。这种爆炸能够在瞬间以机械功的形式释放出巨大的能量，使建筑物、生产设备遭到毁坏，造成人员伤亡。因此，对于上述有爆炸危险的工业建筑，要从建筑平面与空间布置、建筑构造和建筑设施方面采取防火防爆措施。

13.5　地质灾害及防治

地质灾害包括自然因素或者人为因素引发的危害人类生命和财产安全的崩塌、滑坡、泥石流、地裂缝、水土流失、土地沙漠化及沼泽化、土壤盐碱化等，其防治重点为大规模的森林采伐、无节制的植被破坏、人工建筑及工程对环境的破坏等人为因素。

13.5.1　滑坡及防治

1. 滑坡的概念

滑坡是指斜坡上的土体或者岩体，受河流冲刷、地下水活动、雨水、地震及人工切坡等因素影响，在重力作用下，沿着一定的软弱面或者软弱带，整体地或者分散地顺坡向下滑动的自然现象。滑坡的主要组成要素如图13-9所示。

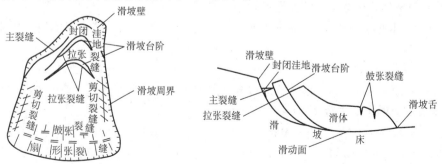

图13-9　滑坡的主要组成要素

2. 滑坡的分类

（1）按滑坡体的体积分类　小型滑坡，滑坡体体积小于 $10 \times 10^4 \mathrm{m}^3$；中型滑坡，滑坡体体积为（$10 \sim 100$）$\times 10^4 \mathrm{m}^3$；大型滑坡，滑坡体体积为（$100 \sim 1000$）$\times 10^4 \mathrm{m}^3$；特大型滑坡（巨型滑坡），滑坡体体积大于 $1000 \times 10^4 \mathrm{m}^3$。

（2）按滑坡的滑动速度分类　蠕动型滑坡，人们只凭肉眼难以看见其运动，要通过仪器观测才能发现的滑坡；慢速滑坡，每天滑动数厘米至数十厘米，人们凭肉眼可直接观察到滑坡的活动；中速滑坡，每小时滑动数十厘米至数米的滑坡；高速滑坡，每秒滑动数米至数十米的滑坡。

（3）按滑坡体的物质组成和滑坡与地质构造关系分类　覆盖层滑坡，有黏性土滑坡、黄土滑坡、碎石滑坡和风化壳滑坡；基岩滑坡，按滑坡与地质结构的关系可分为均质滑坡、顺层滑坡和切层滑坡，顺层滑坡又可分为沿层面滑动或沿基岩面滑动的滑坡；特殊滑坡，如融冻滑坡、陷落滑坡等。

此外，按滑坡体的厚度可以划分为浅层滑坡、中层滑坡、深层滑坡和超深层滑坡；按形成的年代可以划分为新滑坡、古滑坡、老滑坡和正在发展中的滑坡；按力学条件可以划分为牵引式滑坡和推动式滑坡。

3. 滑坡引起的灾害

滑坡常常给工农业生产及人民生命财产造成巨大损失，甚至是毁灭性的灾难。

滑坡对乡村最主要的危害是摧毁农田与房舍，伤害人畜，毁坏森林、道路以及农业机械设施和水利水电设施等，有时甚至给乡村造成毁灭性灾害。位于城镇的滑坡常常砸埋房屋，伤亡人畜，毁坏田地，摧毁工厂、学校、机关单位等，并毁坏各种设施，造成停电、停水、停工，有时甚至毁灭整个城镇。发生在工矿区的滑坡，可摧毁矿山设施，伤亡职工，毁坏厂房，使矿山停工停产，常常造成重大损失。

2010 年 6 月 28 日，因连续强降雨引发贵州省关岭县岗乌镇大寨村山体滑坡，倾泻而下的碎石瞬间将两个村淹没，并形成 150 万 m^3 的滑坡体，最深地点的泥石厚达 50m。

4. 滑坡的防治

要确保斜坡不发生滑坡，必须加强防治，目前滑坡防治的总体指导方针是"以防为主、及时治理"。主要的防治措施如下：

（1）抗滑工程　抗滑工程是提高斜坡抗滑力最常用的措施，主要有挡墙、抗滑桩、锚杆（索）和支撑工程等。挡墙也称为挡土墙，是防治滑坡常用的有效措施之一，并与排水等措施联合使用，它是借助于自身重力以支挡滑体的下滑力。抗滑桩是用以支挡滑体下滑力的桩柱，一般集中设置在滑坡的前缘附近。锚杆一般用于加固岩质斜坡，而且采用预应力方式，这是一种很有效的防治滑坡的措施。支撑这种方法主要用来防治陡峭斜坡顶部的危岩体崩落。

（2）表里排水　表里排水包括排除地表水和地下水，首先要拦截流入斜坡变形破坏区的地表水流，包括泉水和雨水，在变形破坏区外设置环形截水沟和排水渠，将水流引走。在变形破坏区内也应充分利用地形和自然沟谷，布置成树枝状排水系统，排水沟渠应用片石或混凝土砌填。

（3）削坡减荷　将较陡的边坡减缓或将滑坡体后缘的岩土体削去一部分，以降低坡体的下滑力。

（4）防冲护坡 为防止斜坡被河水冲刷或海、湖、水库水的波浪冲蚀，一般采取修筑导流堤、水下防波堤、丁坝以及砌石、抛石、草皮护坡等措施。

（5）土质改良 土质改良的目的在于提高岩土体抗滑能力，主要用于土体性质的改善，常用方法有电渗排水和焙烧法等。

（6）防御绕避 当铁路、公路等线路工程遇到严重不稳定斜坡地段时，可采用防御绕避措施。具体工程措施有明硐和御塌棚及内移做隧、外移做桥等。

13.5.2 崩塌及防治

1. 崩塌的概念

崩塌又称为崩落、垮塌或塌方，是较陡斜坡上的岩土体在重力作用下突然脱离母体崩落、滚动、堆积在坡脚（或沟谷）的地质现象。产生在土体中者称为土崩，产生在岩体中者称为岩崩。规模巨大，涉及山体者称为山崩。

崩塌发生前的前兆有：崩塌体后部出现裂缝；崩塌体前缘掉块、土体滚落、小崩小塌不断发生；坡面出现新的破裂变形、甚至小面积土石剥落；岩质崩塌体偶尔发生撕裂摩擦错碎声。

2. 崩塌的分类

（1）根据坡地物质组成划分 崩积物崩塌，由于山坡上已有的崩塌岩屑和沙土等物质，质地很松散，当有雨水浸湿或受地震震动时，可形成崩塌；表层风化物崩塌，在地下水沿风化层下部的基岩面流动时，引起风化层沿基岩面崩塌；沉积物崩塌，有些由厚层的冰积物、冲击物或火山碎屑物组成的陡坡，由于结构舒散，形成崩塌；基岩崩塌，是在基岩山坡面上，常沿节理面、地层面或断层面等发生崩塌。

（2）根据崩塌体的移动形式和速度划分 散落型崩塌，在节理或断层发育的陡坡，或是软硬岩层相间的陡坡，或是由松散沉积物组成的陡坡，常形成散落型崩塌；滑动型崩塌，沿某一滑动面发生崩塌，有时崩塌体保持了整体形态，和滑坡很相似，但垂直移动距离往往大于水平移动距离；流动型崩塌，松散岩屑、砂、黏土，受水浸湿后产生流动崩塌，这种类型的崩塌和泥石流很相似，称为崩塌型泥石流。

3. 崩塌引起的灾害

崩塌会使建筑物、公路和铁路甚至整个居民点被掩埋。崩塌有时还会使河流堵塞形成堰塞湖，这样就会将上游建筑物及农田淹没，在宽河谷中，由于崩塌能使河流改道及改变河流性质，而造成急湍地段。

2010年3月10日，陕西省榆林市子洲县双湖峪镇石沟村发生黄土山体崩塌灾害（见图13-10）。黄土崩塌体长103m、宽108m、厚8m，体积约为 $8.9 \times 10^4 m^3$，整体下坐约10m。崩塌造成15户共44人被埋，砸毁窑洞及建于其上的房屋29间（孔）。

图13-10 黄土山体崩塌灾害

这是一起自然因素形成的整体性坐落式大型黄土崩塌地质灾害。

4. 崩塌的防治

治理崩塌的方法和原则与治理滑坡的方法和原则相同。

13.5.3 泥石流及防治

1. 泥石流的概念

泥石流是指因为暴雨、暴雪或其他自然灾害引发的山体滑坡并携带有大量泥沙及石块的特殊洪流，通常发生在山区或者其他沟谷深壑、地形险峻的地区。泥石流具有突然性及流速快、流量大、物质容量大、破坏力强等特点。

2. 泥石流的分类

（1）按物质成分分类　由大量黏性土和粒径不等的砂粒、石块组成的叫泥石流；以黏性土为主，含少量砂粒、石块、黏度大、呈稠泥状的叫泥流；由水和大小不等的砂粒、石块组成的称为水石流。

（2）按流域形态分类　标准型泥石流，流域呈扇形，面积较大，能明显地划分出形成区、流通区和堆积区；河谷型泥石流，因沟谷中有时常年有水，故水源较丰富，流域呈狭长条形，其形成区多为河流上游的沟谷，固体物质来源较分散，流通区与堆积区往往不能明显分出；山坡型泥石流，流域呈斗状，其面积一般小于 1000m^2，无明显流通区，形成区与堆积区直接相连。

（3）按物质状态分类　黏性泥石流，含大量黏性土的泥石流或泥流。其特征是：黏性大，固体物质占 $40\% \sim 60\%$，最高达 80%；水是组成物质，稠度大，石块呈悬浮状态，暴发突然，持续时间短，破坏力大。稀性泥石流，以水为主要成分，黏性土含量少，固体物质占 $10\% \sim 40\%$，分散性很大，水为搬运介质，石块以滚动或跃移方式前进，具有强烈的下切作用；其堆积物在堆积区呈扇状散流，停积后似"石海"。

此外，泥石流按其成因分为水川型泥石流和降雨型泥石流；按其流域大小分为大型泥石流、中型泥石流和小型泥石流；按其发展阶段分为发展期泥石流、旺盛期泥石流和衰退期泥石流。

3. 泥石流引起的灾害

泥石流常常具有暴发突然、来势凶猛迅速的特点，并兼有崩塌、滑坡和洪水破坏的多重作用，其危害程度比单一的崩塌、滑坡和洪水的危害更为广泛和严重。它对人类的危害具体表现在四个方面：

（1）对居民区的危害　泥石流最常见的危害之一，是冲进乡村、城镇，摧毁房屋、工厂、企事业单位及其他场所设施，淹没人畜，毁坏农田土地，甚至造成村毁人亡的灾难。2010 年 8 月 7 日至 8 日，甘肃省舟曲爆发特大泥石流（见图 13-11），造成 1270 人遇难，474 人失踪，舟曲 5km 长、500m 宽区域被夷为平地。

（2）对公路和铁路的危害　泥石流可

图 13-11　舟曲特大泥石流

直接埋没车站、铁路、公路，摧毁路基、桥涵等设施，致使交通中断，还可引起正在运行的火车、汽车颠覆，造成重大的人身伤亡事故。有时泥石流汇入河道，引起河道大幅度变迁，间接毁坏公路、铁路及其他构筑物，甚至迫使道路改线，造成巨大的经济损失。

（3）对水利水电工程的危害　主要是冲毁水电站、引水渠道及过沟建筑物，淤埋水电站尾水渠，并淤积水库、磨蚀坝面等。

（4）对矿山的危害　主要是摧毁矿山及其设施，淤埋矿山坑道，造成人员伤亡和停工停产，甚至使矿山报废。

4. 泥石流防治的生物措施

生物措施主要包括恢复或培育植被，合理耕牧，维持较优化的生态平衡。这些措施可使流域坡面得到保护，免遭冲刷，以控制泥石流发生。

5. 泥石流防治的工程措施

（1）蓄水、引水工程　这类工程包括调洪水库、截水沟和引水渠等。工程建于形成区内，其作用是拦截部分或大部分洪水，削减洪峰，以控制泥石流暴发的水动力条件，同时还可灌溉农田、发电或提供生活用水等。大型引水渠应修建稳固而短小的截流坝作为渠首，并严防渗漏、溃决和失稳。

（2）支挡工程　支挡工程有挡土墙、护坡等。在形成区内崩塌、滑坡严重地段，可在坡脚处修建挡墙和护坡，以稳定斜坡。当流域内某地段山体不稳定时，应先辅以支挡建筑物以稳定山体，这样生物措施才能奏效。

（3）拦挡工程　这类工程多布置在流通区内，修建拦挡泥石流的坝体。目前国内外挡坝的种类繁多。从结构来看，可分为实体坝和格栅坝；从材料来看，可分为土质、圬工、混凝土和预制金属构件等；从坝高和保护对象的作用来看，可分为低矮的挡坝群和单独高坝。挡坝群是国内外广泛采用的防治工程。挡坝墙是一系列高5~10m的低坝或石墙，坝（墙）身上应留有水孔以宣泄水流，坝顶留有溢流口可宣泄洪水。我国这种坝一般采用圬工砌筑。国外拦挡小型稀性泥石流多采用格栅坝。

（4）排导工程　这类工程包括排导沟、渡槽、急流槽、导流堤等，多数建在流通区和堆积区。最常见的排导工程是设有导流堤的排导沟（泄洪道），它们的作用是调整流向，防止漫流，以保护附近的居民点、工矿点和交通线路。

（5）储淤工程　这类工程包括拦淤库和储淤场，前者设置于流通区内，就是修筑拦挡坝，形成泥石流库；后者一般设置于堆积区的后缘，工程通常由导流堤、拦淤堤和溢流堰组成。储淤工程的主要作用是在一定期限内、一定程度上将泥石流固体物质在指定地段停淤，从而削减下泄的固体物质总量及洪峰流量。

13.5.4 地面沉降及防治

1. 地面沉降的概念

地面沉降又称为地面下沉或地陷。它是在自然和人为因素作用下，由于地壳表层土体压缩而导致区域性地面标高降低的一种环境地质现象。自然的地面沉降一种是在地表松散或半松散的沉积层在重力的作用下，由松散到细密的成岩过程；另一种是由于地质构造运动、地震等引起的地面沉降。人为的地面沉降主要是开发利用地下流体资源（地下水）、开采固体矿产、岩溶塌陷等所致。

2. 地面沉降引起的灾害

1）毁坏建筑物和生产设施。

2）不利于建设事业发展和资源开发。发生地面沉降的地区属于地层不稳定的地带，在进行城市建设和资源开发时，将造成建设投资大、施工难度大等限制。

3）造成海水倒灌。地面沉降区多出现在沿海地带，地面沉降到接近海面时，会发生海水倒灌，使土壤和地下水盐碱化。对地面沉降的预防主要是针对地面沉降的不同原因而采取相应的工程措施。

地面沉降会对地表或地下构筑物造成危害；在沿海地区还能引起海水入侵、港湾设施失效等不良后果。人为的地面沉降主要是过量开采地下液体或气体，致使储存这些液体、气体的沉积层的孔隙压力发生趋势性降低，有效应力相应增大，从而导致地层的压密。

陕西西安地裂缝与地面沉降活动超常，著名的唐代大雁塔曾向西北方倾斜 1004mm，明城墙由于不均匀沉降产生 100 多条裂缝和局部坍塌（见图 13-12）。

图 13-12　西安明城墙裂缝

3. 地面沉降的防治

1）在沿海低平原地带修筑或加高挡潮堤、防洪堤，防止海水倒灌、淹没低洼地区。

2）改造低洼地形，人工填土加高地面。

3）改建城市给水排水系统和输油、气管线，整修因沉降而被破坏的交通路线等线性工程，使之适应地面沉降后的情况。

4）修改城市建设规划，调整城市功能分区及总体布局，规划中的重要建筑物要避开沉降地区。

5）人工补给地下水即人工回灌，选择适宜的地点和部位向被开采的含水层、含油层采取人工注水或压水，使含水（油、气）层中孔隙液压保持在初始平衡状态上，使沉降层中因抽液所产生的有效应力增量减小到最低限度，总的有效应力低于该层的预固结应力。

6）限制地下水开采，调整开采层次。

思 考 题

1. 灾害主要有哪些类型？

2. 如何防治地震灾害？

3. 如何防治风灾？

4. 如何防治火灾？

5. 如何防治地质灾害？

参 考 文 献

［1］王茹. 土木工程防灾减灾学［M］. 北京：中国建材工业出版社，2008.

［2］周云. 土木工程防灾减灾学［M］. 广州：华南理工大出版社，2002.

［3］周云，李伍平，浣石．防灾减灾工程学［M］．北京：中国建筑工业出版社，2007．

［4］陈龙珠，梁发云，宋春雨，等．防灾工程学导论［M］．北京：中国建筑工业出版社，2006．

［5］李风．工程安全与防灾减灾［M］．北京：中国建筑工业出版社，2005．

［6］陈龙珠，陈晓宝，黄真，等．混凝土结构防灾技术［M］．北京：化学工业出版社，2006．

［7］中国灾害防御协会．防灾减灾文集［M］．北京：新华出版社，2007．

［8］杨金铎．建筑防灾与减灾［M］．北京：中国建材工业出版社，2002．

［9］胡茂焱，刘大军，郑秀华．地质灾害与治理技术［M］．北京：中国地质大学出版社，2002．

［10］王成华，孙纪名．滑坡灾害及减灾技术［M］．成都：四川科学技术出版社，2008．

［11］耿怀英，曹才瑞．自然灾害与防灾减灾［M］．北京：气象出版社，2000．

［12］高庆华，苏桂武，张业成，等．中国自然灾害与全球变化［M］．北京：气象出版社，2003．

［13］王杰秀．如何防控风灾［M］．北京：石油工业出版社，2008．

［14］魏伴云．火灾与爆炸灾害安全工程学［M］．北京：中国地质大学出版社，2004．